高职高专教育"十三五"规划建设教材

饲料安全与法规

方希修　唐现文　周庆安　主编

中国农业大学出版社

·北京·

内 容 简 介

本书采用项目形式,对饲料质量安全、影响饲料安全的因素、饲料法规、饲料添加剂使用规范、饲料中有毒有害成分及饲料生物安全质量标准、饲料加工过程危害分析与关键控制点、饲料和饲料添加剂生物安全评定规程、饲料安全法规与监管体系建设等进行了系统详细论述。本书配有附录,收录了最新的饲料法规和管理办法,体现了科学性、先进性、实用性和针对性。本书可供全国高等农业院校动物科学专业、畜牧兽医专业、饲料加工专业、动物养殖专业师生和科研单位、饲料与饲料添加剂加工厂、兽药生产企业、饲料检测部门、基层畜牧饲料科技人员与管理部门在教学与工作中参考使用。

图书在版编目(CIP)数据

饲料安全与法规/方希修,唐现文,周庆安主编. —北京:中国农业大学出版社,2015.5
ISBN 978-7-5655-1208-7

Ⅰ.①饲… Ⅱ.①方…②唐…③周… Ⅲ.①饲料-安全管理②饲料工业-法规-汇编-中国
Ⅳ.①S816②D922.49

中国版本图书馆 CIP 数据核字(2015)第 064541 号

书　名	饲料安全与法规			
作　者	方希修　唐现文　周庆安　主编			
策划编辑	康昊婷　伍　斌		责任编辑	韩元凤
封面设计	郑　川		责任校对	王晓凤
出版发行	中国农业大学出版社			
社　址	北京市海淀区圆明园西路 2 号		邮政编码	100193
电　话	发行部 010-62731190,2620		读者服务部 010-62732336	
	编辑部 010-62732617,2618		出 版 部 010-62733440	
网　址	http://www.cau.edu.cn/caup			
经　销	新华书店		e-mail cbsszs @ cau.edu.cn	
印　刷	北京国防印刷厂			
版　次	2015 年 5 月第 1 版　2015 年 5 月第 1 次印刷			
规　格	787×1092　16 开本　23 印张　573 千字			
定　价	48.00 元			

图书如有质量问题本社发行部负责调换

P 前 言
REFACE

　　饲料安全是指饲料从研究、开发、生产直至应用的全过程中的安全性问题,其科学内涵有三个方面,一是数量安全,在数量上要保证现有动物和发展的需要,使动物具有足够的能量、蛋白质等营养物质的来源;二是对饲料研究、开发、生产、应用活动和相应产品可能对人类、环境和自然的不利影响、不确定性和风险进行科学评估;三是研究制定必要的技术措施进行管理和控制,有效消除安全隐患,以保障人类健康、生态平衡和自然安全。饲料安全的核心是安全评估和风险控制。

　　饲料安全是食品安全的关键环节,关系到食品的终端安全。伴随社会的发展和对畜产品安全要求的不断提高,饲料安全的概念延伸了,已经不单指违禁药物的添加、瘦肉精的使用等,安全的概念已经纳入整个社会发展的安全体系中。目前,在很多原料检测方面存在着技术瓶颈,很多县一级检测设备、检测仪器、检测手段还没有完善。三聚氰胺事件后,国家加大了对饲料行业检测机构的投入,加大了县一级饲料检测设备的投入。但是在饲料安全法律法规、质量标准体系以及监管体系方面仍有不完善之处,必须进一步加强饲料质量安全监管工作,促进饲料产业持续稳定健康发展。饲料法规是饲料工业健康发展的保障,是完善饲料质量监督管理、保证饲料安全的法律基础。我国现行饲料法规体系包括国家法律、国务院行政法规、国家强制标准、农业部部令公告、与饲料执法有关的其他国家机关和国务院部门公告、地方性法规或规章,其中国务院颁布的《饲料和饲料添加剂管理条例》和农业部颁布的一系列部令公告构成了我国饲料法规体系的主体框架。

　　本书采用项目形式,对饲料质量安全、影响饲料安全的因素、饲料法规、饲料添加剂使用规范、饲料中有毒有害成分及饲料生物安全质量标准、饲料加工过程危害分析与关键控制点、饲料和饲料添加剂生物安全评定规程、饲料安全法规与监管体系建设等进行了系统详细的论述。本书配有附录,收录了最新的饲料法规和管理办法,体现了科学性、先进性、实用性和针对性,并附有职业能力和职业资格测试,便于学习者掌握内容的实质。

　　本书由教学、科研和生产第一线技术人员共同编写而成。编写组具有"产学研"结合,职称高,学历高,教学、科研与生产经验丰富的特点。编者总结了近年来饲料安全与法规的科研成果。本教材可供全国高等农业院校动物科学专业、畜牧兽医专业、饲料加工专业、动物养殖专业师生和科研单位、饲料与饲料添加剂加工厂、兽药生产企业、饲料检测部门、基层畜牧饲料科技人员与管理部门在教学与工作中参考使用,也是行业最佳培训教材。

由于编者业务水平有限,难免存在缺欠,恳请读者在教学和生产实践中提出批评意见,以便更正。

编 者

2014 年 6 月 28 日

饲料安全与法规

C目录
CONTENTS

Chapter

绪论

▶▶ 一、饲料安全与法规的内容

饲料安全是现代生物安全的一个分支,饲料生产会受到很多人为因素的影响,这些因素又通过食物链影响着人类和环境的安全。一般来讲,饲料安全包含两个方面的含义:一是指饲料供给安全,在数量上要保证现有动物及未来畜牧业发展的需要,使动物有足够的营养物质来源;二是指饲料质量安全,也就是对人类的影响,针对饲料生产过程中可能对动物、人类和环境的不利影响及其不确定性和风险性进行科学评估,同时采取必要的措施加以管理和控制,使其降低到可接受的程度,保证动物及人类的健康和安全。

(一)饲料安全的重要性

饲料是动物食品,也是人类的间接食品,其质量安全不仅关系到动物的健康生长,也关系到动物产品质量和人类健康,也就是说,没有安全的饲料就没有安全的畜产品。

1. 饲料安全的重要性

我国是畜牧业和水产业大国,饲料年产量居世界第2位,年产值达1 000多亿元。随着科技的进步,我国养殖业正朝着集约化、产业化方向快速发展,对成品饲料的需求迅猛增加,对饲料品种的需求越来越多。饲料安全已越来越受到人们的关注,这对饲料科研和生产单位提出了更高的要求,保证饲料安全、高效和环保是饲料产业发展的目标。

2. 饲料安全的严重隐患

近年来,问题奶、瘦肉精等事件的发生,使人们看到了饲料安全的严重隐患,使有关部门坚定了整顿饲料行业的决心。其实,我国对饲料安全问题一直十分重视,饲料工业从开始就制定了安全有效和不污染环境的原则,国家也成立了监督管理和技术检验机构,通过数年来检查和监测,已取得了明显效果。据资料报道,1987年市场抽检猪饲料合格率几乎为零,1997年检测合格率为71%,目前的合格率已达到90%以上。饲料工业有了长足的发展,质量也在逐年提高。但是,由于饲料生产企业众多,规模小且零散分布,技术人员不足,检测条件有限,所以难以形成技术合力与集团优势,非法经营和经营伪劣产品、使用违禁药物和添加剂等现象时有发生。这些问题的存在,影响了饲料工业的健康发展,也给养殖业的发展和动物产品的安全带来了严重隐患。据报道,前些年广东、上海等地部分养殖者曾非法使用违禁药物"盐酸克仑特罗",导致畜产品污染,有害残留超标,造成供港活猪出现严重问题。为此,有关部门多次强调严禁使用有害药品,但仍有少数饲料生产者和饲养者为了眼前利益而不顾国家规定,污染、残留情况时有存在,饲料安全形势不容乐观。

3. 规范饲料生产安全的措施

国家为强化兽药、饲料和饲料添加剂的管理,保证动物及其产品的安全,已先后修订和颁布了《兽药管理条例》《饲料和饲料添加剂管理条例》等法律法规,对兽药、饲料和饲料添加剂的新产品研制、产品审定、进口登记及生产和经营活动予以严格规范,特别是在饲料安全卫生方面做出了严格要求,同时也对违法行为制定了严厉的惩处措施,这使我国饲料工业走上法制化的管理轨道,对促进养殖业高效生产和动物及其产品安全卫生起到十分重要的作用。针对我国目前饲料工业的整体发展状况,当务之急是提高国产饲料的科技含量,严格实施行业生产标准,进一步加大市场监管力度,规范产业结构,使饲料工业上规模,提高档次,确保安全,以优质的服务和市场竞争促进整个饲料行业有序发展,以满足现代条件下规模化养殖生产需求和人们对健康、放心、安全的动物和动物产品快速增长的需求。

(二)如何保障饲料安全

加强饲料安全管理法规建设,及时修订完善相关规定,将饲料安全管理法规切实落到实处,做到有法必依、违法必究,这是目前保障饲料安全的首要举措。

1.我国饲料安全管理法规建设的进展

针对饲料安全中存在的突出问题,各国都制定了相应的法规。欧盟已明令禁止使用肉骨粉和动物油脂作为饲料原料,禁止使用 β-兴奋剂和其他激素类生长促进剂,只保留了莫能霉素、盐霉素、黄霉素等4种抗生素继续作为饲料添加剂,而瑞典则已全面禁止任何医用抗生素作为饲料添加剂。我国也发布了禁止从欧洲进口肉骨粉和动物用油脂的禁令,并研制开发出动物饲料中牛源性、羊源性成分的检测方法。实施了一系列法规和管理办法,如《饲料和饲料添加剂管理条例》、《饲料和饲料添加剂使用规范》、《饲料药物条例》、《食品卫生法》、《饲料中盐酸克仑特罗的测定》等。国家自2001年起启动"饲料安全"工程建设项目,建立了饲料安全评价基地和饲料安全监控信息网络,完善了饲料标准化体系,改善了检测条件,加强了监控和饲料安全方面的执法。在全国饲料行业推行 HACCP(危害分析与关键控制点)管理,努力提高饲料行业的整体素质和畜产品质量水平。所有这些法规和措施的实施使我国饲料和畜产品安全现状得到了显著改善,并为将来全面实现饲料和畜产品安全打下了坚实基础。

2.我国饲料安全管理的政策性措施

在饲料安全管理法规建设方面,还要进一步加大《饲料和饲料添加剂管理条例》配套规章的修改制定力度。《新饲料和新饲料添加剂管理办法》、《进口饲料和饲料添加剂登记管理办法》以及《允许使用的饲料添加剂品种目录》仍有一些不完善的地方,需要作进一步的修改;对动物性饲料的使用和管理缺乏明确的规章制度,应该制定一个《动物性饲料管理办法》;同时还要进一步完善"疯牛病"防范制度;制定严厉打击非法使用和生产销售"瘦肉精"等违禁药品的指导性文件,统一全国"瘦肉精"等违禁药品查处的政策措施。尽快制定转基因和动物性饲料检测方法标准,抓紧修订完善饲料安全卫生强制性标准,加快制定颁布禁止在饲料和动物饲用水中使用药物的规范和检测方法标准,制定并颁布《饲料添加剂使用规范》。进一步理顺饲料标准制定程序,加快饲料标准体系建设步伐。重点扶持有条件的骨干检测机构和科研单位更新仪器设备,完善配套设施,建立饲料安全评价基地,承担标准制定、饲料和饲料添加剂安全效果评定以及非安全因素的评价工作。加强以《饲料和饲料添加剂管理条例》为主的饲料安全法规的贯彻实施,全面贯彻落实国家关于促进饲料业持续健康发展的文件精神和最高人民法院、最高人民检察院关于"瘦肉精"等违禁药品的司法解释,严格执行禁用药物目录和禁用清单。开展饲料执法年活动,对饲料生产和质量安全进行全面监督管理。继续实施"瘦肉精"等违禁药品专项整治活动,加大饲料质量全程监督抽查力度。

3.我国饲料安全管理的技术性措施

严格执行饲料原料及饲料添加剂的安全标准,加强饲料安全性检测,确保饲料安全;严格规定允许使用药物的饲料原料和饲料添加剂的使用范围、剂量、配伍禁忌及停药期等;以无公害畜产品的生产要求和产品质量标准为目标,研究饲料原料及饲料添加剂的应用技术及配制技术;研究营养与免疫的关系,通过完善营养供应方案提高动物免疫机能,增强抵抗力,减少疾病,最终达到减少用药、提高生产性能的目的;应用常规技术和生物技术改善动物生产潜能和抗病能力,降低和消除细菌的抗药性,培育高产抗病动物新品系和抗药性细菌新菌株;开发和应用新型安全饲料添加剂,如中草药添加剂、酶制剂、有机酸等,开发和应用新的饲料配制技术。

(三)饲料法规

随着饲料工业的诞生和发展,世界各国相继制定饲料法规。例如,美国政府 1900 年之前就开始制定饲料法规,其立法实施管理机构为食品和药物管理局(FDA)。我国从 20 世纪 80 年代开始,制定和发布了一系列标准,包括饲料分析检测方法,饲料添加剂质量标准、饲料标签、饲料卫生标准等。1999 年 5 月 18 日,国务院发布了《饲料和饲料添加剂管理条例》(并于 2001 年进行了修订),这标志着我国饲料法规的正式建立,使我国饲料和饲料添加剂生产、销售、使用真正走向法制化管理的轨道。

(四)国内外饲料安全与法规的发展现状

1.世界饲料质量安全问题现状

在过去的 50 年,世界畜牧业获得了长足的发展,畜牧生产水平显著提高,产量大大增加,畜牧业的发展满足了人类对动物食品的需求。然而,畜牧业仍然是一种低效产业,动物将饲料养分转化为畜产品的效率很低,只有 15%～20%,而剩下的 80%～85% 的食入养分通过粪便排入环境中,对土壤、水源、空气等造成了巨大的污染(氮、磷的污染最为严重)。

饲料行业为了提高动物生产水平和饲料转化效率,在动物的饲养过程中使用了大量的肉骨粉、油脂等动物性饲料及抗生素、砷制剂、高铜等生长促进剂。近年来,由于对这些原料的不恰当使用,相继发生了一系列与饲料有关的危害人畜健康和食品安全的事件。二噁英和 O157 大肠杆菌的肆虐、"疯牛病"的发生与快速蔓延以及抗生素耐药性的产生与转移等,给世界造成了严重的经济损失,上升成为全球性关注的社会问题和政治问题。由此可见,保证畜产品的安全性,解决畜牧生产对环境的污染问题已成为全球的迫切要求,畜牧业可持续发展的基本要求是生产无公害或绿色畜产品。

饲料质量安全是关系人类食品安全的大事,是世界普遍关注的热点问题。由于发生了一系列饲料安全问题,欧洲的一些国家引发了国际经济事件甚至是政治事件,造成巨大经济损失和恶劣的政治影响。发生的一系列饲料安全问题同样也使整个欧洲的畜产品食品在国际竞争中长期处于不利地位,由此所造成的损失难以估量。

近年来,由饲料质量安全问题引发的动物性食品安全问题的事件此起彼伏。在国际社会上,20 世纪 80 年代末期以来,疯牛病的暴发给世界畜牧业的发展带来了灾难性的危害。由于滥用动物性饲料,疯牛病在欧美和日本出现,造成了巨大的经济损失和恶劣的政治影响,也给当地食用牛肉的居民埋下了安全隐患。当地的养牛业一蹶不振。欧盟国家因疯牛病还引发了社会动荡。1995 年,西班牙发生了因食入含有瘦肉精的猪肉和猪肝而引起的中毒事件,43 人集体中毒。1999 年,比利时等国家发生二噁英污染肉、蛋、奶事件,欧盟的畜产品贸易蒙受高达 10 亿美元的经济损失。为此,比利时农业部长、卫生部长被迫辞职,以吕克德阿纳为首的四党联合政府在全国大选中惨败,吕克德阿纳率领政府集体辞职。

饲料质量安全问题不仅造成经济问题,也是严肃的政治问题,被社会公众和新闻媒体广泛关注。饲料不安全,一旦造成中毒事件,影响极其恶劣,在饲料的进出口贸易中还有可能引发农产品贸易争端,严重的饲料安全事件甚至还会造成人们对政府的信任危机,引发严重的社会问题。

2. 中国饲料质量安全现状

随着中国饲料工业的快速发展,对饲料产品的质量安全问题关注度提高,近几年来,在全国各地发生了由于饲料产品质量所引发的恶性伤害事件,对消费者利益和身体健康造成了严重危害。由于饲料产品中兽药残留、重金属等有毒有害物质残留超标,造成中国畜禽产品出口受阻,使我国蒙受了巨大经济损失,饲料质量安全问题成为最为突出的问题,制约了中国饲料工业持续健康发展。虽然我国各级政府和有关部门在提高饲料产品质量、保证饲料质量安全等方面采取了一系列的措施,做了很多工作并且取得了一定的成效,但从目前来看,饲料产品在生产、经营和使用环节上仍然存在着严重的安全隐患,这一问题并没有从根本上得到解决。

饲料与人类健康息息相关,近年来我国的动物性食品安全事件此起彼伏,2001 年 11 月广东省就曾发生一起严重中毒事件,群众因食用含瘦肉精的猪肉及其制品而导致 484 人集体中毒。据统计,1998 年以来,我国相继发生十几起瘦肉精中毒事件,中毒人数达 1 431 人,死亡 1 人。氯霉素超标,造成我国大量的对虾出口被退回、被索赔。孔雀石绿对水产养殖业敲响警钟。还有大家关注的"三鹿"三聚氰胺事件,以及检测出的"咯咯哒"三聚氰胺鸡蛋,都为人们敲响了警钟,这些事件真实地反映出当前的饲料质量安全现状。氯霉素对虾、红心鸭蛋、孔雀石绿等事件,再算上欧盟已经禁止,但我国却依然广泛使用的抗生素,都成为影响我国饲料安全的障碍。1996 年,欧盟因中国饲料中用药过滥、兽药残留超标,停止从中国进口禽、兔肉产品,给国家造成巨大经济损失,也损害了国家形象。据报道,2002 年中国畜产品因质量不符合进口国要求而遭退货的损失高达 100 多亿元人民币。中国因产品质量安全问题丢失了欧洲市场、出口量急剧下降。在新时代下的饲料生产中,质量安全管理问题成为所有饲料生产企业所面临的重要问题。

越来越多的饲料生产者已经意识到饲料质量安全问题,他们采取原料监控、升级加工工艺等,提升企业的社会责任感,这使得生产安全的畜禽产品成为可能。

我国政府对饲料质量安全十分重视。特别是近几年来,为加强饲料产品质量安全监督管理,以保障动物食品的质量安全,农业部每年都组织国家饲料质量监测机构和省市饲料质检机构对全国饲料进行质量安全监测。20 多年来我国饲料产品质量稳步提升。1987 年第一次饲料产品质量全国抽查,样品合格率仅为 20%;2014 年上半年,农业部在全国 30 个省(区、市)开展了饲料质量安全监测工作。共抽检各类商品饲料 3 229 批次,产品合格率为95.54%,同比上升 0.04 个百分点。其中,抽检配合饲料 1 310 批次,合格率 95.65%;抽检浓缩饲料 617 批次,合格率94.98%;抽检添加剂预混合饲料 387 批次,合格率 90.7%;抽检国产饲料添加剂 90 批次,合格率100%;抽检进口饲料添加剂 105 批次,合格率97.14%;抽检动物源性饲料 248 批次,合格率93.95%;抽检植物性饲料原料 371 批次,合格率99.73%;宠物饲料共抽查北京、上海、天津、重庆 4 个直辖市23 家宠物饲料经销单位的宠物饲料样品

101批次,产品合格率99.01%;对于饲料中禁用物质监测,共从3 345个饲料生产、经营单位和养殖场户抽检各类饲料3 749批次,未检出克仑特罗、莱克多巴胺、沙丁胺醇、苏丹红、呋喃唑酮、地西泮、己烯雌酚、氯霉素等禁用物质。

在饲料质量安全方面,瘦肉精在饲料生产环节检出率大幅降低,2000年专项整治前瘦肉精检出率为19.8%,整治后2005年瘦肉精检出率降至0.1%以下;生猪养殖环节瘦肉精检出率总体下降,由2001年的10.1%降至2005年的1.54%。为了确保饲料和动物性食品的安全,近年来饲料质量安全监测范围加大,在检测项目方面包括违禁药物添加、饲料添加剂的使用、饲料卫生指标等。农业部在2007年6月发布饲料三聚氰胺检测标准。截止到2008年10月28日,饲料三聚氰胺检测合格率达到了97%以上。

虽然我国的饲料安全工作不断加强,饲料产品的质量水平不断提高,但是从目前来看,我国的饲料质量安全问题还远没有解决。饲料产品在生产、流通和使用中仍存在着严重的质量安全隐患;饲料质量安全仍然受到各种人为因素以及非人为因素的严重威胁。从近年来全国饲料和饲料添加剂质量监督抽查以及各地在饲料产品质量安全监管工作中发现的情况看,我国现阶段饲料质量安全中存在的问题主要有:在饲料中添加违禁药品,不在规定范围内使用饲料添加剂和药物添加剂,在反刍动物饲料中添加和使用肉骨粉等动物性饲料,饲料卫生指标超标等。

◆ 二、饲料安全与法规的主要项目与任务

随着我国饲料业的快速发展,饲料生产技术、饲料检测技术、安全饲料控制技术等都有了极大的提高,同时,也有一系列法规政策为饲料安全生产保驾护航,如《饲料和饲料添加剂管理条例》、《饲料添加剂和添加剂预混合饲料生产许可证管理办法》等饲料安全生产的法律条例和管理办法,以及中华人民共和国国家标准《饲料卫生标准》(GB 13078—2001)、《饲料标签标准》(GB 10648—2013)等饲料安全生产的相关标准。目前,我国急需培养一批既懂饲料安全生产,又懂饲料法律法规的技术技能人才。饲料安全与法规学习过程中需要掌握以下项目,掌握饲料安全的内容及其影响因素,掌握饲料安全质量标准、检测体系和评价指标,掌握饲料加工过程危害分析与关键控制点,以及掌握饲料法规、政策,保证饲料行业在法规和政策的指导下,安全生产饲料,促进畜牧业健康发展,维护人类健康。

学习本课程的主要任务是掌握好饲料安全与饲料法规的基本理论和技能,与所学饲料专业的基本理论紧密结合,用于饲料安全生产、饲料检测、安全评价等,确保依法安全生产饲料。

◆ 三、学习饲料安全与法规方法

学习饲料安全与法规,要以马克思主义哲学理论为指导思想,辩证地看待饲料安全与饲料法规知识的内在联系,处理好生产安全饲料和遵守饲料法律法规的关系。作为现代畜牧工作者,必须依法进行饲料生产。

学习饲料安全与法规,应把握基本理论知识要点,由浅入深,由简而繁,由易而难,循序

渐进,在理解的基础上加深记忆;掌握各知识点之间的内在联系和规律,坚持理论与实践相结合;强化实训,有计划、分步骤地进行实训,注意观察实验结果和分析结果;结合理论教学,进行饲料安全生产、饲料安全检测、饲料安全评价;掌握实验操作技能,逐步积累生产经验,到生产一线进行锻炼。通过基本理论学习、课程实训、生产实践几个环节,在饲料法律法规的指导下,掌握饲料安全生产的基本理论和基本技能。

▶▶ 思 考 题 ◀◀

1.饲料安全的含义是什么?
2.如何保障饲料安全?

绪 论

项目 1

饲料质量安全

>> **项目设置描述**

本项目主要对饲料质量安全评价与检测、饲料质量安全的控制途径、无公害饲料与绿色饲料、加强饲料安全的对策与建议等方面的内容进行了阐述。通过本项目的学习，可以帮助大家掌握饲料质量安全评价的内容和检测方法，有效开展饲料安全的评价及检测工作，了解加强饲料安全所采取的对策，帮助企业制定有效规避饲料安全风险的措施。

学习目标

1.掌握饲料质量安全的评价内容与检测体系，能有效开展饲料安全的评价及检测工作。

2.掌握饲料质量安全的控制途径，帮助企业制定饲料质量安全评价的基本规程，对饲料及原料的安全进行控制。

3.理解绿色无公害农产品的概念以及生产流程。

4.了解加强饲料安全所采取的对策，能够帮助企业制定有效规避饲料安全风险的措施。

一、饲料质量安全评价

(一)感官评价

饲料质量感官鉴别就是凭借人体自身的感觉器官,具体地讲就是凭借眼、耳、鼻、口、唇、舌头和手,或借助其他工具(比如镜检),对饲料的色泽、气味和外观形态等质量状况进行综合性的鉴别和客观评价。

感官变化是反映饲料变质的重要特征之一,通过感官指标来鉴别饲料是否变质,比如氧化酸败后,往往会在颜色、气味、组织状况上发生一系列的变化,酸败油脂往往颜色变褐或变绿,出现浑浊或絮状物,并且常常带有辛辣、脂化和腐败等不良气味,用手触摸时有湿和黏滑等感觉。用显微镜检验质量是快速、准确、分辨率高的方法,它可以检查出用化学方法不易检出的项目,是检查掺伪定性的一种非常有效的工具,应用感官手段来鉴别饲料的质量有着非常重要的意义。但是感官鉴别能否真实、准确地反映客观事物的本质,除了与人体感觉器官的健全程度和灵敏程度有关外,还与人们对客观事物的认识能力有直接的关系。只有当人体的感觉器官正常,又熟悉有关饲料变质的基本常识时,才能比较准确地鉴别出饲料变质的程度。

我国现行的产品标准中都必须对感官要求作出规定,也颁布了《饲料显微镜检查方法》(GB/T 14698—2002)、《饲料显微镜检查图谱》(SB/T 10274—1996)、《感官分析方法学总论》(GB 10220—2012)、《感官分析术语》(GB 10221—2012)。

(二)化学污染物危害的评价指标及其限量标准

1. 重金属污染

污染动物源性饲料产品的重金属元素主要有铅、砷、镉、铬和汞等。骨粉和肉骨粉中常常可能含有多量的铅、砷、镉等元素;羽毛粉和皮革蛋白粉可能含有多量的铅和砷,除此皮革蛋白粉中还常含有高量的铬;鱼粉等水生物中除了可能含有多量的铅、砷、镉、铬之外,还可能含有多量的汞。

2. 氟

骨粉、肉骨粉等动物源性饲料产品因产地及原料的不同,可不同程度地含有多量的氟。在自然富氟地区和工业氟污染区饲养的动物,骨骼中可聚积大量的氟,用此类动物性原料制成的产品必然含氟量高,长期、大量使用此种产品可引起畜禽慢性氟中毒。

3. 亚硝酸盐

据国外报道,在鱼粉生产过程中曾使用亚硝酸钠作防腐剂,如果用量过大,可导致饲养动物亚硝酸中毒,可能转化为致癌物二甲基亚硝胺。

我国《饲料卫生标准》(GB 13078—2001)、《饲料卫生标准 饲料中亚硝酸盐允许量》(GB 13078.1—2006)等对动物源性饲料产品中砷、铅、汞、镉和铬等重金属元素及氟、亚硝酸盐,规定了限量标准。

4.其他化学物质污染

二噁英是全球性污染物质,该类物质化学稳定性强,难以代谢降解。它对人类和动物有多方面的毒性危害,并且具有致畸、致突变和致癌作用。二噁英具有亲脂性,因此,动物性饲用油脂易受其污染。国外对此极为重视,目前我国正在研究并考虑制定食品与饲料中二噁英的限量标准及检测技术。

苯并(α)芘是多环芳烃类化合致癌物,是各种燃料(煤、石油、木柴等)不完全燃烧过程的产物,是环境中广泛存在的有机污染物之一。它在动物的脂肪组织及乳腺中排出较慢并可蓄积,因此,动物源性饲料产品易受其污染。苯并(α)芘对动物有致癌作用,可经胎盘引起胚胎死亡,或使子代发生肿瘤。我国《饲料级混合油》(NY/T 913—2004)规定,苯并(α)芘限量标准≤10 μg/kg。

农药、兽药和饲料药物添加剂的滥用,可引起农药和兽药在动物体内残留,从而导致动物源性饲料产品中农药和兽药残留量高,并通过它们进而危害养殖动物和人体健康。我国《饲料卫生标准》(GB 13078—2001)规定鱼粉、六六六的允许量≤0.05 mg/kg,滴滴涕的允许量≤0.052 mg/kg。

(三)微生物污染物危害的评价指标及其限量标准

动物源性饲料产品极易受到微生物污染,并随后污染畜禽产品,再通过食物链引发人类疾病。动物源性饲料产品如果来自疫区带菌、病死畜禽或未经严格消毒加工的副产品原料,常会造成动物疫病扩散和通过食物链导致人类患病。某些致病性和相对致病性细菌也可引起畜禽细菌性饲料中毒。微生物污染饲料是人畜共患传染病传播的重要途径。

微生物污染危害的评价指标通常主要有细菌总数、大肠菌群、致病菌和霉菌。

1.细菌总数

菌落是细菌在固体培养基上生长繁殖而形成的能被肉眼识别的生长物,它是由数以万计相同的细菌集合而成。细菌总数是指在一定条件下(如需氧情况、营养条件、pH、培养温度和时间等)每克(每毫升)检样所生长出来的细菌菌落总数。细菌总数并不能区分其中细菌的种类,通常以菌落形成单位(colony forming unit,CFU)表示,即"CFU/g"。细菌总数测定是用来判定饲料被细菌污染的程度及卫生质量,它反映饲料在生产过程中是否符合卫生要求,以便对被检样品做出适当的卫生学评价。细菌总数的多少在一定程度上标志着饲料卫生质量的优劣。

2.大肠菌群

大肠菌群通常指具有某些特性的一组与粪便污染有关的细菌,一般认为包括大肠埃希氏菌(大肠杆菌)、柠檬酸杆菌、产气克雷白氏菌和阴沟肠杆菌等。通常以每100 g(mL)检样中大肠菌群的最大可能数(MPN)表示,即 MPN/100 g(mL)。调查研究表明,大肠菌群细菌多存在于动物粪便、动物和人类经常活动的场所以及有粪便污染的地方。大肠菌群是作为粪便污染指标菌提出来的,主要是以该菌群在饲料的检出数量的高低,表明被粪便污染的程度,同时也可以推测该饲料中存在着肠道致病菌(如沙门氏菌和志贺菌等)污染的可能性,是否潜伏着饲料中毒和流行病的威胁。

3.致病菌

常见的致病菌主要是指肠道致病菌(如沙门氏菌、志贺菌等)和致病性球菌(如金黄色葡萄球菌、致病性链菌等)。饲料安全卫生标准中一般对致病菌都做出"不得检出"的规定,以确保饲料的安全卫生。按照国际中通行的表述方法是"在 X g 样品中不得检出"。

4. 霉菌

霉菌是某些丝状真菌的俗称,一般泛指毛霉、根霉、曲霉、青霉、镰刀菌等。霉菌总数是指饲料检样在规定的条件下培养后所得 1 g 或 1 mL 检样中所含霉菌菌落的总数,并不考虑霉菌的种类。指标的单位以"CFU/g"或"CFU/mL"表示。并不是所有霉菌都产生毒素,霉菌总数的多少并不等同饲料中形成霉菌毒素及引发中毒,但即使不产毒素的真菌生长也会造成饲料营养价值的降低,它可以反映饲料产品霉菌污染的程度,也可以反映饲料产品生产过程中的一般卫生状况。

以上 4 项评价指标的限量标准,我国在饲料产品卫生标准中均加以规定。

(四)理化性质的评价指标及其限量标准

1. 水分

水分可能是控制微生物对食品破坏的最重要因素之一。动物源性饲料产品中水分含量过高时容易遭受微生物作用,使蛋白质腐败变质;使产品中脂肪的酯键水解,加速脂肪酸败;同时水分易使加工设备生锈,而锈是脂肪酸败的强力催化剂。通常应控制在不超过 10%。

2. 砂分、盐分

饲料产品中砂分含量高,会使产品的有效营养成分含量相应降低,同时说明可能伴随混入的杂质就较多,从而也就增大污染风险降低了品质。因此,砂分含量通常应控制在不超过 1.5%～3%。动物源性饲料产品要注意盐分含量过高而导致畜禽食盐中毒,特别是鱼粉、(餐饮业)混合油。

3. 挥发性盐基氮、组胺

富含蛋白质的动物源性饲料产品,易被微生物污染,经微生物分泌的蛋白酶和肽链内切酶的作用,先分解为肽,再经断链裂解为氨基酸,在相应酶的作用下,氨基酸经脱氨反应而产生氨,经脱羧反应而生成胺类(如二甲胺、组胺)。

挥发性盐基氮和组胺是动物源性饲料产品蛋白质腐败变质的评价指标。

(1)挥发性盐基氮(volatile basic nitrogen,VBN) 挥发性盐基氮或称挥发性盐基总氮(TVBN),指蛋白质分解而产生的氮以及胺类等碱性含氮物质的总称。此类物质具有挥发性,在碱性条件下能蒸馏出来,用标准酸滴定而计算总氮量。指标的单位通常以"mg/100 g"表示。

挥发性盐基氮(VBN)可作为蛋白质新鲜度的主要鉴定指标。蛋白质新鲜度佳的原料加工成的动物源性饲料产品,其 VBN 含量低,蛋白质含量高且质量好;反之,VBN 含量越高,则表明蛋白质新鲜度差。

(2)组胺(histamine) 组胺是动物源性饲料产品中的游离组氨酸在某些微生物含有的组氨酸脱羧酶的催化下,发生脱羧反应而形成的胺类物质。指标的单位通常以"mg/kg"表示。鱼粉中组胺含量越高,表明其受微生物污染越严重,同时组胺与"肌胃糜烂素"这种特殊毒素有密切关系。

以上 2 项指标中,挥发性盐基氮(VBN)作为鉴定动物源性饲料产品蛋白质新鲜度的主要的指标;组胺主要适用于鱼粉等水产制品及肉类制品。

4. 过氧化值、TBA 值和酸价

富含脂肪的动物源性饲料产品,受高温、空气中氧气、微生物及脂肪酸酶的作用下,可引起脂肪酸败。这个过程较复杂，主要是脂肪的氧化，其次是水解。氧化分解产物最初为羰基过氧化物（ROOH），羰基过氧化物进一步氧化分解，最后分解成为各种低分子的醛、酮、低级脂肪酸及其他氧化物，挥发性的醛酮等类物质使酸败的脂肪变色、变味，完全失去了饲用价值；脂肪的水解可产生游离脂肪酸、甘油等。

过氧化值、酸价和 TBA 值是动物源性饲料产品脂肪酸败的评价指标。

（1）过氧化值（peroxide value，PV）　脂肪氧化形成的最初产物为羰基过氧化物，是油脂酸败的初期标志。过氧化物的含量通常以过氧化值来表示，单位为每千克脂肪中氧的物质的量。所以，人们也常用过氧化值（PV）这个指标来判断饲料的新陈程度和变质情况，过氧化值高，表明产品陈旧和品质差。

（2）酸价（acid value，AV）　产品中的游离脂肪酸用氢氧化钾（KOH）标准溶液滴定，每克产品消耗氢氧化钾的毫克数即为饲料的酸价（AV）。产品中含有一定量脂肪类物质，如果发生变质，其所含脂肪便会水解与氧化产生游离脂肪酸，酸价升高。

（3）TBA 值（丙二醛含量）　脂肪氧化的初期产物"羰基过氧化物"一般不稳定，容易进一步发生其他氧化反应分解生成醛、酮等化合物，丙二醛（malonaldehyde）就是分解产物其中一种，从而可推导出油脂酸败的程度。它与硫代巴比妥酸（thiobarbiuricacid，TBA）发生显色反应，在 532 nm 波长有吸收高峰，利用此性质即能测出丙二醛含量——TBA 值。是反映脂肪氧化后期变质程度的直接指标，也是反映肉类食品安全性的一个重要指标，在西方国家普遍使用，常用于生肉鲜度的测定，在饲料工业中也可以引来使用。我国《食用动物油脂卫生标准》（GB 10146—2005）规定：丙二醛含量≤300 mg。

以上 3 项指标中，过氧化值和酸价是脂肪酸败的初期指标，TBA 值是脂肪酸败的后期指标。过氧化值虽然能够反映脂肪氧化酸败的初级程度，但它只说明脂肪氧化的中间产物——羰基过氧化物的积累程度，过氧化物不稳定容易进一步分解，脂肪完全酸败时，过氧化值却不一定高，因此要结合酸价、TBA 值综合评价。

动物源性饲料产品的卫生安全，不仅关系到饲料安全，而且关系到动物养殖、动物源性食品安全乃至人类的健康。了解和有效地监控常用的动物源性饲料产品的卫生质量鉴定指标显得十分重要。但是目前农业部公布的 8 类 45 种动物源性饲料产品中，现有的国家标准或行业标准较少，迫切需要制定或修订全国统一的产品质量标准，规定产品的原料组成、加工工艺和方法、理化指标、卫生指标以及检测和验收要求等。这方面的实验、基础研究及背景资料也相当缺乏，有关生产、科研和管理单位应加以重视。

二、饲料质量安全检测体系

饲料质量安全检测是采用一定的分析技术，对饲料产品质量及安全指标进行检测。其结果不仅是制定政策和标准的科学基础，同时也是解决贸易纠纷和行政监督的重要依据。发达国家在重视饲料法规的制定和实施，并且建立完整的饲料质量监督管理体系，对饲料产品的研制、生产、销售和使用等环节实行有效监督的同时，也十分重视饲料质量安全检测技术研究，对饲料质量安全等方面的问题进行有针对性的研究，及时制定相应的分析策略，为饲料安全有效监督提供技术支持。我国在借鉴国外先进技术基础上，饲料产品质量检测技术逐步提高，尤其是对饲料安全的检测和评价技术取得很大的发展。

由于饲料种类繁多且非常复杂,饲料中可能存在的化学、物理和生物的危害物种类纷杂不清,且含量极低,因此对饲料质量安全检测技术水平要求极高。尽管对饲料质量安全检测的分类方法不同,以对饲料中有害物质检测的逐级检测法进行分类包括筛选法、确证法和定量法。筛选法是用于大量样品的高通量分析,目的是为了检测某种或某类危害物质是否存在。该类方法的特点是简单、快速,不需要有特殊的场地和大型分析仪器及专门的技术人才,用于筛选分析的方法主要是基于生物学分析方法。确证法是对筛选法为阳性反应的样品做进一步检测,给出确信无疑的结论或结果,通常以质谱分析为主。定量法是对待测物质进行定量的方法,也是贸易、仲裁等主要依据,尤其是对限量的药物、添加剂或其他危害物的定量测定。

我国大部分饲料检测方法标准还是以定量分析为主,主要应用的技术是紫外-可见分光光度计法、原子吸收法、原子荧光法、液相色谱、气相色谱方法等等。根据分析方法不同,可以将饲料质量安全检测技术分为化学检测和生物学检测,下面将分别对化学检测和生物学检测进行综述。

(一)化学检测技术

化学检测技术主要是应用各类分析仪器,采用化学的方法完成分析检测任务的一种分析方法,也是常用的检测技术。

1. 光谱分析技术

饲料分析中的光谱技术主要是对饲料中金属元素及其形态的检测,包括原子吸收光谱、原子荧光光谱和电感耦合等离子体发射光谱技术,及通过对饲料中有机组分进行检测的近红外光谱技术。原子吸收光谱分析在饲料中广泛应用,主要是对饲料中金属元素总量进行检测,如饲料中的铜(Cu)、锌(Zn)、铁(Fe)、锰(Mn)、钴(Co)、镍(Ni)、钠(Na)、钾(K)、钙(Ca)、铝(Al)、硒(Se)等金属元素的检测。有些已经制定为国家或行业的标准方法,如动物饲料中铁、铜、锰、锌、镁的测定方法(GB/T 13885—2003)、饲料中钴的测定方法(GB/T 13884—2003)等已被广泛采用。原子荧光法的分析对象与原子吸收和原子发射光谱法相同,原则上可以进行数十种元素的定量分析。但迄今为止,原子荧光光谱法最成功的应用还是易于形成气态氢化物的 10 种元素砷(As)、锑(Sb)、铋(Bi)、硒(Se)、锗(Ge)、铅(Pb)、锡(Sn)、碲(Te)、镉(Cd)、锌(Zn)和汞(Hg)。

随着我国原子荧光仪器的技术水平的提高,饲料中的硒、镉、汞、砷等元素的检测灵敏度及准确度均得到提高,有些已经被制定或已列入国家标准制定计划中,如饲料中镉、硒、砷的原子荧光方法检测。原子发射光谱在 20 世纪 50 年代就开始在我国推广和普及,特别是在地质、冶金、机械等部门得到了广泛的应用,并建立了国产的原子发射光谱仪器生产基地,仪器类型主要以火焰光度计为主。20 世纪 70 年代迅速兴起的电感耦合等离子体发射光谱(ICP-AES),既保留了原子发射光谱同时分析的特点,又具有溶液进样的灵活性与稳定性,使原子发射光谱进入一个新的发展阶段。目前电感耦合等离子体发射光谱主要用于饲料中金属元素的分析,因为仪器的普及程度不如其他两种类型的仪器,因此在制定标准时很少采用。

近红外技术检测的原理是饲料中的分子物质可以吸收不同波长的光,根据对饲料有机组分中含有的 C—H、N—H、O—H 等化学键的泛频振动或转动,以漫反射方式获得在近红外区的光谱信息,通过与仪器的数据库或待测组分线性及非线性模型进行分析。优点是检测快速,不用有害的试剂,所需的样品量少,非破坏性的无损检测。近年来近红外光谱技术在饲料原料检测中推广应用,可以用来对饲料有机组分如水分、粗蛋白、脂肪等进行快速检测。在青贮饲料的品质测定中,应用近红外光谱测定饲料的 pH、粗蛋白、粗灰分、干物质等指标,得到很好的结果,但对于可溶性碳水化合物含量的粗略估计,精度有待提高。我国也制定了饲料中水分、粗蛋白、粗纤维、粗脂肪、赖氨酸和蛋氨酸的近红外快速测定方法(GB/T 18868—2002)。由于该项技术是间接的检测,需要大量的样品参考值来建立校正和参考模型。同时受饲料资源的近红外光谱数据库的限制,在某种程度上限制了该技术在饲料检测上的应用。尤其是对于配合饲料和浓缩饲料,由于其成分复杂,很难用近红外对其中的某种成分进行准确检测。此外,高光谱分析技术在肉骨粉尤其是反刍动物源性饲料的检测中,开始研究应用。应用高光谱分析对包含有朊蛋白饲料样品的检测,已经建立了分析数据系统或模型。

2.色谱分析技术

色谱分析的基本原理是让混合物通过互不混溶的两相,由于各组分的结构、性质不同,因此可以在两相中进行分离。饲料检测中应用的色谱仪器主要有气相色谱仪和液相色谱仪。我国国家标准中规定的饲料中农药残留如有机磷(GB/T 18969—2003)、除虫菊酯类(GB/T 19372—2003)、氨基甲酸酯类(GB/T 19373—2003)等大多数农药残留的检测均采用气相色谱分析方法。随着饲料中油脂的添加,对油脂质量及种类的检测逐渐成为关注的重点,因此开始应用气相色谱对饲料中脂肪酸种类及含量进行检测,以确定饲料中油脂的组成。此外饲料香味剂的检测主要包括对其香气、理化指标、稳定性和有效性等进行检测,由于香味剂是非常复杂的化合物,在国外多采用气相色谱-质谱联用技术进行定性定量分析。我国对香味剂的检测主要是对其中味料部分的一些成分进行检测,如谷氨酸钠、肌苷酸、鸟苷酸、糖精钠、葡萄糖等采用高效液相色谱方法进行检测;对于香气部分如含有丁酸乙酯、乳酸乙酯、香草醛等成分采用气相色谱进行检测。饲用防霉剂目前国内外普遍采用气相色谱或高效液相色谱方法进行检测,有些方法直接采用食品添加剂检测标准方法,例如饲用防霉剂中的脂肪酸类物质,包括甲酸、乙酸、丙酸、山梨酸、苯甲酸等采用气相色谱技术,用有机溶剂丙酮/石油醚等提取,经过离心净化,通过色谱柱或毛细管柱的分类,用电子捕获、氢焰等检测器进行定量测定。饲用抗氧化剂是添加到饲料中,能够阻止饲料或延迟饲料氧化,提高饲料稳定性和延长贮存期的一类物质,常用的有乙氧基喹啉、二丁基羟基甲苯(BHT)、丁基羟基茴香醚(BHA)等。对于抗氧化剂的检测技术多采用高效液相色谱或气相色谱技术进行分析。如饲料中 BHA、BHT 的检测采用液相色谱技术,经乙烷溶解提取、乙腈萃取浓缩,异丙醇稀释后注入高效液相色谱仪中进行分离检测,用紫外检测器进行定量分析。乙氧基喹啉、BHT 也可以采用气相色谱方法,经毛细管柱分离,用氢焰检测器测定其含量。液相色谱在饲料检测中的应用十分广泛,例如饲料中维生素的反相高效液相色谱分析方法已经列为国家标准分析方法。氨基酸的检测从以氨基酸分析仪为主逐步转向普遍采用的高效液相色谱方法:经邻苯二甲醛(OPA)和异硫氰酸苯酯(PITC)柱前衍生后,经 C_{18} 柱分离,紫外或荧光检测器进行检测。该方法的分析时间短,灵敏度高,极易在大中型饲料厂中普及应用。液相色谱还广泛应用于饲料中药物的检测,随着国家对饲料安全问题的重视,饲料标准化委员会组织制定了大批饲料中违禁药物的检测方法,如饲料中盐酸克仑特罗、呋喃唑酮、磺胺喹噁啉、磺胺二甲基嘧啶、磺胺间甲氧嘧啶、盐酸氯苯胍等,饲料中西马特罗、地西泮、苯巴比妥、氯丙嗪、己烯雌酚、雌二醇、玉米赤霉烯酮、氢化可的松、氯霉素、金霉素、土霉素、氯苯胍、喹乙醇、莫能菌素、拉沙络西钠、杆菌肽锌、氯羟吡啶、尼卡巴嗪、盐霉素、林可霉素、百里霉素、盐酸氨丙啉、二甲硝咪唑等,大部分采用液相色谱或液相色谱-质谱联用技术进行分析。应用液相色谱对饲料调质剂的检测分析逐渐推广。饲料调色剂或者着色剂有天然提取的色素和人工合成色素,主要采用液相色谱仪器进行定量分析。如饲料中叶黄素的检测,目前精确测定的最可靠方法是高效液相色谱方法,根据 1984 年美国公职分析化学家协会(AOAC)提出柱层析色谱法测定总叶黄素,直接用分光光度计进行检测。我国 2008 年上半年出台了饲料添加剂叶黄素检测的国家推荐标准 GB/T 21517—2008,比柱层析方法更加简单,操作步骤少,大大提高了叶黄素检测工作的推广。

3. 质谱技术

确证分析是针对一些未知分析目标物,通过对质谱库比对等进行未知物的确定。确证法可以应用多种技术,如高效液相色谱方法、气相色谱方法、色谱-质谱联用技术等,尤其是色谱-质谱联用技术的应用,使得在检测微量危害物和残留物方面发挥了重要的作用。我国在对"瘦肉精"专项查处工作中,采用的检测技术方法是应用液相色谱-质谱联用技术对样品进行定性、定量分析,对饲料安全的监督具有保障作用。各种分析技术联用是现代分析发展的特点,联用技术既可进行分离,同时又可对目标物进行定性和定量,因此在确证分析中得到广泛的应用。饲料分析中常见的联用技术有气相色谱-质谱联用技术(GC-MS)、液相色谱-质谱联用技术(LC-MS)、液相色谱-电感耦合等离子体光谱-质谱联用技术(LC-ICP-MS)等。对饲料中镇静剂的同步检测已经列为我国农业部标准:《饲料中盐酸异丙嗪、盐酸氯丙嗪、地西泮、盐酸硫利达嗪和奋乃静的同步测定　高效液相色谱法和液相色谱质谱联用法》(NY/T 1458—2007)。采用液相色谱-电喷雾串联质谱法(LC/ESI-MS/MS)检测饲料中的莫诺霉素,检测实验室制备样品的含量范围是 0.50～30.0 $\mu g/g$,回收率为 83.9%～94.2%,相对标准变异小于 23%,定量限 0.1 $\mu g/g$。关于对饲料中添加药物尤其是违禁药物的色谱-质谱联用技术的研究成果很多,并且还在不断地研究发展中。由于这些联用技术需要的大型仪器价格昂贵,使用成本高,并且需要特殊的场地和专门的人才,因此限制其在饲料监督过程中的广泛应用。

(二)生物技术在饲料检测中的应用

应用生物学检测方法目前已经成为饲料安全检测中重要的技术之一,特别是免疫学检测方法,几乎是快速筛选的主要技术,作为一种新型的分析技术手段已经渗透到安全分析的其他环节。

1. 免疫学方法

免疫学方法是在特异性抗体-抗原反应原理基础上建立的,在 20 世纪初被用来进行肉的种类的鉴别,主要有酶联免疫法(ELISA)、放射免疫法(RIA)和免疫荧光法(FIA)。现在已有多种试剂盒被研发出来,用于饲料中违禁药物如盐酸克仑特罗、莱克多巴胺、地西泮、沙丁胺醇、氯丙嗪、四环素、呋喃类药物等。同时对饲料中动物源性成分如肉骨粉、反刍动物成分等进行检测。由于免疫分析技术是以抗原与抗体的特异性、可逆性结合反应为基础的分析技术,因此具有极高的选择性和灵敏性,具有操作简单、样品容量大、仪器化程度高和分析成本低等优点,是目前理想的饲料中违禁药物筛选的方法之一。此外,酶联免疫法用于霉菌毒素的测定研究取得新的进展,现已经研究并建立了黄曲霉素 B1、赭曲毒素 A、玉米赤霉烯酮、脱氧雪腐镰刀菌烯醇单克隆抗体酶联免疫方法,利用酶联免疫药盒可以快速测定饲料原料和成品饲料中霉菌毒素污染状况,为防霉保鲜和防霉剂的使用提供依据。

2.以 DNA 为基础检测的方法

以 DNA 为基础的检测技术主要有核酸探针杂交、DNA 指纹分析、PCR-RELP 分析、PCR 特异扩增(常规 PCR 方法和 real-time PCR 方法)。主要原理都是对各种物种内特异的核酸序列进行提取、鉴定,从而判定饲料内有无该物种的成分。其中 PCR 特异扩增方法由于其简单、快速、特异性强的特点,成为目前最广泛应用的方法,特别是荧光 PCR 的应用使得检测的特异性和敏感性更高。我国也于 2008 年 4 月 1 日颁布实施了应用 PCR 方法定性检测动物源性饲料中动物成分的标准,包括骆驼源性成分、犬源性成分、哺乳动物源性成分、猪源性成分、兔源性成分、鹿源性成分和马、驴源性成分的 PCR 定性检测,为进一步规范和监督动物源性饲料的安全使用提供技术支持。

3.微生物的检测

饲料中污染微生物的危害主要产生在以下 4 个方面,一是含有致病性微生物如沙门氏菌、志贺菌、致病性大肠杆菌等而使动物产生疾病;二是微生物的繁殖使某些营养成分如脂肪、动物蛋白产生腐败作用;三是非致病性微生物寄生于饲料中,消耗饲料中的养分,使饲料营养价值下降;四是某些微生物会产生毒素如黄曲霉毒素、赭曲霉毒素、肉毒毒素、金黄色葡萄球菌肠毒素等,动物食用含有这些毒素的饲料后会产生危害。目前微生物的检测技术发展很快,利用了包括微生物学、分子化学、生物化学、生物物理、免疫学和血清学等领域的知识,其目的是建立可用于微生物计数、早期诊断、鉴定等方面的快速检测技术。除常规的平板培养外,目前已有商品化的基因探针试剂盒,如 GENE-TRAK Systems DNA 杂交筛选法(AOAC 方法:987.10,990.13)。李斯特菌、沙门氏菌、弯曲杆菌等均有 DNA 探针的试剂盒。目前,已经有了全自动化的 PCR 检测试剂盒及仪器,如美国杜邦快立康公司的 BAX 病原菌检测系统,可用于检测沙门氏菌、大肠杆菌 O157:H7 等致病菌。荧光酶免疫分析筛选方法是在 EIA 基础上加入荧光标记的酶底物,用荧光计检测荧光度值来判断结果。如沙门氏菌荧光酶免疫分析研究筛选方法是基于 EIA 测定沙门氏菌抗原。沙门氏菌多克隆免疫色度分析筛选方法已有许多试剂盒,由澳大利亚 Bioenterrises Pty Ltd 和美国 BioControl Systems Inc 研制的多克隆免疫试剂盒,都已获 AOAC 认可。

(三)饲料检测技术的未来发展方向

针对饲料工业快速发展的需要,尤其是高新技术产品及饲料、营养研究的最新进展需要开展相应的"快"、"高"、"难"检测技术的研究。在饲料样品预处理方面,现代分析样品制备技术的发展趋势就是使处理样品的过程要简单、处理速度快、使用装置要小、引进的误差要小、对欲测定组分的选择性和回收率要高。目前,国际上较多使用固相萃取(SPE)、微波提取技术、凝胶层析(GPC)、加速溶剂提取(ASE)、基体分散固相萃取(MSPD)、超临界萃取(SFE)、固相微萃取技术。而我国目前主要采用传统的溶剂萃取,液液分配,柱层析净化,前处理方法自动化程度低、提取净化的效率不高,速度慢,环境污染严重。新开发的前处理技术其目的和结果就是要实现快速、有效、简单和自动化地完成分析样品制备过程。在仪器设备方面,要求检测仪器自动化程度进一步提高,色谱分析柱通用性强,朝更高灵敏度、更高选择性、更方便快捷的方向发展，不断推出新的方法来解决遇到的新的分析问题。此外，应进一步开展针对饲料中违禁药物、霉菌毒素等有毒有害物质的高通量筛选技术和快速检测技术的研究，开展对转基因饲料中外源基因的筛查及定性分析技术及微生态制剂的质量检测技术和安全评价技术的研究等。

任务 1-2 饲料质量安全的控制途径

▶ 一、产地安全

企业应当加强饲料原料、单一饲料、饲料添加剂、药物饲料添加剂、添加剂预混合饲料、浓缩饲料等（以下简称原料）的采购管理，制定供应商（包括原料生产企业和经销商）选择、评价和再评价程序，对供应商的资质、产品质量保障能力进行评估，建立合格供应商名录，并保存供应商评价记录和相关文件。

（一）供应商管理

（1）供应商选择、评价和再评价程序应当包括供应商评价及再评价流程、选择评价原则、评价标准等内容。

（2）供应商评价记录应当包括供应商名称、营业执照编号、注册地址、联系人、联系电话、所供原料的通用名称和商品名称、原料生产企业的生产地址、许可证明文件编号和质量标准编号，以及评价标准、评价结论、评价日期、评价人员签名等信息。

（3）合格供应商名录应当包括供应商的名称、所供原料的通用名称和商品名称、原料生产企业生产地址、许可证明文件编号等信息。企业统一采购原料供分支机构使用的，其分支机构应当复制保存规定的评价资料。

（4）企业应当与供应商签订采购合同，列明采购原料的通用名称、商品名称、规格、数量、主成分指标、卫生指标、验收方法等内容。企业统一采购原料供分支机构使用的，其分支机构应当复制保存规定的采购合同。

（二）采购与验收管理

企业应当制定原料采购与验收程序，建立接收标准，对采购的原料进行查验或检验。

（1）原料采购与验收程序应当包括采购流程、查验或检验流程、不合格品的处置等内容。

（2）企业应当收集并保存所采购原料的质量标准文本。

（3）企业应当根据原料的质量标准制定原料接收标准，原料接收标准应当包括原料的通用名称、商品名称、规格或等级、主成分指标的标准值和接收值、卫生指标等内容。

（4）企业应当逐批查验供应商（供货者）随货提供的单一饲料、饲料添加剂、药物饲料添加剂、添加剂预混合饲料、浓缩饲料生产企业许可证明文件和产品质量检验合格证；无生产企业许可证明文件和产品质量检验合格证的，不得使用。

（5）采购不需行政许可的原料的，应当逐批查验供应商（供货者）提供的质量检验报告；供应商（供货者）无法提供质量检验报告的，企业应当对所购原料的主成分指标逐批自行检验或委托检验。

（6）企业每3个月应当至少抽取5种原料,对其主要卫生指标进行自检或委托有资质的机构检测;委托检测的,应当索取并保存受委托检测机构的计量认证证书及附表复印件。

（三）台账管理

企业应当建立进货台账,如实记录其采购原料的名称、产地、数量、生产日期、保质期、许可证明文件编号、质量检验信息、生产企业名称或者供货者名称及其联系方式、进货日期、经办人等信息。进货台账、购货票据等凭证保存期限不得少于2年。

（四）仓储管理

企业应当建立原料仓储管理制度,实施出入库记录和垛位标识卡管理。

（1）仓储管理制度应当包括库位规划、堆放方式、垛位标识、出入库、库房盘点、环境要求、虫鼠防范、库房安全等内容。

（2）出入库记录应当包括原料名称、规格或等级、生产日期、供应商简称或代码、入库数量和日期、出库数量和日期、保管人员等信息。

（3）垛位标识卡应当包括原料名称、规格或等级、产地或供应商代码、检验状态等信息。

（4）不同原料的垛位之间应当保持适当距离。

（5）储存维生素、微生物添加剂、酶制剂等对温度有特殊要求的原料,应当对温度进行监控并记录。

（6）亚硒酸钠等按危险化学品管理的饲料添加剂应当有独立的储存间。储存间应当设立清晰的警示标识,采用双人双锁管理。药物饲料添加剂应当有独立的储存间,防止与其他饲料添加剂交叉污染。

（7）企业应当根据原料的库存时间和保质期限,制定库存原料质量监控制度,并保存监控记录。质量监控制度应当包括监控方式、监控频次、监控内容、异常情况处置方式等内容;监控记录应当包括原料名称、监控时间、监控内容、监控结果、异常情况描述、处置方式等信息。

二、生产安全

（一）制定文件

企业应当制定工艺设计文件、生产操作规程、生产工艺参数、记录表单等生产过程控制技术文件。

（1）工艺设计文件应当包括生产工艺流程图及其说明,并附生产设备清单。

（2）生产操作规程应当涵盖原料领料和配制、中控、投料、粉碎、混合、制粒、膨化、包装、生产线清洗、设备清洁等作业岗位。

（3）生产工艺参数应当包括粉碎(筛片孔径规格等)、混合(混合时间等)、制粒(调质温度、蒸汽压力、环模规格、分级筛上下层筛孔径规格等)、膨化(调质温度、模板、孔径等)等。

（4）记录表单应当涵盖小料称量配制、小料预混合、小料投料与复核、大料投料、中控岗位操作、制粒作业、膨化作业、包装作业、标签使用、生产线清洗、清洗料使用、设备维护保养、设备维修等作业内容。

(二)防止交叉污染

(1)企业应当按照"无药物的在先、有药物的在后"的原则,科学合理制定生产计划。

(2)生产含有药物饲料添加剂的产品后,继续生产不含药物饲料添加剂或改变药物饲料添加剂的产品的,应当对生产线进行清洗,清洗料如需回用应当明确标识并回置于同品种产品中。

(3)盛放饲料添加剂、药物饲料添加剂、添加剂预混合饲料、含有药物饲料添加剂的产品及其中间产品的器具或包装物应当明确标识,不得交叉混用。

(4)设备应当定期清理,及时清除残存料、粉尘积垢等残留物。

(三)防止外来污染

(1)生产车间应当设立防鼠、防鸟等设施,地面平整,无污垢积存。

(2)生产现场的原料、中间产品、返工料、不合格品等应当分类存放,明确标识。

(3)保持生产现场清洁,及时清理杂物。

(4)按照产品说明书使用润滑油、清洗剂。

(5)不得使用易碎、易断裂、易生锈的器具作为称量或盛放用具。

(6)不得在饲料生产过程中进行维修、焊接、气割等作业。

(四)配方管理

企业应当制定包括配方设计、审核、批准、更改、传递、使用等内容的配方管理制度。配方设计应当符合国家法律法规和相关标准要求。

(五)投料管理

投料工应当按照投料操作规程实施作业,保持投料现场干净整洁,保存投料记录:

(1)投料操作规程应当包括投料指令、垛位取料、投放顺序、感官质量检查、投料现场清洁等内容。

(2)投料记录应当包括投料品种、时间、数量、感官、投料工等信息。

(六)小料称量

企业应当对小料的称量配制、投料、复核过程进行记录并保存。

(1)小料称量配制记录应当包括产品名称、使用原料名称、理论值、配方编号、配制人员、配制日期等信息。

(2)小料投料与复核记录应当包括产品名称、生产数量、接收批数、投料批数、重量复核、剩余批数、投料复核人员、清洗料名称和重量等信息。

(3)配料中形成的中间产品应当标识产品名称、配制日期、数量、配制人员等信息。

(4)企业应当对配方中添加比例小于 0.2% 的原料进行预混合,并保存预混合记录。预混合记录应当包括产品名称、原料重量、稀释剂(载体)名称和重量、混合时间、批次、操作人等信息。

(七)操作记录保存

(1)配料记录应当包括配方编号、原料名称、配料仓号、原料理论值和实际值、配料时间等信息。

(2)中控岗位操作记录应当包括产品名称、配方编号、作业时间、混合时间、清洗料、理论产量、制粒仓号、制粒机号、成品仓号、洗仓情况等信息。

(八)产品混合

企业应当根据产品混合均匀度要求确定产品的最佳混合时间,并记录检验日期、混合机编号、混合物料名称、混合时间、检验结果、混合次数、最佳混合时间、检测人员等信息;企业应当每6个月按照产品类别(添加剂预混合饲料、配合饲料、浓缩饲料、精料补充料)进行混合均匀度验证,并记录产品名称、检验日期、混合机编号、检验方法、检验结果、检测人员等信息。混合机发生故障经修复投入生产前,应当按照规定进行混合均匀度验证,并记录相关信息。

(九)企业应当保存制粒作业记录

制粒作业记录包括产品名称、作业时间、制粒机号、调质温度、颗粒感官、环模孔径、环模长径比、分级筛筛网孔径、蒸汽压力等信息。

(十)建立完善的生产设备管理制度

(1)生产设备管理制度应当包括采购与验收、档案管理、操作、维护与保养、备品备件管理等内容。

(2)设备维护保养记录应当包括设备名称、设备编号、保养日期、保养项目、保养人员等信息。

(3)设备维修记录应当包括设备名称、设备编号、维修日期、维修部位、故障原因、维修情况、维修人员等信息。

(4)关键设备档案应当包括基本信息表(包含名称、编号、型号、规格、制造厂家、联系方式、安装日期、使用日期、产能、主要参数等信息)、使用说明书和随机图纸、购置合同、维修记录、操作规程、维护保养计划和记录等内容。

▶ 三、产品质量控制

(1)企业应当建立现场质量巡查制度,并保存现场质量巡查记录。

①现场质量巡查制度应当包括巡查位点、巡查内容、巡查方法、巡查频次、异常情况处置方式等内容。

②现场质量巡查记录应当包括巡查位点、时间、内容、问题描述、整改措施、整改结果、巡查人员等信息。

(2)企业应当根据产品质量标准对出厂产品进行检验,并保存检验记录和检验报告,保存期限不得少于2年。

①检验记录应当包括产品名称或编号、检验项目、检验方法、检验过程、检验时间、检验人员等信息。

②检验报告应当包括产品名称、生产日期或批号、抽样基数、检验项目、检验方法、实测值、标准值、判定值、判定依据、检验结论、报告日期、报告编制人员和审核人员等信息。

(3)企业应当每周至少对其生产的5个产品的下列主成分进行自行检验。

①维生素预混合饲料:两种以上维生素。

②微量元素预混合饲料:两种以上微量元素。

③复合预混合饲料:两种以上维生素和两种以上微量元素。

④浓缩饲料、配合饲料、精料补充料:粗蛋白质、粗灰分、钙、总磷。

(4)企业应当制定分析天平、高温炉、干燥箱、酸度计、分光光度计、高效液相色谱仪、原子吸收分光光度计等主要仪器设备操作规程,建立使用记录和档案。

①仪器设备使用记录应当包括仪器设备名称、型号或编号、使用日期、样品名称或编号、检验项目、开始时间、完毕时间、仪器设备运行前后状态、使用人员等信息。

②仪器设备档案应当包括基本信息表(名称、编号、型号、制造厂家、联系方式、安装日期、使用日期、主要技术参数等)、使用说明书、购置合同、使用记录、操作规程等内容。

(5)企业应当制定包括采购、贮存、使用、处理等内容的化学试剂和危险化学品管理制度,建立危险化学品出入库记录,并按相关规定处置废弃物。

①化学试剂、危险化学品以及试验溶液的使用,应当遵循 GB/T 601—2002、GB/T 602—2002、GB/T 603—2002 以及检验方法标准的要求;需要低温存放的化学试剂、危险化学品、试验溶液,贮存室应当配备空调或冰箱。

②危险化学品出入库记录应当包括名称、领用数量、领用人、领用日期、库存数量、保管人等信息。

(6)企业应当建立检验管理制度。检验管理制度应当包括对影响检验的关键要素(人员、仪器、样品、试剂及标准物质、方法、环境等)的控制要求以及抽样位点、抽样频次、检验项目、检验时限、检验结果传递、产品质量检验合格证的签发等内容。企业应当选择以下措施验证检验结果的准确性。

①同具有法定资质的检验机构进行检验比对。

②利用购买的标准物质或高纯度化学试剂进行检验验证。

③在实验室内部进行不同人员、不同仪器的检验比对。

④对曾经检验过的留存样品进行再检验。

⑤利用检验质量控制图等数理统计手段识别异常结果。

(7)企业应当建立产品留样观察制度,对其生产的每批产品留取样品,定期进行观察,并建立观察记录。

①留样观察制度应当包括样品留样数量、留样标识、贮存环境、观察内容、观察频次、异常情况的处置措施、到期样品的处理方式、观察责任人等内容。

②留样观察记录应当包括产品名称或代号、生产日期或批号、保质期、观察日期、观察项目、异常情况处置、观察人等信息。留样保存时间应当超过产品保质期 1 个月。观察记录保存期限不得少于 2 年。

(8)企业应当建立不合格品管理制度,对不合格的原料、中间产品、成品的评价和处理做出规定,并保存评价及处理记录。

①不合格品管理制度应当包括不合格品的判定标准、标识及贮存、处理流程、处理方式、处理权限、处理人员等内容。

②评价与处理记录应当包括不合格品名称、数量、状态描述、原因、评价结果、处理方式、批准人员、处理人员等信息。

四、产品贮存及运输

(1)企业应当建立产品仓储管理制度,实施出入库记录和垛位标识卡管理。

(2)企业在产品装车前应当对运输车辆的安全、卫生状况实施检查,并保存检查记录。

（3）直接销售给养殖者的饲料可以使用罐装车运输，罐装车应当专车专用，符合国家有关安全卫生的规定，并随车附具产品标签和产品质量检验合格证。装运不同种类的产品时，应当对罐体进行清理，并保存清理记录。

（4）企业应当建立产品销售台账，如实记录出厂销售的饲料产品的名称、数量、生产日期、生产批次、质量检验信息、购货者名称及其联系方式、销售日期等信息。销售台账、销售票据保存期不得少于2年。

▶ 五、标签安全

《饲料和饲料添加剂管理条例》第15条规定，饲料、饲料添加剂的包装物上应当附具标签。标签应当以中文或者适用符号标明产品名称、原料组成、产品成分分析保证值、净重、生产日期、保质期、厂名、厂址和产品标准代号。饲料添加剂的标签，还应当标明使用方法和注意事项。加入药物饲料添加剂的饲料的标签，还应当标明"加入药物饲料添加剂"字样，并标明其化学名称、含量、使用方法及注意事项。饲料添加剂、添加剂预混合饲料的标签，还应当注明产品批准文号和生产许可证号。

任务1-3 无公害与绿色饲料

绿色食品，特别是要获得绿色畜禽产品，对饲喂畜禽的饲料要保证是绿色无公害的，这样才能生产出绿色安全的动物产品。改革开放以来，我国的养殖业得到了迅猛的发展，部分畜禽产品总产量已跃居世界第一位，从而带动了以养殖业为基础的饲料工业的迅速发展，目前我国已成为饲料工业生产大国，年产饲料约7 000万t。但随着人们生活水平的提高和健康意识的日益加强，人们对"病从口入"有了更进一步的认识，老百姓关心的不再是吃饱而是吃好的问题，对包括畜禽和水产品在内的食品提出了更高的要求。近年来，无污染、无残留和无公害的安全绿色食品已成为人们的一种消费时尚，畜禽水产品中有害物质的残留问题已引起了人们的高度警惕，有害物质残留已成为阻碍我国养殖业发展和产品出口创汇的一个关键因素。

▶ 一、绿色无公害饲料

在这里先对绿色食品和绿色无公害饲料两个名词给出释义。绿色食品是指遵循可持续发展原则，按照特定生产方式生产，经专门机构认定，许可使用绿色食品标志商标的无污染的安全、优质、营养类食品。绿色无公害饲料是指无农药残留、无有机或无机化学毒害品、无抗生素残留、无致病微生物、霉菌毒素不超过标准的饲料。

绿色饲料产品包括绿色饲料和绿色饲料添加剂。绿色饲料是指遵循可持续发展原则，按照特定的产品标准，由绿色生产体系生产的无污染、无公害、安全、优质的营养饲料。绿色饲料添加剂是指由绿色生产体系生产的各种饲料添加剂，主要指酶制剂、益生素、中草药、酸化剂、天然有机提取物等。

绿色饲料添加剂应具备以下几个要素:一是在动物生产过程中无药物残留,不产生毒副作用,对动物生长不构成危害,其动物产品对人类健康无害;二是动物的排泄物对环境没有污染;三是结合动物的育种技术,使用绿色饲料添加剂的动物产品经具有第三方公正地位的机构检验并经有关主管部门认定和被消费者广泛公认的,具有原始的风味和独特的适口性。

"绿色"的概念也是相对的,不是一成不变的,它将随着科学技术的进步和社会的发展,必然会提出更高的标准,不能绝对化。虽然天然物质或天然物质提取物一定是绿色的,但超剂量的添加和滥用天然物质或提取物对动物仍然是有害的。也不能认为化学合成物一定是非绿色的。例如,几乎所有的维生素都是化学合成物质,不能认定它就是非绿色的。

◎ 二、发展无公害饲料生产的意义

在集约化的养殖过程中,由于饲养环境、疾病威胁和营养限制等因素,必须在饲料中添加一定量的饲料添加剂,以保证动物健康,提高肉禽蛋产量,从而提高养殖效益。药物饲料添加剂随饲料进入动物体内后,绝大部分经代谢后排出体外,但仍有极少量没有排出而积累在动物体内,并通过食物链最终在人体中富集,严重损害了人体的健康。因此饲料添加剂是引起畜禽和水产品中有害物质残留的主要原因之一,其中添加剂中的抗生素是最根本的因素。抗生素在养殖业上的广泛应用产生了一些影响动物健康并最终危害人类健康的负面效应,其中最主要的是有害物质的残留在人体中产生耐药菌株,使人体失去对某些疾病的抵抗力,或有害物质的大量蓄积对人体产生毒害作用等。发展绿色饲料产品与发展效益型畜牧业是推进畜牧业产业结构战略性调整的重要途径之一。因此,无公害饲料就是围绕解决畜产品残留危害和减轻畜禽粪便对环境污染等问题,从饲料原料的选购、配方设计、加工饲喂等过程,进行严格的质量控制和实施动物营养系统调控,以改变、控制可能发生的畜产品残留危害和环境污染而产生的低成本、高效益、低污染的饲料产品。

◎ 三、无公害、绿色饲料的生产要求

(一)确保饲料原料质量

配制配合饲料所选的原料必须符合《饲料卫生标准》、各种饲料质量标准、饲料添加剂标准和《饲料标签》的有关规定。

(二)科学配方

无公害饲料应具备无臭味、消化吸收性能好、动物增重快和疾病少以及排泄物中的磷、砷、铜排泄量少等条件。因此,在进行配方设计时,应考虑的因素有:

(1)合理利用消化率低和纤维含量高的原料。

(2)基于最新动物营养研究成果的动物营养需求参数,按有效养分的需要量进行配方设计,以减少粪中有机物的排出量。

(3)选择必要的同类或异类替代物,剔除一些不安全因素,科学合理地使用饲料添加剂,使之达到绿色无公害的功能。如益生素、低聚寡糖类的协同作用替代抗生素等。

(4)不使用会对环境造成污染的非药物添加剂,如砷制剂、铬制剂等;不滥用可能对环境造成污染的矿物添加剂,如采用高铜、高锌方案等。

(5)用先进生产工艺将动物营养研究的成果与饲料加工工艺有机结合起来,将明显提高配合饲料的饲喂效果。如利用远红外技术可以使加工原料的检验速度和可追踪性大为提高。使用可靠的定量、半定量诊断装置可以对原料中的毒素、杀虫剂及其他污染物进行检测,从而为终端产品质量的安全提供进一步的保障。

任务1-4 加强饲料安全的对策与建议

一、生产对策与建议

生产对策是饲料安全最根本的对策,如果生产者生产了不安全的饲料,再进行处理,其成本极高。所以,应该提高对生产对策的认识,抓好生产对策的落实,以保证生产安全饲料。饲料安全是一种社会规范,按照这一规范,生产者在生产饲料产品时,应当在可能的情况下,尽力保证饲料产品的安全:一是不能向饲料中添加不安全的原料;二是应采用先进的生产工艺,保证在生产过程中不产生不安全因素;三是在产品产出后,应加强管理,避免发生霉变或变质,产生不安全因素。

二、技术对策与建议

技术对策是饲料安全的关键。没有先进的科学技术,就不能知道饲料是否安全,不能检测出饲料的不安全因素,不能控制不安全因素的发生,不知道如何才能保证饲料安全。因此,应加强饲料成分检查、饲料不安全因素检测,安全饲料生产等科学技术研究,保证饲料安全。

三、教育宣传对策与建议

教育宣传对策是饲料安全的基础。加强饲料安全教育和宣传,是饲料安全工作的基础性工作,只有饲料生产者和使用者都认识到生产安全饲料的好处,生产不安全饲料的坏处,才能保证饲料安全。

四、管理对策与建议

管理对策是饲料安全的核心。如果不加强管理,饲料安全工作就只是个别企业、个人的行为,不能形成社会行为,解决不了根本问题。因此,必须加强管理。一是国家应制定法律、法规,依法进行管理,目前,国务院已经颁布了《饲料和饲料添加剂管理条例》等法规文件,应严格执行,以保证饲料安全;二是应制定相关的标准和规范,实行规范化管理;三是应加强检测技术和检测手段研究,提高管理的技术水平;四是应加大执法力度,严肃处理违法、违规行为,保证饲料安全。

职业能力和职业资格测试

1. 饲料质量安全的评价指标有哪些？
2. 饲料质量安全的检验技术和方法有哪些？
3. 如何控制饲料质量安全？
4. 何为无公害农产品、绿色食品、有机食品？如何对其进行认证？
5. 如何控制转基因农产品的质量安全？

项目 2

影响饲料安全的因素

▶ 项目设置描述

饲料安全是动物性食品安全的源头，近年来，由于"口蹄疫"、"疯牛病"、"二噁英"、"瘦肉精"以及"三聚氰胺"等恶性事件的不断发生，使饲料安全问题再度成为广大群众关注的热点，也引起了畜牧工作者及有关部门的极大关注。饲料安全是畜产品安全的前提和保障，关系着人类健康和社会稳定，也越来越引起各级政府的关注。饲料中存在的不安全或具有安全隐患的因素很多，关注和解决安全问题刻不容缓。本项目主要讲述饲料安全的概念与特性、对饲料安全理解的误区、引发饲料安全的因素、饲料安全与生态环境污染现状等方面的内容，学习本章的内容对于解决饲料安全问题、促进人类健康、加强社会稳定等方面有重要意义。掌握饲料安全的特性、引发因素及与环境污染的关系，并能够运用相关知识解决畜牧生产的饲料安全问题。

学习目标

1. 掌握饲料安全的概念及特性。
2. 了解饲料安全理解的误区。
3. 掌握引发饲料安全的因素。
4. 了解饲料安全与生态环境污染的关系。
5. 能缓解饲料污染，解决饲料安全问题。

一、饲料安全的概念

饲料安全通常是指饲料产品(包括饲料和饲料添加剂)中不含有对饲养动物的生产性能和健康造成实际危害的有毒、有害物质,其成分不会在动物产品中残留、蓄积和转移而危害人体健康或对人类的生存环境产生负面影响。简言之,饲料安全有两方面的含义,一是指饲料供给安全,二是指饲料对人和动物机体的安全。因此,饲料安全问题变得越来越突出和重要。

在科学技术高度发展的今天,评价一种饲料产品的优劣,应该依照如下三个标准:一是应有利于促进动物的生长发育,有益于人的生长发育和健康;二是应有利于促进经济和社会发展,有益于技术进步;三是应有利于环境保护,不破坏环境。但目前仅仅依靠这些标准,饲料安全是根本不可能做到的。因此,饲料安全只是个相对的概念,是在一定情况下的最佳选择;是在一定的自然环境中,在一定的科学技术水平下,人类在总结社会经验的基础上的一种社会规范,是一种要求,一种标准。

二、饲料安全的特性

饲料安全与其他安全问题不同,有其自己的特点。

1. 隐蔽性

饲料安全的隐蔽性在于,一般情况下饲料的使用对象不能够直接反映或表达所受危害,而且因技术手段的限制不能有效鉴别一些物质的毒副作用。相反,某些有毒有害成分可能会促进动物的生长、提高产品的风味,因此不安全的各种因素往往是在不为人知的情况下进入动物产品,并通过动物产品转移到人体内和环境中,对人类健康和生态环境造成危害。因此,饲料安全问题有其隐蔽性。

2. 累积性

饲料中的不安全因素,如重金属、违禁药物、二噁英等有毒有害物质一是会通过饲喂动物的产品或器官累积,再进入人的食物链而影响人体健康甚至造成中毒或死亡;二是会通过排泄物排到体外污染周边环境,进而污染水源和土壤等,对人类健康造成危害。

3. 复杂性

饲料产品中不安全因素众多,而且复杂多变。有些是人为因素,有些是非人为因素;有些是偶然因素,有些则是长期累积的结果。1998年英国的"疯牛病"风波是饲料原料使用不当造成的,1999年比利时发生的"二噁英"事件是工业污染造成的。因此,工业污染、农药污染、饲料原料发生霉变,饲料添加剂使用不当等都会造成饲料安全问题。

4. 长期性

一方面,饲料产品中的不安全因素是长期存在的,虽然通过加强监督管理和提高安全意识,会减小危害发生的程度和范围,但是短时间内不可能完全消除;另一方面,在饲料饲喂过程中蓄积在动物体内的有毒、有害物质直接污染环境或在人体内蓄积,所造成的影响也是长期的。

▶ 三、对饲料安全理解的几个误区

误区一:畜产品的安全问题都是饲料厂的产品造成的。该看法之所以不正确是因为畜产品的安全问题可由多种原因造成,可能由动物疫病造成,如禽流感、口蹄疫等;也可能由饲养环境不良造成,如水污染、通风不良等;还可能由运输、屠宰、加工过程造成。此外,部分饲养户为了追求利润,不顾国家法规,私自超剂量添加抗生素、促生长剂和违禁药物,造成畜产品药物残留超标。实际上,饲料产品质量抽检中绝大多数饲料企业的产品是合格的、安全的。

误区二:饲料厂采用了挤压膨化、膨胀、蒸汽热处理工艺,其饲料产品就是无公害饲料、绿色饲料。这种观点是不正确的。实际上采用这些先进工艺可以杀死或改变饲料中存在的大部分致病菌、部分病毒和某些抗营养因子,但不能去除微生物毒素、化学添加剂、农药残留等,更不能代替对饲料原料的控制,因此,也就无法保证产品为无公害或绿色产品。

误区三:饲料配方中采用了天然原料,饲料产品就是安全的。天然原料并不一定就是安全的、绿色的。我国的主要饲料原料如谷物、油料作物等在种植中普遍使用农药导致一些农药残留超标,作物生长过程中或在田间受到有害微生物的污染,水土中化学污染严重造成有害物超标等,因此天然原料不一定就安全绿色。

误区四:用中草药代替了抗生素就是安全饲料或绿色饲料。首先,是药三分毒,许多中草药在用量不当的情况下或配伍不当的情况下都是会对动物有害的;其次,用中草药替代了抗生素并不能保证基础饲料原料的安全性;另外,中草药本身在种植过程中因土壤、水源、空气污染也可能发生化学污染。

误区五:饲料厂只要把住原料质量关,配料采用计算机精确控制,生产的产品就一定安全。这一认识的错误之处在于忽视了对饲料厂生产过程的交叉污染的控制。由于在加工设备中不可避免地存在残留,因此采用正确的排序生产并配以必要的冲洗作业才能有效地控制交叉污染,保证饲料的安全性。

误区六:农家饲养的动物就一定安全。事实上,在多数条件下,农家饲养环境和动物疾病控制很困难,容易造成动物多病而不安全。另外,农家饲养采用剩饭剩菜和动物自由采食,饲料的安全问题也难以控制,同样可能造成动物产品不安全。

任务 2-2　引发饲料安全的因素

▶ 一、人为因素

1.非法使用违禁药品

为保证动物性产品质量安全,维护人民身体健康,农业部于 1998 年发布了《关于严禁非法使用兽药的通知》,随后又发布了一些更为具体的禁用药品(如己烯雌酚、盐酸克仑特罗

等)通知,强调严禁在饲料及饲料产品中添加未经农业部批准使用的兽药品种。但是,一些厂商和养殖者为了追求经济效益,置国家法律于不顾,不顾消费者的合法权益,非法使用一些违禁药物,如激素类、类激素类和安眠镇定类等,对养殖动物的安全生产和人的身体健康造成很大的威胁。近几年最突出的是盐酸克仑特罗(俗称"瘦肉精")的残留问题,盐酸克仑特罗属于β-肾上腺素激动剂,人食用了含有该药物残留的动物产品后,会出现心悸、颤抖、心动过速等症状。2003 年,农业部对国内 4 个大城市猪肉中盐酸克仑特罗的残留情况进行了3 次抽查,不合格率分别为 28.9%、42%、2% 和 29.5%,且已多次造成大面积人员中毒。2011 年双汇"瘦肉精"事件更是引起了广泛的关注。为了保证猪肉产品质量安全,保护人类健康,许多国家都禁止在食用动物源性的生产中使用盐酸克仑特罗。

2. 不按规定使用饲料药物添加剂

饲料药物添加剂是指为预防、治疗动物疾病而掺入载体或稀释剂的兽药预混物,常用的药物添加剂主要有抗生素和驱虫剂等。2001 年 7 月,农业部发布了《饲料药物添加剂使用规范》,规定了 57 种饲料药物添加剂的适用动物、用法与用量、停药期及注意事项等。然而,一些厂商不严格执行规定,往往超量添加、不遵守休药期和配伍禁忌等规定,导致该类药物的残留超标,使动物产生抗药性,危害人类健康,造成环境污染。

3. 过量添加微量元素

在饲料中适当地添加微量元素是必要的,其可以促进动物生长,预防某些疾病的发生。然而,在饲料中过量添加铜、锌等微量元素的现象普遍存在。这些高剂量铜、锌大部分会通过粪便排出体外,长期过量则会造成土壤板结;一旦污染水源则会降低水体自净能力,使水质恶化、水生物死亡;还可造成动物肝脏铜蓄积,人食入铜残留过高的猪肝将危害身体健康。

4. 饲料标签标识问题

一些企业和产品标注假冒批准文号;一些产品标签不规范,成分标识不清,专用性标注不明,使消费者无所适从;有些企业在饲料标签上夸大产品性能,对消费者造成误导;还有一些企业隐瞒了饲料产品的真实成分,使用者在不知情的情况下,很容易重复添加某些药物添加剂,从而造成药物中毒或过量蓄积。

5. 制假售劣行为屡禁不止

假劣饲料产品不仅扰乱了市场秩序,侵害了消费者的利益,同时也带来一些安全问题。例如,在鱼粉中掺杂石粉、羽毛粉、皮革蛋白粉、肉骨粉等,会造成重金属超标或其他有毒、有害物质混入,影响养殖动物生长和人体健康。假冒饲料添加剂中有效成分不足,会导致动物疾病的产生,不仅会影响养殖产品的生产性能,也对消费者利益造成一定的损害。近年来,虽然农业生产资料打假工作的力度不断加大,但制售假冒伪劣饲料产品的现象仍然存在。

6. 使用禁用饲料原料

肉骨粉等动物源性饲料虽然从开发利用蛋白资源的角度看,具有良好的社会效益和经济效益,但从安全的角度看,对反刍动物生产却存在较大的隐患。研究表明,英国的"疯牛病"就是由于使用了含有肉骨粉的配合饲料而引发的。我国是一个蛋白饲料资源短缺的国家,利用动物副产品制成动物源性饲料是补充资源不足的有效途径。但为规避风险,农业部于 1992 年发文禁止在反刍动物饲料中添加或使用动物源性饲料。然而,目前仍有一些养殖场(户)无视国家禁令,在反刍动物饲料中添加动物源性饲料产品,造成一定的"疯牛病"隐患。另外,在饲料中添加制药产生的药渣,带来抗药性等风险。

7.饲料加工过程产生的毒物及交叉污染

采用先进的加工设备、科学地控制好加工工艺参数,能破坏饲料中的有毒有害物质,减少营养物质的损失,提高饲料品质。但若工艺条件控制不当,饲料中复杂的添加物在粉碎、输送、混合、制粒、膨化等特殊的加工过程中,氨基酸、维生素等有机物会发生降解,矿物元素之间由于氧化—还原反应等形成了一系列复杂的化合物,一方面降低了饲料中有效成分的效价,另一方面又产生了有害物质引起污染。此外,饲料生产过程中的混杂污染也是影响饲料卫生质量的一个重要因素。除了配方设计失误、配料不准确、错投、误投造成的混杂外,还表现在加工换批时的设备残留,尤其是混合机残留造成的污染。故在饲料加工尤其是在加药饲料生产过程中,需注意设备的清扫,避免输送及混合过程中的分级和残留。

▶ 二、自然因素

(一)饲料原料中天然的有毒有害物质

很多饲料成分中含有一些天然有毒有害物质,如皂苷、生物碱、硫代葡萄糖苷、棉酚、蛋白酶抑制剂、甲状腺致肿因子、有毒硝基化合物等,如果处理不好或使用不当,会影响动物的健康发育。如大豆中含有蛋白酶抑制剂,棉籽粕中含有棉酚,使用前必须经过一定的生产工艺进行脱毒后方可使用,可有的饲料生产企业在棉粕、豆粕等原料价格飞涨时,为降低成本使用未经蒸炒的豆类产品以替代高价蛋白原料,结果导致家畜中毒或死亡。还有一些抗营养因子本身无毒,但是进入动物体内在酶的作用下生成有毒的物质而危害畜禽健康,如菜籽粕中的硫代葡萄糖苷等。

(二)环境污染物对饲料原料的污染

在农作物的生长过程中,由于受到工业"三废"的污染和过量使用含有重金属的农药化肥等,许多有毒有害物质在作物中产生生物富集作用,导致饲料原料受铅、镉、汞、砷等重金属及有机磷、有机氯等剧毒农药的污染从而危害饲料安全。同时污染物中也含有一些有机污染物如多环芳烃类化合物、二噁英、多氯联苯等化合物,这些污染物都具有在环境、饲料和食物链中富集、难分解、毒性强等特点,对饲料安全性和食品安全性威胁极大。

(三)微生物污染

饲料中的病原微生物是指饲料原料、半成品、成品中存在的或污染的,可引起饲料变质并直接影响动物健康、间接影响人类健康的生物,包括致病性细菌(如沙门氏菌、大肠杆菌)、各种霉菌(如曲霉属、青霉属、镰刀菌属、支孢霉属等)及其毒素、病毒等。这主要是由于饲料及其原料在运输、储存、加工及销售过程中,由于保管不善或储存时间过长等因素引起受潮、发热、霉变、染菌、生虫,从而造成饲料被污染。在夏天高温高湿的环境中,玉米、豆粕、麸皮都很容易滋生黄曲霉菌,既降低了饲料的营养价值与适口性,同时霉菌的代谢产物如黄曲霉毒素 B、赤霉菌素等对人和动物都有很强的致病性。动物源性饲料原料及油脂在储存过程中如管理不善,容易氧化变质,如鱼粉在长期储存过程中会产生挥发性盐基氮、组胺、肌胃糜烂素以及醛、酮等有毒有害物质,油脂在储存过程中被氧化会产生短链脂肪酸、醛、酮和醇等,从而产生致癌、致畸的物质,带来饲料安全的隐患。饲料是很多致病微生物(病原菌、病毒等)的重要传播途径。大量事实证明,人畜共患传染病的病原微生物可通过排泄物、水、空气等污染饲料,这些被污染的饲料进入生物体内后可通过其产品转移、传播,危害人类健康。

(四)饲料中虫害、螨害与鼠害

1. 虫害

饲料在贮藏过程中常受到虫害的侵蚀,造成营养成分的损失或毒素的产生。常见的虫害有玉米象、谷象、米象、大谷盗、锯谷盗等。虫害可使饲料营养损失高达 5%～10%,而且还以粪便、结网、身体脱落的皮屑、怪味及携带微生物等多种途径污染饲料,有些昆虫还能分泌毒素,给畜禽带来危害。

2. 螨害

在温度适宜、湿度较大的地区螨类对饲料的危害较大。因螨类喜欢在阴暗潮湿的环境下寄生,它的大量存在加剧了饲料中碳水化合物的新陈代谢,形成二氧化碳和水,使能值降低、水分增加,导致饲料发热霉变、适口性差、动物的生长性能下降。

3. 鼠害

鼠的危害不仅在于它们吃掉大量的饲料,而且会咬死雏禽、仔禽、仔猪,造成饲料的污染,对饲料厂包装物、电器设备及建筑物产生危害,引发动物和人类疾病的传播。

▶ 三、生物技术

随着现代生物技术的飞速发展,生物技术产品作为安全有效的绿色添加剂在饲料生产中得到广泛应用,尤其是益生菌制剂及转基因植物饲料的研究开发与应用既推动了科技进步,又影响了饲料安全。

(一)转基因饲料

转基因饲料主要指饲料中的转基因植物。随着基因工程技术的不断发展,已经有很多转基因植物从实验室转入大田进行中试生产,甚至有的转基因植物已经转向了商品化生产。与畜禽饲料成分来源相关的转基因作物主要包括玉米、大豆、油菜籽、棉花籽、马铃薯和甜菜等。

1998 年 8 月,英国阿伯丁的罗威特研究所教授 Pusztai 发现老鼠食用转基因土豆之后免疫系统受到破坏。对于人类而言,类似结果会导致癌症发病率和死亡率大幅上升。这一实验结果引起世界范围对转基因食品安全性的质疑。1999 年,美国康乃尔大学 Losey 等报道,用拌有转 Bt 基因抗虫玉米花粉的马利筋草喂养大斑蝶幼虫,4 d 后喂 Bt 花粉的幼虫死亡率达 44%,引发了"转基因植物对生态环境是否安全"的争议。2000 年,美国 Aventis cropscience 公司生产的"星联"转基因玉米可能导致部分人皮疹、腹泻或呼吸系统的过敏反应。2005 年 5 月英国《独立报》报道,Monsanto 公司的研究表明食用了转基因玉米的老鼠肾脏变小,血液的构成发生变化。有关转基因食品安全性的争论已被引燃,且愈演愈烈,引起了世界范围的关注。尽管许多学者采用"实质等同性"原则对许多转基因作物在营养水平上证明与传统作物没有实质上的差别,也不会导致严重的生物不安全性,但人们仍然有许多疑问和争议:外源基因是否安全?基因结构是否稳定以及会不会产生有害于动物和人体健康的突变?基因转入后是否产生新的有害遗传物质?转基因产品在某些情况下是否会产生过敏?转基因过程中有的使用抗生素进行基因标记,它是否会通过转基因作物使动物、人及其寄生的微生物产生耐药性?

传统的育种方法是以基因突变和有性杂交为基础,传统的杂交仅限于自然界中自发的,经历了千百年的种内或近缘种间的基因重组和交换。而利用基因重组技术,可以在短时间内将来源于任何生物甚至是人工合成的基因转入生物体体内,生物种(类)之间的界限被完全打破,人们担心出现的新组合和性状在一个新的遗传背景中会产生一些不可预期的结果。目前,各国在转基因产品、饲料的安全性方面主要有以下几个担心和争论的问题。

1. 关键性营养成分是否发生改变

插入外源基因的目的是改变靶生物特定的营养成分构成,提高其营养价值,如富含 β 胡萝卜素"金稻",不含芥子酸的卡那油菜等。但是这种改变会不会朝着并不期望的方向发展,提高目的产物的同时降低了其他营养成分的含量,或者提高一种新营养成分表达的同时也提高了某些有毒物质的表达量。另外,由于外源基因的来源、导入位点的不同和随机性,极有可能产生基因缺失、错码等突变,使所表达的蛋白质产物的性状、数量及部位与期望不符。

2. 外源性基因的安全性、稳定性

转基因植物中的标记基因通常是一类抗生素抗性基因,它用于基因工程操作中对转基因外植体的最初选择。机体摄入转基因产品后,其中的绝大部分 DNA 已降解,并在肠胃道中失活。极小部分($<0.1\%$)是否会有安全性问题? 例如标记基因特别是抗生素抗性标记基因是否会转移至肠道微生物或上皮细胞,从而产生抗生素抗性? 这些都是人们最关心的问题,有待进行深入的研究。

3. 过敏性、毒理性

转基因产品的致敏性是一个突出的问题。转基因产品中含有新基因所表达的新蛋白,有些可能是致敏原,有些蛋白质在胃肠内消化后的片段也可能有致敏性。抗昆虫农作物体内的蛋白酶活性抑制剂和抗昆虫内毒素,既然能使咬食其叶片的昆虫消化系统功能受损,是否对人畜亦产生类似的伤害呢? 引入到植物中的病毒外壳蛋白基因是否会对人和动物的健康产生危害?

目前,尚无确凿的证据能证明转基因产品对人类健康的直接影响,但人们的担心依然存在。

(二)益生菌

益生菌又称活菌制剂,是指一类活的在摄入适当的量时能够对人体产生有益作用的微生物,目前广泛应用于食品发酵、工业乳酸发酵以及医疗保健领域。传统的发酵乳酸菌菌株有着较长的安全使用历史,会在动物胃肠道内定植并抑制有害微生物的生长和排除有害微生物,可以代谢产生大量的乳酸和挥发性脂肪酸,降低胃肠道内的 pH,或者产生过氧化氢和少量抗菌物质如乳酸链球菌肽(乳酸链球菌产生)、嗜酸素(乳酸杆菌产生)等,从而保证胃肠道的正常菌群结构。研究报道,活菌制剂可减少生物体内 NH_3 及其他腐败物质的生成,减少粪便产生的臭气。台湾产的活菌制剂"亚罗康兴"添加于饲料中,能使猪体内产生的 NH_3、H_2S、CH_4 等转化为可被畜体利用的化合态氮及其他物质,使排泄物中所含有的毒害成分大幅度降低。此外,美国 Alltech 生物中心研制的一种微胶囊化的微生物和酶及丝兰花提取物,于日粮中添加 $40\sim56$ mg/L,可以提高畜禽消化道细菌利用 NH_3 合成菌体蛋白的能力,减少臭气的排出,减少环境污染。

但随着市场上商品化益生菌的不断出现,它所带来的安全性问题也更加引起人们的关注。目前益生菌主要存在四个方面的安全问题:潜在的感染性、有毒代谢活动、过度的免疫作用和耐药基因转移。

1.潜在的感染性

目前为止，已经有个别可能与乳酸杆菌、双歧杆菌以及其他乳酸菌摄入相关的心内膜炎和败血症等局部或者全身的感染的报道。有研究者指出菌血症和心内膜炎的发生与益生菌的黏附特性有关。益生菌黏附到肠道表面，被认为是益生菌发挥作用的重要条件。但是，过强的黏附能力可能会增加菌株在宿主中引起感染的机会。Harty等对5株从心内膜炎感染患者中分离到的鼠李糖乳杆菌与其他的16株鼠李糖乳杆菌进行了比较，发现从心内膜炎患者分离到的鼠李糖乳杆菌全部具有血小板凝集作用，而其他的菌株则只有一半具有该反应。因此，黏附能力的评估也应纳入益生菌安全性考虑的范围。

2.有毒代谢活动

第一，乳酸菌在生长过程中会产生一定量的乳酸。2006年，香港报道一位9岁短肠综合征病人因服用了一种添加益生菌的微生态制剂（嗜酸乳杆菌和双歧杆菌），引发了D-乳酸酸中毒。第二，一些细菌具有偶氮还原酶和硝基还原酶活性，这些酶可能在肠道中催化产生致癌物质或者其他肠内毒素，例如乳酸杆菌。第三，部分益生菌具有氨基脱羧酶活性。在正常人的肠道中，肠道菌具有氨基脱羧酶的活性，能将游离的氨基酸转化为生物胺类物质。因此，人体摄入较多的生物胺类物质能引起恶心、呕吐、发烧等食物中毒症状。已有研究报道，乳杆菌和肠球菌属中的个别菌株能够将酪氨酸、组氨酸前体转化为酪胺和组胺，并且在定量分析中揭示这些生物胺的产量已经超过了机体限量。第四，类杆菌属和双歧杆菌属能够降解结合型胆盐，从而影响脂肪的消化吸收。另外，肠道中的某些细菌可以产生使黏膜细胞表面糖蛋白脱落的糖苷酶或芳香氨基酶，破坏肠黏膜引起感染。目前作为益生菌使用的乳酸菌已经证实并不具有降解胃黏膜的能力，但仍需要利用具有不同结构和特性的胃和小肠黏膜进一步研究。

3.过度的免疫作用

1991年McConnel等研究发现，给有结肠损伤或肠道菌群过度生长的小鼠口服益生菌时，引起了小鼠的肠炎。1993年Schwabb等报道，给健康小鼠非经口途径摄入益生菌时，可引起发烧，关节痛，主心动脉和胆管的损伤或者自身免疫疾病等副反应。因此，对于个别免疫功能低下或有缺陷的个体，摄入益生菌或其制品则有可能引起超敏反应等免疫副反应。因此，这部分群体则应慎用益生菌。

4.耐药基因转移

耐药性是筛选益生菌的一个重要指标。一些益生菌如果含有可转移的耐药性因子，那么对生物安全是绝对有害的。目前认为基因转移可能是造成益生菌转变成有害菌的一个重要因素，即原始菌株能通过自然结合进行基因转移，获得致病基因，如肠道球菌。

随着国内益生菌产业化的进程速度不断加快，我们面临的益生菌安全性问题也日益突出。目前，我们应尽快制定出对于益生菌以及其各种制品的安全性检测标准，对国内市场中的菌株加以规范。

总之，我国现阶段饲料安全问题的产生原因是非常复杂的，能否在促进饲料产业持续、健康发展的同时，从根本上消除这些不利因素的影响，切实保证饲料安全，是今后一段时期内我国各级政府面临的严峻挑战。

一、土壤污染状况

土壤是构成生态系统的基本要素之一,是国家最重要的自然资源,也是人类赖以生存的物质基础。土壤污染是指由于人类活动产生的污染物质通过各种途径进入土壤,其数量超过土壤的容纳和净化能力,导致土壤的组成、结构和功能等发生变化,从而影响土壤的有效利用,危害人体健康或财产安全,以及破坏自然生态系统,造成土壤质量下降的现象。土壤是污染的载体。近年来,由于人口急剧增长,工业迅猛发展,固体废物不断向土壤表面堆放和倾倒,有害废水不断向土壤中渗透,大气中的有害气体及飘尘也不断随雨水降落在土壤中,加上农业面源污染的问题,导致了严重的土壤污染。

土壤污染被称作"看不见的污染",所有污染(包括水污染、大气污染在内)的90%最终都要归于土壤。当前,中国土壤污染日趋严重,耕地、城市土壤、矿区土壤均受到不同程度的污染,而且土壤的污染源呈多样化的特点。土壤污染主要表现为:水土流失严重,耕地面积减少,土地沙漠化、盐碱化等。土壤污染的总体情况可以用"四个增加"来概括:土壤污染的面积在增加,土壤污染物种类在增加,土壤污染的类型在增加,土壤污染物的含量在增加。土壤污染的总体形势相当严峻,已对生态环境、食品安全和农业可持续发展构成威胁:一是土壤污染程度加剧。据不完全调查,目前全国受污染的耕地约有 1.5 亿亩,污水灌溉污染耕地 3 250 万亩,固体废弃物堆存占地和毁田 200 万亩,合计约占耕地总面积的 1/10 以上,其中多数集中在经济较发达的地区。二是土壤污染危害巨大。据估算,全国每年遭重金属污染的粮食达 1 200 万 t,造成的直接经济损失超过 200 亿元。土壤污染造成有害物质在农作物中积累,并通过食物链进入人体,引发各种疾病,最终危害人体健康。另外,土壤污染直接影响土壤生态系统的结构和功能,最终将对生态安全构成威胁。三是土壤污染防治基础薄弱。目前,全国土壤污染的面积、分布和程度不清,导致防治措施缺乏针对性。防治土壤污染的法律还存在空白,土壤环境标准体系也未形成。有相当一部分群众和企业对土壤污染的严重性和危害性缺乏足够的认识,土壤污染日趋严重。

导致土壤污染的主要因素有:①工业排放的废气、废水、废渣。工业"三废"未经处理或处理不当直接排放,将会污染环境,并最终归于污染土壤。②污水灌溉。不少地区用污水灌溉农田,且多数污水未经处理,所含重金属及有毒、有害物质会在土壤中累积,造成严重后果。③农药、化肥等化学制品。许多地区单纯地为了提高粮食产量,大量使用农药、化肥等化学制品,造成土壤过酸,使土壤的团粒结构遭到破坏,导致土壤板结。④重金属污染。使用含有重金属的废水进行灌溉是重金属进入土壤的一个重要途径。重金属污染物在土壤中移动性差、滞留时间长、不能被微生物降解,并可经水、植物等介质最终影响人类健康。⑤非降解农膜的大面积使用。残留在土壤中的农膜阻碍了土壤水分和气体的交换,破坏土壤的物理性状,甚至使土壤性质改变到不宜耕作。⑥放射性污染。近年来,随着核技术在工农业、医疗、地质、科研等各领域的广泛应用,越来越多的放射性污染物进入到土壤中,这些放射性污染物除可直接危害人体外,还可以通过生物链和食物链进入人体,在人体内产生内照射,损伤人体组织细胞,引起肿瘤、白血病和遗传障碍等疾病。有研究表明,氡子体的辐射危害占人体所受的全部辐射危害的 55% 以上,诱发肺癌的潜伏期大多都在 15 年以上,我国每年因氡致癌约 5 万例,而天津市区公众肺癌 23.7% 是由氡及其子体造成的。

随着我国集约化畜禽养殖业的迅速发展,养殖场及其周边环境问题日益突出,成为制约畜牧业进一步发展的主要因素之一。养殖场大多建在市郊和城乡结合部,其产生的大量污水、粪便,局部地区难以用传统的还田方式处理,对城市环境、饮用水源和农业生态造成了危害。养殖业产生的污染物主要有三方面:污水、粪便和恶臭。据测定,一头猪日排放尿粪约 6 kg,是人相应量的 5 倍。成年猪每日粪尿中的 BOD(生化需氧量)是人类尿的 13 倍。一个 10 万只鸡场每年产生粪便 2 500 t,一个 500 头的猪场每年产生粪尿 5 300 t,一个 500 头的牛场每年将产生粪尿 5 500 t。未经处理的畜禽粪便过量施用农田,超过土壤本身的自净能力,可导致土壤孔隙堵塞,造成土壤透气、透水性下降及板结,严重影响土壤质量,并可使作物徒长、倒伏、晚熟或不熟,造成减产甚至毒害作物;另外在畜禽养殖中大量使用的各种促进生长和提高饲料利用率、抑制有害菌的微量元素添加剂,如硒、铜、砷等将同粪便一同排出,长期施用未经处理的粪便会使重金属和有害物质在土壤中的含量增加,不但将抑制作物的生长,而且会在作物中大量富集,当作物中这些元素含量超过一定标准就会影响人类的健康。

❷ 二、水质污染状况

水是生命之源,是人类赖以生存和发展的不可或缺的物质资源之一。水体虽然具一定的自净能力,但当污染物的浓度超过水体的自净能力时,即发生水污染。近几十年来,由于工农业的发展以及人口的膨胀,世界的水环境污染日趋严重,而我国的污染状况更是不容乐观。据环境监测,全国每天约有 1 亿 t 污水未经处理就直接排入水体,全国七大水系中一半以上的河段水质受到污染,35 个重点湖泊中,有 17 个被严重污染,全国 1/3 的水体不适于鱼类生存,1/4 的水体不适于灌溉,90% 以上的城市水域污染严重,40% 的水源已不能饮用。南方城市总缺水量的 60%～70% 是由于水源污染造成的。

水污染物的来源主要有:工业废水废渣、农田排水(内含大量的化肥、农药)、生活污水、城市垃圾等。此外,大气降落物,天然污染物也一定程度上使得某些有毒物质进入水体。2010 年,全国废水排放总量为 617.3 亿 t,BOD 排放量为 1 238.1 万 t,氨氮排放量为 120.3 万 t。水资源污染将严重影响工农业。第一,绝大多数的工业生产离不开水,如造纸、印染等工业产品,使用不干净的水会造成产品的色泽晦暗;第二,用受污染的水灌溉农田,会造成农作物减产减量、甚至变质,而且会使得土壤质量降低;第三,酿酒、食品等使用受污染的水会导致饮料和食品的卫生质量不达标,而且直接危害人们的身体健康;第四,污染的水体致使水体富营养化,引起低等浮游生物——藻类大量繁殖,造成水生生物畸形、中毒甚至死亡。

畜禽养殖场的废水中含有大量化学污染物,我国大部分规模化养殖场废水未经处理或简易处理后直接排放,高浓度畜禽有机废水直接或间接进入江河湖库是造成水体富营养化的重要原因之一,未经处理的畜禽粪便随意堆放,通过雨水冲刷和土壤毛细管作用,粪便中的氮、磷元素进入土壤后转化为硝酸盐和磷酸盐,不仅造成土壤污染,还会引起地下水污染。

硝酸盐能转化为致癌物质,污染饮用水后将严重威胁人体健康,而地下水污染通常需要300年才能自然恢复。

三、大气污染状况

近年来,虽然我国大气污染防治工作取得了很大的成效,但由于各种原因,我国大气环境面临的形势仍然非常严峻。大气污染物排放总量居高不下,全国二氧化硫年排放量高达1 857万t,烟尘1 159万t,工业粉尘1 175万t。全国47个重点城市中,约70%以上的城市大气环境质量达不到国家规定的二级标准;参加环境统计的338个城市中,137个城市空气环境质量超过国家三级标准,占统计城市的40%,属于严重污染型城市。酸雨区污染日益突出。酸雨区由20世纪80年代的西南局部地区发展到现在的西南、华南、华中和华东4个大面积的酸雨区,酸雨覆盖面积已占国土面积的30%以上,我国已成为继欧洲、北美之后的世界第三大重酸雨区。

大气污染的主要来源有:①能源使用。以煤炭、生物能、石油产品为主的能源消耗是大气中颗粒物的主要来源。大气中细颗粒物(直径小于10 μm)和超细颗粒物(直径小于2.5 μm)对人体健康最为有害,它们主要来自工业锅炉和家庭煤炉所排放的烟尘。大气中的二氧化硫和氮氧化物也大多来自这些排放源。②机动车尾气。近几年来,我国主要大城市机动车的数量大幅度增长,机动车尾气已成为城市大气污染的一个重要来源。特别是北京、广州、上海等大城市,大气中氮氧化物、铅的浓度严重超标,已成为大气环境中首要的污染因子。③室内污染。随着社会经济的发展,人们生活的改善,室内装修逐渐盛行。室内空气污染也日益严重,建筑装修材料释放的甲醛、苯、氨、氡等化学气体,厨房产生的大量油烟,空调系统的大范围使用,工业废气、汽车尾气入侵街道和居室,都为我们的身体带来不可忽视的安全隐患。④畜禽养殖场污染。当前,畜禽养殖场空气污染已经成为一个不可忽视的环境污染源,污染物的主要成分为恶臭气体、尘埃和散发在空气中的微生物。其中,畜牧场发出的恶臭是造成空气污染的主要原因。恶臭气体主要有二氧化碳、氨、硫化氢、甲烷、吲哚、粪臭素(甲基吲哚)以及脂肪族的醛类、硫醇和胺类等,但主要以氨、硫化氢、硫醇类、粪臭素为主。

畜禽养殖场粪尿、废弃物所产生的恶臭气体,会对周围的空气造成污染,成为动物和人患病的传染途径。当恶臭气体散发到空气中,除引起不快、产生厌恶感外,恶臭的大部分成分对人和动物有刺激性和毒性。长时间的吸入低浓度的恶臭气体,会导致呼吸受到抑制而引起慢性中毒。氨、硫化氢、硫醇、二甲基硫醚、有机酸和酚类等恶臭物质均有刺激性和腐蚀性,引起呼吸道炎症和眼炎;脂肪族、胺、醇类和酯类等恶臭物质,对中枢神经有强烈的刺激作用,引起不同程度的兴奋或麻痹作用;长时间吸入会降低代谢机能和免疫机能,导致动物和人发病率升高。此外,养殖场产生的二氧化碳和甲烷气体,引起全球性的气温变暖,畜禽养殖年释放的甲烷约占大气中甲烷气体的20%。其中,牛羊等反刍动物是温室效应产生的重要来源,给大气环境造成严重的影响。另外,在畜禽养殖场的和散发在空气中的微生物,也是引发人和动物疾病的重要传染源。总之,这些有害气体的污染是呈空间性和立体性的。因此,从某种意义上讲,养殖场的空气污染对环境的影响要超过固体粪便和污水的影响。

畜禽养殖业发展对环境造成的污染问题日益突出,处理好畜牧业与环境的协调发展已成为人们关注的一个重要问题。空气的质量与人类的健康息息相关,了解空气污染物的特点和危害,采取有效的措施控制和减少畜禽粪便排放量,减少恶臭等有害气体对环境造成的污染,对发展畜牧养殖业和改善生态环境有着重要的意义。

▶▶ 职业能力和职业资格测试 ◀◀

1. 简述饲料安全的概念及特性。
2. 引发饲料安全的因素有哪些?
3. 分析饲料安全与生态环境污染的关系。

项目 3

饲料法规

➤ **项目设置描述**

本项目主要包括饲料法规的概念、饲料法规的特性、中国饲料法律法规现状、国外饲料法律法规现状等 4 个方面的内容,重点在于能够发现目前饲料法规建设中存在的不足之处,对饲料法规从发展走向上进行整体把握。

学习目标

1. 掌握饲料法规的概念和特性。
2. 了解国内外有关饲料的法律法规现状。

任务 3-1 饲料法规的概念与特性

一、饲料法规的概念

饲料法规是指与饲料管理有关的各种法律和规章,是"关于确保饲料安全性和改善饲料品质的法律"。制定和实施饲料法规的目的在于通过法律手段确保饲料(包括饲料添加剂)的饲用品质和饲用安全(即有效性和安全性),使饲料的生产、加工、销售、运输、贮存、进口、出口和使用等环节都处于法律的监督之下,确保饲料品质有利于动物养殖业的发展。同时,禁止使用某些超出规定期限或危及人类健康和安全的饲料,以保障动物免遭毒害,最终保障人类食用动物产品的安全。

选作饲料原料及饲料添加剂的物质是否安全,对人体、动物体是否有不利影响、对环境是否导致污染、如何控制不符合要求的物质用作饲料原料或饲料添加剂、怎样防止和控制某些有效添加剂的不利作用等环节均有相应法规来控制。必须对饲料、饲料添加剂的生产、销售和使用进行正确的指导和严格的监督管理。

二、饲料法规的特性

饲料法规的制定与实施,是伴随着饲料商品化和饲料企业的兴起而产生的。因为饲料企业的兴起,标志着高效能的商品化饲料生产社会化。对这种高效能商品饲料的品质和规格,无论是使用者还是生产者,都要求有权威性的法律加以保护和监督。饲料企业的兴起,标志着饲料作用已突破自产自用的范畴,带有广泛的社会性质。从人畜健康、安全保证出发,也要求强化管理。另外,饲料生产的工业化,也为饲料法规的实施提供了有利条件。

饲料法规和国家其他法规一样具有法律效力。作为饲料法规还具有以下几个特性:

1. 强制性

饲料法规一般由国务院、国务院农业行业管理部门(农业部)或地方政府以条例、规定、公告、办法等文件形式颁布,在一定范围内所有饲料企业必须执行,具有强制执行性。同时,为确保饲料法规的实效,必须设有专门的执行机构并赋予权威。否则,法规将失去其法律的权威性而成为一纸空文。

2. 惩罚性

违反饲料法规的规定后,饲料执法部门会根据饲料法规的有关规定,予以不同程度的处罚,甚至追究法律责任。如《饲料和饲料添加剂管理条例》(国务院令第 609 号)第三十八条规定:未取得生产许可证生产饲料、饲料添加剂的,由县级以上地方人民政府饲料管理部门责令停止生产,没收违法所得、违法生产的产品和用于违法生产饲料的饲料原料、单一饲料、饲料添加剂、药物饲料添加剂、添加剂预混合饲料以及用于违法生产饲料添加剂的原料,违法生产的产品货值金额不足 1 万元的,并处 1 万元以上 5 万元以下罚款,货值金额 1 万元以上的,并处货值金额 5 倍以上 10 倍以下罚款;情节严重的,没收其生产设备,生产企业的主要负责人和直接负责的主管人员 10 年内不得从事饲料、饲料添加剂生产、经营活动。

3. 不断完善性

饲料法规并不会从开始制定就会十全十美,从国外经验看,它也是在实施过程中不断补充、完善和修订才逐渐成形的。随着人们生活水平的提高,对畜产品的安全性日益重视,因此对饲料、饲料添加剂的安全卫生指标要求越来越严格,饲料法规的内容会不断完善,相应饲料法规对于这些指标的规定也应予以调整。

任务 3-2　国内外有关饲料法律法规现状

一、中国饲料法律法规现状

30 多年来,我国饲料工业正在迅速发展,在国民经济中已占有重要位置,目前是世界第二产量大国。但当前商品饲料的制造、销售与使用等环节,还存在不少问题,情况比较混乱。商品饲料及原料中假冒、伪劣现象严重,而且多数饲料产品(特别是添加剂预混料),在技术保密的招牌下,不公开有效成分,甚至编造假说明书,含药饲料滥制、滥用,虽然国家质量监督局会同有关部门制定并发布了许多质量及检测方法标准,但由于缺少强制性、权威性的法律保证,仍没达到预期效果。因此,如果没有权威性的饲料法规监督,就既不能保护和保证正规生产的饲料企业,也不能制止和惩办制造和经销假、劣的不法之徒。在当前的生产实践中,无论商品配合饲料加工企业还是养殖业者,都已迫切感到制定和实施饲料法规的必要性。

(一)我国饲料法规的构成

我国饲料、饲料添加剂最高行政管理机构是国家农业部,最基本的法规是《饲料和饲料添加剂管理条例》(详见附录部分)。我国现行饲料法规体系包括国家法律、国务院行政法规、国家强制标准、农业部部令公告、与饲料执法有关的其他国家机关和国务院部门公告、地方性法规或规章,其中国务院颁布的《饲料和饲料添加剂管理条例》和在该《条例》指导下,制定了一系列相关法规和饲料工业管理国家、行业标准,如《允许使用的饲料添加剂目录》、《饲料药物添加剂使用规范》、《新饲料和新饲料添加剂管理办法》、《进口饲料和饲料添加剂登记管理办法》、《饲料标签标准》、《饲料卫生标准》等,形成了较完善的饲料法规体系,其中农业部颁布的一系列部令公告构成了我国饲料法规体系的主体框架。这个体系包括:

1. 国家法律

与饲料行政执法有关的国家法律有《农业法》、《产品质量法》、《行政处罚法》、《行政复议法》、《消费者权益保护法》等。

2. 国务院行政法规

与处理饲料违法案件有关的国务院行政法规比较多,最主要的是《饲料和饲料添加剂管理条例》及对条例的释义。

3.国家强制标准

目前与处理饲料违法案件有关的国家强制标准主要有《饲料卫生标准》和《饲料标签标准》。

4.农业部部令公告

主要包括《饲料原料目录》、《饲料添加剂和添加剂预混合饲料产品批准文号管理办法》、《饲料添加剂和添加剂混合饲料生产许可证管理办法》、《新饲料和新饲料添加剂管理办法》、《进口饲料和饲料添加剂登记管理办法》、《饲料添加剂安全使用规范》、《饲料药物添加剂使用规范》、《动物源性饲料产品安全卫生管理办法》、《饲料添加剂品种目录》和《饲料和饲料添加剂行政许可申报材料要求》、《饲料生产企业许可条件》、《饲料添加剂(混合型)生产企业许可条件》、《饲料质量安全管理规范》、《饲料质量安全管理规范实施概要》等。禁止性文件主要是《禁止在饲料和动物饮用水中使用的药物品种目录》、《禁止在饲料和动物饮用水中添加的物质》。

5.地方性法规或规章

各省、自治区、直辖市人大和常务委员会或人民政府发布的与处理饲料违法案件有关的公告、饲料管理条例、实施细则等。

6.与饲料执法相关的其他国家机关和部门公告

最高人民法院关于依法惩治非法生产、销售、使用盐酸克仑特罗等禁止在饲料和动物饮用水中使用的药品等犯罪活动的规定,以及国家质量技术监督局关于实施《产品质量法》若干问题的部分意见。

(二)我国现有饲料法规存在的主要问题

(1)现有饲料法规体系不完善,可操作性较差。我国在饲料安全管理中,虽然已颁布了《饲料和饲料添加剂管理条例》、《新饲料和新饲料添加剂管理办法》等法律条文,这些法规是由不同的管理部门制定的,相关条款过于笼统,仅对饲料质量与安全的有关方面做了一些概要性规定,在内容上存在重复和矛盾,庞杂无序,缺乏可操作性。由于这些法规出台时间早,标准低,覆盖面窄,所以不能充分反映新形势下消费者对饲料安全的要求。当饲料安全成为突出问题时,原有法规条例就显得很不适应,解决起来十分复杂。

(2)现有饲料法规更新速度慢,不能与国际接轨。近几年来,消费者对饲料安全日益重视,饲料及饲料添加剂行业的发展十分迅速,原有法律法规显得不相适应,也不能适应新形势下国际饲料安全的需要。

(3)现有饲料法规体系中各职能部门之间职责不明确。由于饲料产业涉及农业、工业、环境、能源、交通等多领域,有些职能部门既制定和解释法规、标准,又行使执法职能,这样就不可避免地会出现问题,滋生腐败,使饲料安全难以真正落实。《饲料和饲料添加剂管理条例》中规定全国饲料、饲料添加剂的管理工作由国务院农业行政主管部门负责,但考虑到各地机构组成的差异,对基层饲料、饲料添加剂的管理部门没有做出明确规定,只是要求"县级以上地方人民政府负责饲料、饲料添加剂管理的部门,负责本行政区域内的饲料、饲料添加剂的管理工作"。由于这样的规定并没有把职责落实到具体部门,所以有关工作自然属于失控状态。

(4)现有饲料管理队伍执法力度不强,监督网络不全。我国现有饲料执法队伍学历结构、年龄结构、职称结构不尽合理,工作主动性不强,缺乏创新,面对庞大的饲料市场和一些混乱现象无能为力,使假冒伪劣饲料坑农害农事件屡有发生。饲料执法人员工作随心所欲,程序混乱,乱收费、乱罚款现象严重,干扰了饲料企业正常的生产经营活动,饲料生产企业怨声载道,养殖企业叫苦连天,涉及饲料产品质量安全的各种诉讼案一拖再拖,不了了之。加之饲料管理人员执法过程中的违法或者不当行为无人监管,助长了他们执法过程中的不文明行为,严重影响了政府职能部门的声誉。

(三)建立健全我国饲料法规体系

(1)加快饲料法规建设步伐,健全饲料标准和检测体系。虽然国务院颁布了《饲料和饲料添加剂管理条例》,农业部也颁布了生产许可证管理办法、产品批准文号管理办法、进口产品登记制度、饲料标签管理制度、新品种管理制度和允许使用的饲料添加剂品种目录等管理制度,为饲料安全奠定了一定基础,但是一些配套法规的出台(如《饲料和饲料添加剂管理条例》的实施细则)、饲料标准体系、饲料检测体系的建设仍很滞后。因此,应顺应新形势下饲料工业的发展,坚持饲料法规体系建设应与时俱进的客观要求,尽快组织有关专家制定和颁布《饲料和饲料添加剂管理条例》实施细则及其配套法规,修订和完善饲料安全卫生强制性标准及其检测方法,修改完善《饲料添加剂安全使用规范》,严格实行市场准入制度,对饲料严格检测,杜绝不安全饲料和饲料添加剂进入市场,加大对饲料违法行为的打击力度。

(2)明确饲料主管部门的职责范围。只要分析发达国家饲料安全法规体系就不难发现:其对所涉及的各项内容规定科学、严格、细致,有可操作性,对管理机构的职责、权利规定得十分清楚。因此,应整合相关管理部门的职能,明确由饲料主管部门肩负饲料安全责任,统一行使饲料安全监管和执法权,而产品质量技术监督管理部门应在宏观政策、规划、协调方面多做工作,以便各负其责,搞好协调配合,确保饲料产品质量安全。

(3)严格执法,使法规确立的各项制度、措施真正落到实处。法律的生命在于法律的实施,再好的法律得不到有效的贯彻实施,也是一纸空文。因此,各级饲料管理部门及其执法人员一定要严格执法,建立健全行政执法责任制,真正做到有法必依、执法必严、违法必究。首先要加强执法队伍建设,努力建设一支政治素质强、法律水平高、业务技能精的专业执法队伍,从组织上保证执法工作的顺利进行;其次要从大多数人的根本利益出发,切实保护公民、法人和其他组织的合法权益;三是要严格依照法律规定的职责权限和程序办事,真正做到严格执法、廉洁执法、文明执法,对违法行为要依法严肃查处;四是加强执法监督,确保法规的贯彻实施,各级政府要加强对其所属的有关行政管理部门贯彻实施法规的情况进行监督检查,建立健全有效的监督制度,及时纠正行政机关工作人员违法的或者不当的行为,同时,各级饲料管理部门还要自觉接受来自其他各方面的监督,特别是人民群众的监督,切实保障法规的贯彻实施。当然,贯彻实施饲料法规不仅仅是饲料管理部门的事,而是全社会共同的事业,各级政府法制工作机构作为本级政府在法制方面的参谋和助手,应积极主动地配合饲料管理部门,要把宣传、贯彻、实施饲料法规作为政府法制工作的主要内容,切实抓紧抓好。

饲料法规体系建设涉及领域广,难度大,世界各国都将其当作一件战略性任务、基础性工作给予高度重视。面对新形势,应遵循科学发展观,加强管理机制、技术基础理论研究,尽快建立健全饲料法规体系,提高饲料管理工作立法水平,确保饲料工业健康发展。

二、国外饲料法律法规现状

1. 美国

美国饲料添加剂的最高管理机构是卫生和人类事务公共卫生署的食品药物管理局（Food and Drug Administration，FAD）。实施的法规为《联邦食品、药物和化妆品法令》（简称 FFDCA）和《联邦管理条例》，前者的制定和实施有较长的历史，最近一次修订是 1977 年10 月。1986 年和 1987 年又相继公布了"加药饲料规程"和"可食动物组织中残留化合物安全评价标准和程序"等法令，对饲料添加剂的种类、生产和应用作了详细规定，并进行严格的监督检查。凡是在市场上出售的饲料添加剂、新的饲料添加剂或改变饲料配方，均须向FDA 登记，经过批准后方可生产或销售。

2. 日本

饲料添加剂最高管理机构是农林水产省畜产局。实施的饲料法为《关于确保饲料安全性和改善饲料品质的法律》（简称《饲料安全法》），最初在 1953 年以法律第 35 号颁布；几经修订，最近一次于 1975 年修订，以法律第 68 号颁布，1977 年 1 月施行。该法规共分6 章 32 条及若干款项。第一章，总则，规定了该法律实施的目的和所用专业名词的定义；第二章，关于饲料制造的规定；第三章，饲料公定规格与表示的基础；第四章，指定的检定机关和检定事项；第五章，其他条款，包括禁止虚伪宣传，表册的保存，入厂检查，法律程序；第六章，惩处，根据所违背的条款规定了判刑期限和罚款数额，并且列有附则。此外，还有《饲料质量安全法》，其内容有具体规定，并附有技术标准等。为了保证饲料法的实效，专门设置了饲料法的执行机构，一是国家级的，一是地方级的。日本于 1977 年和1980 年相继公布《饲料添加剂评价标准》和《研究指南》两项新法令，从而实现了对饲料添加剂审定的制度。日本《饲料安全法》中关于添加剂规定的主要特点是饲料添加剂使用对象是牛、猪、鸡、鹌鹑、蜜蜂和水产养殖动物 6 种。使用饲料添加剂的目的是：①防止饲料质量变劣；②补充营养成分；③促进饲料营养成分有效利用。说明饲料添加剂的使用目的不是为了防病治病。这就排除了很多药物作为饲料添加剂的资格。《饲料安全法》规定可以使用的饲料添加剂有丙酸盐（防腐剂）2 种；维生素 28 种；抗菌性物质 32 种。禁止使用的抗生素有 3 种（青霉素，链霉素和米加霉素）和合成的抗生素 18 种。另外，关于抗菌剂添加期限还作了如下具体规定：①产蛋鸡，从 10 周龄起不准添加抗菌物质；②肉用仔鸡，屠宰前 7 日起不准添加，4 周龄到宰前 7 日不准添加部分抗生素；③出生 4 个月以后的肥育猪不准添加，部分抗菌剂在 2~4 月龄时期不准添加；④出生 6 个月以后的牛不准添加。该法中规定，同类的 2 种饲料添加剂不能在同一时间内向一种饲料中添加并用，还规定了抗菌性物质使用剂量和使用期限。

3. 欧盟

饲料添加剂最高管理机构是欧洲委员会以及各成员国的农业部。实施的法规为各自的饲料添加剂法规。自 1970 年以来，在各成员国之间通过了关于添加剂的使用和流通条例，实现了各成员国在立法上的协调和欧盟范围内添加剂产品的自由流通。1985 年 9 月，欧盟公布批准使用的饲料添加剂分两大类，共 200 余种，第Ⅰ类为可在欧盟各国使用，第Ⅱ类只能在某一国家的一定时间内使用。

4. 加拿大

营养、安全的饲料是生产安全高效肉、蛋、奶的前提和基础。在加拿大生产或从国外进口销售的畜禽饲料必须遵循加拿大联邦饲料法案和规定,目的是确保畜禽饲料的安全、有效和诚实标识。饲料法规由加拿大食品检验署动物健康与生产处负责实施。饲料法规只对成品饲料进行控制,而不涉及饲料的生产方式(加工过程)。饲料生产企业并不需要依据饲料法规进行注册/获得生产许可证。加拿大食品检验署制定了新的药物饲料生产管理法规,正式名称为"药物性饲料生产管理暂行条例",该条例于 2000 年 2 月在加拿大政府公告上发布。颁布该法规的目的是为了提高在加拿大生产销售药物性饲料产品的安全水平。新的药物性饲料法规侧重于生产过程,而非过去只注意终端产品。药物性饲料生产管理暂行条例:要求所有生产药物性饲料的企业必须获得生产许可证。新条例将分 3 年逐步实施:第 1 年,商品饲料加工厂;第 2 年,使用药物预混料的农场(DIN);第 3 年,使用药物预混料和浓缩料的农场。所有生产药物性饲料的企业必须获得生产许可证,销售药物性半成品(药物性浓缩料预混料)的行为也将受到约束。加工控制措施的最低标准涉及以下环节:设备检测和清洁、药品库存管理、随机取样和跟踪、加工和销售记录、召回程序、以上条款的书面程序和文件编写。

 职业能力和职业资格测试

1. 什么是饲料法规?
2. 请你想一想,世界各国为什么要制定饲料法规。
3. 饲料法规的特点有哪些?
4. 一般的饲料法规包含哪些方面的内容?
5. 我国饲料法规包括哪几大内容?
6. 你能说说我国饲料法规建设的现状及存在的问题吗?

饲料安全与法规

Chapter 4

项目 4

饲料添加剂使用规范

▶ 项目设置描述

本项目主要对允许使用的饲料添加剂、禁止饲料中添加的
饲料添加剂种类及危害等方面的内容进行了阐述。通过
本项目的学习,可以帮助大家掌握饲料添加剂的使用规
范,了解常用饲料添加剂的种类及作用、禁用添加剂的种
类及危害,合理使用饲料添加剂,帮助企业有效规避饲料
添加剂使用过程中存在的安全风险。

学习目标

1.了解允许使用的饲料添加剂的品种与生理作用。

2.了解不允许使用的饲料添加剂的品种及其危害。

3.能够在生产实践中正确选择和使用饲料添加剂,提高动
物养殖效果。

一、营养性饲料添加剂

（一）氨基酸添加剂

氨基酸是组成蛋白质的基本结构单位,动物体内种类繁多的蛋白质,都是由 20 种 α-氨基酸组成。动物从饲料中摄取蛋白质的目的主要是为了获取动物体所需的各种氨基酸,但单靠动植物饲料蛋白质中的氨基酸有时难以满足动物的需要。日粮中常需添加单体氨基酸以补充饲料中的不足,满足动物的需要;改善日粮氨基酸的平衡,提高饲料蛋白质的营养价值;单体氨基酸补充物习惯上又称为氨基酸添加剂。

目前应用于饲料的氨基酸有蛋氨酸、赖氨酸、色氨酸、谷氨酸、甘氨酸、丙氨酸和苏氨酸7 种。其中以蛋氨酸、赖氨酸较为常用;色氨酸主要用于人工乳、代乳料和早期断奶料中;谷氨酸钠用做调味剂;甘氨酸、丙氨酸主要用于鱼饵料;苏氨酸主要用于以麦类为主的饲料中。

1. 蛋氨酸

蛋氨酸(methionine),又名甲硫氨酸,是含硫氨基酸。鱼粉中含有丰富的蛋氨酸,而一般植物性蛋白质中的蛋氨酸含量不能满足动物的需要,特别是最常用的大豆饼粕中较缺乏蛋氨酸,所以,在各种配合饲料中蛋氨酸往往是第一或第二限制性氨基酸,对禽和高产奶牛,一般是第一限制性氨基酸;对猪,一般是第二限制性氨基酸。

目前用作蛋氨酸添加剂的产品主要有 DL-蛋氨酸、DL-蛋氨酸羟基类似物(methionine hydroxy analoque,MHA)及其钙盐(MHA-Ca)和 N-羟甲基蛋氨酸。由于动物体内存在着羟基酸氧化酶、D 型蛋氨酸氧化酶和转氨酶,D-蛋氨酸和蛋氨酸羟基类似物都可转化为 L-蛋氨酸而被动物利用。此外,还有蛋氨酸金属络合物和用于反刍动物的保护性蛋氨酸制剂。

2. 赖氨酸

饲料中添加的赖氨酸(lysine)为 L-赖氨酸。作为商品的饲用级赖氨酸通常是纯度为98.5% 以上的 L-赖氨酸盐酸盐,相当于含赖氨酸(有效成分)78.8% 以上,为白色至淡黄色颗粒状粉末,稍有异味,易溶于水。

除豆饼外,植物中赖氨酸含量较低,通常为第一限制性氨基酸,特别是玉米、大麦、小麦中很缺,且麦类中的赖氨酸利用率低。动物性饲料一般含有丰富的赖氨酸,但差异较大,且利用率也不同。与鱼粉相比,肉骨粉中的赖氨酸含量低,利用率低。

L-赖氨酸的使用受大豆饼粕价格的影响,随着鱼粉的紧缺,花生饼、芝麻饼、菜籽饼、棉籽饼等赖氨酸含量低的蛋白质饲料和麦类饲料使用在增加,此外,由于发现仔猪对高含量大豆蛋白产生免疫反应而导致腹泻,而雏鸡采食大量的鱼粉会导致肌胃糜烂,这使得赖氨酸使用量增加。

3. 色氨酸

色氨酸对动物和人工养殖的鱼类通常是第三或第四限制性氨基酸,在猪的玉米—豆饼型饲料中还可能是第二限制性氨基酸。从营养角度看是很重要的一种必需的氨基酸,在普遍添加了蛋氨酸和赖氨酸的日粮中,色氨酸添加更显重要。另外,色氨酸的代谢产物 5-羟色氨在动物体有抗高密度、断奶等应激作用。

目前生产色氨酸的成本较高。由于价格和饲料中色氨酸的分析问题,目前色氨酸的应用受到限制,年使用量仅数百吨,主要应用于仔猪人工乳或早期断奶仔猪料中,其添加量为0.02%~0.05%,少量用于泌乳母猪、蛋鸡和生长猪饲料。

4. 苏氨酸

苏氨酸通常是动物的第三、第四限制性氨基酸,在大麦、小麦为主的饲料中,苏氨酸常感缺乏,尤其在低蛋白的大麦(或小麦)为主的日粮中,苏氨酸常是第二限制性氨基酸,故在植物性蛋白日粮中,添加苏氨酸效果显著,但由于目前还没有适宜经济的产品供应,尚不广泛应用于饲料中。

5. 甘氨酸和丙氨酸

甘氨酸和丙氨酸这两种氨基酸都可用合成法制得,在饲料中用量不大,每年仅数吨。甘氨酸是禽类的必需氨基酸,可做鸡饲料添加剂。由于天然饲料中甘氨酸含量丰富,目前没有实用化。仅有少量应用于仔猪饲料和鱼饵料以促进和引诱采食,降低仔猪腹泻。DL-丙氨酸在某些国家已被指定应用于饲料,但不用于动物饲料,主要用于水产饲料作为诱食物质使用。

(二)维生素添加剂

维生素是动物维持生理机能所必需的一类低分子有机化合物,动物对维生素的需要很少,但在动物体内的作用极大,起着控制新陈代谢的作用。多数维生素是辅酶的组成成分,维生素缺乏,会影响辅酶的合成,导致代谢紊乱,动物出现各种病症,影响动物健康和产品生产。对单胃动物来说,除了个别维生素外,大多数维生素不能或不能完全由体内合成而满足需要,必须从食物或饲料得以补充。反刍动物虽然瘤胃微生物可合成 B 族维生素,但大多数维生素也必须由饲料提供。

各种青绿饲料中含有丰富的维生素。在粗放饲养条件下,因饲喂大量青绿饲料,一般动物对维生素不会感到缺乏。随着动物生产水平的大幅度提高,饲养方式的工厂化、集约化,一方面动物对维生素的需要量增加;另一方面,由于动物脱离了阳光、土壤和青绿饲料等自然条件,仅仅依靠饲料中的天然来源不能满足动物对维生素的需要,必须另外补充。随着化学工业和制药工业的发展,各种维生素通过化学合成与微生物发酵的方法均可大量生产,各类工业生产维生素产品应运而生,成本大幅度下降,饲用维生素得到广泛应用。

按饲料分类系统,维生素饲料划为第七大类,是指工业合成或由天然原料提纯精制(或高度浓缩)的各种单一维生素制剂和由其生产的复合维生素制剂。富含维生素的天然饲料如胡萝卜、松针粉等不属此类。

目前,已用于饲料的维生素至少有 15 种,即维生素 A(包括胡萝卜素)、维生素 D(包括维生素 D_2、维生素 D_3)、维生素 E(包括 α-生育酚、β-生育酚和 γ-生育酚)、维生素 K、维生素 B_1、维生素 B_2、维生素 B_6、维生素 B_{12}、烟酸和烟酰胺、泛酸、胆碱、叶酸、生物素、维生素 C 和肌醇。

氯化胆碱使用量最大,以日本为例,占维生素总销售量的一半以上;其次是维生素 A 和维生素 E,三者之和为总销售量的 90%。

自 20 世纪 70 年代以来的研究表明,除了传统的营养作用以外,在动物饲料中添加高剂量的某些维生素有增进动物免疫应答能力,提高抗毒、抗肿瘤、抗应激能力及提高动物产品品质等作用。这使维生素饲料得到更广泛的应用。

(三)微量元素添加剂

目前,饲料中常补充的微量元素有铁、铜、锌、锰、碘、硒、钴,猪、禽等单胃动物主要补充前 6 种,钴通常以维生素 B_{12} 的形式满足需要。由于在日粮中的添加量少,微量元素添加剂几乎都是用纯度高的化工产品,常用的主要是各元素的无机盐或有机盐类及氧化物、氯化物。近些年来,对微量元素络合物,特别是与某些氨基酸、肽或蛋白质、多糖等的络合物用做饲料添加剂的研究和产品开发有了很大进展。大量研究结果显示,这些微量元素络合物的生物学效价高,毒性低,加工特性也好,但由于价格昂贵,目前未能得到广泛应用。

1. 铁(iron)

用于饲料中铁的添加剂很多,生物学效价差异很大,主要有:硫酸亚铁、碳酸亚铁、氯化亚铁、磷酸铁、柠檬酸铁、葡萄糖酸铁、富马酸铁(延胡索酸铁)、*DL*-苏氨酸铁、蛋氨酸铁、甘氨酸铁等。常用的为硫酸亚铁。一般认为,硫酸亚铁利用率高,成本低。有机铁也能很好地被动物利用,且毒性低,加工性能优于硫酸亚铁,但价格昂贵,目前只有少量应用于幼畜日粮和疾病治疗等特殊情况下。氧化铁几乎不能被动物吸收利用,但在某些混合饲料、盐砖或宠物饲料产品中用做饲料的着色剂。

硫酸亚铁产品主要有含 1 个结晶水($FeSO_4 \cdot H_2O$)和 7 个结晶水($FeSO_4 \cdot 7H_2O$)的硫酸亚铁两种。七水硫酸亚铁为淡绿色结晶或结晶性粉末,易潮解结块,加工前必须进行干燥处理。七水硫酸亚铁不稳定,在加工和贮藏过程易氧化为不易被动物利用的 +3 价铁,而且由于其吸湿性和还原性,对饲料中的某些维生素等成分易产生破坏作用。一水硫酸亚铁为灰白色粉末,由七水硫酸亚铁加热脱水而得,因其不易吸潮起变化,加工性能好,与其他成分的配伍性好,在国内外应用较多。

初生仔猪补铁可口服硫酸亚铁或氯化亚铁,但效果不理想,多用注射补铁,常用的是注射一种铁钴针剂,一次注射 150 mg,或者注射葡聚糖酸铁,1～3 日龄,肌肉注射 100～200 mg 即可有效防止哺乳仔猪缺铁性贫血。有研究表明,仔猪出生后 12 h 内口服葡聚糖酸铁,对血红蛋白的合成来说,铁的利用率与注射相似。

2. 铜(copper)

可做饲料中铜的添加剂有:碳酸铜、氯化铜、氧化铜、硫酸铜、磷酸铜、焦磷酸铜、氢氧化铜、碘化亚铜、葡萄糖酸铜等。其中最常用的为硫酸铜,其次是氧化铜和碳酸铜。一般认为,对雏鸡而言,硫酸铜、氧化铜对其增重有同样的效果,而猪对硫酸铜、氧化铜和碳酸铜的利用效果基本相同。

(1)硫酸铜 硫酸铜的生物学效价最高,成本低,饲料中应用最为广泛。产品有 5 个结晶水的硫酸铜($CuSO_4 \cdot 5H_2O$)和 0～1 个结晶水的硫酸铜 $[CuSO_4 \cdot nH_2O(n=0～1)]$。五水硫酸铜为蓝色、无味的结晶或结晶性粉末,易吸湿返潮、结块,对饲料中的有些养分有破坏作用,不易加工,加工前应进行脱水处理。0～1 水硫酸铜为青白色、无味粉末,由五水硫酸铜脱水所得。0～1 水硫酸铜克服了五水硫酸铜的缺点,使用方便,更受欢迎。

除补充铜外,硫酸铜还常以高剂量添加于生长动物日粮中起促进其生长作用。据报道,高剂量铜可预防某些疾病,促进动物生长,尤其在饲养条件差的情况下,对幼畜使用效果特别显著。高铜与某些抗生素并用,可获得更好的促生长效果。目前在促进仔猪生长中应用广泛,在促进仔鸡生长中应用很少。不过,需要说明的是,高铜不可滥用,在铁、锌不足时长期使用 250 mg/kg 日粮的铜即可引起生长猪中毒,且猪肝铜浓度增加,如人食之,对人的健康有害,当日粮锌增到 130 mg/kg 日粮,铁增至 150 mg/kg 日粮时,250 mg/kg 日粮的铜添加量是安全的,但是,大量铜不能被动物机体吸收而随粪便排出,这些粪施到土壤中,会污染环境,因此,在有些国家禁止使用高铜饲料。

（2）氧化铜　氧化铜（copper oxide）为黑色结晶,在有些国家和地区,因其价格比硫酸铜便宜且对饲料中其他营养成分破坏性较小、加工方便而比其他化合物使用普遍。在液体饲料或代乳品中,均应使用溶于水的硫酸铜。

3. 锌（zinc）

除鱼粉外,我国常用饲料均不能满足猪对锌的需要,鸡饲料中锌也常不能满足需要,加之其他因素的影响,饲料中常需要添加锌。

用于饲料中锌的添加剂有:硫酸锌、氧化锌、碳酸锌、氯化锌、乙酸锌、乳酸锌等。其中常用的为硫酸锌、氧化锌和碳酸锌。

一般认为,这 3 种化合物都能很好地被动物所利用,生物学效价基本相同。也有报道指出,氧化锌对 1～3 月龄仔猪的生物学有效性比七水硫酸锌低 17%。乙酸锌的有效性与七水硫酸锌相同。对幼龄火鸡,碳酸锌与七水硫酸锌效价相同,优于氯化锌;氧化锌和一水硫酸锌效价则较差。锌的氨基酸络合物具有很高的有效性,目前主要因价格偏高而未能广泛应用,国外在高产奶牛和肉鸡日粮中有应用。

4. 锰（manganese）

作为饲料中锰添加剂有硫酸锰、碳酸锰、氧化锰、氯化锰、磷酸锰、乙酸锰、柠檬酸锰、葡萄糖酸锰等,其中常用的为硫酸锰、氧化锰和碳酸锰,氯化锰因易吸潮使用不多。据研究,有机二价锰生物有效性都比较好,尤其是某些氨基酸络合物,但成本高,未能大量应用。

5. 碘（iodine）

可用于饲料中碘的添加剂有:碘化钾、碘化钠、碘酸钾、碘酸钠、碘酸钙、3,5-二碘水杨酸、碘化亚铜等。其中碘化钾、碘化钠可被家畜充分利用,但稳定性差,易分解造成碘的损失。碘酸钙、碘酸钾较稳定,其生物学效价与碘化钾相似,但由于其溶解度低主要用于非液体饲料。饲料中最常用的为碘化钾、碘酸钙。

6. 钴（cobalt）

钴主要应用于反刍动物饲料中,可用于饲料中钴的添加剂有:氯化钴、碳酸钴、硫酸钴（含 1 个或 7 个结晶水）、乙酸钴、氧化钴等。这些钴源都能被动物很好地利用,但由于其加工性能与价格的原因,碳酸钴、硫酸钴应用最为广泛,其次是氯化钴。我国饲料中主要使用氯化钴。

反刍动物补充钴的方法除饲料添加剂外,还可通过在牧场施用含钴化肥;也可以舔盐块形式补充舍饲或放牧的绵羊或牛;许多地方实行口服或灌服钴盐溶液的方法,如果剂量足够,是完全可能防止或治疗动物缺钴,但必须经常性地口服或灌服,工作量太大也不方便,而使用钴丸可克服这些缺点,即用氧化钴和研细的铁粉制成致密的小弹丸（一般绵羊 5 g,牛 20 g）,用弹丸枪送进食管中,并使弹丸停留在胃中,这些弹丸不断地向瘤胃液中补充钴以满足动物的需要。在应用中,部分动物通过反刍将弹丸排出,部分钴弹丸表面被磷酸钙覆盖,影响了钴的释放利用效果。

7. 硒(seleniam)

在缺硒地区,几乎所有的动物都会表现出缺硒症状,影响健康,影响生产。目前在缺硒地区几乎所有动物饲料中都添加硒。

可用于饲料中硒的添加剂主要有硒酸钠、亚硒酸钠。二者效果都很好,亚硒酸钠生物学效价高于硒酸钠。

有机硒(如蛋氨酸硒)效果更好,高于二者,但由于生产和价格原因,目前未广泛应用。目前广泛应用的是亚硒酸钠(Na_2SeO_3)和硒酸钠(Na_2SeO_4 或 $Na_2SeO_4 \cdot 10H_2O$),而亚硒酸钠应用最为广泛。

亚硒酸钠为无色结晶性粉末,在 $500 \sim 600\,^{\circ}\mathrm{C}$ 以下时稳定,超过时慢慢氧化成硒酸钠。硒添加剂为剧毒物质,需加强管理,贮存于阴冷通风处,空气中含硒量不能超过 $0.1\ \mathrm{mg/m^3}$。

▶ 二、非营养性饲料添加剂

药物饲料添加剂属于非营养性饲料添加剂,是指为预防和治疗动物疾病,以及有目的地调节其生理机能而掺入载体或者稀释剂的兽药混合物。其主要作用是刺激动物生长,改善饲料利用率,提高动物生产能力,增进动物健康。

药物饲料添加剂其有效成分实质上就是兽药,亦属广义兽药的范畴。但可用于制成药物饲料添加剂的兽药必须符合有关规定。本节就兽药的一些基础知识以及农业部公布的《饲料药物添加剂使用规范》中允许作为饲料添加剂的兽药品种做一介绍。

(一)抗菌促生长添加剂

抗菌促生长剂,主要是指用于刺激动物生长,改善饲料转化效率,并增进动物健康的抗生素及合成抗菌药物添加剂。

1. 抗生素类添加剂

(1)金霉素(饲料级)预混剂　本品为金霉素与适当的辅料配制而成,有效成分为金霉素。金霉素由金色链霉菌培养液中分离而得,常用其盐酸盐,为黄色至褐色结晶粉末,有苦味,酸性溶液中稳定,碱性溶液中不稳定。金霉素的溶解度差,在动物肠道中的吸收率较低,而且在组织中蓄积较少,在血液中的半衰期最短(平均为 $5 \sim 6$ h),因此常被选作饲料添加剂,对提高动物日增重和饲料转化率、防治细菌性肠炎、萎缩性鼻炎、猪痢疾等均有效。

适用动物为猪、鸡。蛋鸡产蛋期禁用;饲料中钙含量为 $0.4\% \sim 0.55\%$ 时,应用高剂量盐酸金霉素不能超过 5 d;钙含量 0.8% 时,连续应用不能超过 8 周。休药期 7 d。

(2)土霉素钙预混剂　本品为土霉素钙与适当辅料配制而成。土霉素从龟裂链霉菌的培养液中分离所得,呈灰白黄色至黄色的结晶粉末。常用其盐酸盐,为黄色结晶,易溶于水,在酸性条件下稳定,在碱性环境中不稳定。土霉素在消化道中吸收良好,在组织中分布均匀,蓄积量较少,半衰期短,适宜用作饲料添加剂。土霉素钙能降低土霉素的吸收,还能增强土霉素的稳定性,亦常作饲料添加剂。

适用动物为猪、鸡。蛋鸡产蛋期禁用;添加于低钙饲料(饲料含钙量 $0.18\% \sim 0.55\%$)时,连续用药不超过 5 d。

(3)杆菌肽锌预混剂　本品为杆菌肽锌与米糠油粕、大豆油粕、麸皮、玉米淀粉、碳酸钙配制而成,有效成分为杆菌肽锌。杆菌肽从地衣芽孢杆菌的培养液中获得,为白色或淡黄色粉末,味苦,有特殊臭味,具吸湿性,易溶于水,其溶液性质不稳定,遇多种重金属盐可使其沉淀失效,而制成的锌盐性质稳定,为淡黄色或淡棕黄色粉末,味稍苦,有特殊性臭味,不溶于水,锌离子还增加其抗菌活性。

杆菌肽在动物肠道内吸收性很差,排泄迅速,毒性极小,无副作用,也无药物残留。用作饲料添加剂具有促进动物生长、提高饲料转化率及防治动物细菌性腹泻和慢性呼吸道疾病的功效,亦可与其他抗生素联合应用。

(4)硫酸黏杆菌素预混剂 本品为硫酸黏杆菌素与小麦粉、脱脂米糠、玉米淀粉、乳糖等配制而成,商品名称为抗敌素,本品为浅褐色或褐色粉末;有特臭。黏杆菌素是由多黏芽孢杆菌培养液中提取的抗生素,其硫酸盐为白色或微黄色微细粉末,易溶于水,干燥粉很稳定。口服较难吸收,故不易残留于动物产品中。硫酸黏杆菌素用作饲料添加剂具有促进雏鸡、犊牛和仔猪生长以及防治仔猪、犊牛细菌性痢疾和其他肠道疾病的功效。蛋鸡产蛋期禁用;不能长期添加于动物饲料中作生长促进剂应用;内服较难吸收,故不能作全身感染性疾病治疗药。宰前 7 d 停止给药。

2.合成抗菌药物添加剂

(1)磺胺类药物添加剂 磺胺类药是一种人工合成的抗菌药,具有共同的磺胺基本结构,均为白色或微黄色结晶性粉末,性质稳定,难溶于水,易溶于稀无机酸或碱性溶液,其钠盐易溶于水,呈碱性。磺胺药主要是抑制细菌的繁殖。

磺胺类药物添加剂使用注意事项:①磺胺类药用量要适当,疗程应充足。②磺胺药钠盐注射液碱性甚强(pH 8.5~10.5),宜深层肌注或缓慢静注,忌与酸性药物(如维生素 C、氯化钙)配伍。③肾功能损害时,慎用磺胺药。④磺胺药局部用药时,必须将创口中的坏死组织和脓汁清洗净,因其中富含对氨基苯甲酸,可对抗磺胺药的抗菌作用。⑤某些药物如普鲁卡因、丁卡因等,含有对氨苯甲酰基,不宜与磺胺药合用。

常用磺胺类药物添加剂:

①复方磺胺嘧啶预混剂 商品名称为立可灵,由磺胺嘧啶、甲氧苄啶、石灰石粉与大豆皮粉等混合而成。磺胺嘧啶(SD)为白色或淡黄色结晶性粉末。无臭、无味,几乎不溶于水,溶于丙酮,易溶于稀盐酸及稀氢氧化钠溶液中;熔点为 196~200℃。与甲氧苄啶(TMP)制成的复方制剂抗菌效力更强。内服吸收迅速,排泄较慢,有效血药浓度维持时间长。与血清蛋白结合率低,易透过血脑屏障而进入脑脊髓液,是治疗脑部敏感菌感染的首选药。

适用动物为猪、鸡。蛋鸡产蛋期禁用;休药期猪 5 d,鸡 1 d。遮光、密封,阴凉干燥处保存。

②磺胺喹噁啉、二甲氧苄啶预混剂 本品为磺胺喹噁啉和二甲氧苄啶与辅料配制而成。磺胺喹噁啉(SQ)是动物专用的抗球虫药物,其主要抑制球虫第二代裂殖体的发育,对第一代裂殖体亦有作用,作用峰期在感染后第 4 天,即第一次排出带血粪便时。本品的优点是不影响宿主对球虫的免疫力,具有抗菌作用,可以防治球虫病所并发的细菌感染。

本品的适用动物为鸡。连续用药不得超过 5 d;蛋鸡产蛋期禁用;休药期 10 d。

③磷酸泰乐菌素、磺胺二甲嘧啶预混剂 本品为磷酸泰乐菌素、磺胺二甲嘧啶与黄豆粉等配制而成,商品名称为泰农强,为黄褐色粉末。磷酸泰乐菌素为泰乐菌素的磷酸盐,磺胺二甲嘧啶(SM2)抑菌作用比 SD 稍差,但排泄慢,在多数家畜体内维持有效血浓度时间达

24 h,毒性小,对肾脏损害小。用于预防猪痢疾、动物细菌及支原体感染,休药期 15 d。

(2)喹诺酮类药物添加剂　喹诺酮类又称吡酮酸类或吡啶酮酸类,是一类以 1,4-二氢-4-氧-3-喹啉羧酸为基本结构的全合成抗菌药物。其作用机理为直接阻断细菌合成过程中的脱氧核糖核酸(DNA)复制酶(回旋酶),从核心部分完全抑制了细菌的代谢和增殖,为直接杀菌剂。

许多喹诺酮类药与利福平、氯霉素、四环素、万古霉素联合应用出现拮抗作用。此类药物与其他抗菌药相比不易产生耐药性。

常用喹诺酮类药物添加剂:

①诺氟沙星、盐酸小檗碱预混剂　本品为诺氟沙星、盐酸小檗碱与淀粉配制而成,为淡黄色粉末。诺氟沙星为白色至淡黄色结晶性粉末,有吸湿性,味极苦,几乎不溶于水,在醋酸、乳酸、盐酸、烟酸或氢氧化钠溶液中易溶。吸收迅速,有效血药浓度维持时间较长、半衰期短,无蓄积性。盐酸小檗碱为小檗碱的盐酸盐。小檗碱亦叫黄连素,具有良好的抗菌作用。

本品适用于鳗鱼、鳖。遮光、密闭,在阴凉干燥处保存。

②盐酸环丙沙星、盐酸小檗碱预混剂　本品为盐酸环丙沙星、盐酸小檗碱与辅料配制而成。盐酸环丙沙星为环丙沙星的盐酸盐。环丙沙星为喹诺酮类合成抗菌药,为白色或淡黄色粉末,不溶于水。其盐酸盐和乳酸盐易溶于水。环丙沙星抗菌谱与诺氟沙星相似,对革兰氏阴性菌和阳性菌都具有较强的抗菌活性,对革兰氏阴性菌杀伤力特别强。

3.有机砷制剂类药物添加剂

据研究,有机砷类饲料添加剂具有刺激动物生长的作用,而且有较广泛的抗菌谱,对多种肠道疾患的致病菌有较强的抑菌和杀菌性能。同时对肠道寄生虫及血原虫等也有一定的抑制作用。有机砷类饲料添加剂还可改善肉牛和鸡的肉质。对于饲养环境差的动物,有机砷类添加剂的作用更为明显。目前,有机砷类制剂用作饲料添加剂在世界各国极为普遍。有机砷制剂类有如下几种:

(1)氨苯砷酸预混剂　本品为氨苯砷酸与碳酸钙配制而成。氨苯砷酸为化学合成抗菌药,亦叫阿散酸,为白色晶体粉末,难溶于水。其钠盐易溶于水,无臭、易潮解。具有广谱杀菌作用,对肠道寄生虫有杀死和抑制作用。用作饲料添加剂具有提高产蛋率和改善肉质的作用。本品需遮光、密闭,在干燥处保存。

(2)洛克沙肿预混剂　本品为氨苯砷酸与辅料配制而成。洛克沙肿的化学名称为硝基羟基苯砷酸,是由化学合成法制备而来。为白色或微黄色粉末,难溶于水,其钠盐易溶于水。具有广谱的杀菌和抑菌作用。本品用作饲料添加剂具有促进动物生长之功效。蛋鸡产蛋期禁用;休药期 5 d。

4.其他抗菌药物添加剂

(1)痢菌净(乙酰甲喹)　本品为鲜黄色结晶或黄白色粉末,味微苦,遇光色变深,微溶于水。广谱抗菌药,对革兰氏阴性菌的作用较强,对猪痢疾密螺旋体作用显著。

(2)喹乙醇预混剂　本品为喹乙醇与辅料配制而成,商品名称为快育灵、灭霍灵、灭败灵。喹乙醇为浅黄色结晶性粉末,无臭、味苦。在热水中溶解,在冷水中微溶,在乙醇中几乎不溶。广谱抗菌药,兼能促进生长,增加瘦肉率,提高饲料转化率。用于猪促生长,禁用于禽;禁用于体重超过 35 kg 的猪;休药期 35 d。

(二)驱虫保健剂

添加在饲料中用于防治寄生虫病、保证动物生产力和身体健康的药物添加剂称驱虫保健剂,主要包括抗球虫药物添加剂和驱蠕虫药物添加剂两类。

1.抗球虫药物添加剂

球虫病对雏鸡和幼兔危害最为严重。禽、兔感染球虫病后,慢性者生长发育受阻、生长性能降低,暴发时可造成大批死亡。因此,采用低剂量混入饲料中长期给予抗球虫药预防球虫病就显得非常重要。

球虫病是由孢子虫纲球虫目艾美耳科中各种球虫引起的一种原虫病。家畜、野兽、禽类、爬虫类、两栖类和某些昆虫都有球虫寄生,球虫对鸡、兔和牛危害较为严重,常引起幼龄动物大批死亡。

目前控制鸡球虫病有药物和免疫两种方法。药物控制可分为预防性投药和治疗性投药。预防投药主要将药物掺混于饲料中,浓度低,在整个肉鸡生长过程中或产蛋鸡产蛋周期内不断给药。实践证明这是一种简便易行、节省劳力,并且非常经济的一种方法,对大型集约化养禽业具有重要意义,也是一项良好的防治措施,但也有其缺点,例如药物的毒性在鸡组织中有残留,长期用药后产生耐药性虫株,更重要的是目前还没有一种抗球虫剂是对所有球虫都非常有效的。如果预防失败,会暴发鸡球虫病,这时必须要进行治疗。预防失败的原因可能是给药量不适当、药效不足、产生耐药性虫株等原因。另外,还可通过饮水这一相对简单易行的方法来治疗病鸡,治疗药物的选择要根据虫株的不同和对药物的敏感度来确定。

常用抗球虫药物介绍:

(1)二硝托胺预混剂　本品为二硝托胺与轻质碳酸钙配制而成。二硝托胺化学名称为3,5-二硝基-2-甲基苯甲酰胺。为淡黄色或黄褐色粉末;无臭,味苦。性质稳定,能溶于乙醇和丙酮,难溶于水。对毒害、柔嫩、布氏、巨型艾美耳球虫均有良好的防治效果。除此之外,对肠内其他病原性球虫效果也较好。蛋鸡产蛋期禁用;休药期 3 d。密闭保存。

(2)马杜霉素铵预混剂　本品为马杜霉素铵与豆饼粉或麸皮配制而成。商品名称为加福、抗球王。本品为黄色或黄褐色粉末。马杜霉素铵为马杜霉素的铵盐,为白色或类白色结晶粉末;有微臭。在甲醇、乙醇或氯仿中易溶,在丙酮中略溶,在水中不溶。蛋鸡产蛋期禁用;不得用于其他动物;在无球虫病时,每千克饲料含马杜霉素铵盐 6 mg 以上对生长有明显的抑制作用,也不改善饲料报酬;休药期 5 d。密闭保存。

(3)尼卡巴嗪预混剂　本品为尼卡巴嗪与玉米粉配制而成。商品名称为乐球宁。本品为黄色粉末。尼卡巴嗪是 4,4'-二硝基碳酰苯胺和 2-羟基-4,6-二甲基嘧啶的混合物,二者以1:1 的比例混合。为淡黄色、无臭粉末,不溶于水、乙醇、三氯甲烷和乙醚,微溶于二甲基甲酰胺。与水研磨时会慢慢分解,若在稀酸中则分解很快。蛋鸡产蛋期禁用;高温季节慎用;休药期 4 d;密闭,遮光保存。

2.抗蠕虫药物添加剂

(1)药物防治蠕虫病的作用与意义　药物防治蠕虫病的基本作用是降低宿主的虫体负荷,驱除动物体内的寄生蠕虫,保证动物健康成长,同时降低环境中虫卵的污染,减少再次感染的机会,对其他健康动物起到良好的预防作用。药物对于蠕虫病的防治虽然具有重要作用,但长期使用也有许多弊端,例如长期用药不仅会导致耐药虫株的出现和药物在体内残留,还会干扰动物抗寄生虫的免疫力。

(2)理想驱虫药的特性　理想驱虫药由下列几个因素所决定：①高效；②广谱，驱虫范围广；③较高的安全系数；④便于投药；⑤无残留或残留少；⑥药价低廉。

(3)常用抗蠕虫药物

①伊维菌素预混剂　本品为伊维菌素与玉米芯细粉及抗氧化剂等配制而成，为淡黄色至淡褐色粗粉，主要用于治疗猪的胃肠道线虫病和疥螨病。休药期 5 d。遮光、密闭，在阴凉、干燥处保存。

②越霉素 A 预混剂　本品为越霉素 A 与脱脂米糠配置而成，商品名称为得利肥素，为淡黄色或淡黄褐色粉末；有特臭。越霉素 A 的原料为暗褐色液体，具有特殊的臭味，是从越霉菌的培养液中提取制得的。为抗生素类驱虫药。适用于猪、鸡。蛋鸡产蛋期禁用；猪宰前15 d、鸡宰前 3 d 停止给药。密闭，在干燥处保存。

③环丙氨嗪预混剂　本品为环丙氨嗪与二氧化硅、白陶土等配制而成，商品名称为蝇得净，为白色或米黄色粉末。主要用于杀蝇，控制动物厩舍内蝇幼虫的繁殖。避免儿童接触。遮光，密闭，阴凉处保存。

(三)饲用酶制剂

酶是活细胞所产生的具有特殊催化能力的一类蛋白质，通常称为生物催化剂，是促进生物化学反应的高效能物质。细菌、真菌等微生物是各种酶的主要来源，将这些生物体产生的酶提取出来，制成的产品就是酶制剂。饲料用酶制剂是通过特定生产工艺加工而成的含单一酶或混合酶的工业产品。试验研究证明，添加饲料用酶制剂能补充动物体内酶源的不足，增加动物自身不能合成的酶，从而促进动物对养分的消化、吸收，提高饲料的利用率，促进生长，为节粮型饲料添加剂。

1. 饲料用酶的来源

饲料用酶源于微生物菌体，目前常用的菌种有曲霉、木霉、青霉、酵母等真菌和某些杆菌的菌株等，经过基因工程技术对其加以改造，采用发酵工艺来生产饲用酶制剂。生产过程要求这些菌株的性质稳定，而且对动物不产生毒害作用。发酵过程可以是工业化液体发酵，也可以用固体培养进行发酵，后者是目前工业化生产的主流。酶制剂的应用早在 20 世纪 60 年代就开始，广泛应用于食品加工、酿造、制革、洗涤剂工业中，1970 年后酶制剂开始引入到饲料工业中，第一个商业上应用的饲用酶制剂是 β-葡聚糖酶，分解大麦中 β-葡聚糖，使其营养成分与小麦相当，直到 80 年代末期，酶制剂在饲料中才广泛地应用。

2. 常用的酶制剂

目前养殖业上常用且效果比较明显的酶制剂有淀粉酶、蛋白酶、纤维素酶、半纤维素酶、糖类分解酶、植酸酶等几类：

(1)淀粉酶　α-淀粉酶(液化型淀粉酶)，多是用拓草杆菌深层发酵产生，其作用是从底物分子内部将糖苷键裂开，产生还原糖，适宜 pH 6～6.4。β-淀粉酶(糖化型淀粉酶)，常用黑曲霉、根霉、红曲霉等培养生产，其是从底物的非还原性末端将麦芽糖单位水解下来，适宜 pH 4.5～5。葡萄糖淀粉酶的作用是从底物非还原性末端将葡萄糖单位水解。还有支链淀粉酶和异淀粉酶等。

(2)蛋白酶　蛋白酶是催化水解蛋白质中的肽链的一类酶，广泛存在于动物、植物及微生物中，如来自动物的胃蛋白酶、胰蛋白酶、凝乳酶等，来自植物的木瓜蛋白酶、菠萝蛋白酶等，来自芽孢杆菌、曲霉和根霉菌等微生物的蛋白酶。

（3）纤维素酶　纤维素酶是一类作用于植物细胞壁纤维素及其衍生物的酶。特点是能崩溃植物细胞壁，使细胞内容物充分释放出来，为动物吸收，并能将饲料中半纤维素分解为双糖及单糖，提高饲料利用率。此类酶主要由内切葡聚糖酶、外切葡聚糖酶和 β-葡萄糖苷酶组成，多由木霉、黑曲霉、根霉、青霉、担子霉菌等培养产生。

（4）半纤维素酶　半纤维素酶是降解半纤维素的一类酶，由于半纤维素是由木糖、阿拉伯糖、葡萄糖、半乳糖、甘露糖、半乳糖醛酸所组成的杂分子聚合物，因此，半纤维素酶也分为木糖苷酶、阿拉伯糖苷酶、葡萄糖醛内醇酶、半乳聚糖酶、甘露聚糖酶、葡萄糖内酯酶、木聚糖酶等。

（5）糖类分解　常用的糖类分解酶有戊聚糖酶及果胶酶等，多由曲霉属微生物培养生产。β-葡聚糖酶是葡萄糖残基通过 β-1,3-糖苷键和 β-1,4-糖苷键相连，它们的分子大小、组成和分布比例由两种糖苷键类型决定。

（6）植酸酶　在植物性饲料中，大量的磷是以植酸的形式存在，植酸不易被单胃动物的内源酶所消化。植酸是由6个磷基与环己六醇结合而成，植物中的磷可被植酸酶水解。饲料中添加植酸酶可以提高饲料植酸盐中磷的利用率，减少无机磷的添加量，植酸酶主要存在于酵母、肝脏、血液、麦芽和种子中，也可以用曲霉菌株发酵培养生产。

（7）复合酶　饲料用复合酶由纤维素酶、果胶酶、蛋白酶和糖类分解酶等组成的，它是以农副产物为原料，用黑曲霉菌或木霉菌进行培养，然后将发酵液用盐析法使之沉淀后精制而成。饲料用复合酶属于一种新型高效生物催化剂，与抗生素比较，安全性高，同时促进动物生长和防治疾病的发生，生产更加经济。

（四）饲用益生素

益生素（Probiotic）国内有多种异名，1988年我国有关学术会议将其统称微生态制剂（Microbial ecological agent），广义上是指根据微生态学原理将生物体正常微生态系中的有益菌经特殊培养而得的菌体或其代谢产物的制剂。国内在这方面起步较晚，但起点高，发展速度较快。

Probiotic 一词首先由 Parker（1974）提出，虽然人们在不自觉中早就生产使用过这类产品，但益生素被真正重视只是从20世纪70年代开始，原因是大量的抗生素产生了严重威胁人类健康而又难以对付的毒副作用，引起各国对饲用抗生素的控制，许多国家都纷纷禁止多种抗生素饲用，同时努力探求其他可替代抗生素的添加剂，益生素就是人们日益关注的主要制剂。

最先研究并作为经典使用的益生素都是外源添加的微生态制剂，称为益生菌或微生物益生素，但最近人们发现一些低聚糖能选择性增殖动物消化道内固有益生菌丛，有着与益生菌相似的效果，但又是非生物活性物质，人们称之为化学益生素。

（1）微生物益生素　微生物益生素又称生菌剂、EM 制剂、微生物添加剂等，其作用方式是通过外源活菌（有益菌）进入动物消化道后，进行自身繁殖和提供有益物质，同时促进肠道有益菌繁殖，来抑制有害菌的生长，以保持肠道内正常微生物的区系平衡，达到治病和促长的目的。

①乳酸菌制剂　含有一种或几种乳酸菌的微生物制剂，利用乳酸菌定植肠道产生乳酸，形成酸性环境，抑制病原菌繁殖，达到促长防病的目的。如嗜酸乳杆菌制剂、双歧杆菌制剂等。

②芽孢制剂　由一种或几种芽孢菌组成的微生态制剂,利用芽孢的耐恶劣环境能力和生长势拮抗病原微生物,并提供合成中性蛋白酶、多种 B 族维生素等,有益于动物的生长和康复,如枯草芽孢制剂、蜡样芽孢杆菌制剂等。

③酵母制剂　利用多种酵母菌的产酶活性和各种促长因子的共同作用,来提高动物的饲料消化率和利用率,有利于动物的生长和繁殖。常用菌种有酿酒酵母、产朊假丝酵母等。

④曲霉制剂　利用曲霉制剂中的曲霉菌产生一批酶类和类抗生素物质,来改善动物生长性能,提高动物免疫力,如黑曲霉制剂、白地霉制剂。

⑤混合 EM 制剂　为多种益生菌的共存体,其菌种配伍可以是乳酸菌、芽孢菌组合,也可以是乳酸菌、芽孢菌、酵母苗和曲霉菌共同组合。由于混合菌有益于微生物的功能互补,故混合 EM 制剂效果优于单菌制剂,但菌种配伍时要求混合菌种种类少而精,并要求在同一保存体系中能有协同作用。目前市售的饲用微生态制剂大部分都为混合制剂。

(2)化学益生素　正常情况下,巩固健康动物消化道内有益菌丛的方法,除了直接外源补加益生菌协同内源优势菌群作用外,还可提供一些只为动物体固有益生菌利用而不为动物消化吸收的营养物质,来选择性增殖动物体内有益菌,这些营养物质统称为化学益生素。

化学益生素主要通过选择性地增殖肠道有益菌,形成竞争优势,同时又作为肠道病原微生物的凝集源,阻止病原菌的肠道黏附,还可作为免疫源引起动物自身免疫应答,提高动物自身免疫力。我国用作饲料添加剂的化学益生素主要为一些短链分支的低聚糖,如双糖、寡聚糖等。

①双糖　目前应用的主要为乳糖的衍生物乳果糖和乳糖醇,它不能为单胃动物的酶所分解,但可以被后肠道中的微生物所利用。促进了动物体内双歧杆菌、乳杆菌的生长。

②寡聚糖　指一些比双糖大比多糖小的一类中糖聚合物,目前应用的有果寡糖、异麦芽糖、大豆寡聚糖等,这些寡聚糖均不能为胃肠道内酶所识别分解和吸收利用,却能被肠道内有益菌乳酸菌和双歧杆菌等利用而形成增殖,同时抑制拟杆菌等有害菌的生长。

(五)饲用酸化剂

pH 是动物体内消化环境中的重要因素之一,合理的调节仔猪肠内的 pH 对于防治仔猪由于断奶应激而引起的腹泻、降低仔猪死亡率起着重要的作用。饲料酸化剂在仔猪料中有降低日粮 pH 的作用,因而是克服早期断奶仔猪综合征的重要措施之一。通常,把能提高饲料酸度(pH 降低)的一类物质称作饲料酸化剂。20 世纪 90 年代后,更多的有机酸被世人应用,酸化剂也引起了我国营养学家和饲料配方师的关注,开始着手研究酸性强、成本低的无机酸及把一些酸各自特定优点结合起来的复合酸化剂,并已取得了很大进展。

目前,国内外应用的酸化剂总的来说可分为单一酸化剂(包括有机酸化剂和无机酸化剂)和复合酸化剂两大类。

1. 有机酸化剂

有机酸具有良好的风味,并参与体内三羧酸循环。有机酸化剂主要有柠檬酸、延胡索酸、乳酸、丙酸、苹果酸、戊酮酸、山梨酸、甲酸(蚁酸)、乙酸(醋酸)等。不同的有机酸各有其特点,但应用最广泛而且效果较好的是柠檬酸、延胡索酸。

(1)柠檬酸　最初是从柠檬中提取而来,故此取名。现在工业上所用的柠檬酸都是黑曲霉以发酵法生产的。柠檬酸为一种无色结晶,易溶于水及乙醇,难溶于乙醚,熔点 100℃,大于 100℃ 则为无水物,有强酸味。具有良好的热稳定性和金属离子的配位性。

（2）延胡索酸　又名富马酸，为白色结晶粉末，对氧化和温度变化稳定，可与饲料混匀，无毒。由于延胡索酸生能途径比葡萄糖短，在应激作用和危急状态下可用于 ATP 的紧急生成，在畜牧生产中可作为抗应激剂。延胡索酸还具有广谱杀菌和抑菌的活性。

2. 无机酸化剂

无机酸包括强酸，如盐酸、硫酸，也包括弱酸，如磷酸，其中磷酸具有双重作用：日粮酸化剂与磷酸来源。无机酸和有机酸相比具有较强的酸性与较低的添加成本。实验表明，开发无机酸化剂也是一条值得探索的解决饲料资源短缺和提高经济效益的途径。

3. 复合酸化剂

复合酸化剂是利用几种特定的有机酸和无机酸复合而成，能迅速降低 pH，保持良好的缓冲值和生物性能及最佳添加成本。最优化的复合体系将是饲料酸化剂发展的一种趋势。异位酸（isoacids）是较早应用在泌乳牛中的一种有机酸复合物。它是异戊酸、α-甲基丁酸、戊酸、异丁酸的混合物。

近年来，国外一些复合酸化剂已获准进入我国市场，如美国安肥 1000、美国健宝、西班牙肥得乐等。我国生产了"溢酸宝"和"溢香酸"复合饲料酸化剂。这些酸化剂与普通单一酸化剂如柠檬酸、延胡索酸相比，具有用量少、成本低、酸度强、酸化效果快、作用范围广泛等优点。

（六）中草药添加剂

中草药作为饲料添加剂，由于其毒副作用小，不易在产品中残留，且具有多种营养成分和生物活性物质，兼具有营养和防治疾病的双重作用，受到国内外的广泛重视，并已取得很大进展。目前正大力开发中草药的品种资源，深入开展中草药的应用理论研究，拓宽中草药应用新途径，使其尽快适应现代化生产，形成产品系列化，并做到规范化、标准化。

据不完全统计，目前中草药添加剂种类已有 200 多个品种。根据动物生产特点、饲料工业体系和中草药性能情况，将其分为如下类型：

（1）免疫增强剂　以提高和促进机体非特异性免疫功能为主，增强抗病力。如刺五加、商陆、菜豆、甜瓜蒂、水牛角、羊角等。

（2）激素样作用剂　能对机体产生激素样调节作用。如何首乌、穿山龙、肉桂、石蒜、秦艽、甘草等。

（3）抗应激剂　可缓和防治动物应激综合征。如刺五加、人参、延胡索、黄芪、柴胡等。

（4）抗微生物剂　能够杀灭或抑制病原微生物，增进动物健康。如金银花、连翘、蒲公英、大蒜、败酱草等。

（5）驱虫剂　具有增强机体抵抗寄生虫侵害能力和驱除体内寄生虫。如使君子、南瓜子、石榴皮、青蒿等。

（6）增食增质剂　可改善饲料适口性，增强动物食欲，提高饲料消化率、利用率及产品质量。如茴香、鼠尾草、甜叶藕、五味子、马齿苋、松针、绿绒蒿等。

（7）催肥增重剂　具有促进肥育和增重作用。如山楂、钩吻、石菖蒲等。

（8）促生殖增蛋剂　能促进动物卵子生成和排出，提高繁殖率和产蛋率。如淫羊藿、水牛角、石斛、羊洪膻、沙苑蒺藜等。

（9）催乳剂　促进乳腺发育和乳汁合成、分泌，增加产奶量。如王不留行、四叶参、通草、马鞭草、鸡血藤、刘蕨藜等。

（10）疾病防治剂　防治动物疾病，恢复健康。根据不同病症进行组方。

（11）饲料保藏剂　能使饲料在保存期中不降低质量和不变质腐败，并可延长贮存时间。如防腐的有土槿皮、白鲜皮、花椒等；抗氧化的有红辣椒、儿茶、棕榈等。

另外，在组配上有单方（一种中草药）和复方（多种中草药组合）；在剂型上有散剂（粉状）、颗粒剂和液体剂等。

（七）饲料保藏剂

饲料贮藏期间，在一定温度、湿度条件下，空气中的氧易引起饲料组成成分，尤其是油脂的氧化酸败，使饲料变质。各种微生物，特别是腐败菌、霉菌迅速繁殖，从饲料中吸取营养，产生多种分解力强的物质，严重地影响饲料的适口性和营养价值，有的还能分泌出对动物和人体有害的物质（如黄曲霉等）。

为了减少饲料在贮存期间的损失，保证其品质和人、畜的安全，人们研究了许多方法，包括物理方法和化学方法两大类。物理方法如干燥、低温贮藏、真空贮藏等一般都需要较高级的仪器、设备，成本过高，不宜用于贮存大量饲料。因此在饲料中添加化学保藏剂逐渐被人们认识和重视，效果也比较好。目前应用的化学保藏剂主要有两类：防霉剂和抗氧化剂。

1. 饲料防霉剂

在高温、潮湿的季节和地区，微生物繁殖迅速，易引起饲料的霉变，特别是营养浓度高、易吸湿的原料。为了防止饲料发霉常需添加一定量的防霉剂。

防霉剂又称防腐剂，是一类抑制霉菌繁殖、消灭真菌、防止饲料发霉变质的有机化合物。饲料被霉菌污染，降低饲料营养价值，饲料的霉味越大，变色越明显，营养损失也越多。霉变严重会因霉菌释放出的霉菌毒素造成动物中毒。

可作为防霉剂的物质很多，主要是有机酸及其盐类。目前应用于饲料中的防霉剂有丙酸及其盐类、苯甲酸及苯甲酸钠、山梨酸及其盐类、富马酸及其酯类等，最为普遍的为丙酸及其盐类。

（1）丙酸及其盐类　丙酸为具有强烈刺激性气味的无色透明液体，对皮肤有刺激性，对容器、加工设备有腐蚀性。可按任何比例与水混合，也可溶于乙醇、乙醚。其盐类也都溶于水。

丙酸钙、丙酸钠均为白色结晶或颗粒状或粉末，无臭或稍有特异气味，溶于水，流动性好，使用方便，对普通钢材没有腐蚀作用，对皮肤也无刺激性，因此逐渐代替丙酸市场。

丙酸铵是一种透明或浅黄色具有轻度氨臭的液体，pH 近中性（6.7～6.8），对皮肤的刺激和器皿、设备的腐蚀性低，且防霉效力接近丙酸。

丙酸及其盐类是饲料中应用最为普遍的防霉剂，属酸性防霉剂。丙酸含量越高，防霉效果越好。其效果为：丙酸＞丙酸铵＞丙酸钠＞丙酸钙。

丙酸及其盐类主要对霉菌有较显著的抑菌效果，对需氧芽孢杆菌或革兰氏阴性菌也有较好的抑菌效果，但对酵母菌和其他菌的抑制作用较弱。在饲料中的添加量以丙酸计，一般为 0.3％左右。

丙酸属体内正常代谢物，参与体内能量代谢，动物吸收后很快会在体内代谢，对动物及人体无毒、无残留，安全性好。除了防霉作用外，丙酸还具有改进饲料的消化率，减少发霉谷物对鸡增重的影响，增加饲料能量，使饲料避免结块等作用。饲料里添加一定量丙酸还能起到增香调味的作用。

丙酸及其盐类添加到饲料中的方法有:直接喷洒或混入饲料中;液体的丙酸可以蛭石等为载体制成吸附型粉剂,再混入到饲料中去;与其他防霉剂混合使用,增强作用效果。

(2)苯甲酸及苯甲酸钠　苯甲酸及苯甲酸钠又名安息香酸及安息香酸钠。苯甲酸为白色片状或针状结晶或结晶性粉末,不溶于水,溶于乙醇、乙醚等有机溶剂。苯甲酸钠为白色颗粒或结晶性粉末,无臭或微带安息香气味,味微甜,有收敛性。易溶于水,在空气中稳定,二者在体内参与代谢,不蓄积、毒性低,是安全的防霉剂。

苯甲酸及其钠盐属酸性防霉剂,有效成分为苯甲酸。在低 pH 条件下,对微生物有广泛的抑制作用,但对产酸菌作用弱。在 pH 为 5.5 以上时,对很多霉菌没有抑制效果。最适pH 范围为 2.5～4.0,适用于酸化食品和饲料。

苯甲酸及苯甲酸钠的主要作用是能抑制微生物细胞内呼吸酶的活性以及阻碍乙酰辅酶A 的缩合反应,使三羧酸循环受阻,代谢受到影响,还阻碍细胞膜的通透性。

(3)山梨酸及其盐类　山梨酸又名花楸酸,化学名为 2-4-己二烯酸,为无色针状结晶或白色结晶性粉末,无臭或稍带刺激性臭味。对光、热稳定,但在空气中长期放置易氧化变色。微溶于水,易溶于乙醇等有机溶剂。

山梨酸钾和山梨酸钠皆为白色至淡黄棕色鳞片状结晶或结晶性粉末,皆易溶于水和酒精。无臭或稍有臭气。在空气中不稳定,能被氧化着色,易吸湿。

山梨酸及其盐类亦是在一定 pH 条件下发挥作用的。当加入低 pH 物品中时,对酵母菌及霉菌等好气菌有效,对乳酸杆菌、梭状芽孢杆菌等厌氧菌作用弱。但其作用的 pH 范围较苯甲酸及其钠盐广,在 pH 5～6 以下均有效。

山梨酸对微生物的作用主要是可与微生物酶系统中巯基(—SH)相结合,从而破坏许多酶系统,达到抑制微生物代谢及细胞生长的作用。山梨酸可参与体内代谢,无残留、安全性好。

(4)富马酸及其酯类　富马酸又称延胡索酸,即反丁烯二酸。为无色结晶或粉末,水果酸香味,溶解度低。富马酸及其酯中富马酸二甲酯的防霉效果最好。富马酸二甲酯(DMF)为白色结晶或粉末,略溶于水,溶于乙酸乙酯、氯仿、异丙醇等。

富马酸类防霉剂的特点是与其他防霉剂比抗菌作用强,抗菌谱广,对真菌、细菌均有作用,其抗真菌效力大大超过丙酸、山梨酸、苯甲酸等。此外,其抗菌作用受 pH 影响不大,DMF 的 pH 适应范围为 3～8。

富马酸二甲酯的添加方法:可先溶于有机溶剂,如异丙醇、乙醇,再加入少量水及乳化剂达到完全溶解,然后用水稀释,加热除去溶剂,恢复到应稀释的体积,混于饲料中或喷洒于饲料表面。也可用载体制成预混料。

(5)脱氢乙酸及其钠盐　脱氢乙酸又称脱氢醋酸(DHA),为白色或淡黄色结晶粉末,无臭,无味或略具有异味,在水中难溶,碱性水溶液中溶解度大。脱氢乙酸钠为白色结晶性粉末,无臭或略有微臭,溶液为无色。

本品为低毒防霉剂,在酸、碱条件下均具有一定的抗菌作用,比苯甲酸钠的抑菌效果好。脱氢乙酸主要对酵母菌和霉菌有较高的抗菌效果,较高剂量对某些细菌也有作用。

(6)甲酸及其盐　甲酸盐包括甲酸钠和甲酸钙等。甲酸盐进入胃内在盐酸作用下游离出甲酸而发挥作用。甲酸熔点高,在 400℃ 以上才能分解,制粒中不受破坏。主要用于仔猪饲料。

（7）柠檬酸及其钠盐　本品在饲料中添加一方面可调节 pH，起防腐与增产作用；另一方面还是抗氧化剂的增效剂。

（8）乳酸及其盐　乳酸盐包括乳酸钙和乳酸亚铁，在饲料中添加乳酸、乳酸钙或乳酸亚铁可起到防霉剂的作用，且具有营养强化作用。

2. 抗氧化剂

高能饲料中的油脂或饲料中所含有的脂溶性维生素、胡萝卜素及类胡萝卜素等物质易被空气中的氧所氧化、破坏，使饲料营养价值下降，适口性变差，甚至导致饲料酸败变质，所形成的过氧化物对动物还有毒害作用。在饲料中添加一定的抗氧化剂，可延缓或防止饲料中的这种自动氧化作用。

可作为饲料抗氧化剂的物质很多，有天然和人工合成两类。

天然抗氧化剂：主要有生育酚、维生素 C 等，由天然物中提取，是最早的食品抗氧化剂。这类抗氧化剂安全性好，一般无添加限量，但因来源受限制，价格贵，主要用于油脂与食品中，饲料中应用较少。

人工合成抗氧化剂：主要有 L-抗坏血酸及其钠盐、钙盐等、丁羟甲苯（BHT）、丁羟甲氧苯（BHA）、合成生育酚、乙氧基喹啉等。用于饲料的抗氧化剂主要是乙氧基喹啉，其次是丁羟甲苯、丁羟甲氧苯。

目前常用的抗氧化剂有乙氧基喹啉、丁羟甲苯、丁羟甲氧苯、异抗坏血酸、维生素 E 等。

（1）乙氧基喹啉（EMQ）　乙氧基喹啉又称乙氧喹，是一种黏滞黄褐至褐色的液体，稍有异味。几乎不溶于水，溶于丙酮、氯仿等有机溶剂及油脂。

乙氧基喹啉具有较好的抗氧化效果，世界各地普遍用作饲用油脂、苜蓿粉、鱼粉、动物副产品、维生素以及预混料、配合饲料等的抗氧化剂以防止易氧化物氧化，有利于动物对维生素、类胡萝卜素的利用和着色效果，是目前饲料中应用最广泛、效果好而又经济的抗氧化剂。

液体乙氧基喹啉黏滞性高，低浓度添加于粉料中很难混匀，一般将其以蛭石、氢化黑云母粉等作为吸附剂制成含量为 10%～70% 的乙氧基喹啉干粉剂，可均匀地混入干粉料中，且使用方便。

（2）丁羟甲氧苯（BHA）　丁羟甲氧苯（BHA）又名丁羟基茴香醚，为白色或微黄褐色结晶或结晶性粉末。有特异的酚类刺激性气味。不溶于水，易溶于丙二醇、丙酮、乙醇和猪油、植物油等。对热稳定。是目前广泛使用的油脂抗氧化剂。

BHA 可用作食用油脂、饲用油脂、黄油、人造黄油和维生素等的抗氧化剂，与丁羟甲苯、柠檬酸、维生素 C 等合用有相乘作用。据报道，除抗氧化作用外，BHA 还有较强的抗菌力。BHA 添加量为油脂的 $100 \sim 200 \ g/t$，不得超过 $200 \ g/t$。

（3）丁羟甲苯（BHT）　丁羟甲苯（BHT）又名二丁基羟基甲苯，为白色结晶或结晶性粉末，无味或稍有特殊性气味。不溶于水和甘油，易溶于酒精、丙酮和动植物油。对热稳定，与金属离子作用不会着色，是常用的油脂抗氧化剂。可用于长期保存的油脂和含油脂较高的食品及饲料和维生素添加剂中。用量为油脂的 $100 \sim 200 \ g/t$，不得超过 $200 \ g/t$，与丁羟甲氧苯并用有相乘作用。二者总量不超过油脂的 $200 \ g/t$。

（4）异抗坏血酸及其钠盐　异抗坏血酸为白色或黄白色结晶性粉末，无臭，味酸，干燥状态下，在空气中相当稳定，但在水溶液中会迅速变质。本品系抗坏血酸的异构体，化学性质相似，异抗坏血酸作用仅为抗坏血酸的 1/20，而抗氧化作用较抗坏血酸强。极易溶于水，溶于乙醇,不溶于乙醚和苯。

异抗坏血酸钠为白色或黄白色结晶性粉末,熔点200℃,干燥状态时比较稳定,但在溶液或空气中,有微量金属离子、热和光存在下会变质,易溶于水,2%水溶液的pH为6.5～8.0。

异抗坏血酸及其钠盐是公认的安全的水溶性抗氧化剂,其抗氧化活性较抗坏血酸好,而且价格较低,在固态情况下十分稳定,但加水溶解后则易氧化,因此只能用于固体食品和饲料。常用作动物性饲料品质的保护剂。异抗坏血酸在饲料中的添加量不限。

(5)维生素E 维生素E又称生育酚。在维生素E的8种相近似的化学结构式中,以α-生育酚分布最广,效价最高,代表性强。生育酚为淡黄色黏稠状液体,不溶于水,易溶于乙醇、丙酮、四氯化碳、乙醚等有机溶剂和植物油中,是唯一工业生产的天然抗氧剂。

维生素E既是抗氧化剂,又是体内生物催化剂。维生素E极易被氧化,可以保护其他易被氧化的物质。同时,它又是消化器官的细胞抗氧化剂,故能阻止细胞内的过氧化。另外,维生素E还具有补偿作用。据报道,将维生素E添加到氧化的脂肪中,可以减轻甚至完全补偿腐败脂肪所造成的对生长和饲料转化的副作用。

三、其他饲料添加剂

(一)饲料诱食剂

饲料诱食剂属非营养性饲料添加剂,它是指根据不同动物在不同生长阶段的生理特性和采食习惯,为改善饲料诱食性、适口性、全面提高饲料品质的一种添加剂。它是食欲增进剂、调味剂、风味剂的统称。

饲料诱食剂由嗅觉刺激部分(香味剂)和味觉刺激部分(调味剂)及辅助成分3部分构成。其中,香味剂部分是通过调整饲料气味,掩盖饲料及周围环境的不良气味,刺激嗅觉,引诱动物增加采食量;调味剂通过改善饲料适口性来增加动物采食量,多由味精、糖精等物质提供;辅助成分由抗氧化剂、表面活性剂、缓冲剂、载体或溶剂构成,辅助成分对保持饲料诱食剂的挥发、稳定平衡、整体功能的发挥均有不可低估的作用。常见的饲料添加剂的种类包括:

1.饲用香味剂

饲用香味剂是指能够通过呼吸刺激嗅觉,诱导动物增加采食,改善饲料适口性的一类添加剂。香味剂可使饲料产生动物喜欢的气味,刺激消化道腺体分泌,增加动物食欲,促进动物生长。饲料香味剂一般由多种香料调配而成。

饲料香料添加剂有天然香料和合成香料两种来源。适宜作为饲料香料的原料很多,凡国家批准作为食品添加剂而动物又喜爱的香料物质均可选用。天然香料以及由它提炼出的或根据它的活性成分化学合成的主要有以下几种:

(1)丁香醛 分子式$C_{10}H_{12}O_2$,存在于丁香的丁香油中。

(2)柠檬醛 分子式$C_{10}H_6O$,为无色或淡黄色液体,有强烈的柠檬香气,无药理作用。

(3)香兰素 分子式$C_8H_8O_3$,为白色或微黄色结晶粉末,是香兰豆特有的香气,可配制香草型香精。

(4)丁酸乙酯 分子式$C_6H_{12}O_2$,为无色或淡黄色液体,具类似菠萝的香气,可配制奶油型、香蕉型、草莓型等香精。

（5）麦芽酚　分子式 $C_6H_6O_3$，为微黄色针状或结晶状粉末，具有焦甜香气，可配制成具有焙烤谷物、糖蜜及巧克力型的香料。

（6）茴香醛　分子式 $C_8H_8O_2$，存在于茴香籽中。

此外，天然香料还有橘子油、茴香、薄荷脑、桂花浸膏等，合成香料还有苯甲醛、乙酸异戊酯、丙酸乙酯、苯甲酸、乳酸乙酯、乳酸丁酯等。

2. 饲料调味剂

饲料调味剂也有称作为呈味剂，它是一类能使动物产生良好味觉的化学物质，通常的味觉有 5 种：酸、甜、苦、咸、辣。使用调味剂的主要目的是改善饲料的适口性，促进动物采食，提高饲料利用率。调味剂的种类有甜味剂、酸味剂和鲜味剂，而饲料中最常用的调味剂主要是柠檬酸、乳酸和谷氨酸钠等。

3. 甜味剂

甜味剂包括有甘草、甘草酸二钠等天然甜味剂和糖精、糖山梨醇、甘素等人工合成品。使用最多的是糖精钠。糖精钠为无色至白色的结晶或结晶性粉末，略有芳香气，有强甜味，稍带苦味，甜度为蔗糖的 300～500 倍。糖精钠易溶于水，略溶于乙醇。糖精钠在动物体内不分解，不具任何营养价值。鸡喜饮糖水，但对糖精钠反应不大。

4. 酸味剂

酸味剂不仅可提高饲料的适口性，促进采食，而且还具有防腐保健作用。有些有机酸可预防饲料被霉菌污染，有助于消化吸收某些营养物质，提高饲料转化率，以及为动物提供能量等功能。用作酸味剂的物料主要有柠檬酸、苹果酸、乳酸、延胡索酸、葡萄糖酸、抗坏血酸等有机酸，无机酸是磷酸。饲料添加剂常用的是柠檬酸和乳酸。

（1）柠檬酸　柠檬酸又名枸橼酸，学名 3-羟基-3-羧酸戊二酸。柠檬酸为无色半透明结晶或白色结晶性粉末，味极酸。在干燥空气中可失去结晶水而风化，在潮湿空气中慢慢潮解。极易溶解于水，也易溶于甲醇、乙醇，略溶于乙醚。我国多以山芋干为原料发酵生产。

（2）乳酸　乳酸学名为 2-羟基丙酸，为澄清无色或微黄色的糖浆状液体，味微酸，有吸湿性，可与水、乙醇、丙酮或乙醚任意混合，不溶于氯仿。我国多以甘薯干为原料发酵生产乳酸。

5. 鲜味剂

鲜味剂有谷氨酸钠、5-鸟苷酸及 5-肌苷酸钠等。饲料中最常用的是谷氨酸钠。谷氨酸钠俗称"味精"，为无色至白色的结晶或结晶性粉末，具独特鲜味，易溶于水，微溶于乙醇，不溶于乙醚。各国普遍以淀粉发酵法生产。

谷氨酸为高产蛋鸡及生长家禽所必需，但饲料中很少以营养目的添加谷氨酸钠，一般作为鱼饵料和仔猪饲料的风味剂使用，可促进动物食欲而促进生长。

（二）着色剂

随着人们生活水平的提高，对动物产品的需求不再停留在数量上，更为关注的是产品的质量，如色泽、香味。为了迎合人们的消费喜好，可以用饲料着色剂来改善动物产品的外观，提高动物产品的商品价值。着色剂的作用主要有二：一是通过饲料中添加色素，使其转移到动物产品中去；二是改善饲料色泽，以提高饲料的感官性状，这在宠物饲料中常用。

从营养角度看，使用着色剂并无实际意义，但从人们的消费心理出发，色、香、味仍是食物商品价值的重要指标，欧美国家使用饲料着色剂已相当普遍。着色添加剂按来源可分为天然着色剂与化学合成着色剂两类。由于天然色素价格较高,且成分不够稳定,作为饲料添加剂的着色剂以化学合成产品为主。

1.常用着色剂

作为饲料添加剂最常用的着色剂是类胡萝卜素(carotenoid)的各种衍生物,目前可分离出 270 多种类胡萝卜素衍生物,其中许多可作为着色剂使用,如 β-胡萝卜素、虾青素、柠檬黄、阿朴胡萝卜素醛酯等。

(1)阿朴胡萝卜素醛酯(apocarotenoic ester) 阿朴胡萝卜素醛酯存在于柑橘类植物中,饲料增色剂阿朴胡萝卜素醛酯可用化学法制得,为类胡萝卜素中最有效的增色剂,在饲料中主要用于蛋黄和肉鸡皮肤增色,利用率好,色素沉积率高。一般推荐添加量为 1 mg/kg。

(2)β-胡萝卜素(β-carotene) β-胡萝卜素又名维生素 A 元、叶红素等,其广泛存在于胡萝卜、辣椒、南瓜等深色植物中,可用化学合成法制取。β-胡萝卜素可用于蛋黄及肉鸡皮肤增色,由于其在动物体内转化成维生素 A 的效率较高,因此增色效果较差,但与其他增色剂相比,其具有的维生素 A 营养作用较大。β-胡萝卜素在弱碱性时较稳定,在酸性环境中不稳定,使用时要避免与酸性原料混用。产品应放在阴凉处,在遮光容器密封贮存。

(3)柠檬黄(tartrazine) 柠檬黄由双羟基酒石酸钠与苯肼对磺酸缩合,碱化后将生成的色素用食盐盐析后精制而得。柠檬黄为橙黄色粉末,柠檬黄主要用于蛋黄及肉鸡皮肤增色,推荐添加量为 0.01%。

(4)虾青素(astaxanthin) 虾青素又叫虾红素、黄质,为粉红色,主要用于对虾饵料,增加对虾色泽,也可用于鲑、虹鳟鱼、大马哈鱼等饵料,以改善体色。

2.影响着色效果的因素

(1)色素本身的构型 天然色素具旋光性,在动物体内沉积率可高达100%,人工合成色素多无旋光性,沉积率相应较低。氧化类胡萝卜素是脂溶性的,其酯化叶黄素比结晶状叶黄素对色素沉积更有效。当氧化类胡萝卜素被过氧化物、微量元素等氧化剂氧化后,会失去色素沉着能力。

(2)增色作用的对象 不同种类、品种、品系的动物沉积色素的能力存在差异;性别不同,沉积色素能力不同,雌性不如雄性;动物体内不同部位沉积效率不同;动物的生理状态对色素沉积有一定影响,多种影响饲料在消化道内运转或吸收的病症都可影响到类胡萝卜素体内沉积。

(3)维生素 A 和钙 过量的维生素 A 和钙可减弱色素沉积,因为维生素 A 和钙与血液脂蛋白的亲和能力高于类胡萝卜素。因此,当饲料中钙含量提高时,着色剂用量相应提高。

(4)霉菌毒素 饲料中的霉菌毒素能阻止或减少胆汁分泌,并能显著降低小肠对色素的吸收、输送与沉积功能,使蛋黄色泽显著减弱。

(三)饲料黏结剂

饲料黏结剂亦叫颗粒饲料制粒添加剂,生产颗粒饲料时,在原料中添加少量黏结剂有助于颗粒的黏结,提高生产能力,延长压膜寿命,减少运输中的粉碎现象。据统计,目前世界颗粒饲料的生产已占配合饲料总产量的30%~40%。在我国,颗粒饲料的产量也逐年上升,特别是随着水产养殖业的发展,国内外对鱼虾饲料黏结剂的研究日趋活跃,研制出的黏结剂基本上可满足各种养殖对象的需要。

1.膨润土

膨润土(bentonite)是以蒙脱石为主要成分的灰白色或淡黄色黏土,具有较强的离子交换和交换选择性、吸水膨胀和吸附分离性、分散性、润滑性和黏结性等多种特性。膨润土钠具有较高的吸水性,制粒时添加于饲料中的膨润土钠吸水膨胀,改进了饲料的润滑作用与胶黏作用。膨润土钠作一般饲料胶黏剂的用量不得超过饲料成品的 2%,要求达到200 目的细度。

2.羧甲基纤维素钠

羧甲基纤维素钠具有优良的增稠、乳化、悬浮、保护胶体、保湿、黏合、抗酶以及代谢惰性等性能。可作为食品、饲料加工的胶黏剂、稳定剂、增稠剂。

3.酪蛋白酸钠

酪蛋白酸钠是一种乳化稳定剂及很好的蛋白源,且具有增黏力及黏结力,可作为鱼虾饵料胶黏剂或乳化剂,配合其他胶黏剂共同使用,效果更佳。

4.α-淀粉

α-淀粉是用物理方法制成的变性淀粉,亲水性强,遇水会膨胀成团块,黏弹性好。以马铃薯的 α-淀粉质量最好,木薯 α-淀粉为次。对虾体内的二糖酶活力不高,对一般淀粉利用率很低,而对 α-淀粉的消化率明显提高。α-淀粉存放 3 个月后黏性及弹性效果会明显下降,但α-淀粉是鳗鱼饲料必不可少的胶黏剂。用 α-淀粉作胶黏剂制成的饵料会随时间的延长而失去黏性。用一定比例的 α-淀粉与小麦面筋粉的混合胶黏剂比单用 α-淀粉的胶黏效果好。α-淀粉也是对虾配合饵料的优质胶黏剂。

5.褐藻酸钠

褐藻酸钠也称褐藻胶,为白色或浅黄色、无毒、无味的胶状体;溶于水,吸水后体积可膨胀 10 倍,其水溶液透明黏稠,具亲水悬浮胶体性质;易与蛋白质、淀粉、明胶等饲料组分共溶聚合。褐藻酸钠中的钠离子被饲料钙离子置换,生成纤维性的褐藻酸钙,包络着饲料颗粒细末,充当网状骨架,覆盖在饲料外表,从而强化了饵料的稳定性。褐藻酸钠的价格较昂贵。

(四)流散剂

为防止饲料在加工和贮藏过程中结块,常在饲料中添加一定比例的流散剂(又称抗结块剂)。它能吸附饲料中的水分,增强配合饲料加工过程中的物料的流动性,改善均匀度。当配合饲料组分中含有吸湿性较强的乳清粉、干酒糟时,防结块剂的添加尤为重要。

常用作抗结块剂的化学物质有:二氧化硅、硅酸铝钙、硬脂酸钙、硅酸钙、硅铝酸钠、滑石粉与高岭土等。由于这些物质具有吸水性差、流动性好、对动物安全无毒等特性,被各国广泛用作饲料甚至食品的抗结块剂。

1.二氧化硅

二氧化硅(silicon dioxide)按制法不同,产品有白色细小粉末或白色微空泡状颗粒。不溶于水、酸和有机溶剂,溶于氢氟酸和热的浓碱液。据 FCC 标准(1983):产品含胶体硅(灼烧后,SiO_2 量)≥99.0%,沉淀硅(灼烧后,SiO_2 量)≥94.0%,不溶性物质≤1%。在饲料添加剂预混料中二氧化硅添加量为 10～100 mg/kg。

2.硬脂酸钙

硬脂酸钙(calcium stearate)由硬脂酸钙与棕榈酸钙按不定比例组合的混合体。产品为白色至淡黄色松散粉末,有较淡的特殊气味,不溶于水、乙醇和乙醚,微溶于热乙醇。据 FCC 标准,产品的氧化钙当量值 9.0%～10.5%,含游离脂肪酸(以硬脂酸计)≤3.0%,砷(以砷计)≤3 mg/kg,重金属(以铅计)≤10 mg/kg,干燥失重≤4%。作饲料抗结块剂一般用量不超过配制总量的 2%。

　　3.硅酸铝钙

　　硅酸铝钙(calcium aluminium silicate)为无色三斜晶系结晶或白色略带黄绿色易流动细粉,不溶于水与乙醇。据 FAO/WHO 质量指标:产品含二氧化硅(以二氧化硅计)44%～50%;氧化铝(以三氧化二铝计)3%～5%;氧化钙(以氧化钙计)32%～38%;氧化钠(以氧化钠计)0.5%～4%;砷(以砷计)≤3 mg/kg;重金属(以铅计)≤30 mg/kg。作为饲料、食品抗结块剂,可单用也可与其他抗结块剂合用,一般最高用量不超过 2%。

　　4.高岭土

　　高岭土(kaolin;China clay)又名白陶土、瓷土,系花岗岩、片麻岩等结晶岩破坏后的产物,由铝、硅和水组合而成,其理论成分为二氧化硅 46.3%,三氧化二铝 39.8%,水 13.9%。高岭土一般为灰白色至浅黄色致密或松散粉末,有泥土味。不溶于水、乙醇、稀酸和碱液,滑溜性很好。作为饲料抗结块剂使用量为 1%～2%。

(五)乳化剂(稳定剂)

　　乳化剂是分子中具有亲水基和亲油基的物质,它可介于油和水的中间,使一方很好地分散于另一方的中间而形成稳定的状态。乳化剂添加到饲料中可改善或稳定饲料的物理性质或组织状态。

　　饲料加工中常将乳化剂应用于幼畜的代用乳以及各种饲料添加油脂中,以使其形成稳定性良好的乳浊液。为获取稳定的饲料乳浊液产品,必须选择具有恰当 HLB(亲水亲油平衡值)的乳化剂,也可同时使用两种以上具有不同 HLB 值的乳化剂。一般 HLB 值越小则亲油性越强,反之则亲水性越强。目前,常用的乳化剂有甘油脂肪酸酯、丙二醇脂肪酸酯、蔗糖脂肪酸酯、山梨醇脂肪酸酯、聚氧乙烯脂肪酸山梨糖醇酯、聚氧乙烯脂肪酸甘油酯等。乳化剂的添加量一般为油脂的 1%～5%。

　　1.甘油脂肪酸酯

　　为无臭或特殊气味的白色至淡黄色粉末、薄片、颗粒、蜡状块或为半流动的黏稠液体。是食品和饲料中常用的乳化剂,在饲料生产中常用作犊牛、仔猪人工乳和各种饲料加油酯乳化剂,添加量一般为油脂的 5%。

　　2.山梨醇脂肪酸酯

　　为白色至黄褐色的液体、粉末、薄片、颗粒或蜡状物。用于代乳品的粉末油脂或对饲料油脂进行乳化。添加量达油脂量的 1%～5%即可满足要求。其次还可增进代乳品粉末的流动性能和在水中的分散性,形成稳定的乳浊液。

　　3.蔗糖脂肪酸酯

　　为无味或稍有特异气味的白色至黄褐色粉末、块状或无色至微黄色黏性树脂状。添加量为油脂的 1%～5%即可获得稳定的乳化效果。可用于代乳粉生产,可使油脂颗粒分散细而均匀,加水时易于溶解并形成稳定的乳浊液。生产粉末油脂时也可选用。

　　4.聚氧乙烯脂肪酸山梨糖醇酯

　　为白色至褐色液体、半流体或蜡状块。是常用的食品、饲料、药物和化妆品乳化剂,常用于维生素、矿物质和香料的乳化、分散和可溶性的处理。

　　5.聚氧乙烯脂肪酸甘油酯

　　为白色至黄褐色液体、半流体或蜡块状。作为饲料添加剂用于油脂乳化时按油脂的

1.7%～6.7%比例添加可获得良好的乳化效果。用于生产粉末油脂,一般按油脂的1%～5%即可。

四、粗饲料品质改良剂

(一)青贮饲料添加剂

青贮饲料添加剂(silage additives)是指在青贮过程中,为了最大限度保持饲料养分,提高青贮饲料营养价值和青贮效果,防止青贮饲料霉变的一类饲料添加剂。在青贮过程中,合理利用青贮饲料添加剂,可以改变因原料的含糖量及含水量的不同对品质的影响,增加青贮料中有益微生物的含量,以便能进行良好的青贮。青贮料生产的不断增加逐步取代了干草的生产,近年来已取得了很大的成就。现将常用的青贮饲料添加剂介绍如下:

1. 乳酸发酵促进剂

(1)乳酸菌　乳酸菌主要对禾本科牧草及含糖量较低的原料青贮效果较好,对豆科牧草的效果不太明显。一般使用乳酸菌要符合发酵均匀、植物中的糖可进行发酵、能满足较强乳酸的生成等条件。每吨青饲料加0.5 L乳酸菌培养物或450 g乳酸菌剂。

(2)糖糟　主要是制糖厂的副产物,其含水量在25%～30%,含糖量在50%左右。添加糖糟的目的是为了补充原料中的糖分不足,以促进乳酸发酵。添加量一般应使青贮料的含糖量增加到2%～3%。在添加时先用2～3倍的温水与原料混合,然后加入。

(3)葡萄糖　在促进乳酸发酵的碳水化合物中,葡萄糖的效果最好。添加量在1%～2%时效果明显。但是葡萄糖及其粗产品的价格较高。

(4)谷物及糖类　谷物及糖类碳水化合物的含量十分丰富,能够调节高水分青贮物含水量,对其利用的历史也较长。但是由于其碳水化合物中淀粉的含量较高,不能直接进行乳酸发酵。利用此类物质的目的除了改善发酵的效果外,也能提高饲料的营养价值。

(5)甜菜渣　干燥甜菜渣既是碳水化合物的来源,也能调节水分。其添加量为5%～10%。干燥的甜菜渣有时成团或成片,在利用时需要轧碎成粉状均匀添加。少量添加会助长酪酸发酵。

2. 不良发酵物的抑制剂

(1)甲酸　甲酸又称蚁酸(formicacid),为无色透明的可燃性液体,有辛辣的刺激性臭味,溶于水、乙醇、乙醚、甘油,有强腐蚀性。加入甲酸的原理是将青贮料的pH调到4.2以下,以抑制植物呼吸及不良微生物的发酵。在有机酸中甲酸是能使pH降低的最好材料。甲酸对酪酸菌生长繁殖的抑制力很强,对个别的乳酸菌也有抑制作用,但对酵母的增殖无抑制作用。甲酸的效果比较显著,但是很容易腐蚀加工机械,直接触摸对人也很危险。

(2)丙酸　丙酸(propionic acid)为无色液体,有与乙酸类似的刺激性气味,有腐蚀性。它对霉菌有较好的抑制效果,但不抑制乳酸菌,最适pH小于5。丙酸处理青贮饲料可降低青贮料内部浊度,提高蛋白质消化率,增加水溶性糖存留量,对二次发酵有较好的预防作用。

(3)乙酸　乙酸(acetic acid)为无色透明液体,有刺鼻气味,可与水和乙醇以任意比例混合。乙酸与其他酸一样抑制微生物(包括病原微生物)的发育。低剂量的乙酸参与物质代谢,氧化至二氧化碳。乙酸用来保藏青贮作物,不能用来保藏非青贮作物。

(4)甲醛　甲醛(formlin)有窒息性刺激气味。甲醛对多种微生物的生长有抑制作用,可

饲料安全与法规

有效阻止青贮的腐败;特别是对蛋白质的分解有很好的抑制作用,能增加瘤胃内的过瘤胃蛋白质。另外,甲醛与甲酸一起使用比它们单独使用效果要好。

3.二次发酵的抑制剂

(1)丙酸 如前所述,丙酸对微生物的生长有较好的抑制作用,因此,在饲料青贮及谷物的贮藏中被广泛利用。添加丙酸虽对多数好气性菌的增殖有较好的抑制作用,但是一旦对丙酸抗性较强的菌类占优势的话,添加丙酸的效果并不理想。

(2)酪酸及乙酸 品质较差的青贮料内酪酸及乙酸的含量较高,抑制了酵母及霉菌的生长,这两种酸都比丙酸的效果好,但是酪酸及乙酸含量高的青贮料养分损失较大,氨及胺等有害物质含量较多,因此不提倡用于青贮。

(3)其他抑制剂 二次发酵抑制剂还有甲酸钙、安息香酸钠、焦硫酸钠等,也可添加一些含无机物的添加剂,尿素、氨等氮的非蛋白态化合物也能抑制二次发酵。

4.改善青贮营养的添加剂

上述的糖糟、谷物、糠类、甜菜渣等添加剂都能提高青贮料的营养。下面介绍一些不用发酵直接作用的添加剂。

(1)氮类化合物

①尿素 蛋白质含量较少的青贮料追加尿素,可增加粗蛋白质的含量,添加量在0.5%左右。追加尿素后酸的生成量增加。但是,含糖量较少的牧草添加尿素会使品质变坏。

②磷酸脲 磷酸脲是一种安全、优良的青贮饲料保藏剂,可作为氮、磷添加剂和加酸剂。易溶于水,水溶液呈酸性。可使青贮饲料的pH较快地达到4.2~4.5。可有效保存饲料营养成分,特别是保护胡萝卜素的含量。经磷酸脲处理的青贮料酸味淡,色嫩黄绿,叶、茎脉清晰。一般添加量以占原料重量的0.35%~0.40%为宜。

③氨 添加氨不仅使蛋白质的含量提高,也会显著提高家畜的消化率,抑制不良微生物的增殖。

(2)无机盐类 玉米等青贮料一般蛋白质含量低,无机物的含量也低,因此有必要添加无机盐。

①食盐 盐可促进青贮饲料中细胞渗出汁液,有利于乳酸发酵,增加适口性,提高青贮饲料品质。食盐有破坏某些饲料毒素的作用,可加强乳酸的发酵。青贮原料水分含量较低、粗硬、植物细胞汁液较难渗出的情况下,添加食盐效果较好。

②碳酸钙、石灰岩 添加这些物质可提高钙的含量,能使发酵持续进行,使酸的生成量不断增加,同尿素一样,可减少硝酸盐的含量。

③磷酸钙 添加磷酸钙可增加磷和钙的含量。

④镁制剂 用于镁含量低的青贮料,对镁缺乏症有预防作用。硫酸镁的添加量为0.2%。

(二)粗饲料调制剂

粗饲料是指干草、秸秆与秕壳等。其特点是体积大,木质素、纤维素、半纤维素、果酸、硅等细胞壁物质含量高,而易被消化吸收利用的碳水化合物含量低。通过加工调制,可以改变粗饲料原来的体积和理化特性,便于家畜采食,增加适口性。

粗饲料的加工调制方法主要有物理处理方法、化学处理方法、生物处理方法。其中化学处理方法是提高粗饲料营养价值的最有效的方法。化学处理方法中,最有效的方法是碱化处理,所用化学试剂有氢氧化钠、氢氧化钾、氨水和石灰液等。

1.氢氧化钠

氢氧化钠是一种强碱,常常称之为苛性碱或烧碱。固体氢氧化钠或各种浓度的氢氧化钠溶液均对皮肤有强烈的腐蚀性,使用时应特别小心。用氢氧化钠处理秸秆的方法原理是,氢氧化钠的氢氧根(OH^-)以其化学作用使纤维素与木质素之间的联系破裂或削弱,引起初步膨胀,以适于反刍家畜瘤胃中分解粗纤维的微生物活动,因而提高了秸秆中有机物质的消化率。

2.氨水

氨水是氨的水溶液,含氮量为 2%～17%,有刺激性氨味,呈碱性,故氨水处理秸秆实为碱化处理法。用氨水处理饲料的目的是补充饲料中粗蛋白质的不足,提高饲料的品质。秸秆氨化处理比氢氧化钠处理有较多的优点,秸秆中没有残碱,秸秆的含氮量增加,能除去秸秆中的木质素,提高粗纤维的利用率,粗纤维消化率可提高 6.4%～11.7%,并为反刍家畜瘤胃微生物分解纤维素创造有利条件。氨化秸秆的营养价值,使其接近于中等品质的干草。用氨化秸秆饲喂家畜可促进增重,对家畜的健康和产品的品质均无不良影响,还能降低饲料成本。

◗ 五、镇静剂

具有镇静、催眠、抗焦虑及中枢性神经松弛作用,可减少应激,提高采食量。

(1)氯丙硫蒽 为白色结晶粉末,易溶于水。除具镇静催眠作用外,还具有较强的止呕作用,且能消除痉挛。猪预混料用量为 200 mg/kg。

(2)安宁 又称眠尔通、氨四丙二酯。为白色结晶粉末,易溶于乙醇,难溶于水,对弱酸和碱稳定。毒性小,几乎无副作用。单胃动物用量为 300～400 mg/kg 日粮。

(3)胃复康 具安定作用,在家禽应激情况下可用作应激预防剂。用量为 3 mg/kg。

(4)利血平 又称血安平,为白色结晶物质,难溶于水,溶于有机溶剂。具明显镇静效果,用量为 1～2 mg/kg。

◗ 六、除臭剂

为了防止动物排泄物的臭味污染环境,可通过在饲料中添加除臭剂,除臭剂是一些吸附性强的物质,主要是一些多孔矿石粉,如细沸石粉、凹凸棒粉、煤灰等。除臭剂具有抑制动物粪尿恶臭的特殊功能,主要是减少氨在消化道、血液以及粪便中的含量和臭味,净化环境,提高饲料转化率和日增重。如今除臭剂的主要成分多为丝兰植物提取物。我国近年来研究证明,腐殖酸钙及沸石亦有除臭作用。

任务 4-2   禁止使用的饲料添加剂及化学物质

为了适应世界人口增长及人们对动物食品日益增长的需求,畜牧业一直在寻求高产、高效的生产途径。动物品种改良、集约化生产模式和配方饲料特别是加药饲料的出现,无疑是影响最大、效果最突出、最具革命性的成果。至 20 世纪 80 年代,动物保健品生产已成为一个重要的产业,而饲料加药已成了动物生产实践的共同行动。据统计,美国生产的抗生素 50％以上用于动物饲料,75％的奶牛、60％的肉牛、75％的猪和 80％的家禽的饲料中都加过 1 种或多种药物。加药饲料不仅扩展到水产养殖和养蜂业,而且药物的品种也由原来的青霉素、四环素、磺胺类药、硝基呋喃类药和己烯雌酚(DES),扩大到其他抗生素、同化代谢促进剂(性激素、类甲状腺激素)、β-兴奋剂、镇静剂和离子载体等。

饲料添加药物在治疗、预防疾病和促进动物生长提高动物生产性能与经济效益的同时,也出现了食品药物残留带来的许多诸多负面影响,如意大利、法国发生的多起大规模 β-兴奋剂中毒事件,意大利和波多黎各儿童性早熟,硝基呋喃类药致癌,氯霉素损伤肝功能和造血功能引发再生障碍性贫血和血小板减少症,喹唑啉类、硝基呋喃类和硝基咪唑类药物的"三致"(致癌、致畸、致突变)作用,磺胺药损害肾功能和造血系统,氟哌酸引起腿部胫骨过早封闭、影响身高的正常发育,青霉素过敏引起严重不良反应乃至死亡,链霉素引起耳聋等。更为严重的是,长期使用亚治疗剂量的抗生素导致产生了大量抗药性细菌。长期饲料亚治疗剂量用药已使不少人畜共用的抗生素失效或不断增加剂量才能起作用。青霉素、链霉素和四环素是最典型的实例,1991 年有人对分离出的菌株进行测定,发现与 1985 年相比,其对青霉素、链霉素和四环素的抗药性分别上升了 100％、50.8％和 85％,而且 80％以上的菌株对 3 种以上抗菌药有耐药性。Minnesota 发现,1992 年抗氟喹诺酮的粪弯曲杆菌只有 1.3％,1998 年则上升到 10.2％。1998 年美国有 13 300 名患者死于抗药性细菌感染。因此,兽药残留已成了国际组织、各国政府直至平民百姓最为关注的食品安全、饲料安全的热点问题。尽管当前关于细菌抗药菌株的形成原因还有争议,但 WHO 在召开了一系列会议后还是建议将某些与人类使用的抗生素类似的药物剔除出畜禽生长促进剂的名单,而且起草了从畜禽使用抗微生物药物入手,遏制细菌抗性发展的指南。IOE(国际兽疫组织)专门起草了在畜牧生产中谨慎应用抗微生物药和监控抗微生物药用量的技术指南。

▶ 一、饲料中可能添加的药物种类、作用与危害

微生物类药物是畜牧业、水产业治疗控制疾病、预防疾病的主要用药,是促生长剂的重要组成部分,也是近年来人们发现饲料用药后通过食物链对人类健康构成威胁最大的一部分药品。这部分药物引起急性中毒的机会很少,大部分毒害作用都是在药物长期摄入后产生的慢性或蓄积毒性。

在动物饲料中添加的药物主要有抗生素、合成抗生素、抗寄生虫药和促生长药物。抗生素和合成抗生素统称为抗微生物药物。尽管国家允许的作为饲料添加剂长期使用的药物并不很多,但许多治疗用药物是可以通过饲料使用的。因此只要允许作为兽药使用的药物几乎都有可能在饲料中出现。即使国家禁用的药物,如 β-兴奋剂等,由于在促进生长、提高饲料利用率或改善产品品质方面的显著效果,也有可能出现在饲料(饮水)中。因此,应该严格按照国家有关规定进行添加。

饲料中的抗寄生虫类药物虽不如抗生素那样引人注目,但由于动物的寄生虫感染率极高,大多在感染后会延缓动物生长,降低生产性能,造成严重经济损失。此外,寄生虫卵还会污染土壤、草场等环境,成为动物和人的二次感染源;有时鸡和兔的球虫病还会给动物生产

带来毁灭性影响。

在世界动物保健品市场上,抗寄生虫类药物一直占有较高的销售额。同时,由于动物寄生虫种类很多,有些寄生虫(如球虫)对抗寄生虫药极易产生耐药性,因此抗寄生虫类药物种类很多。目前使用的抗寄生虫类药主要是针对肠道寄生虫的,有些药物对肺和肝的寄生虫也有作用,使用最多的是苯并咪唑类(丙硫咪唑、丙氧咪唑)、阿维菌素类、咪唑骈噻唑类(左旋咪唑和噻咪唑)和离子载体类抗生素(莫能菌素、盐霉素、马杜拉霉素、拉沙洛菌素)等。

多数情况下,抗寄生虫药采用注射或大丸埋植的方式给药,通过饲料给药的较少。由于抗寄生虫药毒性较大,即使国家允许作为饲料添加剂使用的药物,在蛋鸡产蛋期仍需禁用。同时注意屠宰前的休药期与其他药物的配伍禁忌和配药安全。

促生长剂包括亚治疗剂量的抗微生物制剂、聚醚类离子载体和一些同化激素类(甾类、二苯乙烯类)、兴奋剂类、镇静剂类、甲状腺抑制剂和有机砷类药物等,虽然这些化合物结构、性质差别很大,但它们或是像抗生素那样能改变动物消化道微生物区系,增加有益细菌群,改进单胃动物的消化、吸收,或增加反刍动物瘤胃产生的丙酸比例,获得更多的能量和葡萄糖;或是像激素那样增强同化代谢,增加蛋白沉积,提高增重和饲料利用率。离子载体主要是改变细菌或虫体细胞膜的通透性,破坏细胞结构,故有抗球虫和革兰阳性菌、增进牛瘤胃和猪肠道消化的作用。目前中国已全面禁止激素类药物、β-兴奋剂和镇静剂用作食用动物的促生长剂。准用的促生长剂也不能直接加入饲料,而必须先制成预混剂才能使用。表 4-1列出了主要非抗微生物制剂促生长剂及法律准用情况。

表 4-1 主要非抗微生物制剂促生长剂及法律准用情况

类别	代表性药物	法规	危害
同化(性)激素类、甾醇类	群勃龙(trenbolone) 诺龙(19-去甲睾酮,19-nortestosterone) 睾酮(testosterone) 孕酮(progesterone) 雌二醇(oestradiol)	禁用	残留致癌,或潜在致癌作用,发育毒素;性早熟,男性化或女性化
二苯乙烯类	己烯雌酚(diethylstilbestrol,DES) 己烷雌酚(hexestrol) 双烯雌酚(dienoestrol)	禁用	生态毒素;排泄物污染环境,使水生生物等发生雌性化等
二羟基苯甲酸(雷索酸)内酯类	玉米赤霉醇(zeranol)	禁用	
拟甲状腺素	碘化酪蛋白(iodinated casein)	禁用	
生长激素	牛生长激素(bovine somatotropin,BST) 猪生长激素(pig somatotropin,PST)	禁用	有争议,可能对动物和人不安全
β-兴奋剂	克仑特罗(clenbuterol,瘦肉精) 沙丁胺醇(salbutamol) 西马特罗(cimaterol) 来克多巴胺(ractopamine) 特布他林(terbutaline)	禁用	急性中毒和其他影响,如儿童皮肤发育不全等

类别	代表性药物	法规	危害
镇静剂	安定(diazepam) 氯丙嗪(chlorpromazine) 异丙嗪(promathazine) 巴比妥(barbital) 苯巴比妥(phenobarbital) 异戊巴比妥(amobarbitol) 利血平(reserpine)	禁用	残留
甲状腺抑制剂	丙硫氧嘧啶 甲硫咪唑	禁用	残留
离子载体	莫能霉素(monensin) 盐霉素(salinomycin) 甲基盐霉素(narasin) 拉沙里霉素(lasalocid)	准用	
有机砷	对氨基苯胂酸(arsanilic acid) 洛克沙胂(roxarsone)	准用	环境污染,残留
铜盐	硫酸铜($CuSO_4$) 碳酸铜($CuCO_3$) 氢氧化铜[$Cu(OH)_2$]	准用	环境污染

二、禁止在饲料和动物饮水中使用的药物饲料添加剂

(一)肾上腺素受体激动剂

(1)盐酸克仑特罗(Clenbuterol Hydrochloride) 中华人民共和国药典(以下简称药典)2000 年二部 P605。β2 肾上腺素受体激动药。

(2)沙丁胺醇(Salbutamol) 药典 2000 年二部 P316。β2 肾上腺素受体激动药。

(3)硫酸沙丁胺醇(Salbutamol Sulfate) 药典 2000 年二部 P870。β2 肾上腺素受体激动药。

(4)莱克多巴胺(Ractopamine) 一种 β-兴奋剂,美国食品和药物管理局(FDA)已批准,中国未批准。

(5)盐酸多巴胺(Dopamine Hydrochloride) 药典 2000 年二部 P591。多巴胺受体激动药。

(6)西马特罗(Cimaterol) 美国氰胺公司开发的产品,一种 β-兴奋剂,FDA 未批准。

(7)硫酸特布他林(Terbutaline Sulfate) 药典 2000 年二部 P890。β2 肾上腺受体激动药。

(二)性激素

(8)己烯雌酚(Diethylstibestrol) 药典 2000 年二部 P42。雌激素类药。

(9)雌二醇(Estradiol) 药典 2000 年二部 P1005。雌激素类药。

(10)戊酸雌二醇(Estradiol Valerate) 药典 2000 年二部 P124。雌激素类药。

(11)苯甲酸雌二醇(Estradiol Benzoate) 药典 2000 年二部 P369。雌激素类药。中华

人民共和国兽药典(以下简称兽药典)2000年版一部P109。雌激素类药。用于发情不明显动物的催情及胎衣滞留、死胎的排除。

(12)氯烯雌醚(Chlorotrianisene)　药典2000年二部P919。

(13)炔诺醇(Ethinylestradiol)　药典2000年二部P422。

(14)炔诺醚(Quinestrol)　药典2000年二部P424。

(15)醋酸氯地孕酮(Chlormadinone Acetate)　药典2000年二部P1037。

(16)左炔诺孕酮(Levonorgestrel)　药典2000年二部P107。

(17)炔诺酮(Norethisterone)　药典2000年二部P420。

(18)绒毛膜促性腺激素(绒促性素)(Chorionic Gonadotrophin)　药典2000年二部P534。促性腺激素药。兽药典2000年版一部P146。激素类药。用于性功能障碍、习惯性流产及卵巢囊肿等。

(19)促卵泡生长激素(尿促性素主要含卵泡刺激FSHT和黄体生成素LH)(Menotropins)　药典2000年二部P321。促性腺激素类药。

(三)蛋白同化激素

(20)碘化酪蛋白(Iodinated Casein)　蛋白同化激素类,为甲状腺素的前驱物质,具有类似甲状腺素的生理作用。

(21)苯丙酸诺龙及苯丙酸诺龙注射液(Nandrolone Phenylpropionate)　药典2000年二部P365。

(四)精神药品

(22)(盐酸)氯丙嗪(Chlorpromazine Hydrochloride)　药典2000年二部P676。抗精神病药。兽药典2000年版一部P177。镇静药。用于强化麻醉以及使动物安静等。

(23)盐酸异丙嗪(Promethazine Hydrochloride)　药典2000年二部P602。抗组胺药。兽药典2000年版一部P164。抗组胺药。用于变态反应性疾病,如荨麻疹、血清病等。

(24)安定(地西泮)(Diazepam)　药典2000年二部P214。抗焦虑药、抗惊厥药。兽药典2000年版一部P61。镇静药、抗惊厥药。

(25)苯巴比妥(Phenobarbital)　药典2000年二部P362。镇静催眠药、抗惊厥药。兽药典2000年版一部P103。巴比妥类药。缓解脑炎、破伤风、士的宁中毒所致的惊厥。

(26)苯巴比妥钠(Phenobarbital Sodium)　兽药典2000年版一部P105。巴比妥类药。缓解脑炎、破伤风、士的宁中毒所致的惊厥。

(27)巴比妥(Barbital)　兽药典2000年版一部P27。中枢抑制和增强解热镇痛。

(28)异戊巴比妥(Amobarbital)　药典2000年二部P252。催眠药、抗惊厥药。

(29)异戊巴比妥钠(Amobarbital Sodium)　兽药典2000年版一部P82。巴比妥类药。用于小动物的镇静、抗惊厥和麻醉。

(30)利血平(Reserpine)　药典2000年二部P304。抗高血压药。

(31)艾司唑仑(Estazolam)。

(32)甲丙氨脂(Meprobamate)。

(33)咪达唑仑(Midazolam)。

(34)硝西泮(Nitrazepam)。

(35)奥沙西泮(Oxazepam)。

(36)匹莫林(Pemoline)。

(37)三唑仑(Triazolam)。

(38)唑吡旦(Zolpidem)。

(39)其他国家管制的精神药品。

(五)各种抗生素滤渣

(40)抗生素滤渣 该类物质是抗生素类产品生产过程中产生的工业三废,因含有微量抗生素成分,在饲料和饲养过程中使用后对动物有一定的促生长作用。但对养殖业的危害很大,一是容易引起耐药性,二是由于未做安全性试验,存在各种安全隐患。

三、食品动物禁止使用的兽药及其他化合物

为保证动物源性食品安全,维护人民身体健康,根据《兽药管理条例》的规定,农业部制定了《食品动物禁用的兽药及其他化合物清单》(以下简称《禁用清单》(表4-2),现公告如下:

(1)《禁用清单》序号1～18所列品种的原料药及其单方、复方制剂产品停止生产,已在兽药国家标准、农业部专业标准及兽药地方标准中收载的品种,废止其质量标准,撤销其产品批准文号;已在我国注册登记的进口兽药,废止其进口兽药质量标准,注销其《进口兽药登记许可证》。

(2)截至2002年5月15日,《禁用清单》序号1～18所列品种的原料药及其单方、复方制剂产品停止经营和使用。

(3)《禁用清单》序号19～21所列品种的原料药及其单方、复方制剂产品不准以抗应激、提高饲料报酬、促进动物生长为目的在食品动物饲养过程中使用。

表4-2 食品动物禁用的兽药及其他化合物清单(中华人民共和国农业部第193号公告)

序号	兽药及其他化合物名称	禁止用途	禁用动物
1	兴奋剂类:克仑特罗 Clenbuterol、沙丁胺醇 Salbutamol、西马特罗 Cimaterol 及其盐、酯及制剂	所有用途	所有食品动物
2	性激素类:己烯雌酚 Diethylstilbestrol 及其盐、酯及制剂	所有用途	所有食品动物
3	具有雌激素样作用的物质:玉米赤霉醇 Zeranol、去甲雄三烯醇酮 Trenbolone、醋酸甲孕酮 Mengestrol Acetate 及制剂	所有用途	所有食品动物
4	氯霉素 Chloramphenicol 及其盐、酯(包括:琥珀氯霉素 Cholramphenicol Succinate)及制剂	所有用途	所有食品动物
5	氨苯砜 Dapsone 及制剂	所有用途	所有食品动物
6	硝基呋喃类:呋喃唑酮 Furazolidone、呋喃它酮 Furaltadone、呋喃苯烯酸钠 Nifurstyrenate sodium 及制剂	所有用途	所有食品动物
7	硝基化合物:硝基酚钠 Sodium nitrophenolate、硝呋烯腙 Nitrovin 及制剂	所有用途	所有食品动物
8	催眠、镇静类:安眠酮 Methaqualone 及制剂	所有用途	所有食品动物

序号	兽药及其他化合物名称	禁止用途	禁用动物
9	林丹(丙体六六六)Lindane	杀虫剂	所有食品动物
10	毒杀芬(氯化烯)Camahechlor	杀虫剂、清塘剂	所有食品动物
11	呋喃丹(克百威)Carbofuran	杀虫剂	所有食品动物
12	杀虫脒(克死螨)Chlordimeforn	杀虫剂	所有食品动物
13	双甲脒 Amitraz	杀虫剂	水生食品动物
14	酒石酸锑钾 Antimony potassium tartrate	杀虫剂	所有食品动物
15	锥虫胂胺 Tryparsamide	杀虫剂	所有食品动物
16	孔雀石绿 Malachite green	抗菌、杀虫剂	所有食品动物
17	五氯酚钠 Pentachlorophenol sodium	杀螺剂	所有食品动物
18	各种汞制剂:氯化亚汞(甘汞)Calomel、硝酸亚汞 Mercurous nitrate、醋酸汞 Mercurous acetate、吡啶基醋酸汞 Pyridyl mercurous acetate	杀虫剂	所有食品动物
19	性激素类:甲基睾丸酮 Methyltestosterone、丙酸睾酮 Testosterone Propionate、苯丙酸诺龙 Nandrolone Phenylpropionate、苯甲酸雌二醇 Estradiol Benzoate 及其盐、酯及制剂	促生长	所有食品动物
20	催眠镇静类:氯丙嗪 Chlorpromazine、地西泮(安定)Diazepam 及其盐、酯及制剂	促生长	所有食品动物
21	硝基咪唑类:甲硝唑 Metronidazole、地美硝唑 Dimetronidazole 及其盐、酯及制剂	促生长	所有食品动物

注:食品动物是指各种供人食用或其产品供人食用的动物。

◢ 四、禁止在饲料和动物饲养中使用的化学物质

(一)激素类添加剂

医学界已证实,人类常见的癌症、畸形、青少年性早熟、中老年心血管疾病等问题以及某些食物中毒,往往与畜禽食品中激素的滥用与残留有关。这类饲料添加剂又以 β-兴奋剂最为典型。包括"瘦肉精"(盐酸克仑特罗)在内的 β-兴奋剂的促进瘦肉增长的作用发现于 20 世纪 80 年代。20 世纪 90 年代中期开始,由于当时我国消费者包括管理部门对畜产品安全尚未给予足够的重视,一些饲料生产企业或者养殖企业便在饲料中开始非法添加"瘦肉精"。"瘦肉精"的添加,会使胴体肝糖原和肌糖原过多分解,屠宰后肌肉糖原含量较少,无氧酵解减弱,产热不足,体温下降过快,肌纤维冷缩,肌肉变得松软、苍白、pH 升高,蛋白质降解酶活性降低,蛋白质酶抑制剂活性升高,导致肌肉变黑、变干和嫩度下降,从而大大降低了畜产品的质量。人吃了含有大量"瘦肉精"的猪肉或内脏后,会出现心跳过快、心慌、手颤、头晕、头痛等神经中枢中毒失控的症状,尤其对高血压、糖尿病、甲亢等患者危险性更大。有研究发现,健康人摄入超过 20 μg"瘦肉精"就会出现中毒症状,用含"瘦肉精"的饲料喂养的家兔会发生严重的四肢瘫痪症状,最终消瘦。研究还表明,长期食用动物食品中的残留激素,能使

男性雌化。

(二)苏丹红

在历史上,曾经将苏丹红作为着色剂使用,引发了严重的后果。1975年,国际癌症研究机构(International Agency for Research on Cancer,IARC)将苏丹红归为动物致癌物,肝脏是苏丹红产生作用的主要靶器官,经常食用含苏丹红的食品,对人类有致癌危险。1995年欧盟(European Union,EU)等国家开始禁止饲料中添加苏丹红。

 职业能力和职业资格测试

1.列举饲料中可能添加的药物种类。

2.列举禁止在饲料和动物饮水中使用的药物饲料添加剂的种类。

3.列举食品动物禁止使用的兽药及其他化合物的种类,并简述其危害。

4.列举禁止在饲料和动物饲养中使用的化学物质,并简述其危害。

5.列举3~5种允许在饲料中添加的维生素饲料添加剂,并简述其作用。

6.列举常见的饲料诱食剂(3~5种)。

7.简述饲料乳化剂在饲料生产中的作用,并列举常见种类(3~5种)。

8.查阅相关资料,以苏丹红在动物生产中的危害为题写一篇1 000字左右的综述。

项目4 饲料添加剂使用规范

项目5

饲料中有毒有害成分及饲料生物安全质量标准

➤ 项目设置描述

本项目主要对饲料中的有害成分及其危害、饲料原料及饲料添加剂的生物安全质量标准等方面的内容进行了阐述。通过本项目的学习,可以帮助大家掌握饲料中常见有害成分的种类及其危害,以及如何有效规避有害成分的影响,了解饲料及饲料添加剂的生物安全质量标准,能根据企业需要,制定相关的质量标准。

学习目标

1. 了解饲料中的有毒有害成分的种类及其危害,选择合适的饲料原料,有效避免有毒有害成分的影响。
2. 了解饲料及饲料添加剂的生物安全质量标准。
3. 能根据企业需要,制定相关的质量标准。

一、饲料中天然的有毒有害物质

(一)生物碱

生物碱又称植物碱,是结构极不相同但分子中均含氮的一大类有机物质的总称。生物碱是生物体内的碱性含氮有机化合物,具有碱样的性质,能和酸结合生成盐。大多数生物碱都有较复杂的环状结构,氮原子在环内,只有极少数为有机胺类衍生物。大多数存在于植物体中,个别存在于动物体内。具环状结构,难溶于水,与酸可形成盐,有一定的旋光性与吸收光谱,大多有苦味,呈无色结晶状,少数为液体。如治疗痢疾的小檗碱、平喘的麻黄碱、抗癌的美登碱,是一类重要的中草药化学成分。

生物碱的来源,除个别得自动物体外,大部分来自植物体,所以常称"植物碱"。生物碱的种类繁多、结构复杂、分布广泛。第一个生物碱是德国学者于 1806 年从阿片中发现的吗啡。

1. 生物碱的分类

生物碱种类繁多,结构复杂,来源不同,分类方法众多。如按其植物来源分类的茄科生物碱、毛茛科生物碱、百合科生物碱、罂粟科生物碱等;按其生理作用分类的降压生物碱、驱虫生物碱、镇痛生物碱、抗疟生物碱等;按其性质分类的挥发碱、酚性碱、弱碱、强碱、水溶碱、季铵碱等;按化学结构分类的吲哚类、喹啉类等。现常用的方法是按化学结构结合其来源的分类方法。但这仅限于结构已经清楚的生物碱分类,共分为七大类,每类又分若干组。

2. 对动物的危害

饲料中生物碱的种类不同,其理化性质也有差别,对动物的危害也有各种特点,但总的来说可表现在影响饲料的适口性和采食量;影响饲料的消化率;直接对动物生理功能造成毒害这三个方面。

(1)饲料的适口性和采食量　1962 年 Roe 等澳大利亚科学家发现将适口性较差的虉草中的有机溶剂提取物,喷洒到适口性较好的芦苇中时,则这些饲草对绵羊的适口性下降了,而被有机溶剂提取后的饲草其适口性提高了。两年后 Gulvener 研究了这些有机溶剂提取物,发现其主要成分是谷胺,其在饲草中含量为 0.3%(占干物质)。Simers 等对美国明尼苏达州的放牧绵羊的研究表明,芦苇属牧草的适口性程度与其中总的生物碱含量呈负相关。

牧草中生物碱含量为 0.01%～0.75%(占干物质)。适口性的强度主要是与总生物碱量呈负相关,而与其中某一种生物碱如谷胺无特定的相关性。Marten 指出含生物碱牧草对牛的适口性的变化同绵羊。由于适口性是影响动物采食量的重要因素,因此动物的采食量也与牧草中总生物碱含量呈负相关。

(2)对饲料营养成分消化率的影响　人们推测饲料中的生物碱影响其他营养成分的消

化吸收。Arnoad离体消化试验中报道饲料中含0.2%的草碱时,牧草的干物质消化率为60.5%,而当藨草碱含量增加到1%及2%时,干物质消化率分别下降到45.6%和38.07%。Bush等对茅草离体消化率的试验证实其中生物碱对营养成分消化率的副作用。但Marter等一系列较系统的试验表明,不论是饲草中的生物碱,还是添加的生物碱(含量下降3%以内),都不表现出对饲草中营养物质离体消化率的明显副作用。

(3)对动物的毒性　许多试验已证明很多种类生物碱都对动物产生毒害作用。Svoboda等证实向阳紫草碱是致瘤物质,它可引起大鼠肝脏和皮肤的恶性肿瘤。一般的生物碱在体内蓄积时,损害肝脏和中枢神经系统。聚合草中的多种吡咯双烷类生物碱对家畜肝脏有毒,可引起急性肝组织坏死或慢性实质性肝细胞肥大、胆管增生、巨红细胞症、肝变硬、肝肿瘤并可致癌,引起畸胎和遗传突变。

动物对生物碱表现出蓄积的毒害作用。如用大量新鲜聚合草喂猪,3~4个月的毒物蓄积即出现中毒症状。初期,食欲减退,精神不振,喜卧地,被毛逆立,尿色变黄,呼吸、脉搏体温增数。5~7 d后病情加重,病猪拒食,体温升高达41.7℃,呼吸粗迫,明显的腹式呼吸,尿量少,粪便干燥,外被覆有黏液,机体逐渐消瘦。后期病例,全身症状逐渐加剧,皮肤黄染;严重消瘦,卧地不起,全身衰竭死亡,少数耐过的病猪生长缓慢。

3.含生物碱类植物

植物中生物碱的种类非常多,现认识的就有2 000多种,但所存在的植物种类并不十分广泛,主要存在于10%~15%的脉管植物中,很多人认为生物碱仅仅是植物代谢的副产品。涉及饲料中的生物碱主要存在于牧草中,例如聚合草;而在配合饲料工业常用的饲料原料中含量很少。在植物饲料中生物碱大部分是与酸类结合成盐的形式存在,还有一些生物碱则以苷的形式存在。

一般来说,生物碱多存在于植物生长最活泼的部分,如子房、新发育的细胞、根冠以及受伤组织邻近细胞中。其次分布于表皮组织如叶表皮细胞、根毛。其他如维管束内的细胞及其周围以及乳管中,也有存在。生物碱一般不存在于木部、木栓层、韧皮纤维中。值得注意的是:在同科植物中,有的含生物碱,有的则不含生物碱。即使同一种植物中,由于生长的地区不同,生物碱的含量也不相同,此外,就同一株植物中,其根、茎、叶、花、籽实等部分生物碱分布也不一样,一般含量最高的为根、叶部,含量最低为茎、籽实。

(1)马铃薯　马铃薯含有生物碱——龙葵碱,以浆果含量最高,占鲜重的0.56%~1.08%,嫩枝次之,为0.37%~0.73%。茎叶和花含量也较高,大量饲喂家畜会引起胃肠炎和中枢神系统麻痹。成熟块茎含量极微,不致引起家畜中毒。龙葵碱是发芽马铃薯的主要有毒物质,人摄入0.2~0.4 g便能引起严重中毒。在成熟马铃薯中,其含量极低,正常食用不会引起中毒,但在未成熟、表皮发绿或发芽的马铃薯的绿皮部位、芽及芽孔周围含量较高,有时高达0.43%,食用时未妥善处理就会中毒。

土豆苗也含有毒成分龙葵碱,不同品种的土豆其含量不同。植物在受到真菌、细菌和机械损伤时含量最高。已发现,龙葵碱使人和畜禽胃肠功能和神经系统紊乱。某些生物碱是胆碱酯酶的抑制因子,这很可能是土豆中毒时出现神志不清、麻木及抑郁等症状的原因。

(2)羽扇豆　羽扇豆属植物约有300种,常见的有黄羽扇豆、白羽扇豆、狭叶羽扇豆和多叶羽扇豆等,可用作饲料和绿肥。

黄花羽扁豆、窄叶羽扁豆、白花羽扁豆的种子和茎秆中含有羽扁豆生物碱类羽扁豆烷宁、羽扁豆宁和臭豆碱,种子中含量达0.3%~1.08%,家畜采食过量的羽扁豆生物碱会出现肝和神经综合征、幼畜畸形病。羽扇豆含有4种生物碱,种子中生物碱含量最高,可达0.3%~1.08%;茎秆中的生物碱含量也很高。绵羊和马最容易发生羽扇豆生物碱中毒,牛和猪也能中毒。

羽扇豆含有毒成分羽扇豆生物碱类,主要包括羽扇豆烷宁,羽扇豆宁,5,6-脱氢羽扇豆烷宁、甲氧基烷宁和臭豆碱等。此类生物碱主要存在于种子中,含量可达0.3%~1.08%,植株的其他部分也都含有。这些生物碱是从赖氨酸衍生而来的。

羽扇豆生物碱类属双稠哌啶烷类生物碱。它们具有肝毒性和神经毒性,可引起肝综合征和神经综合征。前者以渐进性肝损伤为特征,表现为食欲丧失、体重减轻和黄疸,并且常由于肝损害而继发感光过敏(肝源性感光过敏)。剖检可见肝呈淡黄色,质脆、肿大(急性)或萎缩(慢性)。神经综合征表现为动物先兴奋不安而后沉郁,呼吸困难,全身震颤,抽搐,可因呼吸麻痹而死亡。

此外,羽扇豆对牛有致畸形,可使犊牛发生已关节弯曲、脊柱侧弯、斜颈为特征的"犊牛畸形病"。故一般认为这种生物碱是一种植物致畸原。据研究认为,臭豆碱可能是致畸的病因。有人指出,畸形的严重程度直接同饲料中的臭豆碱含量有关,当饲料中臭豆碱含量为30 mg/kg左右时能产生严重的影响。

(3)聚合草 聚合草中的主要生物碱为聚合草素,约占总生物碱的1/4。除聚合草素外,还含有聚合草醇碱、毛果天芥菜碱等。聚合草素会使多种家畜肝脏中毒,可引起急性肝坏死或慢性实质性肝细胞肥大,甚至可引起肝肿瘤和畸形胎。

(4)草芦 最少含有8种生物碱,属于吲哚型生物碱。关于生物碱中毒的临界含量目前尚未见到确切报道但从牧草生物碱含量和家畜采食量来看是相当惊人的。例如苇状狐茅的泊奴林生物碱含量为每千克干物质3 000~6 000 μg,如果一头奶牛每天食量为60 kg草,经计算则一头奶牛每天要吃进50~100 g生物碱,这样对家畜危害很大。

(5)黑麦草 多年生黑麦草和多花黑麦草含有0.02%~0.05%的佩洛灵,其幼苗和嫩枝的含量达0.1%~0.25%。

另外,苇状羊茅和牛尾草中也含有一定量的佩洛灵,家畜采食后也出现中毒症状。紫云英含有葫芦巴碱,以新鲜茎叶或干草大量饲喂家畜均可引起中毒。另外,紫花苜蓿含有高水苏碱和水苏碱。箭舌豌豆的种子和花中的野豌豆碱和原野豌豆碱对家畜都有一定危害。

(二)苷类

植物性饲料中的苷类主要有氰苷类、致甲状腺肿素(硫代葡萄糖苷)、皂苷。

1.氰苷类

在植物界,有2 000多种生氰植物。生氰植物是指能在体内合生氰化合物,经水解后释放氢氰酸的植物。生物体这种产生氢氰酸的现象称为生氰作用。近来的研究发现,不仅植物具有生氰作用,某些细菌、真菌、昆虫(如千足虫及蛾类)也具有生氰能力。

氰化物中以氰氢酸及其钠、钾、钙盐为最毒。而饲料中的主要存在形式为含氰糖苷或极少量生氰脂,这些化合物是无毒的,但当它们通过本身或其他饲料中存在的酶解的作用,或通过瘤胃微生物的活动或酸水解而从复合物中释放出,氰氢酸成为有剧毒的形式。

氢氰酸并不以游离状态存在于植物体内,而是经过酶的作用从生氰前体(即生氰化合物)中释放出来。生氰前体包括两类:一类是生氰糖苷,亦称氰苷或氰醇苷,占绝大多数;植物饲料中氰苷有20几种,最常见的有亚麻苦苷、百脉根苷、蜀黍苷、毒蚕豆苷及苦杏仁苷。另一类是生氰脂,占少数,现已发现的只有4种,它们是α-羟腈的糖苷或脂。

生氰化合物(生氰糖苷和生氰脂)是由6种氨基酸转化形成的。这6种氨基酸是L-缬氨酸、L-异亮氨酸、L-亮氨酸、L-酪氨酸、L-苯丙氨酸和环戊烯甘氨酸。其合成过程可概括如下:

$$氨基酸\longrightarrow N\text{-}羟基氨基酸\longrightarrow 醛肟\longrightarrow 腈\longrightarrow \alpha\text{-}羟腈 \begin{cases} 生氰糖苷 \\ 生氰脂 \end{cases}$$

不同的氨基酸可产生不同的生氰糖苷。例如植物最常见的两种生氰糖苷:亚麻苦苷和百脉根苷,前者是由L-缬氨酸形成的,后者是由L-异亮氨酸形成的。蜀黍苷是由L-酪氨酸形成的;毒蚕豆苷和苦杏仁苷是由L-苯丙氨酸形成的。至于目前已发现的4种生氰脂,则都是由L-亮氨酸转化形成的。

值得指出的是,亚麻苦苷和百脉根苷总是同时存在于同一植物物种之中。例如常用的饲料与牧草如亚麻籽饼、百脉根、白三叶草和菜豆属植物等,都同时含有亚麻苦苷和百脉根苷。这两个生氰糖苷是分别从L-缬氨酸和L-异亮氨酸衍生而来的,它们之所以总是同时存在于同一植物物种之中,可能是由于在其生物合成中只有一套酶,既可作用于缬氨酸及其中间产物,也可作用于异亮氨酸及其中间产物。

在高等植物中经分离提取,并已确定其结构的生氰糖苷有20余种,它们都是由一个α-羟腈与一个糖分子(大多数是葡萄糖)形成的糖苷化合物,即由α-羟腈的α-羟基与糖分子的半缩醛形成β-糖苷键。

氰苷是水溶性的,不易结晶,容易水解,尤其是有酸和酶催化时水解更快,生成的α-羟腈很不稳定,立即分解生产氢氰酸。在碱性条件下苷元容易发生异构。

(1)氰苷的水解方式　氰苷或生氰脂水解生成氰氢酸有两种方式,一是酶催化水解,二是化学水解。下面就讨论这两种方式的水解。

①酶解作用　生氰糖苷的水解及氰氢酸的释放通常由酶催化进行。反应分两步进行,其催化的酶分别为β-葡萄糖苷酶和羟腈裂解酶。含生氰苷的植物中都含这两种酶,但在活性植物体中,由于生氰糖苷和氰苷水解酶被植物细胞膜定住在不同的空间,在空间上是隔离的,二者存在于植物体同一器官的不同细胞中,例如,高粱茎叶中的蜀黍苷定位在表皮组织中,而其水解酶(包括β-葡萄糖苷酶和羟腈裂解酶)则定位在叶肉组织中。因此,在生活期间的植物体内,生氰糖苷不会受到水解酶的作用,故不存在游离的氢氰酸。只有当植物死亡或是完整的细胞被破坏后,使氰苷和其水解酶接触,而且环境条件如水溶液,pH及温度等适合(在动物的小肠中、瘤胃或饲料某种调制过程中),水解反应会迅速进行。生氰糖苷首先在β-葡萄糖苷酶的作用下使糖苷键水解,产生α-羟腈和葡萄糖。随后,α-羟腈在羟腈裂解酶的作用下裂解,释放出氢氰酸,同时产生一个相应的羰基化合物(醛或酮)。虽然α-羟腈也可以自动分解,但羟腈裂解酶可以加速这个反应的进行。据研究,α-羟腈在pH为1~5时很容易自行分解,但如果pH>6.0,则很难分解。

现将生氰糖苷在酶的作用下分解及释放 HCN 的反应过程如图 5-1 所示：

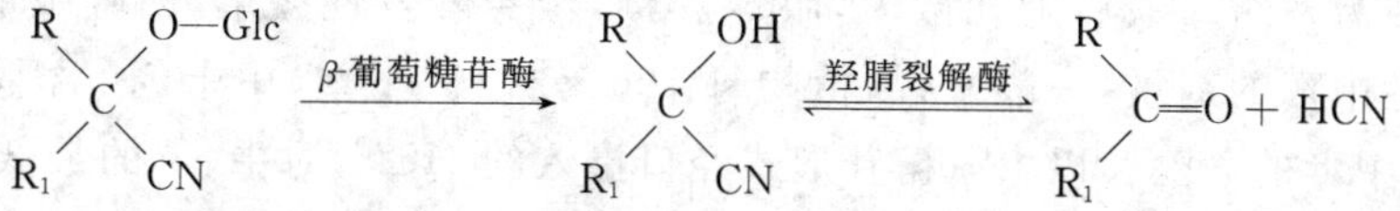

图 5-1　生氰糖苷在酶作用下分解、释放 HCN 的过程

②化学水解　生氰糖苷的 β-糖苷键对酸是不稳定的，在达到裂解温度后，稀酸就可将此键破坏，产生糖和 α-羟腈。不稳定的 α-羟腈又解离产生氢氰酸和相应的羰基化合物。稀酸的水解产物和酶解产物是相同的。

生氰脂的水解基本上同生氰糖苷，只不过第一步由脂酶起作用，产生脂肪酸和相应的 α-羟腈。

（2）常见生氰糖苷的结构及其在植物中的分布　生氰糖苷的种类很多，主要有 5 种，即亚麻苦苷、百脉根苷、蜀黍苷（或称叶下珠苷）、毒蚕豆苷和苦杏仁苷。

（3）中毒机理　生氰糖苷本身不呈现毒性，但含有生氰糖苷的植物被动物采食、咀嚼后，植物组织的结构遭到破坏，在有水分和适宜的温度条件下，生氰糖苷经过与苷共存的酶的作用，水解产生氢氰酸引起动物中毒。单胃动物由于胃液呈强酸性，影响了与苷共存的酶的活性，故生氰糖苷的水解过程多在小肠中进行，因而出现中毒症状较慢。而反刍动物由于瘤胃微生物的活动，甚至无需特殊的酶亦可将生氰糖苷水解产生氢氰酸（HCN），故反刍动物对含生氰糖苷植物的中毒比单胃动物更敏感，出现中毒症状较早。

氢氰酸被吸收后，氰离子（CN^-）与体内硫代硫酸盐在硫氰酸酶（此酶在体内分布很广，而以肝脏内的活性最高）的催化下，可形成低毒的硫氰酸盐，随尿排出。但体内硫代硫酸盐的储存量有限，使这一解毒过程受到一定的限制。硫氰酸酶的活性依青蛙、大鼠、兔、牛、人和犬顺次递减。在血液中，CN^- 可与高铁血红蛋白的三价铁结合而失活。但在正常情况下，高铁血红蛋白含量很少。CN^- 在体内也可转化为氰化氢或分解为 CO_2 与 NH_3 从呼气中排出。由于上述解毒过程有限，故只能在极有限的 HCN 进入机体时才不发生中毒。吸收后的 CN^- 能迅速与氧化型细胞色素氧化酶中的三价铁结合，形成氰化高铁细胞色素氧化酶，从而抑制细胞色素氧化酶的活性，阻止该酶中三价铁的还原，即阻断了氧化过程。使组织细胞不能利用氧，形成细胞内窒息，导致细胞中毒性缺氧症。氰苷毒性源于其水解后产生的氢氰酸。氢氰酸解离出的氰离子极易与细胞色素氧化酶中的铁结合，破坏细胞色素氧化酶在生物氧化中传递氧的功能，使机体陷入窒息状态。

（4）氢氰酸中毒临床表现　由于组织细胞中毒性缺氧，氧的交换中止，组织细胞不能从毛细血管血液中摄取氧，氧滞留于血液中。在回心的静脉血中，基本上仍保持动脉血流入组织以前的含氧水平，因而使静脉血也呈现鲜红色。因此，在 HCN 中毒的初期，动物的可视黏膜及皮肤常呈鲜红色。如果病程延长，呼吸受到抑制和氧的摄取受到限制，血液才变成暗红色，此时才出现可视黏膜发绀。

氢氰酸中毒发病较快，病程短。反刍动物在采食后 $15 \sim 30$ min 就可发病，单胃动物多在采食后几小时呈现症状。主要症状为呼吸快速且困难，呼出气有苦杏仁气味，随后呈现全身衰弱无力,行走、站立不稳或卧地不起,心律失常。可视黏膜先为鲜红色,后期出现呼吸障碍时转为发绀。最后瞳孔散大,眼球震颤,全身阵发性痉挛,因呼吸麻痹而死亡。关于引起急性中毒的剂量,一般来说,植物每 100 g 材料(干重)中 HCN 含量超过 20 mg 时,就有引起中毒的危险。以生氰糖苷形式经口摄入的 HCN,对牛、羊的最低致死量约为 2 mg/kg 体重。

HCN 除能引起急性中毒外,长期少量摄入含生氰糖苷的植物也能引起慢性中毒。例如,澳大利亚和新西兰的羊,由于长期采食含生氰糖苷的白三叶而引起羊的甲状腺肿大,生长发育迟缓。在非洲,由于大量食用含氰的木薯制品,造成当地人甲状腺肿大和患侏儒症。这都是由于 HCN 在体内经硫氰酸酶的作用转化硫氰酸盐而引起的。一般认为硫氰基(SCN—)可抑制甲状腺的聚碘功能,干扰碘的有机结合过程,妨碍甲状腺素的合成,并能增加碘自肾脏排出,减少体内碘的储备,这些作用引起腺垂体促甲状腺激素的分泌增多,从而导致甲状腺组织增生。

(5)植物中氰苷的存在形式 据统计,含有氰苷的植物达 75 种以上。高粱、苏丹草、白三叶、箭舌豌豆、毛茛子、木薯、均含有氰苷,以幼苗和再生苗中含量高,如果含量超过 200 mg/kg,家畜采食后可引起组织缺氧而呼吸窒息。百脉根和白三叶草含有百脉根苷和少量的亚麻苦苷,蔷薇科植物中杏、梅、桃、李、枇杷、樱桃等的叶片和核仁中均含有苦杏仁苷,家畜大量采食后可引起中毒。此外,毛茛子、燕麦、多年生黑麦草、大黍、象草、玉米等也含有一定量的氰苷。新鲜高粱、玉米幼苗均含氰苷,特别是其再生苗含氰苷更高。亚麻籽、桃、李、梅、杏、樱桃、枇杷叶种子也含氰苷,猪采食过多可引起中毒。归纳为下面几个方面:

①植物茎叶氰苷 高粱营养期叶片中氰苷含量最高,比蜡熟期高 20 倍以上,每 100 株达 250 mg,羊采食 0.25 g 即可致死。成熟前的高粱、玉米、苏丹草等中含一定量的蜀黍苷,新鲜的百脉草和白三叶草中含着百脉苷和亚麻苦苷。这些氰苷在植物中的分布有以下特点:

第一,氰苷大部分在叶子里,上部的叶片较下部的叶子含量多,叶的基部较先部含量多,叶缘的含量较叶片中部的含量多,叶腋处的分枝和分蘖茎较主茎含量多。总之氰苷含量高的是幼株和再生苗。

第二,随着植物的成熟,氰苷的含量显著地下降。例如,嫩株高粱叶中氰氢酸含量为 850 mg/kg;高粱结穗时,叶中含氰氢酸仅为 150 mg/kg。

第三,当植物在原先的阻滞期之后生长迅速时,氰苷的含量最高。在夏季,干旱阻碍植物生长后秋雨引起迅速生长之时或一种作物被家畜吃食后,或使用除草剂之后的植物最可能发生这种情况。枯萎的、冻伤的植物比正常植物毒性大。

第四,无论哪种含氰苷的植物,其鲜样中氰苷含量要远远高于干草。由于干燥过程中植物中氰苷与细胞中氰苷分解霉接触,迅速产生氰氢酸,而这些氰氢酸绝大部分随水分蒸发到空气中。因此干草中氰苷和氰氢酸都显著下降。汤汝林(1987)报道,新鲜橡胶种子中含有 650 mg/kg 的氰苷,但晒干后氰苷含量急剧下降,仅为新鲜样品的 4%。

这类植物主要有:

高粱:成熟前的籽粒和茎叶中含有生氰糖苷-蜀黍苷。高粱植株中以幼嫩部分(幼株、幼分蘖和再生苗)含生氰糖苷较多,其中大部分在叶子里。上部的叶片较下部的叶片含量多,叶的基部较先端含量多,叶缘的含量较叶片中部的含量多,叶腋处的分枝和分蘖茎较主茎的含量为多。

栽培环境对高粱植株中氢氰酸的含量有影响。在夏季干旱植株生长受阻后一经秋雨引起迅速生长之时,或经过霜冻,或在肥沃土壤上生长的高粱,其氢氰酸的含量均增高。

苏丹草:系禾本科高粱属一年生植物,幼嫩的苏丹草及刈割后的再生苗含有蜀黍苷,但其含量比高粱低得多,且随着植株成长,含量减少。用作饲草时,一般无中毒危险。

百脉根:系豆科百脉根属多年生牧草。百脉根含有两种生氰糖苷,主要是百脉根苷,还有少量亚麻苦苷。新鲜植株的氢氰酸含量为 5～17 mg/100 g 鲜重,在一般情况下,不会引起家畜中毒。

白三叶:系豆科三叶草属多年生牧草。含有百脉根苷和亚麻苦苷,两者含量之比为4:1。一般不会引起家畜 HCN 中毒。

②块根中的氰苷　木薯中全株氰苷为亚麻苦苷和百脉根苷,其中亚麻苦苷占总量的90%～95%。木薯的根、茎、叶中含有氰苷,以块根中含量最多,达 44.3 mg/100 g,而块根中以皮层含量最多,薯肉较少。新鲜块根经过粉碎、日晒等处理后,氰氢酸含量将有所下降。亚麻苦苷遇水时,经过其所含的亚麻配糖体酶作用,可以析出游离的氢氰酸而致中毒。氢氰酸被吸入或内服达 1 mg/kg 体重时,即可导致迅速死亡。但木薯内的配糖体不能在酸性的胃液中水解,其水解过程多在小肠中进行,或因亚麻配糖体在烹煮过程中受到破坏而影响水解速度,故其中毒的潜伏期比无机氰化物长。

③亚麻籽及饼粕中的氰苷　亚麻籽(俗称胡麻)及其饼粕中主要含有亚麻苦苷,还有少量百脉根苷。这些氰苷分布于亚麻的全株,以种子和嫩芽内含量最多。亚麻籽中亚麻苦苷的含量因亚麻的品种、种子成熟程度以及种子含油量等因素的不同而有差异。据报道,完全成熟的种子极少或完全不含亚麻苦苷。油用亚麻是用成熟种子作油料(种子含油量为 40%～48%),其种子中亚麻苦苷含量较少。纤维亚麻品种由于收获较早(一般在种子未成熟前收获),所以其种子中含亚麻苦苷较多。从种子含油量来看,含油量越低,其亚麻苦苷含量越高,含油量越高,则亚麻苦苷含量越低。这大概与亚麻种子的成熟程度有关。经测定,新亚麻籽中氰氢酸含量可达 0.25～0.6 g/kg,贮藏时其含量下降。亚麻籽饼中亚麻苦苷的含量因榨油方法不同而有很大差异。用溶剂提取法或在低温条件下进行机械冷榨时,亚麻籽中的亚麻苦苷和亚麻苦苷酶可原封不动地残留在饼粕中,一旦条件适合就分解产生氢氰酸。相反,采用机械热榨油法时,亚麻籽在榨油前经过蒸炒,温度一般在100℃以上,并且往往高达 125～130℃,亚麻苦苷酶绝大部分遭到破坏。这样虽然亚麻饼中,氰苷含量没有明显减少,但氰氢酸含量及可能产生的潜力均显著下降。我国目前一般采用机械热榨油法。

④植物籽实中的氰苷　菜豆属植物中的小豆类,如赤豆、饭豆、小豆及菜豆等,其籽实中含有亚麻苦苷和百脉根苷。据报道,这类籽实中氢氰酸的含量为 47.1～86.0 mg/kg。

箭舌豌豆中的主要有毒成分是一种生氰糖苷-毒蚕豆苷,或称野豌豆苷,由毒蚕豆糖和杏仁腈结合而成。此糖苷在其共存的酶的作用下,水解释放出氢氰酸。

箭舌豌豆中氢氰酸的含量因品种不同而相差甚大。据甘肃对 11 个品种的测定,种子中

项目 5　饲料中有毒有害成分及饲料生物安全质量标准

氢氰酸的含量为 7.6～77.3 mg/kg。植株中氢氰酸的含量随生长期而变化,以花期及青荚期含量为高。箭舌豌豆不同生育阶段各部位氢氰酸含量见表 5-1。

表 5-1　箭舌豌豆(品种 333/A)不同生育阶段各部位氢氰酸含量

(据甘肃省农业科学院资料)　　　　　　　　　　　　　　　mg/kg

生育阶段	根	茎	叶	蕾	花	种子
分枝	0.28	0.18	0.20			
现蕾	0.35	0.35	0.25	0.53		
盛花	0.56	0.43	0.40		0.28	
青荚	0.70	0.48	0.48			1.30
成熟	0.20	0.40	0.28			0.80

济:"333/A"品种是从"333"品种中选育出来的,其氢氰酸含量比原品种降低 35%。

2.硫代葡萄糖苷

在天然植物中已发现 120 多种不同的硫代葡萄糖苷,它们存在于 11 个不同种属的双子叶被子植物中,最重要的是十字花科,所有的十字花科植物都能够合成硫代葡萄糖苷。硫代葡萄糖苷存在于这些植物的根、茎、叶和种子中,但主要存在于种子中。硫代葡萄苷在一些十字花科植物中的含量大约占干重的 1%,在一些植物种子中的含量达到 10%。硫代葡萄糖苷在植物中的含量变化很大,不同品种、不同生长环境以及同一植株的不同生长阶段、同一植株的不同部位含量都存在差别。

(1)硫代葡萄糖苷的结构及组成　又称芥子苷,是菜籽饼粕中的主要抗营养因子。硫苷是芸薹属和十字花科植物中重要的一类植物次生代谢产物。1970 年,Marsh 和 Waser 等对硫代葡萄糖苷晶体的 X 射线分析证明,所有的硫代葡萄糖苷都具有相同的基本结构。根据侧链 R 基团的不同,可以把硫苷分为 3 类:脂肪类(侧链来源于蛋氨酸、丙氨酸、缬氨酸、亮氨酸和异亮氨酸)、芳香类(侧链来源于酪氨酸和苯丙氨酸)和吲哚类(侧链来源于色氨酸)。

(2)硫苷的水解过程　硫苷广泛存在于所有植物的各个部分,也是菜籽饼粕中主要的有害物质,是一类葡萄糖衍生物的总称。硫代葡萄糖苷在植物中不是单一存在的,是以硫代葡萄糖苷-葡萄糖硫苷酶体系形式存在的,本身无毒害作用。在完整的植物中,葡萄糖硫苷酶存在于特定的蛋白体中,硫代葡萄糖苷存在于液泡中,两者是分离的,但当植物细胞组织被破坏的时候,如在刀切或咀嚼的过程中,植物细胞组织的损坏促进了硫苷与芥子酶之间的连接,硫苷在植物芥子酶和肠道微生物菌群产生的芥子酶的双重作用下水解,释放出一系列的水解产物。这些特殊降解产物的形成原因是很复杂的,如侧链不同、pH 大小、金属离子和蛋白质的存在等都是决定其产物的重要因素。主要有以下 4 种途径降解生成异硫氢酸酯、噁唑烷硫酮、腈或硫氰酸酯等有害物质。

在中性条件下(pH 5～7),异硫氢酸酯是主要的糖苷产物。R 基团上带有 β-羟基的硫苷,产生的异硫氢酸酯不稳定,在极性溶剂中通过环化作用生成相应的噁唑烷硫酮(甲状腺肿因子)。R 基团上带有苯基或杂环的硫苷,在中性和碱性条件下生成游离的硫氰根离子;在酸性条件下(pH 3～4)或有还原剂(Fe^{2+})存在时生成腈类和硫的量增加。

饲料安全与法规

葡萄糖硫苷酶在人和动物体肠道中也可以由肠道微生物合成。硫葡萄糖苷在无酶(如加温、加压)的条件下也会发生降解,其降解过程十分复杂,主要产物是腈类化合物和异硫氰酸盐,反应产物和反应速度与外界条件有关。温度高,硫葡萄糖苷降解反应速度快,生成腈的量大;与体系的含水量有关,体系的含水量低,要在较高温度下发生反应,且降解反应速度较慢;碱性化学试剂(如氢氧化钠、氢氧化钾、氢氧化钙、氨水等)和过渡金属离子都可催化硫代葡萄糖苷的降解反应,反应速度随碱性试剂浓度的增大而加快;加压也能使硫代葡萄糖苷的反应速度加快。

(3)硫苷水解产物的毒作用机理及其危害　噁唑烷硫酮:毒性原理是阻止甲状腺对碘的吸收,干扰甲状腺素的产生,引起腺垂体促甲状腺素的分泌增加,使甲状腺细胞增生,导致甲状腺肿大。阻碍单胃动物甲状腺素的合成,引起血液中甲状腺素浓度下降,促进垂体分泌更多的促甲状腺激素,使甲状腺细胞增生,最终导致甲状腺肿大。

异硫氰酸酯:毒性原理是它与碘争相进入甲状腺,相应地减少甲状腺对碘的吸收,从而引起甲状腺肿大。产生的苦味严重影响菜籽饼粕的适口性,并导致猪下痢,对动物皮肤、黏膜和消化器官表面具有破坏作用,同时也有致甲状腺肿大效应。

硫氰酸酯:作用机制同异硫氰酸酯,也可引起甲状腺肿大。

腈:毒性强,对动物机体的生长有消极的影响,对动物健康有影响,其毒性大约为唑烷酮的 8 倍,造成动物肝脏和肾脏肿大,严重时可引起肝出血和肝坏死。腈的毒性最大,使肝脏和肾脏受到侵害,导致肝脏和肾脏肿大,甚至肝出血、肝坏死。腈类硫酸氰盐类、硫氰酸盐抑制碘转换,造成甲状腺肿大。硫葡萄糖苷代谢物还有其他一些副作用,致突变、肝中毒与肾中毒等。

饲料中总硫苷副作用的程度取决于其硫苷的含量及组成,以及其降解产物。不同的物种对硫苷有不同的耐受力。投喂高含量硫苷饲料的猪、鼠和兔有较高的死亡率。饲料中硫苷对动物生长与产量的负面影响,可能与由抗营养因子引起的机体严重内分泌紊乱有关。日粮中硫葡萄糖苷对动物毒害作用的程度取决于硫葡萄糖苷及其降解产物的含量和组成,不同的动物种类对硫代葡萄糖苷的耐受能力也不同。反刍动物对日粮中的硫代葡萄糖苷的反应不太敏感;与兔、禽和鱼相比,猪对日粮中硫代葡萄糖苷的反应要敏感得多。猪、兔、禽、鱼及反刍动物对日粮中硫代葡萄糖苷的耐受水平分别为 0.78、7.0、5.4、3.6 和 1.5～4.22 $\mu mol/g$。

(4)存在形式　硫苷的含量和分布随种类和地区的变化而变化,印度次大陆的菜籽粕中硫苷主要是 3-丁烯基硫苷,而欧洲和其他一些温带国家菜籽粕中硫苷主要是致甲状腺肿素前体硫苷、4-羟基硫苷和 3-丁烯基硫苷。普通菜粕中硫苷含量达 100～150 mol/g,随着研究的深入,科学家通过各种手段和方法追求"三高两低"的油菜品种,已取得显著成果。加拿大菜粕中含硫苷 10～15 mol/g,我国双低菜粕中含硫苷 20～45 mol/g。

3.皂苷

皂苷又称皂素,种类繁多,是一种植物中广泛存在的糖苷,且种类繁多,在豆类中,皂苷普遍存在且是一种有毒成分,特点是味苦、溶于水时产生泡沫、有降低表面张力的活性。皂角质易溶于热水和乙醇。皂苷是由皂苷元与糖基或糖的衍生物结合而成。按照皂苷被水解后生成的皂苷元的化学结构,可将皂苷分为甾体皂苷和三萜皂苷两大类。

皂角质水解后产生皂角苷酯和糖。来源于不同植物或同一植物的皂角质化学结构是不同的,其皂角苷酯和糖也不同。皂角苷酯主要分为甾类化合物和三萜化合物两大类,糖主要是六碳糖、七碳糖或多糖酸。由此可看出皂角质构的种类非常多。

(1)皂苷的共性

①性状　皂苷由于分子中含糖基团较多,极性大,较不易结晶,大多为无色无定形粉末,而皂苷元由于除去糖基,易于结晶。皂苷多数具有苦味和辛辣味。皂苷还多具有吸湿性。

②溶解性　皂苷一般可溶于水,易溶于热水、含水稀醇、热甲醇和热乙醇中,几乎不溶或难溶于乙醚、苯等极性小的有机溶剂。皂苷在含水丁醇或戊醇中有较大的溶解度,因此它们常作为提取皂苷的溶剂。

③表面活性(或称发泡性)　皂苷有降低水溶液表面张力的作用,多数皂苷的水溶液经强烈振摇能产生持久性泡沫,且不因加热而消失。

④熔点与旋光度　皂苷常在融熔前就分解,因此无明显的熔点,一般测得的大多是分解点,在 $200\sim350℃$,测定旋光度对判断皂苷的结构有重要意义,如甾体皂苷及其苷元的旋光度几乎都是左旋。

(2)皂苷的中毒机理

①溶血作用　皂苷的水溶液能使红细胞破裂而有溶血作用。将皂苷水溶液注射入静脉时,毒性极大,低浓度的水溶液就能产生溶血作用。因而常将皂苷称为皂毒素。皂苷在哺乳动物正常的消化道中不被吸收,故经口摄入时无溶血毒性。

皂苷的溶血作用是由它和红细胞膜上的胆固醇互相作用而引起的。当皂苷水溶液与红细胞接触时,皂苷能与红细胞膜上的胆固醇结合,生成不溶于水的复合物,破坏了红细胞膜的正常通透性,使红细胞内的渗透压增加,从而导致红细胞破裂,产生溶血现象。

各类皂苷的溶血作用强弱不同,可用溶血指数表示。溶血指数是指皂苷对同一动物来源的红细胞稀悬浮液,在同一的等渗条件、缓冲条件及恒温下造成完全溶血的最低浓度。例如,苜蓿皂苷的溶血指数为 $1:400\ 000$,大豆皂苷的溶血指数为 $1:(8\ 000\sim10\ 000)$。

②抑制酶的活性　通过离体试验显示皂角质可抑制延胡索酸氧化酶活性,使延胡索酸氧化这个能量代谢的关键环节中断。此外,Shaaya(1965)报道皂角质还能影响消化酶的作用。

(3)皂苷对动物的危害　反刍动物由于通过瘤胃的作用可降低皂角质的危害,但由于皂角质可产生大量泡沫,阻塞贲门,使嗳气受阻,致使瘤胃膨气。瘤胃臌胀也叫瘤胃臌气,是家畜采食了大量易发酵产气的饲料,使瘤胃急剧膨胀的疾病。其特征是瘤胃过度臌胀,嗳气受阻,呼吸困难,瘤胃部叩诊呈鼓音。另外,平时喂给干草的牛,如果在短时间内采食了大量的含氮豆科鲜草后,会导致瘤胃内的细菌异常繁殖,在瘤胃内产生过剩的气体。因过多摄取豆科牧草而产生的气体呈泡沫状,通过嗳气难以吐出,也会发生瘤胃臌气。

单胃动物对皂角质比较敏感,且家禽的敏感性比猪高得多。Cheeke(1971)发现皂角质能与鸡的组织、血液中胆固醇结合成复合物,从而降低了血液的功能。日粮中添加胆固醇就可缓解皂角质的生长抑制作用。对于鼠,苜蓿中的皂角质能抑制琥珀酸的氧化,使机体能量代谢的关键三羧酸循环中断,能量代谢受阻。皂角质还能抑制消化酶的分泌。

20%苜蓿粉日粮(其中皂角质含 0.3%),使鸡的生长严重受阻,而相同水平猪则没有表现皂角质的毒害作用。最近 Whiehec 发现比较低的皂角质水平(0.1％)日粮,对蛋鸡的饲料利用率和产量性能没有影响,但可使肝中脂肪含量下降。当日粮中皂角质水平上升到0.4％～0.5％时,蛋鸡的蛋重、饲料进食和体重均下降,而肝中脂肪含量明显降低。产蛋率开始下降,几周后又恢复到正常。由于皂角质体味苦,推测饲料进食量的降低是由于饲料适口性的下降造成的。

另外,皂角质对用鳃呼吸的鱼类及软体动物有较大的毒性,在很低浓度下即可使鱼虾等中毒死亡。对其毒理尚无彻底了解。有的研究认为是皂角质使鳃上皮细胞通透性增加,使血浆中电解质渗出的缘故,也有人认为是毒害鳃等呼吸器官发生麻痹的缘故。

(4)含有皂苷的植物 皂苷广泛存在于植物界,至少有 400 多种植物中都含有它。与饲料有关的几种植物中,以苜蓿中皂苷含量较高,平均为 3.3％,其他如大豆、甜菜及三叶草等饲料中也含有一定的皂苷。

皂苷广泛存在于植物的叶、茎、花和果实中,以根中含量最高,其次是花,再次是叶、种子,以茎中含量最低。其中以苜蓿含量最高,紫花苜蓿全株的皂苷含量达 0.5％～3.5％,以根含量最高,叶次之,茎最少。但同一种饲料不同品种间的差异也很大,如 Lahontan 品种苜蓿中皂角质含量较低(平均2.28％)而 Dupwit 品种苜蓿皂角质含量较高(平均达3.13％)。其他植物如大豆、花生、菜豆、羽扁豆、豌豆、鹰嘴豆、草木樨、油菜饼及甜菜也含有皂苷,但其含量远远低于苜蓿。随着饲料的成熟过程,茎中皂角质保持稳定水平,叶中皂角质含量却在下降,总体的皂角质含量也在下降。

①白三叶 豆科牧草白三叶含有多量的蛋白质、皂苷、果胶等物质,其中皂苷含量为0.23％。在清明至谷雨季节当地其他杂草生长旺盛,牛贪食致泡沫性瘤胃臌气有明显的季节性。因此,在发病季节,放牧前应饲喂适量干草,出牧后对牛要看守,防止过量采食白三叶草发生急性瘤胃臌气。但过量采食白三叶草引起的急性瘤胃臌气大部分在放牧时突然发生,给治疗带来困难。畜主可自备氯化钙,若有发生立即灌服治疗。

②紫花苜蓿 生长期的幼嫩苜蓿皂苷含量较高,随成熟期的推移而呈下降趋势。多施氮肥的苜蓿中皂苷含量较少。紫花苜蓿全株含有 0.5％～3.5％的皂苷,并以根含量最大,叶次之,茎最少。

含有大量的可溶性蛋白质和皂素,可溶性蛋白质和皂素能在草食动物瘤胃中形成大量的泡沫,在幼嫩紫花苜蓿的根、茎秆、叶片和花中都有存在,是造成反刍动物瘤胃臌胀的病因之一。另外幼嫩豆科青牧草紫花苜蓿在牛瘤胃内发酵后,急速生成挥发性低级脂肪酸及乳酸,瘤胃内 pH 降至 5～6,呈酸性状态,从而抑制瘤胃运动及嗳气,阻碍牛瘤胃中 CO_2、CH_4等气体的排出,造成瘤胃臌气。

③草木樨 本身不含有毒物质,但含有香豆素,当草木樨发霉腐败时,在细菌作用下,可使香豆素变为双香豆素,其结构式与维生素 K 相似,具有拮抗作用。体温低,发抖,瞳孔放大。该病病症是凝血时间变慢,在颈部、背部,有时在后躯皮下形成血肿,鼻孔可流出血样泡沫,奶里也可出现血液。

(三)非蛋白氨基酸、毒蛋白和毒肽

1. 非蛋白氨基酸

非蛋白氨基酸多为基本氨基酸的类似物或取代衍生物,如甲基化、磷酸化、交联等。除此之外,还包括β、γ、δ氨基酸及D-氨基酸。多以游离或小肽的形式存在于生物的各种细胞和组织。

在一些植物代谢过程中,形成的非蛋白氨基酸有很大一部分有毒,当人食入含毒非蛋白氨基酸食物后,代谢和生长会受影响,如人类某些疾病与体内的D-氨基酸的积累水平有关。另外,某些非蛋白氨基酸可作为"伪神经递质"进入中枢神经系统产生神经系统毒素,某些含氰、硫的非蛋白氨基酸则可分解为有毒物质,间接发生毒性作用。

(1)山黧豆中的有毒氨基酸

①β-草酰氨基丙酸(BOAA) 山黧豆的种子和开花期及开花前期的茎叶含有β-草酰氨基丙酸(BOAA),以种子尤其是未成熟的种子含量较高,为$0.25\%\sim0.55\%$,长期大量单一饲喂可引起蓄积性中毒,主要损害神经系统。

BOAA为神经毒性氨基酸,主要损害中枢神经系统,引起神经性山黧豆中毒。动物急性中毒时表现明显的中毒性神经症状,以运动失调、肌强直、呈角弓反张姿态、后肢痉挛与瘫痪为主要特征。病理学检查可见脑、脊髓神经细胞和肝、肾实质细胞的损害。

目前,关于BOAA在中枢神经系统中的作用部位和机制仍不完全清楚。有研究认为,BOAA的结构与神经递质L-谷氨酸相似,因此它能透过血脑屏障进入中枢神经系统,并主要分布于腰荐部脊髓。它对中枢神经系统神经元有直接去极化作用,并抑制突触的某个部位,影响谷氨酸的神经传递作用,阻断神经冲动的传导。还能影响脑的某些组织成分的含量和某些酶的活性,使转运系统和组织细胞发生变化,这些变化与中毒出现的特征性痉挛也是有密切关系的。

②β-氰基丙氨酸 β-氰基丙氨酸和它的谷酰基衍生物γ-谷酰基-β-氰基丙氨酸存在于普通山黧豆等多种山黧豆属植物中。

β-氰基丙氨酸也是一种神经毒性氨基酸,其毒性较BOAA小。它能使小鸡和大鼠发生角弓反张、惊厥等神经症状。据实验,鸡食入含0.075%的β-氰基丙氨酸的饲粮,在$10\ d$内可全部死亡。

(2)银合欢中的有毒氨基酸 银合欢含有$2\%\sim5\%$的含羞草氨酸。该物在瘤胃微生物作用下转化为3-羟基-4-吡啶酮,单一过量饲喂出现脱毛、甲状腺肿大、肝脏损害、繁殖机能降低、生长缓慢等症状。但这种现象具有一定的地域性。

银合欢系豆科含羞草亚科银合欢属植物。该属植物为季年生灌木或乔木,广泛分布于热带、亚热带地区。近年我国南方各省区都有种植。

银合欢含有一种有毒氨基酸-含羞草氨酸,亦称含羞草素或含羞草碱,化学名称β-N-(3-羟基-4-吡啶酮)-L-氨基丙酸。

银合欢的叶、枝、种子中不同程度地含有含羞草氨酸。同一侧枝不同叶龄的含羞草氨酸的含量,以顶部的心叶(刚萌发的小叶)含量最高(16.69%),其次为嫩叶(13.59%),基部的老叶含量最低(3.39%)。

银合欢作为单一饲料喂饲过多时,可引起家畜中毒,表现为被毛(包括马的尾毛)脱落、厌食、流涎,生长停滞,甲状腺肿大、繁殖机能降低等。还能引起肝脏损害及大鼠白内障等。单胃动物(尤其是猪和大鼠)较反刍动物更为敏感。据试验,用占日粮15%以上的银合欢干草粉喂猪,母猪的产仔数减少,仔猪体重降低。

含羞草氨酸的毒作用机理尚不完全明了。一般认为其毒作用机理主要在于它与酪氨酸在结构上十分相似，它在体内对维持正常毛发生长所需的酪氨酸以及苯丙氨酸能起到拮抗物的作用，与这些氨基酸竞争而干扰它们的代谢过程。这从以下事实可得到证实：有人用含有 0.5%含羞草氨酸的日粮饲喂大鼠时，所引起的生长抑制症状可用苯丙氨酸使之部分复原，而用酪氨酸则可使它完全复原。有人认为，含羞草氨酸能与磷酸吡哆醛复合，从而影响需要该物质的酶。在体内氨基酸代谢过程中，磷酸吡哆醛是大多数氨基酸脱羧酶、胱硫醚酶等多种酶的辅酶，含羞草氨酸能与其复合，从而对这些酶产生抑制作用。据报道，含羞草氨酸能对吡哆醇的转移酶、酪氨酸脱羧酶、胱硫醚合成酶和胱硫醚酶产生抑制作用。后两种酶特别重要，因为它们被抑制后，就会使由蛋氨酸转化为半胱氨酸的过程受到抑制，而半胱氨酸是毛发的主要成分，因此引起含羞草氨酸中毒的特征性脱毛症。此外，含羞草氨酸对毛发的生长也可产生直接的影响。据研究，银合欢（叶、豆荚或种子）的提取物能破坏小鼠毛囊细胞的基质。不过，这种作用是可逆的，当动物停止食用含有含羞草氨酸的饲料后，毛发的生长仍可恢复正常。

反刍动物在长期或多量采食银合欢后发生甲状腺肿的原因，一般认为不是含羞草氨酸本身的作用，而是由于含羞草氨酸在瘤胃微生物的作用下转化为 3-羟基-4-吡啶酮（缩写 DHP）所致。DHP 能抑制碘与酪氨酸有机合成甲状腺素，从而导致甲状腺肿。怀孕牛、羊生下的仔畜甲状腺亦肿大。有研究认为，进入胎儿组织中的含羞草氨酸的代谢物可诱发胎儿甲状腺肿。

此外，含羞草氨酸能与重金属形成螯合物，从而抑制含有或需要这些重金属的酶。

近年来体外研究表明，含羞草氨酸还能抑制胶原合成。

（3）箭舌豌豆中的有毒氨基酸　箭舌豌豆为豆科野豌豆属或称巢菜属一年生或越年生草本植物，别名春箭舌豌豆、大巢菜，野豌豆。该属有 200 多种，目前我国栽培的主要种除箭舌豌豆外，还有毛苕子又名冬箭舌豌豆，冬巢菜。箭舌豌豆是草、粮、绿肥兼用作物。其茎叶是优质青饲料，籽实含粗蛋白质约 30%，可作家畜的精饲料，亦可加工制作粉条或淀粉。

箭舌豌豆的种子中含有神经毒性氨基酸 β-氰基丙氨酸和它的谷酰基衍生物 γ-谷酰基-β-氰基丙氨酸。

β-氰基丙氨酸是近年从某些含生氰糖苷的植物体中分离出来的一种含氰基（—CN）的氨基酸。它是在植物种子中"微粒体"酶的作用下，由半胱氨酸、丝氨酸等氨基酸与氰基形成的含氰有机化合物。毒蚕豆苷水解时产生氢氰酸，后者与半胱氨酸或丝氨酸形成 β-氰基丙氨酸。由于箭舌豌豆种子中含有毒蚕豆苷，并含有较多的蛋白质和氨基酸，所以其种子中常含有 β-氰基丙氨酸。据西班牙学者 Ignacio 的分析，箭舌豌豆干燥籽实中 β-氰基丙氨酸的含量为 1.65 mg/100 g。因 β-氰基丙氨酸属于腈类化合物，故毒性远比氢氰酸小。但它是一种具有神经毒性的毒氨基酸。

2. 毒蛋白、毒肽

蛋白质是生物体中最复杂的物质之一。当异体蛋白质注入人体组织时可引起过敏反应，内服某些蛋白质也可产生各种毒性。植物中的胰蛋白抑制剂、红细胞凝集素、蓖麻毒素等均属有毒蛋白。此外，毒蘑菇中的毒伞菌等含有毒肽和毒伞肽。

蓖麻毒蛋白是已知最毒的植物毒蛋白(白蛋白),有几种类型。其分子结构特点是由 A 链与 B 链借一个二硫键相连,具有一般蛋白质的理化性质,因此具有抗原性。

蓖麻毒素是一种毒蛋白,存在于蓖麻饼蛋白质之中。有数种类型,相对分子质量为 36 000～85 000,它由 A、B 两条多肽链组成,两者间主要由二链相连。纯蓖麻毒素为白色粉末或结晶固体,不溶于酒精、乙醚等有机溶剂,溶于酸性或盐类水溶液。但干热时变性较小。除加热外,用紫外线照射,均可使蓖麻毒素变性而失去活性。

蓖麻毒素主要存在于蓖麻籽中,含量占脱脂种子的 2.8%～3%。蓖麻的制油工艺显著地影响蓖麻饼中各种毒素的含量,其中受影响最大的是蓖麻毒素和红细胞凝集素,而蓖麻碱和变应原则变化不大。冷榨或土榨蓖麻饼或直接浸提蓖麻粕,各种毒素含量很高。

蓖麻中毒的原因主要是由于其中所含的蓖麻毒素所致。蓖麻毒素是一种很强的毒性蛋白质,对肾、肝等实质性细胞有损害,具有凝集和溶解作用,可麻痹呼吸中枢、血管运动中枢。这种毒素比砒霜的毒性还要大,能使胃肠血管中的红细胞瘀血、变性等。

蓖麻籽饼粕中含有多种毒素,包括蓖麻毒素和蓖麻碱,蓖麻毒素是一种最毒的植物蛋白,蓖麻碱是一种弱毒性白色结晶生物碱。主要毒性作用是损害胃肠道黏膜上皮细胞和肝脏、肾脏实质细胞,使之发炎、出血和坏死,并可使红细胞发生崩解,也可引起呼吸和血管运动中枢麻痹。

蓖麻饼毒素的各种毒素中以蓖麻毒素含量最多,毒性最剧。其毒力比氢氰酸、砒霜还强,每千克体重用 0.25 g 即可使动物致死。

(1)机理 蓖麻毒素进入胃肠后,对消化道感受器具有很强的刺激性,可引起呕吐和急性胃肠卡他,大部分毒素经肠管吸收后,因其是一种血液毒,所以能使纤维蛋白原转变为纤维蛋白,并使红细胞发生凝集,首先在肠黏膜的血管中形成血栓,导致肠壁出血、溃疡以致出血性胃肠炎。毒素进入体循环后,进一步造成各组织器官,特别是心、肝、肾以及脑脊髓的血栓性血管病变,使之发生出血、变性乃至坏死,临床上出现中毒性肝炎、中毒性肾炎和中枢性神经系统的损害,如呼吸和血管运动中枢麻痹等一系列症状。

(2)症状 蓖麻籽中毒,多在家畜采食后数小时或 1～2 d 突然发病,主要表现为胃肠炎症状、神经系统症状和重剧的全身症状。下面是不同动物中毒症的特点:

马、骡中毒的主要症状:口唇挛缩。头颈伸展,结膜潮红或发绀,体温升高,脉微弱、增数。口腔干燥、恶臭,流涎,腹痛不安,全身出汗。有的病畜肠音减弱,排粪迟滞;有的肠音增强,腹泻不止,粪中混有黏液絮状及血丝。有的因膀胱麻痹而发生尿潴留。多数病马从病初即伴发明显的膈痉挛并持续数日。病马还出现急性蹄叶炎症状,指(趾)动脉亢进,蹄壁增温,站立时四肢前伸,拱腰,步样紧张。病的后期,病畜可能由精神沉郁转为兴奋不安,步态不稳,后躯摇晃,全身肌肉震颤,衰竭倒地,痉挛而死。

牛、羊中毒的主要症状:呕吐,腹痛,腹泻,黄疸明显,并伴有血红蛋白尿,有的发生尿闭,后期倒地、痉挛或昏睡而死。

蓖麻碱含量超过 0.01% 的日粮,抑制鸡的生长;含量超过 0.1% 时,会导致鸡神经麻痹,甚至中毒死亡,Robb(1974)研究发现,在乳牛饲养中饲料中的蓖麻毒素和变应原可转移到牛奶中。

(四)酚类衍生物

酚类主要有棉酚和单宁。棉酚可与钠、钾、镁等矿物元素作用,不利于矿物元素的吸收,还可与血红蛋白中的铁结合,导致缺铁性贫血和维生素 A 缺乏症。粗制棉籽油中含的棉酚能降低机体对铁的吸收,杀死精子,并有致癌作用。单宁普遍存在于豆科、谷物等植物果实中,能和蛋白质结合形成不溶性复合物。单宁在体内能跟消化酶发生变互反应,抑制酶活性,破坏胃肠消化吸收,影响机体健康。

1. 棉酚

(1)棉酚的分布特点 棉酚是锦葵科棉属植物色素腺产生的多酚二萘衍生物,存在于其叶和种子中,棉酚及其衍生物主要存在于棉籽的胚叶的色素腺体中。该腺体中除含棉酚类物外,还有油脂和树脂。棉酚占色素腺体重量的 20.6%～39.0%。此外,还含有多种棉酚的衍生物。每个色素腺体由 5～8 层水溶性的内壁所包被。此壁对水或极性溶剂十分敏感,遇水或极性溶剂就破裂,放出内含的色素微粒,其中主要是棉酚。但如未遇到水或极性溶剂,色素腺体的壁可承受机械的压力而保持完整,非极性溶剂也无法使它破裂。

不同棉种和不同品种的棉花,其棉籽中色素腺体的数目差别甚大。棉籽中色素腺体的数目和棉酚含量有直接关系,腺体越多,棉酚量越高。

棉花的栽培环境条件对棉籽中的棉酚含量有一定的影响。据报道,棉酚含量和环境温度呈负相关,和降雨量呈正相关,施用氮、磷、钾完全肥料比单施氮或磷肥时的棉酚含量高。

棉籽贮存期间的棉酚量随贮存时间的延长而降低。据报道,经 4 个月贮存后,棉酚色素可从 1.15% 降到 0.75%。

(2)棉籽饼粕中棉酚的含量及其影响因素 棉籽经过榨油加工,原来存在于棉籽仁中的棉酚一部分转入油中,另一部分存在于饼粕中,且其中一部分棉酚由于加工过程中受热作用,与蛋白质等结合成结合棉酚。因此饼粕中的游离棉酚比棉籽中少得多。其含量主要取决于两个方面:①棉籽中棉酚的含量;②棉籽榨油工艺。我国普遍种植的是陆地棉,其棉籽中棉酚含量为 1.0%～1.5%,变化幅度不大。因此,影响棉籽饼粕中游离棉酚含量的主要是棉籽的制油工艺。制油工艺过程中的湿热处理和压榨,撕裂以及某些可与水互溶的有机溶剂均可促使腺体破坏。

在目前的制油工艺条件下,进一步去除棉酚是通过两个基本途径来实现的:

①通过压榨或适当的溶剂浸泡,将棉酚以游离棉酚的形式直接随棉籽油排出(棉油中的棉酚可通过精炼进一步排除)。

②在料坯的加热蒸炒过程中,通过湿热处理促使棉酚的活性醛基与棉籽中其他成分(主要是蛋白质或游离氨基酸中的游离氨基)结合,形成结合棉酚而失去毒性。但这种做法会消耗棉籽饼中本来就比较少的赖氨酸。因此,过度的湿热处理,虽然可以得到游离棉酚含量很低的棉籽饼,但其蛋白质的营养价值往往明显下降。

下面简述几种不同的制油工艺在排除游离棉酚和保持棉籽饼蛋白质的品质方面的效果:

①水压机及人力榨油 其料坯蒸炒温度在 100～110℃。由于榨油时压力较小,而且对料坯所起的只是单纯的压力作用,同时蒸炒温度较低,因此,对色素腺体的破坏不够彻底,油粕中残存游离棉酚较多。

②自动螺旋机榨油 这种工艺效率高,出油率高。由于料坯蒸炒温度高(一般为 120～

135℃),榨油压力大,对料坯同时产生压榨和撕裂两种力量,在榨油机的出料口前,强大的机械作用还可进一步提高料坯温度。因此,色素腺体的破坏相当彻底,游离棉酚能充分结合,因而油粕中残存的游离棉酚量低,但由于加热温度高,往往对蛋白质的品质破坏也较严重。

以上两种制油方法,主要都是靠形成结合棉酚来排除有毒的游离棉酚。因此,为了保持棉籽饼的品质,应从改善蒸炒工艺(料坯的含水量,蒸炒温度和时间等)着手,使之尽可能将油粕中的游离棉酚含量降低在安全限度以内;并最大限度地保持蛋白质的品质。

③先压后浸法 即先将料坯轻度蒸炒后,用自动螺旋榨机榨出大部分棉油,然后再用有机溶剂将剩余部分棉油从油粕中浸提出来。这种生产工艺对蛋白质的破坏程度轻,游离棉酚的很大一部分在预压过程中随棉油排出(因为预压前的蒸炒温度低,所以结合棉酚形成得不多),只有少部分游离棉酚是以结合棉酚的形式排除的,因而可以达到既充分排除棉酚又保持棉籽饼营养价值的效果。

④直接浸出法 即不经预压,仅在轻微加热下,用溶剂直接从料坯中萃取棉油。在此条件下,色素腺体的破坏往往很不彻底,油粕中常残存相当多的游离棉酚,但其蛋白质的品质最佳。

棉籽饼中游离棉酚的含量也与贮存时间有一定关系。一般随贮存时间的延长而逐渐略有降低,如果在高温下贮存,则降低更为明显。

(3)棉酚及其衍生物的理化性质 棉籽、棉籽饼或棉油中含 15 种以上的棉酚类色素或其衍生物。其中主要是棉酚,其他还有棉紫酚、棉绿酚、棉蓝酚、二氨基棉酚,棉黄素等。

棉酚按其存在形式可分为游离棉酚和结合棉酚两类。游离棉酚或称自由棉酚(缩写FO),是指其分子结构中,活性基团(醛基与羟基)未被其他物质"封闭"的棉酚,它对动物具有毒性。结合棉酚(缩写 BG)是游离棉酚与蛋白质、氨基酸、磷脂等物质互相作用形成的结合物,它丧失了活性,也难以被动物消化,故没有毒性。游离棉酚易溶于油及一般有机溶剂,而结合棉酚一般不溶于油(仅棉酚与磷脂的结合物溶于油)和乙醚、丙酮等有机溶剂。在陆地棉中,一般游离棉酚占棉籽仁干重的 0.85% 左右,结合棉酚占 0.15% 左右。

现在已经知道,上述棉酚类色素中,棉酚(通常指游离棉酚)、棉紫酚、棉绿酚、二氨基棉酚等均属毒性物质,其对大鼠口服 LD_{50} 分别为 2 670 mg/kg、6 680 mg/kg、660 mg/kg、3 270 mg/kg。棉酚的毒性虽然不是最强的,但因其含量远比其他几种色素为高,所以棉籽及棉籽饼粕的毒性强弱主要取决于棉酚的含量。

(4)棉酚的毒作用机理 棉酚主要由其活性醛基和活性羟基产生毒性和引起多种危害。棉酚被家畜摄入后,大部分在消化道中形成结合棉酚由粪中直接排出,只有小部分被吸收。在体内主要分布于肝、血、肾和肌肉组织,而以肝内含量最高。吸收后主要经胆汁随粪便排出,少量随尿排出,也可由乳中排出。

棉酚的毒性和危害大致有如下几个方面:

①棉酚是细胞、血管和神经性的毒物 大量棉酚进入消化道后,可刺激胃肠黏膜,引起胃肠炎。吸收入血后,能损害心、肝、肾等实质器官。因心脏损害而致的心力衰竭又会引起肺水肿和全身缺氧性变化。棉酚能增强血管壁的通透性,促进血浆和血细胞渗向周围组织,使受害的组织发生浆液性浸润和出血性炎症,以及发生体腔积液。棉酚易溶于脂质,能在神经细胞中积累而使神经系统的机能发生紊乱。

②棉酚在体内可与蛋白质、铁结合 棉酚在体内可与许多功能蛋白质和一些重要的酶

结合,使它们失去活性。棉酚与铁离子结合,从而干扰血红蛋白的合成,引起缺铁性贫血。

③棉酚可影响雄性动物的生殖机能　动物试验表明,棉酚能破坏动物的睾丸生精上皮,导致精子畸形、死亡,直至于无精子。因此能使繁殖能力降低,甚至造成公畜性不育。

④棉酚可影响蛋品品质　产蛋鸡饲喂棉籽饼粕时,其产出的鸡蛋经过一定时间贮藏后,蛋黄变为黄绿色或红褐色,有时出现斑点。研究认为,蛋黄中的铁离子与棉酚结合形成复合物,是蛋黄变色的原因。

⑤棉酚可降低棉籽饼中赖氨酸的有效性　在棉籽榨油过程中由于受湿热的作用,棉酚的活性醛基可与棉籽饼蛋白质中赖氨酸的ε氨基结合,发生美拉德反应,使赖氨酸失去效能,从而大大地降低了棉籽饼中赖氨酸的有效性。

棉酚对动物的毒性因家畜种类,品种及饲粮中蛋白质的水平不同而异。

(5)对动物生长发育的直接危害

①反刍动物　由于反刍动物消化过程中特殊的瘤胃环境,使棉籽饼粕中游离棉酚的毒性减少。Reiser 和 Fu(1962)讨论了其机理,发现瘤胃微生物对棉籽饼粕蛋白质的分解后合成胃体蛋白过程,瘤胃中可溶性蛋白量很大,加上瘤胃中高度的还原环境和水热条件,促使游离棉酚与赖氨酸的ε—氨基结合为结合棉酚,其吸收率很低。因此,对于成年的反刍动物来说,饲料游离棉酚的危害很小,可以把棉籽饼粕作为一种正常的蛋白饲料而大量饲用。但对于瘤胃功能发育不全的幼畜来说,棉酚还有一定的毒性。

成年反刍动物长期饲喂棉籽饼作为蛋白饲料会降低牛奶中的含脂率及非脂肪固体的含量。已经见到江苏丰县的黄牛,由 11 月起持续每天饲喂棉籽饼 1.5～3 kg,至次年 6 月未见中毒症状,但大部分牛表现为夜盲症。又曾见到江苏南通地区的水牛几乎长年饲喂棉籽饼,亦未发现中毒症状,唯一特征是尿石症发病率增高。据报道苏联水牛对棉酚毒性的抵抗力比阿塞拜疆红牛为低,每天饲喂含 0.026 5%棉酚的棉籽饼 2 kg,经 35～36 d 即可出现中毒的早期症状。据推测这是由于水牛日粮中蛋白质水平一向比奶牛低,因而在低蛋白质日粮的条件下,使瘤胃中的结合棉酚低于游离棉酚。只有犊牛,可见真正的棉酚中毒症状,包括食欲下降,兼有腹泻、黄疸、目盲,重者伴有佝偻病类似症状。

我国水牛蛋白质营养水平低于乳牛,因此对棉酚的易致病性高于乳牛。且长期饲喂棉籽饼的奶牛,牛奶中的乳脂率和非脂肪固体含量都显著下降。

②单胃动物　棉酚在体内大量积累,可损害肝细胞、心肌和骨骼肌,与体内硫和蛋白质稳定地结合,损害血红蛋白中的铁,并导致贫血。此外,棉籽中尚含有一种具有环丙烯结构的脂肪酸,导致母鸡卵巢和输卵管萎缩、产卵量降低及卵变质。

猪第一次饲喂棉籽饼 1～3 个月时,还见不到症状(当然还与摄入量有关),但屠宰后可见到病理损害。饲料中含量低时,可见到食欲缺乏和生长抑制;含量高时,表现毒性作用。病猪精神淡漠,衰弱,消瘦,发热(可达 41℃以上),呼吸困难(French,1942)。由于心肌和肝实质损害,心电图和肝功能有变化,发生惊厥,很快死亡(Binns,1938)。肥育猪日粮中只需配合少量棉籽饼,就可引起不食,体重减轻及饲料利用率降低。棉叶也可引起猪的中毒,症状与棉籽饼中毒相似。粪便初干而黑,以后色变淡。食欲亢进,尿量减少,可呈现皮下水肿。

West(1940)对猪的剖检变化描写最详细,主要包括肠炎,腹水,严重急性中毒性肝炎(中心小叶坏死),胆囊肿大,有出血点。中毒性肾炎。脾和淋巴结充血。心包积水,心内外膜有出血点,心肌和骨骼肌变化。肺水肿,兼有肺炎斑点。总之,猪棉籽饼中毒,首先表现精神沉郁,低头拱地,后肢无力,走路摇晃,以后则拒食,呕吐,口鼻流出白色泡沫,呼吸促迫,肺部听诊有杂音,有时皮肤上出现疹块。6月龄以下的病猪,对棉籽饼特别敏感,一般最急性中毒,可在数小时内突然倒地死亡。

家禽中毒有体重下降,卵孵化率降低,卵黄颜色变淡。Halnan 和 Garner(1940)叙述了在家禽日粮中不应含有棉籽粉:否则母鸡产的蛋在贮藏时蛋白会变为淡红色。Scgaubke 和 Bauderm(1946)解释蛋白变淡红色是由于卵黄中铁扩散到蛋白中,而与蛋白的伴清蛋白螯合所致。这与卵黄外周卵黄膜渗透性增高有关,同时卵黄颜色也就变淡了。

③马　中毒的临床症状与牛基本相似,只是腹痛比较剧烈,排出的粪便外附有黏液,有的混有血液,红色尿,呈现典型的红细胞的溶解症状,病情发展较快。慢性中毒时,肌体消瘦,皮下结缔组织胶性浸润,胸腔、腹腔积有多量液体,并有慢性胃肠炎和肾炎的病理变化,急性中毒的病例,下颌间隙、颈部及胸部和腹部下面的皮下组织胶样浸润,胸腔、腹腔积有多量液体,并有慢性胃肠炎和肾炎的病理变化,急性中毒的病例,下颌间隙、颈部及胸部和腹部下面的腔内蓄有大量淡红色透明液体。心脏肥大扩张,心肌脆弱,心内外膜有多量出血点。整个胃肠,特别是真胃和小肠有出血性坏死性炎症、肝脏肿大,呈灰黄色或土黄色,实质弱。膀胱充满红色尿液。

2.单宁

单宁是一种多羟基酚物质,也称草鞣质或草鞣酸。有人提出单宁的构成是 5～7 个黄烷-3-OH 的单位构成的低聚物,相对分子质量 1 700～2 000。

(1)理化性质　单宁大多为无定形固体,具有吸湿性。单宁有强的极性,可溶于水或乙醇而生成胶体溶液,还可溶于丙酮、乙酸乙酯、乙醚和乙醇的混合液;不溶于石油醚、氯仿、苯、无水乙醚等极性小的溶剂。单宁可与蛋白质生成不溶性的复合物而沉淀,故可作收敛剂并用于鞣皮。单宁的水溶液能与重金属盐(如乙酸铅、乙酸铜等)或碱土金属的氢氧化物(氢氧化钙)溶液等作用,生成沉淀。单宁的水溶液还可与生物碱生成难溶或不溶的沉淀。

单宁具有弱的碱性。此外,还有特殊性质如沉淀生物碱动物胶和蛋白质,单宁能和蛋白质及其他营养素形成 4 种化学键:①氢键;②离子键;③共价键;④疏水互作,这些有力的化学键使单宁和蛋白质形成络合物,并且络合物一旦形成,则不可逆转。

(2)单宁的种类　单宁一般分为可水解单宁和缩合单宁。可水解单宁的分子中具有酯键和苷键,在稀酸和有关酶(如单宁酶、苦杏仁酶)的作用下,水解成糖和某些有机酸。其典型代表是中国单宁,它是从水上植物中提取的。缩合单宁的化学结构比较复杂,一般不能水解,经酸处理后可缩合成为不溶于水的高分子化合物鞣酐。这是大多数含单宁饲料中单宁的存在形式。

(3)单宁在饲料中分布的特点　在许多谷物籽实及油料籽实中都存在单宁,以高粱、橡籽和草籽含量比较突出,此外,豆类籽实,木薯、马铃薯等都含有单宁,这些籽实及加工产品都是常用的饲料原料。这些饲料中单宁基本上属于缩合单宁。

单宁是在植物成熟前期随种皮叶绿素的产生而合成多酸,在籽实成熟后稳定。主要存在于籽实的种皮中,胚和胚乳内的含量较低。饲料中单宁的含量与其中色素有明显关系,随着色素含量升高,颜色加深,其中单宁含量增加。如单宁含量为 1% 的高单宁高粱多为深红色或褐色而单宁含量在 0.5% 以下的低单宁高粱大部分是白色、黄色或红色。

某些含单宁的植物鲜茎叶块根,例如木薯、银合欢及高粱茎叶,凋萎成熟干燥处理后,分别可使其中单宁含量下降19.2%,50.6%和36.1%。但有些含单宁的植物鲜叶例如栎树叶中单宁经这些干燥处理没有变化。

饲料植物中单宁与其他营养含量呈相关性。例如,整株高粱中单宁与粗蛋白(CP)、酸性洗涤纤维(ADF)间的相关系数(r值)分别为0.65和0.56;高粱籽实中单宁与CP、赖氨酸含量间的r值分别为0.159和0.168;百脉根中单宁与木质素含量间的r值为0.845,截叶铁扫帚中单宁与CP含量间r值为0.620~0.75。

表5-2 几种主要含单宁饲料中单宁含量　　　　　　　　　　　%

名称	高粱	橡籽	菜籽饼粕	木薯	马铃薯
单宁	0.49~3	1.6~5	1.3~3	0.7~2.1	0.9~1.9

(4)单宁对动物的危害　　单宁的急性毒性很低,大鼠经口半数致死量(LD_{50})为2 260.83 mg/kg,对大鼠最大无作用剂量为800 mg/kg。但长期采食高单宁高粱可引起多种危害。

单宁具有涩味,适口性差,当饲粮中单宁的含量大时,首先影响动物的食欲,降低采食量。史志诚等(1991)认为,饲料中单宁对动物毒机理主要有以下5条:一是单宁与唾液蛋白、糖蛋白在口腔中相互作用,使组织产生收敛性,引起一系列不适口反应,降低采食量,二是单宁与饲料中的蛋白质及其他化合物产生络合物,降低消化基质的溶解度和可消化性;三是单宁与肠道消化酶结合,降低酶的活性,干扰正常消化过程;四是单宁与肠壁外层细胞发生反应,或与肠黏膜分泌的内源蛋白质形成复合物,降低了肠道上皮的通透性,使通过肠道吸收的养分量减少;五是单宁在瘤胃内被酵解产生低分子酚类化合物,经肠胃道吸收,直接对动物的肝、肾脏产生毒性。

①在消化道中与蛋白质、酶、金属离子螯合成结合物,形成沉淀。单宁在消化道中可与饲粮中的蛋白质结合,生成不溶性化合物,也可与多种金属离子如Ca、Fe及Zn等发生沉淀作用,从而降低它们的利用率。单宁还可和消化酶结合,影响酶的活性和功能,不利于营养物质的消化吸收。据国外报道,饲粮中单宁的含量在0.28%~0.94%范围时,干物质和能量代谢率都随单宁含量的升高而降低。高单宁高粱品种的消化率比低单宁高粱品种低9%~15%。在单宁含量和消化率之间存在高度的负相关。

其他养分含量相同,而单宁含量分别为9.0%和1.4%的角果百脉根,经24 h尼龙袋法测得消化率分别为67.0%和74.2%。随着日粮中栎树叶比例的升高,西班牙山羊对有机物及CP的消化率直线下降。

②单宁具有收敛性　　它进入胃肠道后,可与胃肠道黏膜的蛋白质结合,在肠黏膜表面形成不溶性的鞣酸蛋白膜沉淀,使胃肠道的运动机能减弱而发生胃肠弛缓。同时,单宁还可以使肠道的毛细血管收缩而引起肠液分泌减少。这些都会使肠道内容物运送减慢而易发生便秘。大量的单宁对胃肠道黏膜还有强烈的刺激与腐蚀作用,可引起出血性与溃疡性胃肠炎,发生腹痛、腹泻等。

(五)萜类

1.致毒机理

常见含萜类植物有蔷薇科、禾本科、伞形科、菊科等。许多混合萜有强烈毒性,包括多种重要的植物毒素。有毒萜类主要是倍半萜内酯、二萜、三萜毒素。倍半萜内酯化合物主要存在于菊科,可引起过敏性接触性皮炎。佛波醇脂等二萜脂类成分具强烈的皮肤刺激作用,并能促进癌细胞生长。

2.含内酯类和萜类植物

(1)莽草　莽草含一种惊厥毒素为莽草亭,是一种苦味内酯类化合物,可以作用于呼吸及血管运动中枢,大剂量时也能作用于大脑及脊髓。先是兴奋而后麻痹。如果生吃5～8个莽草籽,人即产生中毒。

(2)苦楝　苦楝全株有毒,以果实毒性最烈,叶子最弱,含有毒成分主要是苦楝素、苦楝萜酮内酯等物质。其所含毒素能使大脑皮质麻痹,而致皮质下中枢的抑制解除,继而麻痹。苦楝皮及其果实对胃肠道有刺激作用,对心肌、肝、肾可引起中毒性肝病等。通常食入6～8个果实便可发生中毒。

(六)有机酸

1.环丙烯类

棉籽油及棉籽饼残油中含有两种环丙烯类脂肪酸(缩写CPFA),即苹婆酸和锦葵酸,在粗制棉油中两者的含量为1％～2％,在精炼油中可降低到0.5％或者更少,锦葵酸的含量比苹婆酸高。

这一类物质具有Halphen反应,即与1％硫黄的二硫化碳溶液在正丁醇(或吡啶)存在的条件下,当在110℃加热时发生红色反应。利用此反应可作CPFA含量的测定。

棉籽饼粕里的苹婆酸、锦葵酸等环丙烯类脂肪酸能降低鸡蛋的品质,即当产蛋鸡摄入后,所产的鸡蛋在贮存后使蛋清变成桃红色,其原因是此类脂肪酸使卵黄膜的通透性增强,并改变卵黄和蛋清的pH(蛋黄的pH升高,蛋清的pH下降),蛋黄中的铁离子透过卵黄膜而进入蛋清中,再与其内的伴清蛋白螯合而形成红色复合物,使蛋清变成桃红色,即称其为"桃红蛋",据报道,饲喂环丙烯类脂肪酸25 mg以上,蛋清中的铁可达到一般鸡蛋蛋清中的铁的7～8倍。此时,蛋清中的水分也可转移到蛋黄中,致使蛋黄膨大。此外,这类脂肪酸还可使蛋黄变硬,经过加热形成所谓"海绵蛋"。有人指出,饲粮中此类脂肪酸含量为30 mg/kg以上,就会发生此种现象。蛋黄变硬的原因,据认为是由于在动物的肝微粒体中存在脂肪酸去饱和酶,可使吸收入机体的饱和脂肪酸脱氢成为不饱和脂肪酸,而苹婆酸和锦葵酸具有抗去饱和酶作用,因此,给产蛋鸡饲喂棉籽饼粕时,蛋黄的脂肪中硬脂酸和软脂酸等饱和脂肪酸的比例增加,因而蛋黄的脂熔点升高,硬度增大。

2.植酸

植酸的化学名称是肌环乙醇-6-磷酸酯,分子式$C_6H_{18}O_{24}P_6$,相对分子质量660.8,植酸为淡黄色或淡褐色的黏稠液体,易溶于水,95％的乙醇和丙酮,几乎不溶于苯、氯仿及乙烷,比重1.58 g/cm³,植酸本身对动物的毒性较低,如小鼠口服LD_{50}为4 200～4 942 mg/kg。

植酸在植物体中一般不以游离形式存在,几乎都是以复盐(与若干金属离子)或单盐(与一个金属离子)的形式存在,称为植酸盐,或称肌醇六磷酸盐。其中较为常见的以钙、镁的复盐形式,即植酸钙镁盐或称菲丁的形式存在。有时也以钾盐或钠盐的形式存在。

在含有植酸盐的植物组织中,共存有分解植酸的植酸酶或称肌醇六磷酸酶,它是一种非特异性的酸性磷酸酶,催化植酸盐的分解。

(1)饲料植酸及其盐的分布　植酸广泛存在于植物体内,在禾谷籽实的外层(如麦麸、米糠)中含量尤高;高豆类、棉籽、油菜籽及其饼粕中也含有植酸。青嫩牧草里的草酸、麸皮里的植酸不仅使其本身的营养物质不能很好地消化吸收,而且还影响到日粮中钙、锌、铜、铁等元素的吸收。植酸广泛存在于植物中,其中以禾谷类籽实和油料种子中含量较为丰富。植株中除种子外,根和块茎中也有,但花和基叶中含量很少。在谷物籽粒中,植酸主要集中于谷粒外层,小麦中的大多数植酸是以单铁植酸盐的形式存在的。

在常用的饲料中,以带皮壳的小麦麸米糠饼(粉)中植酸含量最高,达 3.5%～5.2%,饼粕类饲料中,以菜籽饼最高,达 3.0%,棉籽饼、豆饼、亚麻饼中也有一定的含量,玉米、小麦等原料中植酸含量相对很低。

(2)植酸对动物的危害　植酸又叫肌醇六磷酸,是一种很强的螯合剂。植物中磷主要存在于植酸之中,动物尤其是单胃动物不能很好地利用植酸中的磷,植酸磷必须在消化道内水解成无机磷酸盐的形式才能被动物利用。植物性饲料中植酸磷的利用率因动物种类而不同。反刍动物的瘤胃微生物可以分解植酸盐,因此,反刍动物能够利用植酸形式的磷。非反刍动物如猪及家禽对植酸磷利用能力的大小尚无定论。一般认为,动物小肠黏膜分泌的植酸酶的活性很小,但肠道微生物能分解植酸盐,因此可使植酸磷得到部分利用。猪对植酸磷的利用能力略高于家禽,但亦很有限。特别是幼龄畜禽,由于消化道中分解植酸盐的能力弱,植酸磷的利用率低。因此,为了满足猪及家禽(特别是幼猪及雏鸡)对磷的需要,在其饲粮中必须添加足够的无机磷酸盐,即供给足够的有效磷。

据报道,钙对植酸酶活性有抑制作用。Nelson(1967)的研究指出,饲粮内钙水平与植酸磷利用率呈明显负相关。一般认为,猪及家禽饲粮中高钙可降低植酸磷的利用率,而低钙则起促进作用。关于钙影响植酸磷利用的机制,尚不十分清楚。

植酸的主要抗营养作用还表现在其强烈的螯合性上。二价三价的游离金属离子与植酸络合成结合物后,在肠道中溶解度很低,从而使一些必需矿物质不溶解,也就不能被动物吸收,元素的生物效价明显降低。植酸盐不仅本身所含的植酸磷的可利用性低,而且特别值得注意的是植酸具有很大的螯合能力,其螯合能力与螯合剂乙二胺四乙酸(EDTA)近似。植酸在消化道中能结合二价和三价金属离子如钙、锌、镁、铜、锰、钴和铁等,形成不溶性螯合物。在 pH 7.4 的条件下,植酸和金属离子结合的能力为 $Cu^{2+}>Zn^{2+}>Co^{2+}>Mn^{2+}>Fe^{3+}>Ca^{2+}$。这些螯合物即使在弱酸(pH 3～4)条件下,也极难溶解,不易被消化道吸收。因此,饲粮中植酸盐的含量过高时,可使钙、锌等元素的利用率大为降低。特别是锌,在小肠上端 pH 3～4 条件下,锌形成极难溶解的植酸盐。据报道,高含量的植酸可使单胃动物对钙的吸收降低达 35%。尤其是幼畜,植酸过多对钙的吸收的抑制作用表现得更为明显,并可导致佝偻病。有人试验,在幼小的大鼠、猪和鸡的饲粮中加入 1% 的植酸,可使生长率下降。O. Dell 等(1960)用酪蛋白作为基础饲料,观察加入的植酸钠对小鸡生长发育的影响,结果发现加植酸钠组的小鸡的体重明显低于对照组。

为了提高植物性饲料中植酸磷的可利用性,并降低或消除植酸对钙、锌等元素利用的不良影响,在饲粮中应供给高水平的维生素 D_3。有人还提出猪、禽饲粮中的钙应保持临界低水平(Taylor,1980)。谷粒籽实及糠麸类饲料在饲喂前先在热水中浸泡,通过饲料中植酸酶的水解作用,可使一部分植酸磷分解形成无机磷酸盐,从而易于被动物吸收。将含植酸盐的饲料进行热压处理,也可使植酸磷部分地发生水解(Kratzer 等,1959)。植酸可受微生物的活动而分解,因此也可用发酵的方法来降低植酸磷的含量,提高磷的利用率。

动物若长期采食谷粒籽实及糠麸类等含植酸盐量高的饲料,可逐渐形成对植酸的适应力,因而也可不同程度地提高对植酸磷的利用率。动物随着年龄的增长,对植酸磷的利用率亦随之提高。

此外,由于植酸盐与金属离子具有螯合作用,因而在防止人和动物严重铅中毒时可以发挥保护剂作用。另据报道,植酸在食品工业、医药工业和日用化学工业等方面用途十分广泛。因此,国内外目前很重视植酸的制取与利用。其常用的制取植酸的方法之一是将米糠用稀酸抽提制取。提取植酸后的米糠仍可用作饲料。

植酸还可与淀粉酶、胰酶和胃蛋白酶结合,抑制其活性,植酸的螯合作用还表现在与蛋白质作用,产生植酸蛋白质二元复合物或植酸金属离子蛋白质三元复合物,形成不溶性的蛋白质络合物,阻止了蛋白质的酶解,降低饲料中蛋白质的消化利用率。

3. 草酸

草酸,又名乙二酸,以游离态或盐类形式广泛存在于植物中。很多饲用植物,如甜菜的茎叶、苋菜、菠菜、羊蹄酸模、酢浆草等含有多量草酸,特别是在其绿叶生长阶段,含量特别高。在这些植物中草酸含量可达 $0.5\%\sim1.5\%$ 在植物组织中,草酸大部分以酸性钾盐、少部分以钙盐的形式存在,前者是水溶性的,后者是不溶性的。

一些鲜牧草和饲料的新鲜茎叶中含有较多的草酸盐,如盐生草、马齿苋、狗尾草及饲用甜菜及甜菜叶、苋菜、菠菜,特别是在绿叶生长阶段都含有高浓度的草酸盐。极端的情况下某些幼嫩新鲜的植物可含高达 17% 的草酸盐,而枯老干燥时草酸盐含量很少超过 1%。盐生草可能是上述植物中最重要的一种,不仅在其生长阶段毒性较大,而且在霜枯时也很危险。此时,盐生草含可溶性草酸盐可高达 16.6%。禾本科草极少含大量的草酸盐,但已证实枯萎狗尾草草酸盐可达 7%,可使牛和马中毒。目前,狗尾草是大部分草地的主要植物,其草酸盐以不常见的草酸铵形式存在。具有中等水平的毒性。

由于牧草、饲用甜菜叶等在收割时,草酸盐的含量已下降,而且,在晒干调制过程中,又进一步下降,对于牧草及饲用甜菜叶等添加量很少的猪、鸡配合料来说,草酸盐含量更少,常表现不出草酸盐的危害。

(1)饲料中草酸盐中毒机理

①草酸盐和植酸盐一样,在消化道中能和二价,三价金属离子如钙,锌,镁,铜和铁等形成不溶性化合物,不易被消化道吸收,因而降低这些矿物质元素的利用率。

②大量草酸盐对神经肌肉有一定的刺激作用,可溶性的草酸盐被大量吸收入血后,能夺取体液和组织内的钙,以草酸钙的形式沉淀,导致低钙血症,从而严重扰乱体内钙的代谢,使神经肌肉的兴奋性增高(表现为肌肉震颤、痉挛等)和心脏机能减退,血液的碱性和凝固性降低(凝血时延长)。此外。草酸盐可在血管中结晶,并渗入血管壁,引起血管坏死、导致出血。草酸盐有时也能在脑组织内形成结晶,从而出现麻痹症状和中枢神经系统机能紊乱的症状。

③大量草酸盐对胃肠黏膜有一定的刺激作用,可引起腹泻,甚至引起胃肠炎。

④血液中过多的草酸盐还会危害动物肾脏。当长期摄食可溶性的草酸盐,草酸盐从肾脏排出时,由于形成的草酸钙结晶在肾小管腔内沉淀,可导致肾小管阻塞变性和坏死。长期摄食含钙量低,含草酸盐多的饲料时,尿中草酸盐排出量增多,从而使尿道结石的发病率增高。

草酸盐被动物摄入后,并非全部被吸收,其中大部分在消化道被分解。反刍动物瘤胃中的微生物能使绝大部分的草酸盐发生代谢变化,转化为碳酸盐和重碳酸盐。只有当摄入大量的草酸盐时,有一部分草酸盐来不及转化,以其原形被动物吸收,才能引起草酸盐中毒。反刍动物长期摄食少量草酸盐时,瘤胃微生物可逐渐适应,使瘤胃分解草酸盐的能力不断提高,直至可食入相当量的草酸盐(每日达78 g)也不发生中毒(Charles 等,1978;Bood 等,1979)。绵羊和牛初次到含草酸盐植物的草地放牧时,对草酸盐的敏感性相对较大,以后可逐步提高其耐受力。新引进的动物比当地动物对草酸盐的敏感性大,其原因也在于此。

(2)危害 各种动物对饲料中草酸盐的敏感性是不同的,马属动物对饲料中草酸盐含量敏感性高于反刍动物。反过来说,在马属动物中草酸盐影响饲料中微量元素的吸收作用较大。单胃动物中,对于钙的代谢旺盛的蛋鸡来说,草酸盐的影响程度也大。

①马属动物 对草酸盐较为敏感,相当小的剂量即可引起中毒,甚至死亡。但是也有人指出,在矿物质的利用方面,草酸盐对反刍动物比对马属动物的影响更大,因为草酸盐可以使瘤胃内微生物减少,并且在瘤胃中使饲料中的钙与草酸结合变成不溶性的草酸钙,致使反刍动物粪中钙的损失也高于马属动物(Hintz 等,1984)。马的草酸盐慢性中毒常表现为纤维性骨营养不良。通常认为这是由于饲料中的钙在肠内沉淀和钙的吸收不足所产生的结果。有试验指出,苜蓿干草中草酸盐含量较高,因而降低了钙的利用率,使血钙下降,导致甲状腺机能亢进,引起骨质脱钙增多。

②家禽 有人报道,用生菠菜饲喂来航种鸡,曾引起鸡呈缺钙现象(蛋壳变薄,破损率增加,部分鸡产软壳蛋),并引起孵化率下降。用于菠菜饲喂猪和家禽也可引起生长减慢和钙的贮备减少。

③反刍动物 草酸盐可被反刍动物瘤胃微生物降解,经代谢转化为碳酸盐和重碳酸盐。因此反刍动物对草酸盐的耐受力较非反刍动物大。但如果干草中草酸含量达10%以上时,反刍家畜采食后也会中毒。因为在短期内摄取大量草酸盐时,由于一部分草酸盐来不及转化而进入皱胃,与体内的钙、镁结合,形成不溶性草酸盐晶体,沉积于肾脏、肝脏、心脏,甚至脑组织内。草酸盐结晶通过肾脏排除时,可引起肾小管阻塞、变性和坏死。

常见的富含草酸盐的饲用植物和牧草有饲用甜菜、菠菜、苋菜、牛皮菜、马齿苋、蓝稷、羊蹄酸模(如鲁梅克斯)、酢浆草、紫花苜蓿、非洲狗尾草、干稻草、水浮莲等。

(七)非淀粉多糖

可溶性非淀粉多糖(NSP)是除淀粉以外的多糖类物质,目前可溶性 NSP 的抗营养作用日益受到关注。主要包括存在于大麦中的 β-葡聚糖和主要存在于小麦中的阿拉伯木聚糖。其抗营养机理是:猪、鸡消化道缺乏相应的内源酶而难以将其降解,它们与水分子直接作用增加溶液的黏度,且随多糖浓度的增加而增加;多糖分子本身互相作用,引起溶液黏度大大增加,甚至形成凝胶。因此,可溶性 NSP 在动物消化道内能使食糜变黏,进而阻止养分接近肠黏膜表面,最终降低养分消化率。

(八)硝酸盐及亚硝酸盐

1.饲料中硝酸盐与亚硝酸盐的含量及其影响因素

青绿饲料(包括叶菜类、牧草、野菜)及树叶类饲料等,都程度不同地含有硝酸盐。其中尤以叶菜类饲料,如小白菜、白菜、萝卜叶、牛皮菜、苋菜、甘蓝、菠菜、芹菜、蕹菜、莴苣叶、甜菜茎叶、南瓜叶等,含有较多的硝酸盐。在每千克新鲜的叶菜类饲料中 NO_2^- 的含量可高达数千毫克。青刈燕麦和青刈玉米中 NO_2^- 的含量也很高。

植物体内的硝酸盐含量幅度变化很大,它不仅与植物的种类、品种、植株部位及生育阶段有关,而且还与外界环境条件如土壤肥料、水分、温度、光照等密切相关。

植物吸收的氮素基本上是铵态氮和硝态氮两种形式。土壤中的含氮有机化合物在微生物作用下,可以产生铵盐和硝酸盐。产生铵盐的作用,称为氨化作用。进一步使氨转变成为硝酸盐的作用,称为硝化作用。硝化作用在硝化细菌的参与下进行,是需氧的,只有在通气良好的条件下才能顺利进行。

硝酸盐还原为氨,一般分两步,先将硝酸盐还原为亚硝酸盐,再由亚硝酸盐还原成氨。硝酸盐还原成亚硝酸盐的过程是由细胞质中的硝酸还原酶催化的。此酶是一种钼黄素蛋白,大概有两个组分,一个是黄素蛋白(此部分中大概还含有 Fe),另一个是钼(Mo)的部分。所以,当植物缺钼时,硝酸还原酶的活性降低,硝酸还原受阻,这时植物体内会积累大量硝酸盐。

光也是影响硝酸盐还原与利用的因素。光照强度能调节硝酸还原酶的活性。当光照强度高时,有较多的光合作用产物运至细胞质中,这些化合物在细胞质中参与糖酵解反应,形成更多的 NADH(还原型辅酶Ⅰ,它是硝酸盐还原所需的供氢体),于是硝酸盐的还原加速。而当光照强度低时,则 NADH 形成少,故硝酸还原酶的活性低,叶子里就会积累硝酸盐。

综上所述,造成植物体内硝酸盐积累的条件有两个方面:

(1)促进植物对硝酸盐吸收的条件 如土壤肥沃或施用氮肥过多,为植物提供的硝态氮也相应增多;干旱后降雨,干旱时土壤中的硝化作用进行旺盛,这时土壤中的氮多以硝态氮的形式存在,一遇降雨,植物吸收的硝态氮也就多。

(2)阻碍植物体内硝酸盐代谢的条件 如日照不足以及植物缺乏钼、铁等元素时,植物中硝酸盐经过代谢还原而合成蛋白质的过程受阻;天气急变、干旱、施用某些除草剂、病虫害等,能抑制植物中同化作用的进行,使硝酸还原酶的活性下降,均可导致硝酸盐的积累。

2. 硝酸盐转化为亚硝酸盐的条件

自然界很多细菌和真菌都含有硝酸还原酶,能引起硝酸盐还原作用。这类细菌、真菌的种类很多,广泛存在于土壤、水等外界环境中。一般将它们称为硝酸盐还原菌。硝酸盐还原菌还存在于动物的胃肠道和口腔等器官中。体内外的硝酸盐还原菌如果遇到有利于其繁殖的条件,它就可将硝酸盐大量地还原为亚硝酸盐。

青绿饲料在采摘收获后,由于植物组织受损伤后可释放出硝酸还原酶,更重要的是外界环境中的硝酸盐还原菌容易侵入而迅速繁殖,从而可使大量硝酸盐还原为亚硝酸盐。

饲料中的硝酸盐转化为亚硝酸盐,可发生在动物摄食硝酸盐以前(称之为体外转化),也可发生在摄入体内之后(称之为体内转化),下面就讨论这两种转化方式。

(1)体外转化 饲料中的硝酸盐在家畜摄入之前,就由于自然界微生物的作用还原为亚硝酸盐。这在生产实践中常见于如下两种场合:

①青绿饲料长时间高温堆放 在青绿饲料的收获与运输过程中,常使植物的组织受到不同程度的损伤,细胞膜碎裂,微生物易于侵入。如果长时间堆放,尤其是在温暖季节,这时可使混杂于饲料中的某些硝酸盐还原菌得到适宜的温度、水分等条件而大量繁殖,于是迅速将硝酸盐还原为亚硝酸盐。

②青绿饲料用小火焖煮或煮后久置　青绿饲料用小火焖煮时,煮成半生半熟,混在饲料中的细菌不但大多未被杀死,反而得到适宜的温度与水分条件。这时与高温堆放发热时一样,细菌大量繁殖,迅速形成亚硝酸盐。此外,煮熟的青绿饲料放在不清洁的容器中,如果温度较高,存放过久,亚硝酸盐的含量也可增加。

(2)体内转化　饲料中的硝酸盐被家畜采食后,经胃肠道中微生物的作用而转化为亚硝酸盐。反刍动物及一些单胃动物在采食新鲜的青绿饲料时,有时也可发生亚硝酸盐中毒,其原因就在于此。

在正常情况下,反刍动物摄入的硝酸盐在瘤胃微生物的作用下还原成亚硝酸盐,并进一步还原为氨而被利用。但是当反刍动物瘤胃的 pH 和微生物群发生变化,使亚硝酸盐还原为氨的速度受限制时,若开始摄入过多的硝酸盐,就极易引起亚硝酸盐积累而导致中毒。据报道(官崎等,1974),当饲粮中糖类含量减少时,瘤胃内 pH 为 7 左右,可促进硝酸盐还原为亚硝酸盐,同时抑制亚硝酸盐还原为氨,从而导致亚硝酸盐蓄积,反之,当碳水化合物供给充足时,由于瘤胃 pH 降低,可抑制硝酸盐转化为亚硝酸盐的过程,并促进亚硝酸盐转化为氨,因而不易引起亚硝酸盐的积累。所以,瘤胃中必须有一定量的碳水化合物,供作瘤胃微生物繁殖所需要的营养源和作为还原过程所需要的氢的来源。因此,在日粮中补加一定量的易消化的糖类,有预防亚硝酸盐中毒的效果。

在正常情况下,单胃动物摄入的硝酸盐通常在胃和肠被吸收,很少形成亚硝酸盐。但是,当胃酸不足或患肠疾病时,结肠、盲肠细菌可行至小肠大量繁殖。这时如果摄入大量硝酸盐,则在小肠被还原为亚硝酸盐,并被大量吸收而引起亚硝酸盐中毒。这种情况可见于猪和马。

3.硝酸盐、亚硝酸盐的毒性与危害

(1)引起急性中毒——亚硝酸盐中毒　亚硝酸盐吸收入血液后,亚硝酸离子可与血红蛋白相互作用,通常是 1 分子亚硝酸与 2 分子血红蛋白作用,使正常的血红蛋白中的二价铁氧化为三价铁而形成高铁血红蛋白(简称 MHb)。

$$Hb \cdot Fe^{2+} \xrightarrow{NO_2^-} Hb \cdot Fe^{3+}$$

在正常机体内,由于各种氧化作用,能使红细胞内经常有少量 MHb 产生。但红细胞内具有一系列酶促和非酶促的 MHb 还原系统,故正常红细胞内 MHb 只占 Hb 总量 1% 左右。当机体摄入大量的亚硝酸盐时,使红细胞形成 MHb 的速度超过还原的速度,MHb 大量增加,出现高铁血红蛋白血症,从而使血红蛋白失去携氧能力,引起机体组织缺氧。当体内 MHb 达到 Hb 总量的 20%～40% 时,临床上出现缺氧症状。形成的 MHb 愈多,症状愈严重。当达到 80%～90% 时,引起动物死亡。猪的敏感性较强,Hb 总量的 20% 转变为 MHb 即表现中毒症状,而当增加到 76%～82% 时(给毒后 90～150 min)即发生死亡。当动物的活动增强时,MHb 占 50%～60% 便可致死。

亚硝酸离子在血流中与血管壁接触,可直接作用于血管平滑肌,有松弛平滑肌的作用,特别是小血管的平滑肌易受其影响,从而导致血管舒张,血压下降。但这一作用与 MHb 形成的危害相比似无多大意义。

亚硝酸离子还可通过胎盘屏障进入胎儿红细胞。胎儿血红蛋白对亚硝酸盐特别敏感。亚硝酸盐对动物毒害的程度,主要取决于被吸收的亚硝酸盐的数量。食欲越好,采食越多的动物,越易中毒。此外,还与动物本身的 MHb 还原酶系统的活性有关。这种酶系统的活性因动物的种类,年龄、个体而不同。家畜中,羊能迅速有效地将 MHb 还原为 Hb,牛较慢,而猪和马更慢。因此,动物对亚硝酸盐危害的敏感性有很大的种间差异,猪最敏感,其他依次为马、牛和羊。在同一种家畜中,成年动物的还原酶活性较老龄动物大,而幼龄动物 MHb 还原酶发育尚不全。此外,反刍动物中,牛与羊对亚硝酸盐的敏感性不同,还与瘤胃内还原能力的差异有关。据报道,羊与牛相比,羊将亚硝酸盐转化成氨的能力较强。至于摄入多少量才能引起中毒的问题,较难确定。这不仅因为动物的敏感性存在差异,也由于从硝酸盐转变为亚硝酸盐的条件是很复杂的。

中毒时的临床症状:猪中毒多是由于采食大量已形成亚硝酸盐的饲料而引起,故在采食后半小时即可出现中毒症状。牛、羊采食含硝酸盐的饲料在瘤胃中经转化为亚硝酸盐而中毒者,其症状出现稍迟。中毒的主要症状为呼吸加快,心率加速,肌肉震颤,衰弱无力,行步摇摆,皮肤及可视黏膜出现紫绀,血压正常或下降。严重者可发生昏迷和阵发性惊厥,常死于呼吸衰竭。重度中毒者可于发病后 0.5～2 h 内死亡。中毒较轻而耐过者,症状可于数小时后逐渐缓解。

亚硝酸盐是对动物和人体危害性很大的有毒、有害物质。亚硝酸盐可使动物的血红蛋白转化为高铁血红蛋白,可使血红蛋白失去携氧能力,引起机体组织缺氧,严重者常迅速导致死亡。亚硝酸盐也可通过胎盘屏障,引起胎儿高铁血红蛋白血症,导致流产和死胎。亚硝酸根离子能与碘竞争,从而影响动物的甲状腺素的合成;亚硝酸盐具有氧化性,可使饲料中易被氧化的营养成分发生氧化而失去营养价值。亚硝酸盐又是强致癌物 N-亚硝基化合物的前体物,动物体内和饲料中的亚硝酸盐只要和胺类或酰胺类同时存在,就有可能合成致癌性的 N-亚硝胺和 N-亚硝酰胺,对动物乃至人体(通过畜产品摄入)产生潜在危害。

(2)参与合成致癌物(N-亚硝基化合物)　近年,硝酸盐、亚硝酸盐与癌的关系问题引起了人们的重视。这是因为硝酸盐还原为亚硝酸盐后,在一定条件下可与仲胺或酰胺形成 N-亚硝基化合物。这类化合物对动物是强致癌物。

(3)其他危害　母畜长期采食硝酸盐和亚硝酸盐含量较高的饲料时,虽在临床上无明显中毒表现,但引起受胎率降低,并可因胎儿高铁血红蛋白血症发生死胎而引起流产和胎儿吸收。硝酸盐和亚硝酸盐可在体内争夺合成甲状腺素的碘,从而刺激甲状腺的代谢机能,有致甲状腺肿的作用。饲料中硝酸盐或亚硝酸盐含量高时,可使胡萝卜素氧化,妨碍维生素 A 的形成,从而使肝脏中维生素 A 的贮量减少,引起维生素 A 缺乏症。

上述危害,有人称之为硝酸盐、亚硝酸盐所致的慢性中毒。但也有人认为,上述危害的造成似乎还有其他原因。对此,尚有待进一步研究。

4.硝酸盐及亚硝酸盐在饲料中分布

硝酸盐及亚硝酸盐的含量比较高的饲料是青绿饲料和鱼粉。硝酸盐富含于各种鲜嫩青草、作物秧苗以及叶菜类等饲料中,特别是大量使用硝酸铵、硝酸钠等硝酸盐类的化肥,或使用除莠剂、植物生长刺激剂 2,4-D 以后,所生产的饲料中硝酸盐含量更高。据萧学成(1980)测定,芹菜、白菜、包菜、青菜(大叶芥菜)、大蒜等 15 种蔬菜中硝酸盐含量平均为 1 979.43 mg/kg,其中以白菜、包菜、芽白中的含量为高,15 种蔬菜中亚硝酸盐含量极微,平均为 3.33 mg/kg。

燕麦干草可含 3%～7% 硝酸盐。未成熟的绿燕麦、大麦、小麦和黑麦干草、苏丹草、玉米或高粱秸秆中硝酸盐含量也很高。在新西兰常把亚硝酸盐中毒归咎于草地上大量生长的黑麦草。新拔出的饲用甜菜硝酸盐的含量也高。芜菁嫩叶可含 8％硝酸盐,甜菜茎叶、蔬菜类、牧草类、树叶类、水生饲料类等,都含有不同程度的硝酸盐,尤其是白菜叶、萝卜叶、甜菜叶、牛皮菜等蔬菜类饲料中含的硝酸盐较多。这些饲料中的硝酸盐,在长时间堆放时,可以被还原成为具有较强毒性的亚硝酸盐,动物采食后会导致亚硝酸盐中毒。若饲料中同时含有硝酸盐、亚硝酸盐和胺类物质时,可形成具有较强致癌作用的亚硝胺类化合物。青绿饲料在青贮时方法不当,也会产生一些有毒物质。蔬菜既含有维生素、矿物质等营养成分也含有硝酸盐。当蔬菜受虫害、踩踏、霜冻、堆放、腐烂后,尤其在潮湿闷热环境或小火在锅内焖煮,极易使其含的硝酸盐变为毒性极大的亚硝酸盐。

依据亚硝酸盐对动物的毒理学试验资料和我国饲料中亚硝酸盐的实际含量,并参考国外的有关标准,研究和提出了饲料中亚硝酸盐的允许量标准(以 $NaNO_2$ 计)为:鸡、鸭、猪配合饲料 15 mg/kg;鸡、鸭、猪浓缩饲料 20 mg/kg;牛精料补充料 20 mg/kg;玉米 10 mg/kg;饼粕类、麦麸、次粉、米糠 20 mg/kg;草粉 25 mg/kg;鱼粉、肉粉、肉骨粉 30 mg/kg。

(九)胃肠胀气因子

人和动物大量摄食各种豆类籽实后,可引起胃肠胀气,其原因还未完全弄清。一般认为,这与豆类籽实中含有的某些低聚糖-水苏糖和棉籽糖等有关。豆类籽实中均含有不同数量的水苏糖和棉籽糖。其含量随品种、栽培条件等的不同而有差异。在人和动物小肠内没有 α-半乳糖苷酶,因而不能分解水苏糖和棉籽糖,故这两种糖在营养上没有什么价值,不能被动物和人体消化利用。但它们进入大肠后,能被肠道微生物发酵,产生大量的二氧化碳和氢,也可产生少量甲烷,从而引起肠道胀气,并导致腹痛、腹泻,肠鸣等。

不同种类与品种的豆类籽实,引起胃肠胀气的能力是不同的。总的来说,菜豆类籽实引起胃肠胀气的能力最强,大豆、豌豆和绿豆属于中等水平。胃肠胀气因子是在种子成熟阶段产生的。据观察,未成熟的青绿色种子不会引起胃肠胀气,而成熟的干种子常可引起胃肠胀气。胃肠胀气因子在通常的蒸煮条件下不会被破坏。发芽可使大豆的低聚糖减少,但对有些豆类如绿豆,菜豆,鹰嘴豆等,则不起作用或作用很小。

(十)光敏物质

有些饲料和野生植物含有特殊的光敏物质,当被家畜采食并经阳光照射后,可在皮肤的无色素部位发生以红斑和皮炎为主要特征的中毒症状,并可能出现某些全身症状,称为中毒性感光过敏或光敏物质中毒。

1.感光过敏的分类

由饲料中光敏物质所引起的感光过敏通常可分为两类:

(1)原发性感光过敏 这是由于动物采食外源性光敏物质而直接引起的一类感光过敏。这类光敏物质一般存在于青绿多汁及生长盛期的一些植物中。例如,在荞麦种子和茎叶中已分离出一种光敏物质,名为荞麦素。金丝桃属植物中含有双蒽酮化合物金丝桃素和春欧芹中的呋喃香豆素,也是一种光敏物质。此外,在野生胡萝卜和寄生在饲料中的蚜虫体内也含有光敏物质。例如,国内某草场 1973 年因久旱逢雨,草场蚜虫特多,致使两万多只羊因食入蚜虫而发生感光过敏。

(2)肝源性(继发性)感光过敏 这种感光过敏作用是由叶绿胆紫质(或称叶红素)所引起。叶绿胆紫质是植物中叶绿素进入动物体后的一种正常代谢产物,通常由胆汁排出。但当肝炎或胆管阻塞时,由于胆汁分泌及排泄发生障碍,致使叶绿胆紫质蓄积于体内,形成叶绿胆紫素血,从而引起感光过敏,可见,这类植物所引起的感光过敏除了叶绿胆紫质这一因素外,更主要的因素是其含有肝毒物质。当肝毒物质损害肝脏后,使正常由胆汁排出的叶绿胆紫质进入外周循环,从而产生感光过敏。可引起这类感光过敏的植物有:马缨丹中含有的马缨丹烯 A、B,可引起牛、羊慢性肝中毒,并继发感光过敏;狭叶羽扇豆等也可以引起肝源性感光过敏。寄生在饲料饲草上的某些真菌也能产生肝毒物质和光敏物质。此外,据 Steyn (1943)报道,与某些藻类相伴生的一些细菌能产生一种细菌毒素,可引起肝损害,阻碍藻类所形成的光敏物质藻青蛋白的排泄,从而引起感光过敏。

此外,还有一些植物,如苜蓿、三叶草、芜菁、油菜、灰菜、车前草等,被家畜采食后也可发生感光过敏。但这些植物到底是引起原发性感光过敏,还是由于肝损害后而继发感光过敏,目前尚不清楚。

2.作用机制

动物发生感光过敏需具备两个因素:一是在无色或浅色皮肤层内存在有足量的光敏物质,二是这种皮肤要经阳光照射。关于光敏作用的机理,虽已经过大量研究,但目前仍然尚无定论。一般认为,光敏物质经血液循环到达皮肤,阳光照射时,紫外光或可见光的光子被光敏物质吸收,使光敏物质处于激发态,然后将此能量传递给另一作用物(机体组织中某种成分,有人认为是某种氨基酸),这种作用物便呈活化状态,当遇到分子氧时起氧化作用,从而损伤细胞结构,释放出游离组胺,使毛细血管扩张,通透性增加,形成红斑和引起组织局限性水肿。

3.对动物危害

动物的感光过敏在临床上主要表现为皮肤的无色素或无毛部位发生红斑、水肿,进而形成水疱,如伴有细菌感染则引起糜烂。与此同时,常伴有眼结膜;口腔黏膜、鼻黏膜、阴道黏膜等处发生炎症,有时可呈现神经症状,体温可升高。由于此种损害多在家畜采食植物性饲料并经日光照射之后发生,症状以皮炎为主要特征,故统称为植物-日光性皮炎或光敏感性皮炎。也有按引起中毒损害的饲料种类不同分别称之为"荨麻疹"、"苜蓿疹"及"三叶草疹"。此类中毒多见于绵羊和白色皮肤的猪。

(十一)过氧化物

饲料中的过氧化物容易使不饱和脂肪酸氧化酸败,通常脂肪含量高的饲料容易发生。

蚕蛹的脂肪含量高($20\%\sim30\%$),所以容易酸败变质,发出恶臭。这种不良气味可转移到鸡蛋和猪肉中。大量用变质的蚕蛹喂猪,还可使体脂和肉带黄色,产生"黄猪肉"。因此,做饲料用的蚕蛹最好脱脂,并注意贮存。如果在屠宰前 1 个月停喂蚕蛹,则无蚕蛹气味,肉质正常。

蚕蛹是鳟鱼和鲤鱼的重要饲料,但如果大量喂给变质的蚕蛹,可使鳟鱼发生贫血,使鲤鱼发生背苔病。背苔病是由变质的脂肪所引起的,添加维生素 E 可预防其发生。

鱼类,特别是海水鱼的脂肪,因含有大量高度不饱和脂肪酸,很容易受到氧化而发生酸败。因此,脂肪含量多的鱼粉以及鱼粉贮存不当时,不饱和脂肪酸受空气中氧的作用而氧化生成过氧化物。这些过氧化物可进一步形成黏稠物质,同时分解形成醛类。醛类与鱼粉中的氨(因变质而生成)等物质作用而形成有色物质。这样,使鱼粉表面呈现红黄色或红褐色的油污状,具恶臭,从而使鱼粉的适口性和品质显著降低。同时,上述产物还可促使饲料中的脂溶性维生素 A、维生素 D、维生素 E 等被氧化破坏。因此,鱼粉中的脂肪含量不可过多。据国外报道,鱼粉含脂量超过 9% 就可认为鱼粉品质不良。

上述鱼粉中脂肪的自动氧化过程受多种因素的影响。例如,温度越高,氧化过程进行得越快。此外,由于存在微量水分、重金属及其盐类,以及太阳光线(特别是紫外线)的照射等,均可显著地促进这种过程。因此,为了防止鱼粉发生氧化而酸败,鱼粉产品应尽量隔绝空气,存放于冷暗处。如果在鱼粉中添加抗氧化剂,则效果更好。

(十二)组胺

组胺是动物体中的生物活性物质,也是中枢神经的传递介质。相对分子质量 111.15,分子式 $C_5H_9N_3$,组胺非常稳定,不易受到破坏。在利用某些鱼类、贝类与甲壳类动物作为动物性饲料来源时,要注意它们的组织中可能存在或转化形成一些有毒物质。

某些鱼体中的游离组氨酸在组氨酸脱羧酶的催化下,可发生脱羧反应而形成组胺。组氨酸脱羧酶需要维生素 B_6 作辅酶,最适 pH 6.0~6.2。除动物组织中含这种酶外,有很多微生物含有组氨酸脱羧酶。这类微生物主要有莫根氏变形杆菌、组胺无色杆菌、链球菌属沙门氏菌属、志贺氏菌属、大肠艾希氏杆菌、韦氏梭菌等。

在植物中组胺含量很少,因此植物性饲料原料基本不用考虑组胺的危害作用。组胺含量比较高的是动物性饲料。在活的动物体中组胺含量很少,相对来说肌肉中含量为多。以动物副产品制成的饲料如肉骨粉组胺含量很少,但是当这类饲料含水量升到微生物大量滋生时,由于微生物中组氨酸脱羧酶的作用,可产生较多的组胺。

鱼比哺乳动物的组胺含量高,其体内含较多的游离组氨酸,有些鱼含量可达 100 mg/kg。当鱼被含有较强的组氨酸脱羧酶活性的细菌污染后,鱼肉中的组氨酸可脱羧后形成大量组胺。新鲜鱼在 0℃ 贮藏 12 d 时,组胺只有 3~4 mg/g,但在室温条件下,则大量形成组胺,可迅速达到很高的浓度。因此鱼粉特别是由质量不好的鱼制成的鱼粉或鱼粉贮藏不好时,饲料中组胺的危害就严重起来。从鱼粉制作来源看,以沙丁鱼、青花鱼等生产的鱼粉中组胺含量较高,而鳕鱼及加工残屑生产的鱼粉中组胺含量很少。从颜色来看红鱼粉中组胺含量大于白鱼粉。因此,为防止组胺形成,鱼从捕获至供作饲用的整个过程应予冷藏。

容易形成组胺的鱼类有竹夹鱼、蓝圆鲹、鲐鱼、扁舵鲣、鲔鱼、金枪鱼以及沙丁鱼等。这些鱼类含有大量游离的组氨酸(可达 1 000 mg/100 g),当鱼类被含有较强的组氨酸脱羧酶活性的细菌污染后,鱼肉中的组氨酸经脱羧后形成大量组胺。一般情况下,温度 15~37℃、有氧、弱酸性(pH 6.0~6.2)和渗透压不高(盐分,含量 3%~5%)的条件下,较易由组氨酸形成组胺。例如,上述鱼肉经接种具有组氨酸脱羧酶活性很强的细菌在 37℃ 培养 96 h,每克鱼肉可产生组胺 1.6~3.2 mg。淡水鱼类除鲤鱼能产生 1.6 mg 外,一般很少或不产生组胺,如鲫鱼和鳝鱼只能产生 0.2 mg。

家畜大量采食上述易产生组胺的鱼类或其产品,尤其是采食不新鲜或腐败的鱼肉及其下脚料或病鱼尸体后,可引起组胺中毒;组胺中毒主要是由于组胺使毛细血管扩张及支气管收缩所致,还可对动物中枢神经的活动产生影响,临床表现的特点是发病快(10 min 至数小时),但症状较轻,恢复也较快。主要症状是皮肤潮红、眼结膜充血,有时出现荨麻疹,同时还发生呕吐、腹泻、心跳加快、呼吸迫促、精神委顿、四肢感觉迟钝等。多发生于猪,而牛、兔对组胺的耐受性相对较大。中毒的发生也与动物个体体质的过敏性有关,故鱼类组胺中毒是一种过敏性中毒。当机体摄入组胺超过 100 mg(或每千克体重 1.5 mg)时,即可引起过敏性食物中毒。对中毒的动物可给予抗组胺药物,如苯海拉明、异丙嗪、扑尔敏等。

饲料中组胺对家禽危害的特点是引起肌胃糜烂症又称黑吐病,其主要症状为嗉囊肿大,肌胃糜烂,溃疡及穿孔,腹膜光等,严重时吐血而死。

(十三)肌胃糜烂素

肌胃糜烂素不属于生物胺,它是组胺的衍生物,主要与鱼粉加工时的温度有关,如果鱼粉加工温度超过120℃时,高温下组氨酸或组胺与赖氨酸结合形成一种叫肌胃糜烂素的化合物,其刺激前胃产酸的能力是组胺的10倍,引发砂囊糜烂的能力将近组胺的300倍。有报道称饲粮中2.2 mg/kg的肌胃糜烂素就可刺激家禽的胃酸分泌,造成"黑色呕吐症"。

鱼粉一直具有引发砂囊糜烂的某种可能性,引起的病变程度从砂囊细小的裂痕到严重的溃疡、出血,随后砂囊遭到毁坏,即所谓的"黑色呕吐"。可利用高效液相色谱仪(HPLC)来检测鱼粉及饲料中肌胃糜烂素的含量,肉鸡能耐受的饲料中最大肌胃糜烂素浓度为0.4 mg/kg。在实际生产中,有人建议可疑鱼粉的添加量应控制在2%以下。各种文献资料已经证明了肌胃糜烂素与霉菌毒素之间的相互作用,包括饲料中高浓度的霉菌毒素会增强肌胃糜烂素的致死作用。

因出血性病变造成黑色呕吐的肌胃糜烂是世界大多数养禽地区的散发病。死亡率高达10%或更高。病鸡出现苍白、站立时颤抖;抓腿提起时,从饱食的嗉囊中排出黑色水样内容物。死后剖检在嗉囊、肌胃和腺胃中可见柏油状内容物,肌胃内膜有溃疡和坏死,病变延伸至肌肉层,严重时穿孔,引发腹膜炎。

(十四)抗维生素 B_1 因子

某些淡水鱼如鲤、鲋、泥鳅等,贝类如蛤、蛤仔等,以及甲壳类如虾、蟹等的组织中,特别是它们的内脏中,含有多量硫胺素酶,当利用它们作饲料时,如果以生的状态喂给或加热不充分,它们能破坏硫胺素,从而发生硫胺素缺乏症,表现为生长明显下降、多发性神经炎等。据称,在海水鱼中几乎不存在硫胺素酶。

据报道,在雏鸡饲粮中配合25%的生鲤鱼时,可发生典型的硫胺素缺乏症,而当鲤鱼煮熟给予时则不出现此种危害,在美国一养狐场,在狐的饲粮中添加10%的淡水鱼时,可引起衰弱、运动失调、痉挛性麻痹等多发性神经炎症状,给予硫胺素时可恢复健康。

(十五)抗生物素因子

在生鸡蛋清中,与类卵黏蛋白同时还存在有抗生物素。它是一种碱性蛋白质,实质上是一种糖蛋白,称为抗生物素蛋白。它能与生物素紧密结合成为不能被消化和吸收的复合物,因而造成生物素的缺乏。据报道,1 mol(摩尔)抗生物素蛋白可结合2 mol生物素。此种复合物的性质非常稳定,酸、碱、蛋白酶几乎均不能使其分解。抗生物素蛋白对热不稳定,鸡蛋清加热处理(如煮沸3~5 min),此种抗生物素蛋白即被破坏,便不能与生物素结合。曾有人用含有生鸡蛋白干粉20%的饲粮饲喂大鼠和猪,均可引起实验性的生物素缺乏症,其症状为皮炎、脱毛和蹄裂等。

(十六)蛋白酶抑制剂

在植物界特别是在豆科植物中,往往自然存在一些能抑制某些酶活性的物质,称为酶抑制剂或抗酶剂,如蛋白酶抑制剂、淀粉酶抑制剂、精氨酸酶抑制剂、胆碱酯酶抑制剂等。其中最为重要的是蛋白酶抑制剂。

1.蛋白酶抑制剂在作物中的存在情况

大豆、豌豆、蚕豆、菜豆、山黧豆、油菜籽等92种植物,特别是豆科植物,含有能抑制某些蛋白水解酶如胰蛋白酶、胃蛋白酶、糜蛋白酶等13种蛋白酶的活性的物质,称为蛋白酶抑制剂(缩写PI)。普遍存在且具有代表性的是胰蛋白酶抑制剂(缩写 TI),上述92种植物中均存在TI。其次是糜蛋白酶抑制剂(缩写CI),在35种植物中含有CI,现将蛋白酶抑制剂在作物中的分布情况列举于表5-3。

表 5-3 作物中蛋白酶抑制剂的分布

(Liener 和 Kakade,1980;黄先纬,种子毒物,1986)

作物	受抑制的酶*	相对分子质量	作物	受抑制的酶	相对分子质量
大豆	T,C,Th,PI,E	6 000～25 000	花生	T,C,PI,K	17 000
豌豆	T	10 000～12 000	油菜	T	—
蚕豆	T,C,Th,Pr,Pa	—	甘蓝	T	—
菜豆	T,C,E,S	10 000～15 000	芜菁	T	—
绿豆	T,Ep	8 000～9 000	燕麦	T	—
赤豆	T,C	8 000	荞麦	T	—
四棱豆	T	—	大麦	T,S,Ep	18 500～25 000
矮刀豆	T,C,S	—	玉米	T	21 000
木豆	T	—	高粱	T	15 000
扁豆	T,C	24 000	向日葵	T	—
鹰嘴豆	T,C	10 000	甘薯	T	23 000～24 000
白羽扇豆	T	—	苜蓿	T	—
山黧豆	T,C	—	萝卜	T	8 000～12 000
香豌豆	T	—			

* 受抑制酶中字母表示:T. 胰蛋白酶,C. 糜蛋白酶,Th. 凝血酶,PI. 血纤维蛋白溶酶,E. 弹性蛋白酶,Pr. 链霉蛋白酶,Pa. 木瓜蛋白酶,S. 枯草菌蛋白酶,Ep. 肽链内切酶,K. 激肽释放酶。

蛋白酶抑制剂在植物中分布甚广,在许多农作物如小麦、大麦、玉米、豆类、番茄和马铃薯中均有存在,多见于种子和块茎内。在植物贮藏器官中,其含量通常高达总蛋白的10%。植物叶片受到机械损伤或经化学物质处理,也会积累大量蛋白酶抑制剂。目前,豆科、茄科、禾本科及十字花科等植物的多种蛋白酶抑制剂已被分离纯化。根据同源性,已测定了氨基酸序列或 DNA 结构的植物蛋白酶抑制剂可以分为10个族,它们在植物体内的生理功能主要是起防御作用,也可能尚有调节种子蛋白质水解的作用。

天然的蛋白酶抑制剂(PI)是对蛋白水解酶有抑制活性的一种小分子蛋白质,由于其相对分子质量较小,所以在生物中普遍存在。它能与蛋白酶的活性部位和变构部位结合,抑制酶的催化活性或阻止酶原转化为有活性的酶。昆虫消化道内存在着数种蛋白酶,在食物的消化过程中起重要作用。当昆虫摄食蛋白酶抑制剂后,导致昆虫消化功能失调,生长发育受阻,并且易受环境中其他不利因素的影响,最终导致昆虫发育不正常甚至死亡。因此,蛋白酶抑制剂在植物对害虫和病原体的侵染防御系统中具有十分重要的作用。

2. 蛋白酶抑制剂的化学性质

作物种子中蛋白酶抑制剂的化学性质，如相对分子质量、结构和特性等，依作物不同而有差别。

(1)大豆　大豆中含有的毒素为胰蛋白抑制因子。主要存在于大豆籽实的子叶当中，尤其以子叶的外侧部分含量丰富(Golins 等，1976)。由于理化等性质的差异从大豆籽实中提取分离的 TI 可分为主要的两类：一类的相对分子质量 20 000～25 000，含二硫键的数量很少，主要是对胰蛋白酶直接地、专一地起作用；另一类的相对分子质量为 6 000～10 000，含有大量的二硫键，能够在 2 个独立的结合部位抑制胰蛋白酶和糜蛋白酶的活性。在这两类抑制剂中，研究最多的是用研究者名字命名的两种抑制剂，即 Kunitz 抑制剂和 Bowman-Birk 抑制剂。

1945 年 Kunitz 首次分离和结晶出 Kunitz 胰蛋白酶抑制剂，其后科学家们展开了大量研究工作。Kunitz 型胰蛋白酶抑制剂属典型丝氨酸蛋白酶抑制剂，主要集中在大豆子叶中。相对分子质量 20 000～25 000，由 181 个氨基酸残基和两个二硫键组成，对胰蛋白酶有特异性抑制作用。这种抑制剂与胰蛋白酶的结合是定量地进行的。它可以和多种来源的胰蛋白酶反应，包括猪、牛、禽、鱼类等，对牛胰糜蛋白酶、人血纤维蛋白溶解酶、激肽释放酶等也有一定程度的抑制。但对硫解蛋白酶、胃蛋白酶、凝血蛋白酶、胶原蛋白酶和羧肽酶等没有反应。

Bowman-Birk 抑制剂在以下几方面和 Kunitz 抑制剂显示不同的性质：①相对分子质量仅 8 000，分子相对较小；②由于分子中含有 7 个二硫键，故含有特别丰富的半胱氨酸残基，但却不含甘氨酸和色氨酸；③具有两个单独的结合位点，分别与胰蛋白酶和胰糜蛋白酶结合，故呈现出"双头"状分子；④对热、酸和碱相当稳定。故 Bowman-Birk 抑制剂既可以和胰蛋白酶又可以和糜蛋白酶结合而发挥抑制作用(Liener，1980)。

(2)其他作物　苜蓿的蛋白酶抑制剂为皂苷-肽或皂苷-氨基酸的络合物，对热有高度稳定性。大麦中含有较多量的具有抑制剂活性的蛋白质，约为 0.45 g/kg，或占大麦水溶性蛋白质总量的 5%～10%，用水提取的抑制剂能抑制胰蛋白酶等多种蛋白酶。

马铃薯块茎中有 15%～25% 的可溶性蛋白质是蛋白酶抑制剂，已鉴定出 13 种不同的抑制剂，其中 10 种已经提纯和部分定性。提纯抑制剂的特异部分可分为三类，即抑制剂Ⅰ(相对分子质量 39 000，对糜蛋白酶的抑制作用特别强，对胰蛋白酶弱)，抑制剂Ⅱ(相对分子质量 21 000，对热稳定)和抑制剂Ⅲ(相对分子质量 41 000，为羧肽酶抑制剂)。

3. 对动物的危害

目前，胰蛋白酶抑制剂抗营养作用主要表现在抑制胰蛋白酶和胰凝乳蛋白酶活性、降低蛋白质消化吸收和造成胰腺肿大两个方面。主要是胰蛋白酶抑制因子与小肠液中胰蛋白酶、糜蛋白酶结合，生成无活性复合物，消耗和降解胰蛋白酶，导致肠道对蛋白质消化、吸收及利用能力下降。同时，胰蛋白酶抑制剂与肠内胰蛋白酶结合后随粪便排出体外，使肠内胰蛋白酶数量减少。因胰蛋白酶中含有丰富的含硫氨基酸，若出现这种内源补偿性分泌和排泄，必然会造成体内含硫氨基酸内源性散失，使原本缺乏含硫氨基酸大豆及豆制品在食用后，机体内含硫氨基酸不仅得不到有效补充，且因食用大豆或豆制品而大量消耗和散失，导致机体内含硫氨基酸耗散性缺乏，造成体内氨基酸代谢失调或不平衡。

①降低蛋白质利用率 蛋白酶抑制剂本身为蛋白质或蛋白质的结合体,故具有一般蛋白质的营养价值,但在其具有很高的活性时,却能抑制某些酶对蛋白质的分解作用,从而降低蛋白质的利用率。

②抑制动物的生长 蛋白酶抑制剂抑制动物生长的原因,一般认为是由于它能抑制肠道中蛋白水解酶对饲料蛋白质的分解作用,从而阻碍动物对饲料蛋白质的消化利用,导致生长减慢或停滞,蛋白质效率比减小。

但是,有实验证明,当在动物饲料中加入预先消化好的蛋白质或游离氨基酸以后,胰蛋白酶抑制剂仍能抑制动物的生长。由此看来,蛋白质水解作用的抑制并不是使动物生长停滞的唯一原因。Chernick 等(1948)首先报道雏鸡食用生大豆后引起胰腺肥大,并指出,生大豆和胰蛋白酶抑制剂本身都能引起胰腺分泌活动增加。因此,一些研究者认为,胰蛋白酶抑制剂之所以引起动物生长停滞,可能是由于胰腺机能亢进导致分泌太多,造成必需氨基酸的内源性损失所致。由于胰腺的酶类(例如胰蛋白酶和糜蛋白酶)含有特别丰富的含硫氨基酸,胰腺肥大后就需要合成更多的胰蛋白酶和糜蛋白酶,从而造成机体组织中缺少含硫氨基酸。大豆蛋白质本来就缺少含硫氨基酸(蛋氨酸),再加上胰腺肥大带来的含硫氨基酸的额外损失,使这种短缺情况就更加严重。

③引起胰腺肥大 胰蛋白酶抑制剂引起胰腺肥大的机制至今尚未完全弄清。一般认为,胰腺的分泌受肠道中胰蛋白酶和糜蛋白酶数量的负反馈性调节。胆囊收缩素-促胰酶素(CCK-PZ)调节胰酶的分泌,并能促进胰腺外分泌组织的生长。当肠道中胰蛋白酶与胰蛋白酶抑制剂发生复合作用而失去活性时,CCK-PZ 的分泌增加,因而促使胰腺的分泌增加,胰腺的外分泌组织增生。

4.大豆胰蛋白酶抑制剂的作用机制

对大豆胰蛋白酶抑制剂的作用机制的研究,一般是在体外进行的。至于在动物体内的情况是否都是如此,尚不甚清楚。例如,在体外试验中,大豆胰蛋白酶抑制剂对牛或猪的胰蛋白酶的抑制作用是肯定的。但在生产实践中,用生大豆饲喂牛、猪时均未见到胰腺肥大,对牛等反刍动物更未见其他不良影响。而用生大豆饲喂雏鸡时,则出现胰腺肥大,生长减慢及饲料转化效率显著下降。产蛋母鸡对酶抑制剂的耐受力比雏鸡高,当日粮中生大豆增加到 15％时,对产蛋率无明显影响,但蛋变小,胰腺逐渐肥大。至于大豆蛋白酶抑制剂究竟能否抑制人体的胰蛋白酶,实验报告尚少。一般认为人体胰蛋白酶活性只有一小部分能被大豆胰蛋白酶抑制剂所抑制,约有 65％不能被它所抑制。有人还指出,生大豆中对大鼠具有抑制生长作用的物质,除胰蛋白酶抑制剂外,可能还有其他物质。

人们对猪生产中大豆制品的有害成分的危害作用有深入的研究。Yen 等(1977)采用生大豆(RSB)和提取的大豆蛋白 Kunitz 抑制剂(SBTl)研究对 68 头生长仔猪胰腺及肠道中胰蛋白酶和糜蛋白酶活性的影响,以浸提加热大豆饼为对照。与大鼠或鸡不同,RSB 或 SBTI 并不导致胰腺肿大。RSB 导致增重降低,并且胰腺和小肠中的胰蛋白酶及糜蛋白酶活性均被抑制而降低,且这种抑制作用超过了提取的 SBTI,尤其对糜蛋白酶活性的抑制更为明显。生大豆中的 Bowman-Birk 抑制剂是导致肠道蛋白水解作用抑制,进而引起生产下降的主要因素。

Scorring 等(1986)认为生大豆引起胰液分泌素的浓度升高,胰液分泌受一种反馈机制的控制。但 Ozimek 等(1985)认为负反馈机制不能解释其试验结果。所以也许存在一种正反馈机制的作用。

①母猪　近年来人们对在妊娠期和哺乳期的母猪日粮中使用生大豆的兴趣很大,它可以既补充蛋白质又补充脂肪,尤其是后者。Pettigrew(1981)综述了繁殖母猪日粮中添加脂肪的效果,发现在母猪妊娠期和哺乳期添加脂肪可以改善哺乳仔猪的成活率和断奶重。在母猪妊娠期使用生大豆,与大豆饼相比,可提高产仔数和初生重。但在哺乳期使用生大豆为唯一蛋白来源,会引起断奶仔猪数和断奶体重的下降、仔猪成活率降低,而且母猪在哺乳期体重有较多的损失。

Yen等(1991)开展了一项在美国4个州及农业部的共6个农业试验站进行的合作研究,共有215头母猪,两胎次共349头仔猪。目的在于考察在妊娠期和哺乳期饲喂生大豆对母猪和仔猪性能的影响。结果表明在母猪妊娠期,每日一次每头母猪平均采食2 kg以生大豆为唯一蛋白质来源的饲粮,对母猪的繁殖性能无任何不良作用。但在需较多蛋白质和能量的哺乳期以生大豆为唯一蛋白来源,则会导致母猪体重损失过大和仔猪断奶体重降低,所以生大豆不能作为哺乳母猪的唯一蛋白质来源。

②断奶仔猪　仔猪、生长肥育猪对生大豆利用有局限性。但是经过加热处理的全脂大豆饲喂仔猪可取得和饲喂大豆饼或大豆饼加豆油相近似的增重和饲料转化率。加热处理可显著改善大豆的质量,但值得重视的是,与大豆饼或大豆饼加大豆油相比,加热大豆的效果不能完全达到后二者的效果。这种差异目前在理论上尚无法解释。

大豆蛋白制品加工过程中颗粒很微小,对其中胰蛋白酶抑制剂的破坏较为彻底;而生大豆加热过程往往是全粒制,因而加热不彻底,不能破坏某些耐热的抑制因子,尤其是Bowman-Birk因子,因而造成不同的生产效果。

至于加工大豆和大豆饼加豆油生产效果之间的差异,也许是由于加入的大豆油比全脂大豆中的油脂可以更好地被仔猪加以利用的原因。

③生长肥育猪　随生长发育的不断进行,猪对大豆中抑制因子的耐受性逐渐增强,即使有时加热不足,也能表现出较好的生产性能。据报道,生长肥育猪采食加工大豆比采食大豆饼具有更大的增重和更高的饲料转化率,说明加工大豆完全可以代替全部大豆饼用于生长肥育猪的饲养。但和大豆饼加大豆油相比,加工大豆在增重和饲料转化率方面均达不到后者的水平。其原因尚不清楚。

5.其他酶抑制剂

除蛋白酶抑制剂之外,在某些饲料中,如甜菜块根、芜菁、芹菜和胡萝卜等,还含有胆碱酯酶抑制剂。马铃薯变绿发紫的皮和芽所含的茄碱也是一种胆碱酯酶抑制剂。此外,在马铃薯块茎、胡萝卜、甜菜、甘薯和玉米中曾发现蔗糖酶抑制剂,在小麦、黑麦、大麦和高粱中含有淀粉酶抑制剂,向日葵种子中含有的绿原酸,也可看成是精氨酸酶的抑制剂。上述各种酶抑制剂的化学性质及对动物的作用尚待进一步研究。

蛋白酶抑制剂的确切作用机理,尤其如何引起生长降低的原因尚不清楚。可能是蛋白质水解受抑制,引起蛋白质供给不足,体内某些或所有氨基酸的缺乏;或是由于采食大豆胰液大量分泌造成胰(糜)蛋白酶中含量高的几种氨基酸,尤其是胱氨酸、蛋氨酸的不足,从而影响生产性能。这种影响在猪年幼时期表现很明显,随年龄增大则影响减弱或几乎没有影响。

二、饲料中的次生有毒有害物质

(一)害虫对饲料的污染

害虫和老鼠对储藏的饲料尤其是饲料原料具有很大的危害性,不仅是某些储藏饲料损耗加大的直接原因,而且它们在生长发育、繁殖和迁移过程中所遗弃的粪便、虫蜕和残体等,会严重污染饲料。更严重的是由于虫鼠的活动引起饲料发热,招致微生物的滋生与繁殖,导致或加速饲料霉变或腐败,使饲料丧失商品价值,造成巨大的经济损失。

1.仓库害虫的种类

仓库害虫大部分属于昆虫纲中的甲虫类、蛾类和蛛形纲中的螨类。《中国仓库害虫区系调查》(赵养昌,1982)中列出储藏物昆虫213种,其中甲虫类181种,占总数的85%。

(1)按仓库害虫的生物性分类

昆虫类:昆虫的种类不同,体型构造差别很大,但对环境的适应性比较相似。如玉米象、麦蛾、印度谷螟等。

螨类:体微小,体躯乳白或透明,喜欢潮湿温暖的环境,多发现于湿度大的库房和潮湿的饲料中。黄梅季节是发生的盛期,其耐寒耐饥能力很强,但不耐干燥。如粗足粉螨、腐食酪螨等。

(2)按仓库害虫的危害特性分类

食害完整粮粒的害虫:如玉米象、麦蛾、谷蠹、大谷盗及一些蛾类幼虫,这类害虫称为前期性(第一食性)害虫。

食害损伤粮粒、碎屑、粉末的害虫:如锯谷盗和扁谷盗等,这类害虫称为后期性(第二食性)害虫。

食害完整或损伤粮粒的害虫:兼食粮食中的腐败尘埃杂物和虫尸、虫粪等,如黑菌虫、黄粉虫、黑粉虫和皮蠹类等。

(3)按仓库害虫的食性分类

植物性害虫:如豆象、米象、锯谷盗及麦蛾等。

动物性害虫:如郭公虫、腐食酪螨等。

杂食性害虫:如花斑皮蠹、蟑螂等。

危害粮食及饲料的仓库害虫以植物性害虫和杂食性害虫为主。

(4)按仓库害虫取食的专一程度分类

单食性害虫:只取食一种饲料,如蚕豆象只取食蚕豆。

寡食性害虫:一般只取食一个科或相近几个科植物内的若干种,如绿豆象可食害绿豆、赤豆、豇豆、鹰嘴豆、扁豆等多种豆类。

多食性害虫:能取食多个科的植物,如玉米螟可取食40科181属200多种植物。

2.仓库害虫的传播途径

(1)植物带虫传播 植物在田间生长时,害虫将卵产在植物上,或将已孵化的幼虫隐藏在籽粒内,随着收获物带入仓库内,只要条件适宜便可继续生长繁殖。因此,饲料原料在入库时要进行认真检查,发现害虫要及时除治,处理之后才能入库。

(2)仓内潜伏害虫传播 一些老仓库的缝隙中往往隐藏着害虫,有时虽经清仓消毒或冬季冷冻,但害虫可能未能完全被杀死。当重新堆放粮食时,害虫又会重新传播开来。

(3)包装器材或运输工具带虫传播　常用的一些仓库器具、搬运及交通工具等会隐藏害虫。这些物品与饲料接触后便会将害虫传播给其他的饲料。

(4)从仓外直接迁入　仓外附近的垃圾堆和杂草丛中都有可能滋生害虫。会飞善爬的害虫就会通过仓库的门窗或缝隙迁入仓内危害饲粮。

(5)其他传播　鼠、雀或其他小动物传播。

3.仓库害虫对饲料的危害

饲料在贮藏过程中常受到害虫的侵蚀,加剧了饲料中碳水化合物的新陈代谢,形成二氧化碳和水,使能值降低、水分增加,导致饲料发热霉变、适口性差,营养成分损失或毒素产生。害虫还以粪便、结网、身体脱落的皮屑、怪味及携带微生物等多种途径污染饲料,有些昆虫还能分泌毒素。动物食用遭受虫害的饲料,则会使生产性能下降甚至危害健康。

4.仓库害虫的防治

仓库害虫防治的基本方针是"以防为主,防治结合"。现代仓库害虫综合防治措施是从管理的角度出发,根据仓储生态系统的特点,以生态学为基础创造不利于害虫发生发展的环境条件,规范仓库建设,建立饲料进仓前的检查制度,加强仓库的科学化、现代化管理,合理采用害虫防治技术和措施,达到有效治理饲料害虫的目的。

(1)植物检疫　饲料害虫最易随饲料原料贸易和调运而传播。我国现已有较完善的植物检疫法规和措施,并确定了检疫对象。

(2)仓库的建设和管理　新建仓库要选择地势干燥、通风良好的地方,既要因地制宜又要严格规范,要求顶棚、门窗能防雨、雪、鼠、雀的侵入,地面和墙壁不可漏气且能防潮,仓壁应光滑无缝隙;要经常清理和扫除仓内外、仓储机具、器材和用具上的尘埃杂物及潜伏着的越冬虫卵;加强仓库的温湿度调控和管理;严格饲料入库检查和处理;加强害虫和环境的监测。

(3)机械防治　采取高温杀虫、低温杀虫、紫外线诱捕等措施。

(4)化学药物防治　使用化学药物能迅速、有效地杀灭仓虫,并具有预防仓虫再次侵害饲料的作用,是目前世界上应用最广泛的一种防治方法。但是,在采用化学法防治害虫时,要注意对药物种类的选择和施用,避免造成饲料污染或药物残留而影响饲料的卫生质量。

(二)鼠类对饲料的污染

1.鼠类对饲料的危害

鼠类啃食饲料、破坏仓房、传染病菌、污染饲料,是危害较大的一类动物。一粒老鼠粪中存在几百万种有害微生物,直接或间接传播各种疾病,如钩端螺旋体、鼠型斑疹伤寒、斑疹伤寒和沙门氏菌病等。鼠类还会将昆虫引入工厂,导致虫害。

鼠类具有敏锐的听觉、触觉和嗅觉,能迅速辨别新鲜的或不熟悉的东西,保护自身不受环境变化的影响。因此在实践中很难防治。

2.饲料鼠害的防治

(1)防止侵入　最有效的防鼠措施是切断所有可能的入口。对不易关闭的门、管道、外部不符合要求的石砌建筑,应该用金属覆盖或用水泥填补,以堵住老鼠的入口;通风孔、排水管道和窗户上应盖一层纱幕;老鼠具有避开宽阔区域的本能,特别是浅色的宽阔障碍区,所以,可在建筑物外围平铺一条宽1.5 m的白色石子区带或花岗岩碎石区带,能有效防止老鼠侵入。

（2）清理栖息地　室外设备应高于地面 20～30 cm；在饲料加工厂房周围应留出一块 0.6～0.9 m 宽的无草区，并铺上一层厚 2.5～3.8 cm 的沙砾和石子，灌木丛应距仓库 10 m 以上；将盛废弃物的容器放在水泥板上，废弃物容器应由重型塑料或镀锌金属制成，并配上密封性能很好的盖子。

（3）断绝鼠类的食物来源　及时清除木屑，定期打扫地面并经常清理室内废弃物品；饲料加工过程中掉落在地面上的饲料会招来老鼠、鸟类和昆虫，工作人员应及时清扫干净。

（三）农药对饲料的污染

《中华人民共和国农药管理条例》规定，农药是指用于防治、消灭或控制危害农业、林业的病、虫、草和其他有害生物以及有目的调节植物、昆虫生长的化学合成的或者来源于生物、其他天然物质的一种物质或几种物质的混合物及其制剂。人类对粮食的需求，推动了农药生产和使用的迅速发展。迄今为止，在世界各国注册的农药品种近 2 000 种，其中常用的有 500 种。农药的分类方法很多，但以防治对象进行分类最为广泛，即分为杀虫剂、杀菌剂、杀螨剂、杀线虫剂、杀鼠剂、除草剂和植物生长调节剂。

农药施用后，一部分附着在植物体上，或渗入植株体内残留下来，使粮、菜、水果等受到污染；另一部分散落在土壤中（有时则是直接施于土壤中）或蒸发、散逸到空气中，或随雨水及农田排水流入河湖，污染水体和水生生物。农产品的残留农药通过饲料，污染畜禽产品。因此，农药残留通过大气、水体、土壤、食品，最终进入人体，引起各种慢性或急性疾病。而且，易造成环境污染及危害较大的农药，主要是性质稳定、在环境或生物体内不易降解转化，而又有一定毒性的品种，如滴滴涕（DDT）等持久性高残留农药。为此，研究筛选高效、低毒、低残留和高选择性（即非广谱的）新型农药，已成为当今的重要课题。

1. 杀虫剂

从生产和使用历史来看，一般认为，我国农药杀虫剂第一代为有机氯农药，第二代为有机磷农药，第三代为氨基甲酸酯类农药，第四代为拟除虫菊酯类农药。

（1）有机氯杀虫剂　有机氯杀虫剂化学性质稳定，不易分解，在环境中的残留期长，可在动物体内长时间蓄积。以有机氯杀虫剂湿性粉剂的水悬液喷洒农作物，一般情况下 4～12 周后方可消失。动物性饲料中有机氯农药的残留量高于植物性饲料，谷物种子中的残留量比粗饲料少。

有机氯杀虫剂经口摄入被肠道吸收，除部分经粪、尿和乳汁排出外，主要蓄积于脂肪组织，其次为肝、肾、脾及脑组织。蓄积在脂肪组织中的有机氯杀虫剂不影响脂肪代谢，但仍保持其毒性，在饥饿、疾病造成动物体重下降时，脂肪中的农药可被动员出来，产生毒性作用；蓄积在实质脏器的脂肪组织中，能影响组织细胞的氧化磷酸化过程，尤其对肝脏有较大的损害，可引起肝脏营养性失调，发生变性甚至坏死。

有机氯杀虫剂对动物的急性毒性为中等毒性，属神经毒和细胞毒，可以通过血脑屏障侵入大脑和通过胎盘传递给胚胎，主要损害中枢神经系统的运动中枢、小脑、脑干和肝、肾、生殖系统。

很多国家由于长期和大量使用这种农药，已造成环境、食品与饲料的污染，在动物和人体内有较多的蓄积，农畜产品受污染而影响了食品出口。我国已于 1983 年停止生产，从 1984 年开始停止使用有机氯杀虫剂。

（2）有机磷杀虫剂　有机磷杀虫剂是我国目前使用最广泛的杀虫剂。尤其是停止使用有机氯杀虫剂以后，有机磷杀虫剂成为最主要的农药。

有机磷杀虫剂的化学性质较不稳定，在外界环境和动、植物组织中能迅速进行氧化分解，故残留时间比有机氯杀虫剂短。但多数有机磷杀虫剂对哺乳动物的急性毒性较强，污染饲料后易引起急性中毒。

与有机氯杀虫剂相比，有机磷杀虫剂在农作物中的残留甚微，残留时间也较短。因品种不同，有机磷杀虫剂在农作物上的残留时间差异甚大，有的施药后数小时至 2～3 d 可完全分解失效，如辛硫磷等。而内吸性农药品种，由于对作物的穿透性强，易产生残留，可维持较长时间的药效，有的甚至能达 1～2 个月以上，如甲拌磷。

有机磷杀虫剂在室温下的半减期一般为 7～10 d，低温时分解较为缓慢。作物水分含量较高，农药也易于降解。农药完全分解所需的时间，一般触杀性农药为 2～3 周，内吸性农药需 3～4 个月。

某些有机磷杀虫剂，尤其是含硫醚基的内吸性杀虫剂，进入植物体后有一转毒过程。例如，内吸磷的两种异构体（硫酮式和硫醇式）被植物吸收后，先氧化为相应的亚砜、砜和磷酸酯，以后逐渐水解为二乙基磷酸，最终水解为磷酸。其中，硫醇式代谢物（如硫醇式亚砜、硫醇式砜等）对哺乳动物经口急性毒性比母体化合物还大。因此，内吸磷施用作物后，其残留性比一般有机磷长得多，内吸磷的一些类似物如甲拌磷、乙拌磷、甲基内吸磷、异吸磷、二甲硫吸磷等的代谢情况也是如此。这种现象对评价饲料中农药残留的毒性有重要意义。对这类农药，在选用残留分析方法、对检测结果的表示及制订施药的安全间隔期时，都要考虑其降解代谢产物的这一特性。

有机磷杀虫剂在作物不同部位的残留情况有所差异，如在根类或块茎类作物比在叶菜类或豆类的豆荚部分的残留时间长。

与有机氯杀虫剂相似，有机磷杀虫剂主要残留在谷粒和叶菜类的外皮部分。因此，粮食经加工后，残留农药可大幅度下降。叶菜类经过洗涤、块根块茎类经过削皮，都能减少残留的有机磷农药。一般来说，除内吸性很强的有机磷杀虫剂外，饲料经过洗涤、加工等处理，其中残留的农药都在不同程度上有所减少。

有机磷杀虫剂被动物机体吸收后，经血液循环运输到全身各组织器官，其分布以肝脏最多，其次为肾、肺、骨等。排泄以肾脏为主，少量可随粪便排出。

有机磷杀虫剂的主要毒作用为与体内的胆碱酯酶结合，形成不易水解的磷酰化胆碱酯酶，使胆碱酯酶活性受抑制，降低或丧失其分解乙酰胆碱的能力，以致胆碱能神经末梢所释放的乙酰胆碱在体内大量蓄积，从而出现与胆碱能神经功能亢进相似的一系列中毒症状。因而通常将有机磷杀虫剂归属于神经毒。

有机磷杀虫剂中毒的临床表现有三类：①毒蕈碱样症状，即瞳孔缩小，流涎，出汗，呼吸困难，肺水肿，呕吐，腹痛、腹泻，尿失禁等；②烟碱样症状，即肌肉纤维颤动，痉挛，四肢僵硬等；③乙酰胆碱在脑内积累而表现的中枢神经系统症状，即乏力，不安，先兴奋后抑制，重者发生昏迷。

有机磷杀虫剂中毒后，体内的磷酰化胆碱酯酶可自行水解，脱下磷酰基部分，恢复胆碱酯酶的活性，但这种自然水解的速率非常缓慢，必须应用胆碱酯酶复活剂。肟类化合物如解磷定（又称碘磷定，PAM）、氯磷定、双复磷、双解磷等胆碱酯酶复活剂，能从磷酰化胆碱酯酶的活性中心夺取磷酰基团,从而解除有机磷对胆碱酯酶的抑制作用,恢复其活性。有机磷杀虫剂中毒时,除应用上述特效解毒剂外,还可应用生理解毒剂或称生理拮抗剂,如阿托品。阿托品是 M 型胆碱受体(毒蕈碱样受体)阻断剂,与乙酰胆碱竞争受体,从而阻断乙酰胆碱的作用并且还有兴奋呼吸中枢的作用,故可解除中毒时的症状。

某些有机磷杀虫剂,如马拉硫磷、苯硫磷、三硫磷、皮蝇磷、丙氨氟磷等有迟发性神经毒性,即在急性中毒过程结束后 8～15 d,又可出现神经中毒症状,主要表现为后肢软弱无力和共济失调,进一步发展为后肢麻痹,在病理组织学上表现为神经脱髓鞘变化。这种现象称为迟发性神经中毒症。鸡对迟发性神经毒性最为敏感,牛、羊、鸭、猪、兔等都可出现这种现象。此毒性与胆碱酯酶无关,用阿托品治疗亦无效。对新的有机磷农药进行毒性评价时,应包括迟发性神经毒性试验。世界卫生组织已建议将迟发性神经毒性作为有机磷农药中毒的鉴定指标之一。

有些有机磷杀虫剂如敌敌畏和马拉硫磷,对雄性大鼠精子的发生有损害作用;敌百虫和甲基对硫磷可降低大鼠的受孕率;内吸磷和二嗪农等对实验动物有轻度致畸作用。

近年发现,某些有机磷农药在哺乳动物体内使核酸烷基化,损伤 DNA,从而具有诱变作用。因此,有机磷农药是否有潜在致癌作用,已经引起人们的注意,需要继续深入研究。

(3)氨基甲酸酯类杀虫剂　氨基甲酸酯类杀虫剂是继有机氯、有机磷农药之后应用越来越广泛的一类农药,具有选择性杀虫效力强、作用迅速、易分解等特点。

不同品种的氨基甲酸酯类杀虫剂的急性毒性相差很大,一般多属中等毒或低毒类。与有机磷农药相比,毒性一般较低。

氨基甲酸酯类杀虫剂在体内易分解,排泄较快。一部分经水解、氧化或与葡萄糖醛结合而解毒,一部分以还原或代谢物形式迅速经肾排出。代谢产物的毒性一般较母体化合物小。

氨基甲酸酯类杀虫剂的毒作用与有机磷杀虫剂相似,即抑制胆碱酯酶活性,造成乙酰胆碱在体内积聚,出现类似胆碱能神经功能亢进的症状,症状与酶的抑制程度平行。但是,此种抑制作用与有机磷杀虫剂不同,氨基甲酸酯类的作用在于此类化合物在立体构型上与乙酰胆碱相似,可与胆碱酯酶活性中心的负矩部位和酯解部位结合,形成复合物进一步成为氨基甲酰化酶,使其失去水解乙酰胆碱的活性。大多数氨基甲酰化酶较磷酰化胆碱酯酶易水解,胆碱酯酶很快(一般经数小时左右)恢复原有活性,因此,这类农药属可逆性胆碱酯酶抑制剂。由于其对胆碱酯酶的抑制速度及复能速度几乎接近,而复能速度较磷酰化胆碱酯酶快,故与有机磷杀虫剂中毒相比,其临床症状较轻,消失亦较快。

过去认为氨基甲酸酯类杀虫剂的残留毒性问题不大,但近年研究认为,它是否存在严重的残毒问题还有待探索。据研究资料,氨基甲酸酯类因含氨基,随饲料进入哺乳动物胃内,在酸性条件下易与饲料中亚硝酸盐类反应生成 N 亚硝基化合物。后者酷似亚硝胺,具有极强诱变性。例如,西维因在胃内酸性条件下与饲料中亚硝酸基团起反应,形成 N 亚硝基西维因。N 亚硝基西维因是一种碱基取代性诱变物,在某些诱变实验中呈阳性反应,也是一个弱致畸物。据报道,用西维因和亚硝酸钠一起喂饲小鼠可致癌。这些问题尚待进一步研究。

(4)拟除虫菊酯类杀虫剂　拟除虫菊酯类杀虫剂是 20 世纪 80 年代兴起的一类杀虫剂,目前应用仅次于有机磷、氨基甲酸酯类杀虫剂,约占杀虫剂的 20%。拟除虫菊酯类杀虫剂的开发应用被认为是类杀虫剂历史上的第三个里程碑。

此类杀虫剂是以天然除虫菊为基础研发生产,天然除虫菊素存在于菊科植物除虫菊的花中,作为杀虫剂已具有悠久的历史。

2.杀菌剂

用于防治农作物病害的杀菌剂种类很多。不同种类与品种的杀菌剂,对作物的残留特性和动物毒性差别甚大。总的来说,一般杀菌剂对人、畜的急性毒性比杀虫剂低得多,但在慢性毒性方面,由于杀菌剂要求有较长的残效期,残毒问题更为突出。

(1)有机硫杀菌剂 有机硫杀菌剂对人、畜毒性低。但家畜偶然大量偷食施用过有机硫杀菌剂不久的作物,也可引起中毒。中毒后主要侵害神经系统,先兴奋,后转为抑制,重者可发生呼吸和循环衰竭。此外,对肝、肾等组织也有一定的损害。

动物试验提示此类农药的某些代谢产物有致癌和致畸作用,但所需剂量都很大,可认为没有实际意义。

(2)有机汞杀菌剂 有机汞杀菌剂在外界环境中残留时间长,且易在体内蓄积,毒性大。因此,20世纪70年代后,世界各国都已禁止或限制使用。我国自1972年起已禁止生产、进口和使用。但是,高效的有机汞拌种剂的禁用,对一些由种子传染的病害(如麦类黑穗病等)的防治造成很大的困难。因此,1979年我国政府有关部门根据生产的实际情况,已对有机汞杀菌剂的使用问题重新加以考虑并作了新的规定,不再全面禁用,可限制使用。事实上有不少国家仍在使用有机汞杀菌剂,不过大多限制用作种子消毒剂。

有机汞杀菌剂属剧毒类。有机汞化合物进入机体后,主要蓄积在肾、肝、脑等组织,排泄缓慢,每天仅排出贮存总量的1%左右。有机汞可通过胎盘进入胎儿体内,引起先天性有机汞中毒。也可通过乳汁危害幼畜。有机汞化合物易溶于脂质和类脂中,因此可通过胞膜进入细胞内,与蛋白质或其他活性物质中的巯基结合,抑制各种含巯基的酶,导致许多功能障碍和广泛病变。有机汞的毒理作用与无机汞基本相同,但对神经系统有更明显的毒害作用。

近年的实验证明,有机汞化合物有诱变作用,可使动植物细胞染色体断裂。

(3)有机砷杀菌剂 有机砷杀菌剂主要用于防治水稻纹枯病。当农田使用砷过多或次数频繁时,易造成水稻药害及土壤、稻谷中砷残留量增加,影响人、畜安全。砷主要残留在稻谷外壳和糠麸中,经加工后可去除大部分。

有机砷杀菌剂属中等毒或低毒类。有机砷化合物被动物吸收后,需经转化为无机的三价砷及其衍生物而起作用。有机砷在体内转化缓慢,毒性较无机的三氧化二砷小,临床中毒程度一般较轻。其作用机理与砷的无机化合物相同。

由于砷在人、畜体内有积累毒性,且砷在土壤中积累时可破坏土壤的理化性质,故此类农药已逐渐被禁用或限制使用。

(4)内吸性杀菌剂 内吸性杀菌剂一般对恒温动物的毒性低。近年来发现,多菌灵在哺乳动物胃内能发生亚硝化反应,形成亚硝基化合物。托布津的代谢产物除具有杀菌作用的多菌灵外,尚有乙烯双硫代氨基甲酸酯,后者又能代谢为乙烯硫脲,对甲状腺有致癌作用。因此,对这类农药及其代谢物的慢性毒性值得进一步研究。

(5)有机磷杀菌剂 有机磷杀菌剂是近期出现的品种,在植物体内容易降解成无毒物质。

3.除草剂

除草剂按其化学成分可分为有机和无机除草剂两类。无机除草剂常用的是砷化物和氯酸盐,目前已逐渐被淘汰。常用的有机合成除草剂按其化学结构有如下数种:

苯氧羧酸类除草剂,如2,4滴(D)、2甲4氯、2,4,5涕(T)。

二苯醚类除草剂,如除草醚、草枯醚、氯硝醚。

酰胺类除草剂,如敌稗、杂草锁(拉索)、杀草胺、毒草胺。

二硝基苯胺类除草剂,如氟乐灵、黄乐灵。

氨基甲酸酯类除草剂,如燕麦灵、燕麦敌、灭草灵、杀草丹、苯胺灵。

取代脲类除草剂,如敌草隆、利谷隆、绿麦隆、伏草隆。

酚类除草剂,如五氯酚钠、地乐酚。

季铵盐类除草剂,如百草枯、杀草快。

三氯苯类除草剂,如西马津、莠去津、扑草净。

苯甲酸类除草剂,如豆科威、草芽平。

其他除草剂,敌草腈、溴苯腈、茅草枯、草甘膦、地散磷、稗草烯、苯达松等。

除草剂不论是茎叶喷洒或土壤处理,均有部分被作物吸收,并在作物体内降解与积累,因而造成对饲料的污染。但是,由于除草剂一般使用于作物早期,且量少、使用次数少,故饲料作物中除草剂的残留量一般较少。

多数除草剂对人、畜的急性毒性均较低,亚慢性毒性也小。近年来,比较着重研究除草剂的致畸、致突变和致癌作用。

目前初步认为,使除草剂具有致癌作用的因素有两个:①多种除草剂含有致癌物亚硝胺类,如氟乐灵和草茅平含有多量二甲基亚硝胺;②有的除草剂如2,4,5涕、2,4滴及五氯酚钠,含有杂质四氯二苯二噁英(TCDD)(简称二噁英)。二噁英是强致畸原和致癌原,在除草剂的生产工艺上很难彻底消除。2,4,5涕中二噁英的含量很高,现已被禁用。

关于除草剂本身的毒性以及其代谢物与所含杂质的毒性,特别是致突变性、致癌性及致畸性,尚需进一步研究。

4.熏蒸剂

在适当的温度条件下,利用有毒的气体、液体或固体挥发所产生的蒸汽毒杀害虫或病菌称为熏蒸。用于熏蒸的药剂叫作熏蒸剂。通常多用于熏蒸粮仓,防除储粮中的害虫。

熏蒸剂因制剂种类不同,其毒作用各异。一般对人、畜均有较大的毒性,但因具有易挥发的特点,在储存过程中容易从粮食中挥发散失,残留量较低。粮食中熏蒸剂残留量的散失速度,受气温、相对湿度以及粮仓内通风条件的影响。粮食湿度下降,熏蒸剂散失亦慢。

近年来,随着检测技术的发展,证明熏蒸剂在储粮中仍有少量存在。因此,要定期监测粮食中熏蒸剂的残留量。我国粮食卫生标准(GB 2715—2005)规定熏蒸剂允许残留量(mg/kg):磷化物(以$PH3$计)≤0.05,氯化苦(以原粮计)≤2,马拉硫磷(大米)≤0.1。

三、饲料中的有毒有害元素

矿物质饲料原料中的有毒有害物质主要有铅、氟、砷、铬、镉等金属和非金属化合物。它们是矿物质中天然存在的,因产地不同,所含有的有毒有害物质的种类和含量有所不同。此类物质有很强的毒性,长期摄入含铅超标的食品会造成慢性铅中毒,小孩表现为身体及智力发育缓慢,成人则表现为骨骼变脆易骨折等;摄入含氟超标的食品会使人的血钙降低,骨质增生,椎间隙变窄等。

下面介绍一些含有这些有毒有害元素的矿物质饲料：

(一)饲料用磷酸盐类

在使用磷酸盐类矿物质饲料时，要注意其中含有的氟等杂质的危害。磷矿石做成粉末，其主要成分是磷酸钙，可作饲料用。但磷矿石一般含氟(F)1%～3.5%。氟含量低的磷矿石可制成粉末直接作饲料用，也可将磷矿石粉和石灰石粉(通常为石粉)混合起来做饲料用。但如果磷矿石含氟量大，长期用来饲喂畜禽，可引起慢性氟中毒。因此，对含量高的磷矿石应采取脱氟的方法，以降低或除去其中所含的氟。

在日本，有用磷矿石等物为原料，制成以脱氟磷酸三钙$[Ca_3(PO_4)_2]$或磷酸氢钙($CaHPO_4$)为主要成分的饲用磷酸盐产品。其制法是，把磷矿石与苏打粉和酸液混合液置回转炉中，送入高热水蒸气，磷矿石中的氟成为废气而除去，一般都能使氟的含量达到0.1%以下。在我国，上海、湖北等地试制成功的脱氟磷肥，经某些猪场、鸡场及乳牛场试用，效果良好，且未出现氟中毒现象。

在美国，有用脱氟磷矿石或饲料用磷酸制成磷酸氢二铵$[(NH_4)_2HPO_4]$，用它供给反刍家畜需磷量的全部或一部分。美国公定饲料规格中规定，饲料用磷酸氢二铵含氮18%以上，含磷20%以上，并规定磷的含量和氟的含量在100：1以下，砷含量在75 mg/kg以下，铅含量在30 mg/kg以下。

我国国家标准规定，饲料级磷酸氢钙(GB 8258—1987)中铅含量(以Pb计)应≤0.002%，砷(As)应≤0.000 3%，氟化物(以F计)应≤0.18%。

(二)饲料用碳酸钙类

能补充钙的矿物质饲料有多种，如石粉(即石灰石粉)、蛋壳粉、贝壳粉等，它们大部分都以碳酸钙为主要成分。这类饲料中，石灰石粉为天然的碳酸钙(一般含钙38%左右)。在使用石灰石粉矿物质饲料时，应注意其中可能含有铅、砷等重金属元素。而且由于石灰石的产地不同，重金属元素的含量存在差异。我国国家标准规定，饲料级轻质碳酸钙(GB 8257—1987)中铅含量(以Pb计)应≤0.003%，砷含量(As)应 0.000 2%，钡盐含量(Ba)应≤0.005%，盐酸不溶物应≤0.2%。

骨粉可作为钙、磷的补充饲料。骨粉因产地及原料的不同，可不同程度地含有氟。有的骨粉中含氟量可高达数千 mg/kg。因此，应对各地所出产的骨粉产品进行含氟量的检测，并在使用时注意因长期、大量使用而引起慢性氟中毒。

骨粉中还可能含有铅、砷等有毒金属。因为铅、砷都易于沉淀在动物的骨骼中。某些地区由于地质环境或外界污染因素的影响，使饲料或饮水中的铅、砷含量较高，动物长期摄入后，可在骨骼中沉积相当的数量，用这样的动物骨骼作原料制成的骨粉，铅、砷含量也相当高。据报道(1989)，某市售猪骨(鲜骨)含铅量37.5 mg/kg，制成的骨粉中含铅量高达61.7 mg/kg。

四、饲料中的工业污染物

饲料中的工业污染物本应包括重金属、农药和其他农业化学品的残留，重金属可能来自采矿、冶金等工业的直接污染，后二者则是工业产品应用后的污染，但通常人们指的工业污染物主要是煤炭、石油、木材等或塑料等有机高分子化合物不完全燃烧生成的多环芳烃、多氯联苯和二噁英。

(一)多环芳烃

多环芳烃(polycycllc aromatlc hydrocarons,PAHs)是指含有多个苯环的苯并化合物。饲料中的多环芳烃可能直接来源于石油化工、冶炼、焦化、火力发电等行业,以及焚烧的废弃物、车船废气等,也可能来自于这些污染源对大气、水质和土壤的间接污染,或是受污染的饲料原料。已知污染环境的PAHs有一二百种,对人与动物的主要危害是致癌。致癌的多环芳烃已发现20多种,其中最具代表性、研究最多、污染最广、致癌力最强的苯并芘或称3,4-苯并芘,与皮肤癌、肺癌和胃癌均有很大关系。经饲料进入动物体内会被肠道吸收。而后进入血液分布全身。苯并[α]芘除了危及动物健康外,还可能通过畜产品贻害人类。世界卫生组织规定畜产品中苯并[α]芘的最高残留量为5 pg/kg。多氯联苯(polychlorinated biphenyls,PCBs)是苯环上有多个氢原子被氯取代的联苯,曾被广泛地用于有机稀释剂、增塑剂、农药助剂、阻燃剂、切割用润滑油和变压器绝缘等。除了工业多氯联苯生产、应用造成的直接污染外,含氯有机化合物燃烧也会产生PCBs。多氯联苯沸点高,化学稳定性好,因此长时间不能降解、破坏,只能累积或通过食物链富集,因此已成为世界性污染问题。PCBs有200多种同系物,根据含氯的多少和在苯环上的位置不同而毒性不同。动物PCBs中毒可表现在消化系统,如厌食、腹泻、胃溃疡、便血、产生肝肿大和脂肪肝等,也可表现在神经系统和生殖系统,如精神萎靡、运动神经传导受阻、运动机能受损和出现惊厥,或丧失生殖能力等,有些PCBs具有和二噁英类似的毒性。

(二)二噁英

二噁英(dioxin)是具有相近化学结构和生物特性的一类物质,它包括有氯代二苯并二噁英(cDDs)、氯代二苯并呋喃(cDFs)和具有二噁英类似毒性的多氯联苯(PCBs)约数百种物质。其中毒性最大的是2,3,7,8-四氯二苯并对二噁英(2,3,7,8-tetrachlorodibenzo-p-dioxin,TCDD),它是已知最毒的一些化学物质之一,根据美国环保署(EPA)1994年的报告,二噁英对人和动物简直无"安全"量可言,即使是其致癌量的1%,仍会对发育和生殖能力造成严重影响。二噁英主要是人类活动,如含氯化合物生产或加工、处理,以及含氯化学品(聚氯乙烯、杀虫剂生产、纸浆漂白或废弃物)焚烧等过程中无意产生的"副产品",由于主要是含氯碳氢化合物燃烧生成的,所以天然雷击的森林火灾等也会产生二噁英。二噁英化学性质十分稳定,一旦生成,可能存在几十年。有些二噁英可以在空气中传播很远,所以地球上二噁英几乎无处不在。二噁英是脂溶性化合物,它可在江河湖泊中沉积,因此容易在含脂肪较高的动物食品(肉、蛋、奶、鱼)中富集,有测定表明,鱼中二噁英的含量是它周围环境含量的10万倍。据统计,由于二噁英及其类似物,世界上男人的精子比50年前减少了一半,睾丸癌患者增加了2倍,前列腺癌患者增加了1倍。子宫内膜异位过去很少发生,可是现在美国有500万妇女受其折磨,乳腺癌的发生的概率也由1960年的1/20上升至1999年的1/8。二噁英对于动物的毒性影响包括导致衰弱综合征、胃溃疡、血管损伤、繁殖力下降、畸胎和缓慢死亡。

二噁英类(dioxins)这个化学名词现在已经成为环境界和国际媒体关注的热点。其对畜牧业的影响还是在1999年的比利时"污染鸡"事件之后。"污染鸡"事件经调查和检测证实,是在生产饲料中使用了含二噁英类的脂肪原料。此后,饲料中含有二噁英及二噁英对畜禽产品的污染问题才引起人们的普遍关注。

1. 二噁英的毒性及理化性质

二噁英类是一类剧毒物质,其急性毒性相当于氰化钾的 1 000 倍。二噁英可引起皮肤痤疮、头痛、失聪、忧郁、失眠等病,并可能导致染色体损伤、心力衰竭、癌症等疾病而其最大危险是具有致畸、致癌、致突变("三致")毒性(其引起人患"氯痤疮"的最低剂量为 828 mg/kg 脂肪,致肝癌剂量为 10 mg/kg 体重,致死剂量为 4 000～6 000 mg/kg 体重)。其分子是由 2 个或 1 个氧原子连接 2 个被氯取代的苯环组成的三环芳香族有机化合物,包括多氯二苯并二噁英(Polychlorinated dibenzo-p-dioxins,简称 PCDDs)和多氯二苯并呋喃(Polychlo-ri-nated dibenzo-p-furans,简称 PCDFs),共有 210 种同类物,统称为二噁英类。其每个苯环上可以取代 1～4 个氯原子,存在众多的异构体/同类物,其中 PCDDs 有 75 种异构体/同类物,PCDFs 有 135 种异构体/同类物。其中毒性最强的是 2,3,7,8-四氯二苯并二噁英类(2,3,7,8-TCDD),动物实验表明 2,3,7,8-TCDD 对天竺鼠(*Guinea pig*,是迄今为止发现过的最具致癌潜力的物质,所以有人把 2,3,7,8)的半致死剂量(LD$_{50}$)称作"世纪之毒"。但是,若不仅 2,3,7,8 位置上含有 4 个氯原子,其他 4 个取代位置上增加氯原子数,则其毒性将会有所减弱。由于二噁英类主要以混合物形式存在,在对二噁英类的毒性进行评价时,国际上常把不同组分折算成相当于 2,3,7,8-TCDD 的量来表示,称为毒性当量(toxic equiva-lent quangtity,TEQ)。为此引入毒性当量因子(toxic equivalency factor,TEF)的概念,即将某 PCDDs 或 PCDFs 的毒性与 2,3,7,8-TCDD 的毒性相比得到的系数。样品中某 PCDDs 或 PCDFs 的浓度与其毒性当量因子 TEF 的乘积,即为其毒性当量 TEQ。而样品的毒性大小就等于样品中所有 TEQ 的总和。二噁英类是一类非常稳的亲脂性固体化合物,其熔点较高,分解温度大于 700℃,极难溶于水,可溶于大部分有机溶剂,所以二噁英类容易在生物体内积累。自然界的微生物降解、水解和光解作用对二噁英类的分子结构影响较小,难以自然降解。

2. 饲料中二噁英的来源

二噁英的生成条件为温度大于 145℃,有邻卤酚类物质,碱性环境或有游离氧存在。含氯化学品及含氯农药的生产过程可能伴随产生 PCDDs 和 PCDFs;苯氧乙酸类除草剂、五氯酚木材防腐剂等的生产过程常伴有二噁英类产生。环境中的二噁英主要来源于城市垃圾和工业固体废物的焚烧,这些废弃物中含有氯、苯等物质,其不完全燃烧容易产生二噁英类物质;造纸工业的污水、金属冶炼的废气、煤电厂的废气等也可能含有二噁英类物质。饲料中的二噁英主要来源于被污染的饲料原料:饲料用粮(如玉米、小麦、高粱、大麦、麦麸、次粉、大豆)、饲用油脂及油脂加工的副产物(如浸提法生产出的豆粕、菜籽饼、花生饼、芝麻饼、棉粕等)等。饲料用粮中的二噁英来源途径很多:生产过程中使用了含二噁英的农药与除草剂;农田被造纸厂污染或者是使用工业的污水灌溉农田;生长在金属冶炼厂、煤电厂附近的农田里的作物被含有二噁英的废气污染;生长在城市垃圾焚烧场附近的农田里的作物也很有可能含有二噁英。由于二噁英类极难溶于水,可溶于大部分有机溶剂,所以二噁英最有可能存在于饲用油脂中,其来源可能是原料污染(如大豆、菜籽、花生、棉籽等在生长过程中大气环境被污染);油脂加工使用的化学溶剂、油脂加工方式(1968 年,日本福冈和长崎地区发生米糠油中毒事件,出现大量"油症"皮肤病患者,后来发现其原因是人们吃了被多氯联苯(PCBs)和二噁英类沾污的食用油;1978 年台湾发生的 2 000 人米糠油中毒事件,原因是在米糠油脱色除味处理中采用日本生产的 PCBs 混合液作为导热剂,因渗漏使米糠油受到

PCBs 和二噁英类污染；1999 年的比利时"鸡污染事件"，是因为饲料中使用了被二噁英类污染的油脂)。

3.二噁英对畜牧业的危害

一旦二噁英在饲料中的含量超出一定的值，就会对动物产生毒害作用。轻则影响动物的生长速度，影响产量，重则导致动物中毒死亡。对种畜、种禽则可能导致仔畜、雏禽畸形而无法进行再生产。即使是饲料中的二噁英含量低，没有明显地影响动物的产量，也要提高警惕。我们知道二噁英的分子很稳定，不容易分解。因此会在动物体内蓄积，并逐步积累在脂肪和肌肉等组织中。这些肉等产品被人吃了就会毒害人们的肌体，威胁人的生命健康。1999 年的比利时"污染鸡"事件就是典型的例子。所以说二噁英不仅仅是影响畜牧业的健康发展、影响经济建设，而且关系到食品安全，关系到人们的生命健康。

4.对策

既然二噁英影响畜牧业的健康发展，影响到人们的生命健康，那么怎样才能阻止其对人们的危害，怎样才能防止其对畜牧业的危害呢？

一是进厨房上餐桌前要制定畜、禽产品各类组织中二噁英的最高限量，并科学检测，超标的产品严禁上市；要对屠宰场加强宣传和监管，不让"垃圾猪"、"垃圾鸡"进入食品市场。

二是严格控制饲料及其原料的质量，确保饲料及其原料中不含二噁英；科学设计饲料加工工艺，确保饲料在加工中不产生二噁英。选用饲料原料时，不使用含有二噁英的饲料原料；动物源性饲料的加工严格按科学的工艺要求生产，避免生产过程中产生二噁英；制定饲料原料及饲料中二噁英的最高限量标准，为控制饲料中的二噁英提供法律依据（我国的《饲料卫生标准》还没有二噁英规定）。

三是科学合理的选择养殖场的地点，避免工业污染，不在城市垃圾场、垃圾焚烧厂及造纸厂附近建养殖场，也不要建在火电厂、金属冶炼厂及农药厂的下风处。

四是严格控制农用化工产品（包括农药、除草剂及其他产品）中的二噁英含量。制定农药、除草剂中二噁英的限量标准，杜绝超标产品的使用，确保粮食和饲料用粮的质量安全；坚决取缔生产违禁农药（如六六六、DDT 等）的生产企业，严厉查处使用违禁农药的行为。控制农业生产中二噁英的污染是解决饲料污染的最有效手段。

五是严格控制环境污染，控制环境污染是根治二噁英的关键。严格控制二噁英含量超标的废气、废物的排放。改进城市固体垃圾的焚烧工艺，使固体垃圾的焚烧不产生二噁英或产生的二噁英在国家规定的范围内（附表　世界各国生活垃圾焚烧设施的二噁英类排放标准）；严格控制工矿企业"三废"的排放，达不到排放标准的一律停产整顿。

五、饲料中的致病微生物

(一)霉菌对饲料的污染

自然界中霉菌无处不在，霉菌孢子又极易扩散，饲料原料在田间生长到收获、贮藏等各个时期都会污染霉菌，饲料的加工调制、运输、销售等各个环节也易被霉菌污染。霉菌及其毒素污染饲料会使饲料的营养成分破坏，降低其商品价值和饲用价值，还可引起动物急、慢性中毒，甚至产生"三致"作用。

1.霉菌与霉菌毒素

霉菌是真菌的重要组成部分。霉菌由孢子和菌丝组成,孢子是霉菌的重要繁殖器官,菌丝是霉菌在基质上生长时由孢子生出的嫩芽、芽管逐渐延长的丝状物。霉菌在自然界中分布极广,种类繁多,目前有记载的约达 35 000 种以上,其中绝大多数是非致病性霉菌,只有少数霉菌在基质(饲料)上生长繁殖,产生有毒代谢产物或次生代谢产物。

霉菌毒素是指饲料中感染的霉菌进入生长末期,细胞不再分裂,初生代谢物质如蛋白质、核酸、类脂和碳水化合物等累积到一定程度后,利用其他一系列复杂的代谢途径所产生的一些通常无明显用途的化合物。霉菌毒素通常是一些低分子物质,分子质量在几百至几千道尔顿,没有抗原性,一般都是热稳定物质,有的因烹调加热而破坏。此外,有人将因某些霉菌使基质的成分转变而形成的有毒物质也包括在霉菌毒素范围之内。

2.主要的产毒霉菌与霉菌毒素

目前已知 30 多种霉菌和菌株产生的有毒物质或代谢产物对畜禽、实验动物、观赏经济动物以及人有致病性,而且危害相当严重。1960 年,英国发生“火鸡 X 病”,造成 10 万只火鸡死亡。经研究证明,这种疾病是由于饲料中含发霉的花生饼所致。1961 年,从发霉花生饼中分离出黄曲霉,确定了“火鸡 X 病”的病因是黄曲霉产生的黄曲霉毒素。霉菌毒素不仅能使畜禽发生各种霉菌毒素中毒病,而且还对畜禽、实验动物和人有致畸性、致突变性、致癌性和免疫抑制作用,因而引起世界各国特别是医学、兽医学、生物学、食品卫生学和环境保护等学科领域的广泛重视。霉菌种类很多,能产生霉素的只限于少数产毒霉菌。目前已知的具有产毒株的霉菌主要有:

(1)曲霉菌属 如黄曲霉、杂色曲霉、赭曲霉、构巢曲霉、寄生曲霉及烟曲霉等。它们在生长繁殖过程中产生黄曲霉毒素、杂色曲霉毒素、赭曲霉毒素等多种曲霉毒素。

(2)镰刀菌属 如禾谷镰刀菌、玉米赤霉、黄色镰刀菌、燕麦镰刀菌、三线镰刀菌、拟枝孢镰刀菌、拟直孢镰刀菌、半裸镰刀菌、木贼镰刀菌、串珠镰刀菌、雪腐镰刀菌、茄病镰刀菌等。它们能分别产生脱氧雪腐镰刀菌烯醇、玉米赤霉烯酮和 T-2 毒素等霉菌毒素。

(3)青霉菌属 如扩展青霉、岛青霉、黄绿青霉、橘青霉、红色青霉、荨麻青霉、展青霉、圆弧青霉、鲜绿青霉和产紫青霉等。它们在生长繁殖过程中产生展青霉毒素、橘青霉毒素、红青霉毒素等多种霉菌毒素。

(4)其他菌属 粉红色单端孢霉(单端孢霉属)、绿色木霉(木霉属)、黑葡萄状穗霉(葡萄穗霉属)、甘薯黑斑病菌(长喙壳菌属)、麦角菌(麦角菌属)和漆斑菌(漆斑菌属)等。它们分别产生穗状葡萄菌毒素、甘薯酮、甘薯醇、麦角生物碱等多种霉菌毒素。

3.霉菌繁殖与产毒的条件

霉菌产生毒素的先决条件是霉菌污染基质并在其上生长繁殖。主要条件有:

(1)基质的种类 基质主要指食品、谷类、饲料等有机质。不同的霉菌菌种和菌株都有其相应基质,如大米、玉米、面粉、花生和发酵饲料等基质多以曲霉和青霉为主,而在寒冷地带则以镰刀菌为主。在玉米和花生等基质中,黄曲霉和寄生曲霉及其毒素的检出率最高;在小麦、玉米和各种秸秆中,以镰刀菌及其毒素污染为主;青霉及其毒素主要在大米中出现。

(2)水分 能将基质中的有机物水解或变成可溶性物质,霉菌分泌多种水解酶,将蛋白质、脂肪和碳水化合物水解。分泌的水解酶的种类越多,利用的有机物质也越多,寄生的范围也越广泛;反之,酶的种类越少,所能利用的基质也少。

（3）环境条件 温度、湿度、pH、光照、氧气等环境因子,对霉菌的生长都有最适宜值、最高限和最低限,高于最高限或低于最低限时都不能生长。

温度:大多数霉菌为嗜温菌,可在 10～40℃生长,但嗜冷菌(如雪腐镰刀菌、枝孢属、侧孢属等)可在 10℃以下生长。嗜热菌(如烟曲霉)可在 40～60℃条件生长。

湿度:耐干性霉菌能在相对湿度小于 80% 条件生长,如灰丝曲霉、局限青霉、白曲霉;中性霉菌能在相对湿度 80%～90% 条件生长,大部分曲霉、青霉和镰刀菌都是中性菌;湿生性霉菌在相对湿度大于 90% 时才能生长,如毛霉、酵母等。

pH:霉菌在 pH 2～9 的条件下都可以生长,一般在酸性条件下生长良好。

光照:光照可影响霉菌的生长速度、合成能力和生殖器官的形成。

氧气:大多数霉菌是严格的好气菌,必须有氧气才能生长。

4. 霉菌与霉菌毒素污染饲料的危害

（1）黄曲霉毒素（AFT） 黄曲霉毒素主要是黄曲霉等产生的有毒代谢产物,其他曲霉、青霉、毛霉、镰孢霉、根霉中的某些菌株也能产生少量黄曲霉毒素。黄曲霉毒素广泛存于自然界中,主要污染玉米、花生、豆类、棉籽、麦类、大米、秸秆及其副产品,如酒糟、油粕、酱油渣等。在适宜的繁殖、产毒条件下,如基质水分在 16% 以上、相对湿度在 80% 以上、温度在 24～30℃ 时,就会产生大量黄曲霉毒素。黄曲霉毒素中毒大多是因动物采食被上述产毒霉菌污染的花生、玉米、豆类、麦类、棉籽及其副产品所致,一年四季均可发生。但是,在多雨季节,温度和湿度又较适宜时,若饲料加工、储藏不当,更易被黄曲霉菌所污染,增加了动物黄曲霉毒素中毒的机会。

黄曲霉毒素是一类结构极相似的化合物,含 C、H、O 三种元素,均具有一个双呋喃环和一个氧杂萘邻酮(香豆素)的结构。在紫外线照射下发生荧光,根据其产生的荧光颜色可分为两大类:发出蓝紫色荧光的称 B 族毒素,发出黄绿色荧光的称 G 族毒素。目前已发现黄曲霉毒素及其衍生物有 18 种,即 B1、B2、G1、G2、M1、M2(在乳中发现)、B2a、G2a、P1、Q1、R0 等,其中除黄曲霉毒素 B1、B2 和 G1、G2 为天然产生的以外,其余的均为其衍生物。其毒性强弱与结构有关,凡呋喃环末端有双键者,毒性强,并有致癌性。现已证明黄曲霉毒素 B1、B2、G1 甚至 M1 都可以诱发多种实验动物发生肝癌。在这些毒素中,以黄曲霉毒素 B1 的毒性及致癌性最强。黄曲霉毒素 B1 的毒性为氰化钾的 10 倍,砒霜的 68 倍,所以,在检验饲料中黄曲霉毒素含量和进行饲料卫生学评价时,一般以黄曲霉毒素 B1 作为主要监测指标。

黄曲霉毒素是目前已发现的各种霉菌毒素中最稳定的一种,在通常的加热条件下不易破坏。如黄曲霉毒素 B1 可耐 200℃高温,加热到其最大熔点 268～269℃才开始分解。强酸不能使其破坏。毒素遇碱能迅速分解,荧光消失,但遇酸又可复原。很多氧化剂如次氯酸钠、过氧化氢等均可破坏其毒性。

黄曲霉毒素随着污染的饲料经胃肠道吸收后,主要分布在肝脏。肝脏中毒素含量可比其他组织器官高 5～15 倍,血液中含量极微,肌肉中一般不能检出。摄入毒素后,约经 7 d 时间绝大部分随呼吸、尿、粪便及乳汁排出体外。

黄曲霉毒素及其代谢产物在动物体内残留,部分以黄曲霉毒素 M1 形式随乳汁排出,对食品卫生检验具有实际意义。动物摄入黄曲霉毒素 B1 后,在肝、肾、肌肉、血、乳汁以及鸡蛋中可查出黄曲霉毒素 B1 及其代谢产物,因而可能造成动物性食品的污染。

黄曲霉毒素 B1 在体内的主要代谢途径是在肝脏微粒体混合功能氧化酶催化下,进行羟化、脱甲基和环氧化反应。

黄曲霉毒素可直接作用于核酸合成酶而抑制 mRNA 的合成,并进一步抑制 DNA 合成,而且对 DNA 合成所依赖的 RNA 聚合酶有抑制作用。可与 DNA 结合,改变 DNA 的模板结构,导致蛋白质、脂肪的合成和代谢发生障碍,线粒体代谢以及溶酶体的结构和功能发生变化。黄曲霉毒素的靶器官是肝脏,因而属于肝脏毒。急性中毒时,使肝实质细胞变性坏死,胆管上皮细胞增生。慢性中毒时,导致动物生长缓慢,生产性能降低,肝功能和组织发生变化,肝脂肪增多,可发生肝硬化和肝癌。血液生化指标也发生变化,黄曲霉毒素可明显降低血清总蛋白、无机磷酸盐、尿酸、总胆固醇和血细胞压积值,红细胞数、平均细胞体积、血红蛋白、血小板及单核细胞百分比也明显降低,而碱性磷酸酶、转氨酶、天冬氨酸氨基转移酶、丙氨酸氨基转移酶、5′-核苷酸酶、异柠檬酸脱氢酶活性升高。黄曲霉毒素也可作用于血管,使血管通透性增强,血管变脆并破裂,从而发生出血。此外,黄曲霉毒素还具有致突变和致畸性。

黄曲霉毒素还属于严重血管毒。动物中毒后还伴有血管通透性破坏和中枢神经损伤等,临床特征性表现为黄疸、出血、水肿和神经症状。由于动物的品种、性别、年龄、营养状况及个体耐受性、毒素剂量大小等不同,黄曲霉毒素中毒的程度和临床表现也有显著差异。

黄曲霉毒素的毒性因动物的种类、年龄和性别的不同而异。低年龄动物和雄性动物对黄曲霉毒素较敏感,各种动物中又以雏鸭最为敏感,中毒多呈急性中毒,死亡率很高。表现为食欲不振、鸣叫、生长缓慢、步态不稳、角弓反张,死亡率达 80%～90%。成年动物的耐受性较强,多为慢性中毒,初期不明显,表现为食欲减退、消瘦、不愿活动、贫血,病程长的可诱发肝癌。

(2)赭曲霉毒素　赭曲霉毒素主要由赭曲霉及鲜绿青霉产生,硫色曲霉及蜂蜜曲霉等也可产生。饲料中玉米、大麦、黑麦、燕麦、高粱和豆类等,其副产品如麦麸等,都可受赭曲霉的污染并产生毒素。

赭曲霉毒素是分子结构类似的一类化合物,可分为 A、B 两组,A 组的毒性较大。赭曲霉毒素 A 是一种无色结晶化合物,其分子式为 $C_{20}H_{18}ClNO_6$,相对分子质量为 403,在紫外光下发绿色荧光。赭曲霉毒素 A 比较耐热,普通加工调制温度仅可使 20% 左右的毒素破坏,150～160℃才可完全破坏。

在自然污染的饲料中,赭曲霉毒素 A 的检出量最高且毒性最大,主要侵害动物的肝脏和肾脏,引起严重的全身功能病理变化。

赭曲霉毒素 A 中毒的临床表现,因动物的种类、年龄及毒素剂量不同而有所差异。一般来说,幼龄动物对赭曲霉毒素 A 更为敏感,较易发病,病情也较重。此外,小剂量毒素多侵害肾脏,临床上表现多尿和消化功能紊乱,只有当毒素剂量大到一定程度时,才使肝脏受损害,呈现肝脏功能障碍。也可能产生"三致"作用。

(3)杂色曲霉毒素　杂色曲霉毒素主要由杂色曲霉、构巢曲霉和离蠕孢霉 3 种霉菌产生。以杂色曲霉产毒量最高,构巢曲霉和离蠕孢霉的产毒量分别约为前者的1/2。后又分离出多种产毒霉菌,其中有黄曲霉、寄生曲霉、谢瓦曲霉、赤曲霉、焦曲霉、黄褐曲霉、四脊曲霉、变色曲霉、爪曲霉等。这些产毒霉菌普遍存在于土壤、农作物、食品和水果中,如小麦、大米、玉米、花生、面粉、火腿、干酪、黄油和动物的饲草饲料等。

杂色曲霉毒素是一类化学结构相似的化合物,基本结构为一个双呋喃环和一个氧杂蒽酮。目前已确定的有 10 种以上,其中最主要的是杂色曲霉毒素。与黄曲霉毒素的化学结构相似,在实验条件下,于玉米上接种杂色曲霉,产生杂色曲霉毒素的数量高于黄曲霉产生黄曲霉毒素的 100 倍。最近 ^{14}C 示踪技术证实,杂色曲霉毒素可转变成黄曲霉毒素。分子式为 $C_{18}H_{12}O_6$,相对分子质量 324,熔点为 246℃。难溶于水,易溶于氯仿、苯、吡啶和二甲基亚砜等有机溶剂,在紫外线下呈现砖红色荧光。

杂色曲霉毒素具有肝毒性,雄性动物比雌性动物较为敏感。动物急性中毒以肝、肾坏死为主,肝小叶坏死部位因染毒途径不同而异。慢性中毒可引起原发性肝癌、肝硬化、肠系膜肉瘤、横纹肌肉瘤、血管肉瘤和胃鳞状上皮增生等。

中毒的临床表现为食欲不振或废绝,进行性消瘦,结膜初期潮红、充血,后期黄染,腹泻,有时尿血或便血,严重者衰竭死亡。另外,具有一定的"三致"作用。

(4)镰刀菌毒素类 镰刀菌是霉变饲料中最常见的霉菌,对饲料的污染仅次于曲霉,而又多于青霉。与青霉相仿,镰刀菌毒素是镰刀菌属和个别其他菌属的霉菌所产生的有毒代谢产物的总称。与黄曲霉毒素和青霉毒素不同的是,镰刀菌在植物生长期及收获、运输、储存等时期都可污染,又以生长期为多见,且可引起作物病害——小麦赤霉病。

在 19 世纪末和 20 世纪初,人们就发现赤霉菌污染的谷物会引起动物中毒,我国曾有猪和马属动物饲喂赤霉病麦和玉米后发生中毒的报道。研究证实,能产生有毒代谢产物的赤霉菌有:禾谷镰刀菌、三线镰刀菌、尖孢镰刀菌、粉红镰刀菌、木贼镰刀菌、串珠镰刀菌、雪腐镰刀菌及茄病镰刀菌等。它们主要产生单端孢霉烯族化合物(如 T-2 毒素)、赤霉烯酮(F-2毒素)、丁烯羟酸内酯和串珠镰刀菌素等毒素,其中多以单端孢霉烯族化合物和赤霉烯酮毒素污染饲料引起中毒。

①单端孢霉烯族化合物 是镰刀菌毒素中最重要的一类,全世界目前已发现 60 多种毒素,我国至少发现 15 种。其中有代表性的毒素有:T-2 毒素、雪腐镰刀菌烯醇、脱氧雪腐镰刀菌烯醇(DON)和茄病镰刀菌烯醇等,其化学结构虽各有差异,但都有一个相同的化学核心结构,即 12,13-环氧单端孢霉素类。

单端孢霉烯族化合物为无色结晶,溶于中等极性的有机溶剂,微溶于水。化学性质稳定,一般的蒸煮方法不能破坏。单端孢霉烯族化合物毒性作用的共同之处表现为较强的细胞毒,使分裂旺盛的骨髓细胞、胸腺细胞及肠上皮细胞的细胞核破坏。急性毒性较强,慢性毒性的特点是使血细胞减少,并阻碍蛋白质合成。致癌与致突变作用尚未进行深入研究。

②赤霉烯酮(F-2毒素或 F-2 雌性发情素) 主要因玉米被赤霉菌污染而产生,由禾谷镰刀菌、粉红镰刀菌、三线镰刀菌、拟枝孢镰刀菌、木贼镰刀菌、串珠镰刀菌、黄色镰刀菌和茄病镰刀菌等霉菌产生。除能污染玉米外,还能污染大麦、高粱、水稻、豆类以及青贮饲料、配合饲料等。

赤霉烯酮由赤霉病玉米中分离出来,是一种酚的二羟基苯酸内酯,衍生物至少有 15 种,如玉米赤霉烯醇、8-羟基玉米赤霉烯酮等,统称为赤霉烯酮类毒素。赤霉烯酮的纯品为白色结晶,分子式为 $C_{18}H_{22}O_5$,相对分子质量为 318,不溶于水、二硫化碳和四氯化碳,易溶于碱性溶液、乙醚、苯、氯仿和乙醇等。赤霉烯酮是热稳定物质,加热到 110℃才能破坏,普通的饲料加工调制不能使其破坏。

赤霉烯酮是一种子宫毒,主要是雌激素样作用,毒作用与雌激素(17-β-雌二醇)相似,可导致动物性功能异常。其中猪对该毒素的反应最敏感,母猪性成熟前的日粮中添加低水平赤霉烯酮,即可引起乳腺增大、阴户肿大、阴道和直肠脱垂。成年母猪则表现为假妊娠、乏情或连续发情,产死胎或流产等;成年公猪的生殖功能也受损害。母牛和蛋鸡也会受其影响。

除考虑赤霉烯酮的毒害作用外,近年来有人利用赤霉烯酮或其衍生物作为家畜生长促进剂,如山羊口服赤霉烯酮低于 1 mg 剂量时,有促进生长发育的效果。但目前我国不主张使用。

③丁烯羟酸内酯　由三线镰刀菌、梨孢镰刀菌、拟枝孢镰刀菌、雪腐镰刀菌、木贼镰刀菌、粉红镰刀菌、半裸镰刀菌和砖红镰刀菌等产生,其中木贼镰刀菌和半裸镰刀菌为主要的致病霉菌。

丁烯羟酸内酯全名为 4-乙酰氨基 4-羟基-2-丁烯酸-γ-内酯,为白色柱状结晶,分子式为 $C_6H_7O_3$,相对分子质量 138。易溶于水、二氯甲烷、甲醇、乙酰丙酮,不溶于四氯化碳,难溶于三氯甲烷,在碱性溶液中极易溶于水。

丁烯羟酸内酯属于血液毒,进入机体后主要的毒害作用是引起动物末梢血管壁循环障碍。毒素作用于外周血管,使局部血管末端发生痉挛收缩,以致管壁增厚,管腔狭窄,血流变慢,继而导致血液循环障碍,引起患部肌肉缺血、水肿、出血、肌肉变性与坏死。继发细菌感染时,病情可进一步恶化,严重者膝关节以下部分发生腐败或脱落,并引起局部淋巴结炎症反应。

镰刀菌在气温较低(7~15℃)时可产生大量的丁烯羟酸内酯,在常温条件下的产毒量反而较少。因此,牛在冬季采食污染镰刀菌的稻草后,容易发生中毒。

(5)青霉毒素类　早在 1940 年,日本研究者从国内出产和进口的"黄变米"中开始青霉菌及其毒素研究,发现 15 种以上的真菌与"黄变米"的形成有关,其中主要有 3 种青霉菌,即黄绿青霉菌、橘青霉菌和岛青霉菌。

青霉菌生长、繁殖最适宜的环境条件是:温度 22~28℃,相对湿度 80％以上,基质的含水量 13％以上。我国长江中下游和长江以南各地区气候温和,雨量充沛,适合于青霉菌的生长、繁殖,动物发生中毒的现象也较多。

①展青霉毒素　展青霉毒素的产毒菌种较多,有扩展青霉、展青霉、棒形青霉、岛青霉、棒曲霉及土曲霉等。纯品为无色结晶,分子式是 $C_7H_6O_4$,相对分子质量为 154,毒素在碱性溶液中不稳定,但在酸性条件下较稳定。

小鼠口服 LD_{50} 为 35 mg/kg,大鼠为 30 mg/kg,4 日鸡胚为 2.25 μg/胚。急性毒性为高毒或剧毒。中毒主要发生于乳牛,表现为神经毒,可损伤脑、脊髓和坐骨神经干。临床症状主要表现为上行性神经麻痹等神经功能紊乱,如肌肉震颤和痉挛、四肢强直等,中枢神经系统有水肿及灶性出血,并具致癌性。

②橘青霉毒素　由橘青霉、暗蓝青霉、牵连青霉、扩张青霉、黄绿青霉、点青霉、变灰青霉、白曲霉、亮白曲霉及土曲霉等产生。纯品呈柠檬黄色针状结晶,分子式为 $C_{13}H_{14}O_5$,相对分子质量为 250,极难溶于水,在酸性及碱性溶液中皆可热解。

橘青霉毒素大鼠皮下和腹腔注射 LD_{50} 为 35 mg/kg,口服为 50 mg/kg 以上,急性中毒为剧毒。橘青霉毒素为肾脏毒,临床症状表现为肾脏功能和形态损害,肾脏萎缩,肾小管发生病变,排尿量增多。

③黄绿青霉毒素　主要由黄绿青霉产生,鲑色青霉等多种青霉也可产生。纯品呈深黄

色针状结晶,分子式是 $C_{23}H_{30}O_6$,相对分子质量为 402。

黄绿青霉毒素对小鼠口服 LD_{50} 为 30 mg/kg,急性毒性为高毒或剧毒。毒素属于神经毒,主要抑制脊髓和延脑的功能,而且选择性地抑制脊髓运动神经元及联络神经元,也可抑制延脑运动神经元。因此,中毒症状是以进行性上行性麻痹为特征,与展青霉毒素有相似之处。

④岛青霉毒素　岛青霉毒素又分为黄天素、环氯素和岛青霉毒素,由岛青霉菌产生。岛青霉毒素对小鼠口服 LD_{50} 为 6.5 mg/kg,急性毒性为高毒或剧毒。毒素属于肝毒素,主要引起肝脏脂肪变性、坏死,急性肝萎缩,慢性者肝纤维化、肝硬化或肝肿瘤。临床表现为黄疸,消化功能紊乱,肌肉松弛,肝昏迷。

(6)其他真菌毒素类

①甘薯黑斑病毒素类　引起甘薯黑斑病的病原是甘薯长喙壳菌镰刀菌和茄病镰刀菌,这些镰刀菌寄生在甘薯的虫害部位和表皮裂口处,从镰刀菌污染的黑斑病甘薯中可分离出黑斑病甘薯毒素。

甘薯黑斑病毒素主要有甘薯酮、甘薯醇、甘薯宁及其异构体等,是一类具有呋喃萜烯类结构的化合物,有 13 种以上。毒素可耐高温,经煮、蒸、烤等处理均不能破坏其毒性,故用黑斑病甘薯作原料酿酒、制粉时,所得的酒糟、粉渣饲喂家畜仍可引起中毒。

甘薯酮和甘薯醇为肝脏毒,可引起肝脏坏死;甘薯宁及其衍生物具有肺毒性。在自然发生的黑斑病甘薯中毒病例中(特别是牛),主要病变并非甘薯酮等毒素所致的肝脏损害,而是肺水肿、肺间质气肿等损害。中毒的临床症状为病畜高度呼吸困难、气喘及皮下气肿,直至肺泡破裂后气体窜入肺间质,造成肺间质气肿,病程后期,在肩后两侧皮下出现气肿,最后多因窒息而死亡。

②麦角生物碱类　麦角科麦角属,主要寄生在麦类(大麦、黑麦、燕麦和小麦等)的籽穗,及水稻、黑麦草、杂草等禾本科牧草的子房内,在其中萌发为菌丝,并形成稠密组织,即呈黑紫色的角状或瘤状物-麦角(麦角菌形成的菌丝体)。麦角菌在潮湿、多雨和气候温暖的季节里容易生长,新鲜的麦角菌比干陈麦角菌毒性强,其毒素具有较强的抵抗力,不易被高温破坏,毒性保存数年亦不受影响。

麦角中成分复杂,有毒成分为麦角生物碱,含量约为 0.4%。麦角生物碱是麦角酸或异麦角酸的酰胺衍生物,主要有毒成分是麦角毒碱、麦角胺或麦角新碱。前两者毒性较强,不溶于水,后者毒性较弱,易溶于水。当畜禽误食麦角寄生的禾本科牧草,或采食被麦角菌污染的糠及谷物饲料后,便出现中毒症状。饲料中混入 0.5% 的麦角,动物采食后即可发生中毒,若混入 7% 的麦角即可致死。因此,各国对粮食中麦角允许量做了规定:加拿大定为0.2%,美国黑麦和小麦为 0.3%、大麦和燕麦为 0.1%。

目前,对于麦角生物碱中毒的毒理机制尚不十分清楚。一般认为,麦角生物碱除对胃肠黏膜具有较强的刺激作用外,毒素被吸收进入血液后,兴奋中枢神经系统,表现神经毒作用。

各种动物均可发生中毒,但以牛、猪和家禽较为多发,马属动物由于抵抗力较强,发病较少。急性中毒表现为恶心、呕吐、腹痛腹泻、头晕、乏力等中枢神经系统症状和消化道症状,甚至全身强直痉挛,昏迷及呼吸中枢麻痹,还可兴奋子宫平滑肌,使其呈节律性收缩;慢性中毒为坏疽样,病变多在末梢组织,特别是在后肢的下部、尾和耳出现干性坏死病灶,并可与健康组织分离。急性中毒在临床上较为少见。

③穗状葡萄菌毒素　引起穗状葡萄菌毒素中毒的致病性真菌有黑葡萄状穗霉和变形葡萄状穗霉。穗状葡萄菌毒素系一种神经组织毒,对动物具有局部和全身作用。主要以马属动物发病较多,其次为牛、羊、猪、鸡。

毒素通过消化道吸收进入血液、淋巴循环,侵入血管和神经组织引起相应的组织炎症、出血、变性和坏死等病变,临床上呈现兴奋或抑制、感觉丧失和反射迟钝等一系列的神经症状,以及血管壁脆弱、炎症和坏死性病变。当毒素侵害造血器官时,则造血功能发生障碍,导致血液化学成分改变,血凝缓慢,白细胞和血小板减少,单核细胞和颗粒性白细胞几乎消失,而淋巴细胞相对增多,机体抵抗力降低,为病原性细菌感染创造了条件,易发生继发性感染而使病情恶化。

5.饲料的防霉与去霉措施

(1)防霉措施

①控制储藏温度及空气相对湿度　引起饲料霉变的主要原因是储藏温度过高与相对湿度过大。将牧草或饲料(玉米、大麦、小麦等)晒干至可供储存的水分含量(12%～13%),并储存在合适的条件下,勿使受潮、淋雨,是防止发霉的重要措施。

②用防霉剂抑制霉菌生长　目前,常用的防霉剂主要是有机酸类或其盐类,如以丙酸盐类或以丙酸盐为主要成分,再加入一些挥发性有机酸配合而成。也可以用天然植物(香料)做防霉剂。

③防治虫害和鼠害　害虫和仓鼠可破坏粮食籽粒或饲料,使霉菌易于侵入繁殖而引起霉变。可用一些物理、化学方法来消除仓库害虫,并注意防鼠。

④化学熏蒸法　大多数霉菌是需氧性的,因此可在仓库中充满一些化学药剂(如四氯化碳、二氧化碳等),再密闭保存,可以起到防霉的效果,同时还有防虫作用。

(2)去霉措施　霉变饲料不宜饲喂动物,发霉严重的饲料应弃之。轻度发霉的饲料除去饲料中的毒素后仍可饲喂动物。常用的去毒方法有:

①剔除霉粒法　毒素在饲料籽粒中的分布不均匀,主要集中在霉坏、破损、变色及虫蛀的籽粒中,如将这些籽粒挑选除去,便可使毒素含量大大降低。除手工挑选外,也可采用机械或电子挑选技术,以除去霉坏的籽粒。

②去皮减毒法　被污染的谷物,毒素往往仅存在于表层,可碾去谷物表皮,再加工成饲料饲喂动物。

③水洗法　将饲料粉碎后,用清水反复浸泡漂洗多次,至浸泡的水呈无色时可供饲用。此法简单易行,成本低,费时少。

④物理吸附法　常用的吸附剂为活性炭、白陶土、黏土、高岭土、沸石等。例如,沸石可牢固地吸附黄曲霉毒素,从而阻止黄曲霉毒素经胃肠道吸收。

⑤化学去毒法　利用碱和氧化剂可以破坏某些毒素的特性,如在饲料中加碱可使黄曲霉毒素结构中的内酯环破坏,形成香豆素钠盐。香豆素钠盐溶于水,再用水冲洗可将毒素除去。

⑥微生物去毒法　筛选所需要的微生物,利用其生物转化作用使霉菌毒素破坏或转变为低毒物质。近年来,用无根根霉、米根霉、橙色黄杆菌和亮菌等对除去饲料中黄曲霉毒素有较好的效果。

(3)制定并严格执行饲料卫生标准　我国饲料卫生标准中已规定了某些饲料原料的霉

菌总数:玉米、米糠、小麦麸应小于 40×10^3 个/g;豆粕(饼)、棉籽饼(粕)、菜籽饼(粕)小于 50×10^3 个/g;鱼粉、肉骨粉小于 20×10^3 个/g;鸭配合饲料小于 35×10^3 个/g;猪、鸡配合饲料和浓缩饲料,奶牛、肉牛精料补充料小于 45×10^3 个/g。同时,还分别具体规定了相应饲料原料及成品饲料的限量饲用和禁用的数值。此外,还应对霉菌数量和霉菌毒素加以检测分析并制定适宜的标准。

(二)细菌对饲料的污染

细菌具有普遍存在的特点,饲料中不可能不存在细菌,目前技术也不可能根除饲料中的细菌。因此,在养殖生产中,要控制细菌对饲料的侵入,防止饲料的腐败变质。

1.沙门氏菌

沙门氏菌被称为肠炎杆菌,污染饲料严重时,可以在饲料中迅速繁殖,特别在煮野菜的汁内增殖很快,但酸度大的萝卜汁能迅速将其杀死。沙门氏菌不属于腐败菌,不分解蛋白质,不产生吲哚,所以饲料中虽有大量的细菌繁殖,但不能从视觉或味觉上识别出来。沙门氏菌不产生外毒素,当家畜通过饲料大量食入这类细菌时,菌体崩解后释放出来的内毒素引起动物中毒。

沙门氏菌为革兰氏阴性杆菌,不产生芽孢,一般无荚膜,为兼性厌氧菌,营养要求不高,普遍培养基生长良好,能分解多种糖类,多能产酸产气,生长温度为 $10 \sim 42^\circ\text{C}$,最适温度为 37°C,不耐热,在 60°C 水中 10 min 即可死亡。该菌种类很多,常见的有肠炎杆菌、鼠伤寒杆菌、猪伤寒杆菌、猪霍乱杆菌、鸡白痢杆菌等 10 多种,这些细菌本身就是动物的致病菌,很多动物因感染该菌而发生肠炎。

沙门氏菌毒素是一种多糖-类脂-蛋白质化合物,有一定的耐热能力,75°C 经 1 h 仍有毒力。活菌随饲料被动物大量摄入,并在肠道内继续繁殖,而引起中毒。摄入的活菌,经肠系膜淋巴系统进入血液循环。肠道内大量的细菌及菌体崩解后释放的毒素,对肠道黏膜、肠壁及肠壁神经、血管有强烈的刺激作用,造成肠道黏膜肿胀、渗出及黏膜脱落。内毒素由肠壁吸收进入血液循环,作用体温调节中枢和血管运动神经中枢,引起体温调节失常和血管运动神经麻痹,最后可因败血症休克而死亡。

各种动物中毒的表现有所差别。一般内毒素中毒的动物突然发病,发生呕吐、腹痛、腹泻、四肢发冷、黏膜苍白、抽搐、体温升高,腹泻严重者可引起脱水与虚脱。如不及时抢救,可导致死亡。要有效预防沙门氏菌的感染,须保证饲料和饮水的清洁、卫生。夏季不要给家畜饲喂动物的内脏及酸败变质的剩饭菜。

2.大肠杆菌

大肠杆菌(*E. coli*)属革兰氏阴性短杆菌,大小 $0.5~\mu\text{m} \times (1 \sim 3)~\mu\text{m}$,周生鞭毛,能运动,无芽孢。兼性厌氧菌,能发酵多种糖类,产酸、产气,是人和动物肠道中的正常栖居菌,婴儿出生后即随哺乳进入肠道,与人终身相伴,其代谢活动能抑制肠道内分解蛋白质的微生物生长,减少蛋白质分解产物对人体的危害,还能合成维生素 B 和维生素 K,以及有杀菌作用的大肠杆菌素。大肠杆菌在肠道中大量繁殖,几占粪便干重的 1/3。在环境卫生不良的情况下,常随粪便散布在周围环境中。在水和食品中检出大肠杆菌,认为是被粪便污染的指标,说明有肠道病原菌的存在。因此,大肠菌群数(或大肠菌值)常作为饮水和食物(或药物)的卫生学指标。

该菌对热的抵抗力较其他肠道杆菌强,55°C 经 60 min 或 60°C 经 15 min 仍有部分细菌

存活。在自然界的水中可存活数周至数月,在温度较低的粪便中存活更久。胆盐、煌绿等对大肠杆菌有抑制作用。对磺胺类、链霉素、氯霉素等敏感,但易耐药,由带有 R 因子的质粒转移而获得。

大肠杆菌具有很多毒力因子,包括内毒素、膜、Ⅲ型分泌系统、黏附素和外毒素等。内毒素是革兰氏阴性菌(大肠杆菌、沙门氏菌、鸭疫里默氏杆菌等)细胞壁的成分,是一种脂多糖。对机体有很强的毒性,可引起宿主发热、毒血症、败血症、心包炎、肝周炎、气囊炎、输卵管炎、肾炎,甚至休克死亡。内毒素只有在菌体死亡溶解后才能被释放,因此在治疗革兰氏阴性菌感染的疾病时,如果单纯大量应用抗生素,会使细菌死亡并释放更多的内毒素,上述症状得不到缓解,甚至出现内毒素性休克,而使死亡增加。Ⅲ型分泌系统是指能向真核靶细胞内输送毒性基因产物的细菌效应系统,由 20 余种蛋白质组成。黏附素能使细菌紧密黏着在泌尿道和肠道的细胞上,避免因排尿时尿液的冲刷和肠道的蠕动作用而被排除。大肠杆菌黏附素的特点是具有高特异性,包括定植因子抗原Ⅰ、Ⅱ、Ⅲ、集聚黏附菌毛Ⅰ和Ⅲ、束形菌毛、紧密黏附素、P 菌毛、侵袭质粒抗原蛋白和 Dr 菌毛等。

大肠杆菌能产多种的外毒素,包括志贺毒素Ⅰ和Ⅱ、耐热肠毒素Ⅰ和Ⅱ、不耐热肠毒素Ⅰ和Ⅱ。此外,溶血素 A 在尿路致病性大肠杆菌所致疾病中有重要作用。

大肠杆菌病给养殖业带来的损失越来越大,其难于治愈、死亡率高、极易复发等临床特点,通常多考虑为抗生素耐药、继发或并发感染、药物靶部位等因素引发,其实还有大肠杆菌死亡溶解释放的内毒素。

大肠杆菌是人和许多动物肠道中最主要且数量最多的一种细菌,主要寄生在大肠内。在正常栖居条件下,不会导致疾病,但若侵入人体一些部位时,可引起感染,如腹膜炎、胆囊炎、膀胱炎等。人在感染大肠杆菌后的症状为胃痛、呕吐、腹泻和发热。感染可能是致命性的,尤其是对孩子及老人。

大肠杆菌为埃希氏菌属(Escherichia)代表菌。某些血清型菌株的致病性强,引起腹泻,统称致病性大肠杆菌,一般多不致病,在一定条件下可引起肠道外感染。

饲料应置于通风干燥处;青贮饲料内不可混入动物尸体如死鼠、死鸟等;不将腐败发霉的饲料、已膨胀或变形的肉类罐头等饲喂家畜。

3. 肉毒梭菌

肉毒梭菌是芽孢杆菌科梭状芽孢杆菌属中的革兰氏阳性厌氧杆状细菌,是一种腐生菌,广泛存在于土壤、动物粪便中,未开垦的土壤和牧场尤为严重,肉类、鱼类、蔬菜、水果和谷物食品在生产、加工过程中都可能污染肉毒梭菌芽孢。

肉毒梭菌本身无致病力,但在适宜条件下能产生强烈的毒素,动物摄入被肉毒梭菌污染的肉类或其他饲料而发生中毒。繁殖型的细菌抵抗力弱,但形成芽孢后抵抗力很强,A 型肉毒梭菌芽孢杆菌能耐煮沸 6 h 以上,只有加热到 120℃经 30 min 或 125℃经 25 min,才能杀死芽孢。10%盐酸 1 h、5%石炭酸和 20%福尔马林 24 h 才能杀死芽孢。

肉毒梭菌毒素对动物的毒性很大,是目前已知的细菌外毒素中毒性最强的一种,注入 0.01 μg 就可致豚鼠死亡。肉毒梭菌毒素为一种蛋白质,相对分子质量 150 000,通常以毒素分子和一种血细胞凝聚素载体构成的复合物形式存在。毒素在消化道内不被破坏,液体中的毒素需 100℃经 15~20 min 被破坏,在固体食物中则须经 2 h 高温处理后才有可能被破坏。

肉毒梭菌按其抗原性不同,分为 A、B、Ca、Cb、D、E、F、G 等八型,其毒素也分为八型,各型毒素由同型细菌产生。A 型常见于肉、鱼、果、蔬菜制品和各型罐头食品,毒性最强,能引起人、猴、禽类、马、水貂、鱼中毒,牛、猪易感性次之;B 型见于各种肉类及其制品,能引起人、牛、马中毒,猪、犬、猫、禽类易感性较低;Ca 型常见于蝇蛆和腐烂的水草,主要侵害禽类;Cb 型常见于变质饲料和肉品类,禽类、牛、羊、马、骡、水貂和人均易感受;D 型常见于变质的肉类和动物尸体;E 型主要见于腐败鱼类,主要侵害人、猴和禽类;F 型可引起人中毒。

肉毒梭菌毒素是一种嗜神经毒素,动物摄入后毒素对胃肠道有一定的刺激作用。在胃及小肠上段吸收而进入血液循环,选择性地作用于神经,主要作用于神经末梢、神经与肌肉连接处。由于肉毒梭菌毒素能抑制神经传导化学介质-乙酰胆碱的释放或合成,导致肌肉麻痹。临床表现为病畜流涎、舌伸出口外、吞咽困难、草料存集于舌根或呈草团状含在口中,不能下咽等。

饲料应置于通风干燥处;青贮饲料内不可混入动物尸体如死鼠、死鸟等;不将腐败发霉的饲料、已膨胀或变形的肉类罐头等饲喂家畜;在缺磷地区的动物饲料中应添加钙、磷。

4.葡萄球菌

葡萄球菌为革兰氏阳性圆形细菌,无芽孢,抵抗力较强。广泛存在于空气、土壤、水、家畜的皮肤、牛的乳房中,尤其是大量存在患乳房炎的牛乳、家畜化脓性疾病及其分泌物中。当含蛋白质、脂肪、糖和水分充足的饲料或鱼肉剩饭等被葡萄球菌污染时,可迅速繁殖并很快产生外毒素。

葡萄球菌不是腐败菌,当食物和饲料被污染后,即使细菌大量繁殖,其色、味等感官性状仍无明显变化,因此不易引起人们的注意。葡萄球菌产生的肠毒素是一种耐热的蛋白质,普通的煮沸不能将其破坏,用含葡萄球菌的饲料或食物饲喂家畜有中毒的危险。如果家畜采食因患化脓性肝炎、肾炎、腹膜炎、乳房炎而死亡的动物尸肉,也可发生中毒。

葡萄球菌外毒素对胃和小肠有剧烈的刺激作用,可引起局部炎症。吸收进入血液循环的毒素,作用于血管动物神经,加剧局部瘀血、水肿、渗出;毒素作用于植物神经,可引起胃肠剧烈蠕动。临床表现为动物发生剧烈呕吐、流涎、腹痛腹泻、粪便带血,严重腹泻后呈现失水症状,如肌肉痉挛、虚脱。体温大多正常,如及时治疗,多可恢复。

注意合理保管饲料,避免与一些患化脓性疾病家畜的分泌物接触;不要给家畜饲喂腐败变质的饲料和化脓性病畜的肉或内脏。

(三)朊病毒

疯牛病于 1985 年 4 月在英国首先被发现,Wells 等于 1987 年首次报道。以后病例逐年增多,1989 年一年发现的病例占成年母牛的 0.039%。仅 1995 年,英国就发现了 10 万～15 万疯牛病病例,大量病牛被捕杀,造成严重的经济损失。近年,疯牛病相继在欧洲各国出现,而且在法国等国呈现出明显增多的势头,不但给流行国带来了巨大的经济损失,而且由于怀疑疯牛病可以传染给人,造成了严重的社会恐慌。1996 年,英国政府宣布,因患海绵状脑病而死亡的 10 名青年,可能与食用了感染疯牛病的牛肉有关。这是英国政府首次公开承认疯牛病可能与人海绵状脑病(朊病毒病)有关,消息引起了世界各国政府和世界卫生组织的高度关注。

朊病毒是一个超出经典病毒学和生物学的全新概念。朊病毒是医学生物学领域中至今尚未彻底弄清、与病毒和类病毒都很不相同的一种蛋白质浸染颗粒。它是一组至今不能查到任何核酸、对各种理化作用具有很强抵抗力、传染性分子质量在 27 000～30 000 u 的蛋白质浸染颗粒,在特定条件下,蛋白质发生突变或构型变化,致使由良性变为恶性,即变为具有传染性的浸染颗粒,可引起人和动物脑内神经元空泡变性(即海绵状变性),所以这类病毒引起的疫病被称为传染性海绵状脑病(TSE),又称为朊病毒病。

早期对朊病毒的认识主要是对羊瘙痒病的研究。Alper 在研究羊瘙痒病时发现,病羊脑组织在经受能够破坏 DNA 和 RNA 的放射处理后,仍具有传染性,认为感染因子可能是一种不含核酸的蛋白质。1982 年,Prusiner 等在感染瘙痒病的仓鼠脑组织中提取一种蛋白质,经检测此蛋白质不含核酸,同时此蛋白进行紫外光灭活 DNA、RNA 和酶处理 DNA、RNA 实验后,仍具有感染力;但如果对其作蛋白酶、蛋白变性剂处理,则失去感染能力;据此 Prusiner 等认为朊病毒是一种蛋白侵染颗粒(proteinaceous infectious particle),并命名为 PrP。20 世纪末,病毒界出现了一个神秘而崭新的名词-朊病毒,它与细菌、真菌、病毒及类病毒完全不同,有其独特的结构以及发病机制。它引起的疾病具有散发性、传染性、家族性、疫原性等特点,这些病如人的库鲁氏病、克-雅氏病及疯牛病都是无药可救的。过去,人们对其病原提出了种种假说,但直到 1982 年 Prusiner 提出 Prion(蛋白浸染子)假说,对朊病毒的研究才取得了突破性进展。此后,人们对朊病毒的研究也就步入了一个新阶段,对它的研究也越来越深入。

1. 病毒特征

朊病毒病潜伏期长,达数月至数年,甚至数 10 年。临床上以进行性共济失调、震颤、姿势不稳、痴呆或知觉过敏、行为反常等中枢神经系统症状为特征,100% 死亡。组织病变局限于中枢神经系统,以神经元空泡化、脑灰质的海绵状病变、神经胶质和星状细胞增生、PrPsc 蓄积和淀粉样蛋白斑块为特征。病变通常两侧对称。

2. 产生的动物疾病

(1)羊痒疫(scrapie)　羊痒疫是最常见的一种朊病毒病,慢性、消耗性疾病,潜伏期 1~3 年,发病率不高。主要临床症状:运动失调、麻痹、痴呆、瘫痪。病理剖检大脑皮层变薄,白质增多,出现海绵状空泡病变。光镜观察,神经元细胞退化,变成溶泡性死亡,被星状细胞取代。无论自然发病还是人工感染的脑提取物均可观察到羊瘙痒病相关纤维(scrapie associated fibrils,SAF)。

(2)疯牛病(学名牛海绵状脑病)(bovine spongiform encephalopathy,BSE)　与羊痒疫病病原相似。最早出现于英国,主要是由于饲料的改变所引起的,20 世纪 70 年代英国饲料中广泛添加动物内脏等动物性饲料,使得疯牛病于 1986 年在英国暴发,其中动物性饲料脂肪含量高,脂肪对朊病毒有保护作用。潜伏期一般 4~5 年,动物运动失调,行为异常,乱冲乱撞,最终麻痹瘫痪而死亡。病理剖检脑组织有海绵状病变。垂直传播是指从父母传染给子代,有研究专门分析了疯牛病母牛产下的犊牛的实际发病率,研究表明,出生后 3 d 内感染率较高。病牛病原可跨物种传染,可传染牛、羊、鼠、灵长类等。

(3)传染性雪貂白质脑病(transmissible mink encephalopathy,TME)　估计是有人用死去的患羊痒疫的羊肉喂饲家养的水貂,使其感染上疾病。后来,有病水貂逃野外,把这种疾病传给野生的水貂。病理学类似于羊痒疫。经口传播,可传递给松鼠、猴等(可能因喂食羊尸或内脏而受感染),表现共济失调,易怒。

(4)大耳鹿慢性消耗病(chronic wasting disease of deer,CWD)　CWD 主要是引起鹿和麇的一种朊病毒病,病理学类似于 BSE,包括淀粉样蚀斑。对于 CWD PrPsc 传染性的研究,显示它能越过种间屏障和 BSE 一样能有效地从鹿传染给人。

(5)猫海绵状脑病(feline spongiform encephalopathy,FSE)   FSE 是一种传染性海绵状脑病,主要引起家猫发病,可能是猫食用被朊病毒感染的牛肉或骨粉所致,症状类似羊痒疫。

任务 5-2   饲料及饲料添加剂的生物安全质量标准

饲料工业发展到现在,不仅在规模上发生显著变化,同时也产生了新的科学理论和概念,特别是饲料工业与生态环境的关系引起学术界的广泛重视。分析国内外的饲料标准,不难看出,以前的饲料标准工作,更多地注意了饲料产品对畜禽自身健康和生产效率的问题,如饲料杂质问题、有毒有害物质和药物添加剂的应用技术问题等。今后饲料工业的发展,除面临动物自身的健康和生产效率的制约之外,更多地将面临生态环境和养殖产品质量的制约。由此一个新的饲料标准概念—饲料生物安全质量标准也就应运而生了。与饲料卫生概念相比,饲料生物安全包括了更深入和更广泛的内容。它不仅要研究饲料成分对养殖动物自身健康、生产效率的影响,而且更要研究对养殖产品品质的影响,以及对宏观生态和微观生态不同层次所产生的影响,更重要的是对人体和人类生命安全的影响,因此迫切需要制定相应的生物安全质量标准。

一、制定饲料生物安全质量标准的原则

按照饲料生物安全的概念,制订标准时应重点考虑饲料中对人畜健康可能具有不良作用的因素,如药物、重金属、微生物及其代谢产物等,或通过环境可能直接影响人畜健康的因素,如砷、铜等;对饲料中可能导致环境污染、但在短期内对人畜健康可能无明显直接危害的因素未作限定,如氮、磷等。对于包装和标签方面,如果不符合 GB 10648—2013 的规定,就无法保证其质量和安全。对于感官指标,从饲料的颜色、气味、味道、质地等方面了解产品组成、是否混合均匀、是否掺假、是否霉变或氧化变质。然后是化学或生物学指标,这是饲料生物安全评定的最重要的环节,重点需要考虑饲料中有毒有害的重金属和非金属、违禁药品、植物蛋白质饲料中的毒物、有害微生物及霉菌毒素和农药残留。从产品包装、标签、感官指标、理化指标、动物安全性试验结果等各方面来制订饲料生物安全质量标准,保证饲料安全。

1.饲料卫生指标

饲料卫生指标包括砷、铅、氟、镉、汞、霉菌、黄曲霉素 Bl、氰化物、亚硝酸盐、游酚、异硫氰酸酯、嚼唑烷硫酮、六六六、滴滴涕、沙门氏菌、细菌总数等,在配合饲料中的允许量依据 GB 13078—2001《饲料卫生标准》。对肉毒梭菌及肉毒毒素、志贺菌、大肠菌群的限制数量主要是参照食品卫生标准确定的。卫生指标的检测方法来源于国家标准或 AOAC 检测方法。

2.饲料添加剂

配合饲料中使用的营养性饲料添加剂和一般饲料添加剂应是 1999 年中华人民共和国农业部公布的《允许使用的饲料添加剂品种目录》所规定的品种,或是取得试生产产品批准文号的新饲料添加剂品种,添加剂的质量应符合相应添加剂的国家或行业质量标准。配合饲料中药物饲料添加剂的使用品种、适用动物种类、适用阶段、最小限量、最大限量、休药期

等必须按照中华人民共和国农业部文件农牧发[2001]20号"关于发布《饲料药物添加剂使用规范》的通知"执行。

3.违禁药品

为了保证动物性食品的安全,维护人民身体健康,根据《兽医管理条例》的规定,2002年农业部文件农牧发[2002]1号"关于发布《食品动物禁用的兽药及其他化合物清单》的通知"明文规定11类兽药及其他化合物在所有食品动物中禁用;有9类兽药及其他化合物在水生食品动物中禁用;有1类(各种汞制剂)在所有动物中禁用。对盐酸克仑特罗、呋喃唑酮、氯霉素、己烯雌酚、安眠酮等应做明确的规定,要求在10^{-9}数量级上不得检出,检测方法按国家农业部制定的标准或AOAC分析方法执行。

4.农药残留

根据GB 13078—2001《饲料卫生标准》对六六六、滴滴涕允许量的限制来确定其在饲料中的允许量,其他农药主要依据食品卫生标准来计算其在浓缩饲料中的允许量。

5.二噁英、疯牛病因子

有关二噁英、疯牛病因子的检测方法对一般的饲料厂有很大的难度,但是它们对全球饲料安全具有巨大的威胁,因此,检测浓缩饲料中二噁英、疯牛病因子的含量是必要的,但更简便的检测方法有待研究。

6.饲料的霉变、氧化酸败

谷类、油粕类和动物饲料都是支持霉菌生长的良好基质。饲料中霉菌过度生长会使营养损失,并产生霉菌毒素,动物采食该饲料后出现中毒,并导致乳品或肉品等食品受污染,从而影响人类健康。根据霉菌毒素在饲料中存在的广泛性和毒性强弱,一般认为黄曲霉素、赭曲霉毒素、玉米赤霉烯酮、单端孢霉毒素以及橘霉素的危害最大。据报道黄曲霉毒素B1对鼠的半数致死剂量为7~20 pg/kg,赭曲霉毒素A对大鼠的半数致死剂量为20 pg/kg。因此,国家《饲料卫生标准》中明文规定黄曲霉素B1的允许量和饲料中霉菌允许总数。

饲料中含有多种脂质分子(如三磷酸甘油酯、自由脂肪酸、维生素、磷脂质等),很容易通过氧化作用而发生酸败现象。酸败产物会降低饲料适口性,破坏养分的生物效价,影响动物健康。因此,为了提高饲料的安全性,必须防止饲料的氧化酸败。

▶ 二、各类饲料原料及饲料添加剂的生物安全质量标准

限于篇幅,本书仅介绍常用饲料及饲料添加剂的生物安全质量标准的主要内容。

(一)动物性蛋白质饲料原料

动物性蛋白质原料指饲料加工企业、动物养殖场、饲料检测机构和饲料经营者所使用、检测和经营的各种动物性蛋白质饲料原料,其干物质中粗蛋白质含量≥20%,主要包括鱼粉、肉骨粉、血粉、水解羽毛粉、血浆蛋白粉等。

1.鱼粉

鱼粉是用一种或多种鱼类的鱼体及其下脚料为原料,经脱脂、干燥、粉碎而成的蛋白质饲料。生产鱼粉所使用的原料应不受石油、农药、有害金属或其他化学物质污染。鱼粉是高蛋白高脂肪的饲料原料,其质量和安全性易受环境影响,如霉害、褐色化、焦化、蛋白质变质、脂肪氧化、加工温度等,对此应在标准中进行严格限定。

(1)原料　生产鱼粉所使用的原料应是不受石油、农药、有害金属或其他化学物质污染的鱼、虾、蟹类等水产动物及加工废弃物；必要时，原料需进行分拣，并去除沙石、草木、金属等杂物。

(2)感官指标　见表 5-4。

表 5-4　鱼粉的等级和感官指标

项目	特级品	一级品	二级品	三级品
颜色	黄棕色	黄棕色	黄褐色	黄褐色
组织	膨松、纤维状组织明显，无结块、无霉变	膨松、纤维状组织明显，无结块、无霉变	松软粉状物、无结块、无霉变	
气味	有鱼香味，无焦灼味和油脂酸败味		具有鱼粉正常气味，无异味、无焦灼味	
粒度	至少98%能通过筛孔为 2.8 mm 的标准筛			

(3)理化指标　见表 5-5。

表 5-5　鱼粉的理化指标

项目	特级品	一级品	二级品	三级品
粗蛋白/%	≥60	≥55	≥50	≥45
粗脂肪/%	≤10	≤10	≤12	≤12
水分/%	≤10	≤10	≤10	≤12
盐分/%	≤2	≤3	≤3	≤4
灰分/%	≤15	≤20	≤25	>25
砷(以 As 计)/(mg/kg)	≤10.0			
铅(以 Pb 计)/(mg/kg)	≤10.0			
汞(以 Hg 计)/(mg/kg)	≤0.5			
镉(以 Cd 计)/(mg/kg)	≤2.0			
铬(以 Cr 计)/(mg/kg)	≤10.0			
氟(以 F 计)/(mg/kg)	≤500			
亚硝酸盐(以 $NaNO_2$ 计)/(mg/kg)	≤60			
六六六/(mg/kg)	≤0.05			
滴滴涕/(mg/kg)	≤0.02			
细菌总数/(10^6 个/g)	<12			
挥发性盐基氮/(mg/kg)	<1 000			
霉菌的允许量/(10^3 个/g)	<20			
黄曲霉毒素 B1 允许量/(μg/kg)	≤30			
沙门氏菌	不得检出			
志贺菌	不得检出			
寄生虫	不得检出			
二噁英	不得检出			

不同等级鱼粉的粗蛋白、粗脂肪、水分、盐分的含量不同,但不同等级鱼粉的安全标准则完全相同。其中,砷、铅、汞、镉、铬、氟、亚硝酸盐、六六六和滴滴涕的允许含量,细菌总数与沙门氏菌的数量依据《饲料卫生标准》确定。另外,挥发性盐基氮(TB-N)是动物性饲料中蛋白质、核酸等物质经细菌和酶的作用产生的胺类物质的总称,根据 TB-N 的含量可知道鱼粉蛋白质的降解程度,间接表明鱼粉的品质。鱼粉的鲜度与贮藏时间和 TB-N 含量基本成正比关系,即在一般贮藏条件下,贮藏时间越长,TB-N 含量越高。鱼粉中 TB-N 的允许值是根据试验数据确定的。梁邢文等(1992)试验表明,贮藏 3～4 个月的鱼粉,TB-N 含量仅在44.5～58.3 mg/kg 之间,而贮藏 6 个月以上的鱼粉,TB-N 值可上升到 195.3～551.5 mg/kg,两者相比,后者为前者的 4～12 倍($P < 0.03$),贮存后品质较好的鱼粉其 TB-N 的含量为500 mg/kg 左右,而结块和变质的鱼粉的 TN-B 含量为 1 500 mg/kg 以上。由此认为,TB-N含量在 100 mg/kg 以下的鱼粉质量较好,这也与中国台湾规定的饲料级鱼粉 TB-N 值一致。志贺菌与沙门氏菌一样都是人畜共患细菌,不应在动物性饲料中存在;寄生虫在动物性蛋白饲料中不能存在。

2. 肉骨粉

(1)原料 生产肉骨粉所使用的原料应是哺乳动物屠宰加工的副产品。主要是屠体分割以后残留的肌肉和全部骨骼,其中不应含有血液、毛发、蹄角、皮革、粪便及消化道内容物。

(2)感官指标 见表5-6。

表 5-6 肉骨粉的感官指标

项目	感官指标
颜色	油状,金黄色直至褐色或深褐色,含油脂高时色深
气味	新鲜的肉味,并具有烤肉香及牛油或猪油味,贮存不良或变质时会出现酸败味
质地	粉状,含粗骨;颜色、气味及成分均匀一致,不可含有过多的毛发、蹄、角及血液等
粒度	100%可通过 No.7 标准筛,95%可通过 No.10 标准筛
密度	(0.5～0.58)×10^3 kg/m³

(3)理化指标 见表5-7。

表 5-7 肉骨粉的理化指标

项目	50%肉骨粉	50%肉骨粉(溶剂提油)	45%肉骨粉	台湾省规格肉骨粉
水分/%	6.0(5.0～10.0)	7.0(5.0～10.0)	6.0(5～10)	<10.0
粗蛋白/%	50.0(48.5～52.5)	50.0(48.5～52.5)	46.0(44.0～48.0)	>40.0
粗脂肪/%	8.0(7.5～10.5)	2.0(1.0～4.0)	10.0(7.0～13.0)	<12.0
粗灰分/%	28.5(27.0～33.0)	30.0(29.0～32.0)	35.0(31.0～38.0)	<35.0
钙/%	9.5(9.0～13.0)	10.5(10.0～14.0)	10.7(9.5～12.0)	—
磷/%	5.0(4.6～6.5)	5.5(5.0～7.0)	5.4(4.5～6.0)	—
砷(以 As 计)/(mg/kg)	≤10.0			

项目	50％肉骨粉	50％肉骨粉（溶剂提油）	45％肉骨粉	台湾省规格肉骨粉
铅(以 Pb 计)/(mg/kg)	≤10.0			
汞(以 Hg 计)/(mg/kg)	≤0.5			
镉(以 Cd 计)/(mg/kg)	≤2.0			
铬(以 Cr 计)/(mg/kg)	≤10.0			
氟(以 F 计)/(mg/kg)	≤500			
亚硝酸盐(以 $NaNO_2$ 计)/(mg/kg)	≤60			
六六六/(mg/kg)	≤0.05			
滴滴涕/(mg/kg)	≤0.02			
细菌总数/(10^6 个/g)	<1			
挥发性盐基氮/(mg/kg)	<1 000			
霉菌的允许量/(10^3 个/g)	<20			
黄曲霉毒素 B1 允许量/(μg/kg)	≤30			
沙门氏菌	不得检出			
志贺菌	不得检出			
寄生虫	不得检出			
违禁药物	不得检出			
二噁英	不得检出			

注:所列卫生指标的允许含量均以干物质为88％的饲料为基础计算。

卫生指标中,砷、铅、汞、镉、铬、氟、亚硝酸盐、六六六、滴滴涕、细菌总数与沙门氏菌的数量都参照《饲料卫生标准》。此外,肉骨粉中增加了对志贺菌、违禁药物、寄生虫、疯牛病因子和二噁英的检测。由于肉骨粉等高蛋白饲料是各种寄生虫和细菌生长营养丰富的培养基,所以各种细菌都容易生长,且志贺菌与沙门氏菌一样都是人畜共患细菌;生产肉骨粉的原料都是来源于动物的副产品,而动物本身在生长过程中长期食用违禁药物或其他的药物(如抗生素)导致积累而超标,用这样的原料生产的肉骨粉中就可能存在各种违禁药物。肉骨粉中的违禁药物在 10^{-9} 数量级上不得检出。

3. 血粉

(1)原料 生产血粉所使用的原料应是经兽医检验合格的清洁、新鲜的动物血液,其中不应含有毛发、胃内容物、尿素及病原微生物等外来物。

(2)感官指标 见表5-8。

项目 5 饲料中有毒有害成分及饲料生物安全质量标准

表 5-8　血粉的感官指标

项目	蒸煮干燥	瞬间干燥	喷雾干燥
颜色	红褐色至黑色,随着干燥温度的增加而颜色加深	一致的红褐色	一致的红褐色
气味	应新鲜,不可腐败、发霉及有异臭,若具有辛辣味,可能血中混有其他物质		
质地	小圆粒或细粉末状,不可有过热颗粒和潮解、结块现象		
粒度	100%可通过 No.7 标准筛,95%可通过 No.10 标准筛		
密度	$(0.48\sim0.6)\times10^3$ kg/m³		
水溶性	略溶于水	不溶于水	易溶于水,易潮解

（3）理化指标　见表 5-9。

表 5-9　血粉的理化指标

项目	蒸煮干燥	瞬间干燥	喷雾干燥
水分/%	<11.5	<10.0	<10.5
粗蛋白/%	>79.0	>85.0	>85.0
粗脂肪/%	<1.5	<3.0	<3.0
粗灰分/%	<6.0	<6.0	<6.0
钙/%	<1.0	—	—
磷/%	<0.90	—	—
砷(以 As 计)/(mg/kg)	≤10.0		
铅(以 Pb 计)/(mg/kg)	≤10.0		
汞(以 Hg 计)/(mg/kg)	≤0.5		
镉(以 Cd 计)/(mg/kg)	≤2.0		
铬(以 Cr 计)/(mg/kg)	≤10.0		
氟(以 F 计)/(mg/kg)	≤500		
亚硝酸盐(以 $NaNO_2$ 计)/(mg/kg)	≤60		
六六六/(mg/kg)	≤0.05		
滴滴涕/(mg/kg)	≤0.02		
细菌总数/(10^6 个/g)	<1		
挥发性盐基氮/(mg/kg)	<1 000		
霉菌的允许量/(10^3 个/g)	<20		
黄曲霉毒素 B1 允许量/(μg/kg)	≤30		
沙门氏菌	不得检出		
志贺菌	不得检出		
寄生虫	不得检出		
违禁药物	不得检出		
二噁英	不得检出		

注:所列卫生指标的允许含量均以干物质为 88% 的饲料为基础计算。

饲料安全与法规

4.水解羽毛粉

(1)原料 生产水解羽毛粉所使用的原料应是家禽屠体脱毛处理后的羽毛,其中不应含有血液、皮肤等外来物。

(2)感官指标 见表5-10。

表5-10 水解羽毛粉的感官指标

项目	感官指标
颜色	浅色生羽毛所制成的产品为淡黄色直至褐色;深色(杂色)生羽毛所生产的产品为深褐色直至黑色
气味	具有新鲜的羽毛臭味,不可有焦味、腐败味、霉味及其他刺鼻味道
质地	粉状,同批次产品应有一致的色泽、成分及质地
粒度	100%可通过 No.7 标准筛,95%可通过 No.10 标准

(3)理化指标 见表5-11。

表5-11 水解羽毛粉的化学指标

项目	一般规格	中国台湾省	日本
水分/%	<10.0	<10.0	—
粗蛋白/%	>79.0	>80.0	>80.0
粗脂肪/%	<4.0	<4.0	—
粗灰分/%	<3.8	<6.0	<3.0
钙/%	<0.40	—	—
磷/%	<0.70	—	—
砷(以 As 计)/(mg/kg)	≤10.0		
铅(以 Pb 计)/(mg/kg)	≤10.0		
汞(以 Hg 计)/(mg/kg)	≤0.5		
镉(以 Cd 计)/(mg/kg)	≤2.0		
铬(以 Cr 计)/(mg/kg)	≤10.0		
氟(以 F 计)/(mg/kg)	≤500		
亚硝酸盐(以 $NaNO_2$ 计)/(mg/kg)	≤60		
六六六/(mg/kg)	≤0.05		
滴滴涕/(mg/kg)	≤0.02		
细菌总数/(10^6 个/g)	<1		
挥发性盐基氮/(mg/kg)	<1 000		
霉菌的允许量/(10^3 个/g)	<20		
黄曲霉毒素 B1 允许量/(μg/kg)	≤30		

续表 5-11

项目	一般规格	中国台湾省	日本
沙门氏菌		不得检出	
志贺菌		不得检出	
寄生虫		不得检出	
违禁药物		不得检出	
二噁英		不得检出	

注：所列卫生指标的允许含量均以干物质为88％的饲料为基础计算。

5.血浆蛋白粉

（1）原料　生产血浆蛋白粉所使用的原料应是从清洁、新鲜、卫生检疫合格的动物鲜血中分离出的血浆。

（2）感官指标　见表5-12。

表 5-12　血浆蛋白粉的感官指标

颜色	乳白色或浅褐色
气味	应新鲜,不可有腐败、发霉及异味
质地	粉状或微粒,不可有过热的颗粒、潮解、结块、霉变等
粒度	96％能通过 No.10 标准筛

（3）理化指标　见表5-13。

表 5-13　血浆蛋白粉的理化指标

指标	含量	指标	含量
粗蛋白/％	$\geqslant 75$	亚硝酸盐(以 $NaNO_2$ 计)/(mg/kg)	$\leqslant 60$
粗脂肪/％	<4	六六六/(mg/kg)	$\leqslant 0.05$
水分/％	<10.5	滴滴涕/(mg/kg)	$\leqslant 0.02$
钙/％	$\leqslant 0.15$	细菌总数/(10^6 个/g)	<2
磷/％	<1.8	挥发性盐基氮/(mg/kg)	$<1\,000$
粗灰分/％	$\leqslant 10.0$	霉菌的允许量/(10^3 个/g)	<20
砷(以 As 计)/(mg/kg)	$\leqslant 10.0$	黄曲霉毒素 B1 允许量/(μg/kg)	$\leqslant 30$
铅(以 Pb 计)/(mg/kg)	$\leqslant 10.0$	沙门氏菌	不得检出
汞(以 Hg 计)/(mg/kg)	$\leqslant 0.5$	志贺菌	不得检出
镉(以 Cd 计)/(mg/kg)	$\leqslant 2.0$	寄生虫	不得检出
铬(以 Cr 计)/(mg/kg)	<10.0	违禁药物	不得检出
氟(以 F 计)/(mg/kg)	$\leqslant 500$	二噁英	不得检出

注：所列卫生指标的允许含量均以干物质为88％的饲料为基础计算。

(二)饲用油脂

当今饲料生产中,为了提高饲料的能量浓度、减少饲料加工过程中的粉尘、改善动物生产性能,而使用了大量的油脂类原料;饲用油脂来源非常广,主要包括动物油脂(牛油、猪油、禽油、鱼油等)、植物油脂(玉米油、豆油等)等。

饲用油脂包括动物饲料中添加的油和脂。凝固点在40℃以上者为油脂,低于40℃者为油膏。《粮油名词术语 油脂工业》(GB/T 8873—2008)规定,油脂是甘油三脂肪酸酯的统称。天然油脂是混合脂肪酸的甘油三酸酯的混合物,一般常温下为液体者叫油,固体者为脂。油多来源于植物和海产品,脂多来源于动物。

(1)感官要求(气味、滋味和透明度) 应具有该油固有的气味和滋味,无异味。在静置后,合格的油脂是透明的。

(2)水分及挥发物含量 植物性油脂应低于1%,动物性油脂应低于0.2%。

(3)标识 来自转基因植物的饲用植物油脂须标明含有转基因成分字样。

(4)其他质量标准 应符合表5-14的要求。

表 5-14 饲用油脂质量标准

序号	安全卫生指标项目	饲用油脂名称	指标限量	备注
1	总脂肪酸含量/%	动物脂肪(牛油、猪油、禽油)	≥90.0	若加有抗氧化剂须标示其名称和含量,并加注"保险用"字样
		动植物混合油脂	≥90.0	
2	不皂化物含量/%	动物脂肪(牛油、猪油、禽油)	≤2.5	
		动植物混合油脂	≤4.0	
3	不溶物或杂质含量/%	动物脂肪(牛油、猪油、禽油)	≤0.05	
		动植物混合油脂	≤1.0	
4	酸价	动物脂肪(牛油、猪油、禽油)	≤15	
5	游离脂肪酸	动物脂肪(牛油、猪油、禽油)	≤15	
		动植物混合油脂	≤50	
6	碘值	动物脂肪(牛油、猪油、禽油)	≤0.65	
	水分	动物脂肪(牛油、猪油、禽油)	≤1.0	
		动植物混合油脂	≤1.5	
7	皂化值	动物脂肪(牛油、猪油、禽油)	不得检出	
8	过氧化值/(meq/kg)	动物脂肪(牛油、猪油、禽油)	<5	禁用(>5)
9	熔点	动物脂肪(牛油、猪油、禽油)		
10	105℃挥发物/%	饲用油脂	≤0.2	
11	铁/(mg/kg)	饲用油脂	≤1.5	
12	铜/(mg/kg)	饲用油脂	≤0.1	
13	铅/(mg/kg)	饲用油脂	≤0.1	
14	砷/(mg/kg)	饲用油脂	≤0.1	

(三)饼粕类饲料原料

饼粕类饲料原料是饲用价值较高的蛋白质饲料,在动物饲料配合过程中起着重要作用,植物饼粕是指植物的种子经提取植物油后的残留物,其中用压榨法榨油后的残留物为油饼,经溶剂浸提或预压浸提法取油后的产品为油粕。

各类油料籽实的共同特点是油脂与蛋白质含量较高,因此提取油脂后的饼粕中的蛋白质含量就显得更高,再加上残存不同含量的油脂,故饼粕类饲料的营养价值较高。但植物饼粕也有下述缺点:其一,植物种子多具有抑制营养成分利用的因子,且有些含有有毒物质,如棉酚等;其二,植物性蛋白质中的氨基酸成分比动物性蛋白质差;其三,碳水化合物的利用率差,矿物质中的钙、磷均高,而磷多属于植酸磷,纤维含量随其加工工艺及等级差异变化较大;其四,其加工原料中转基因成分较高,如转基因玉米、大豆、油菜籽等。这些因素的存在对饼粕类饲料的安全性产生了威胁。

1. 感官性状

应具有一定的新鲜度,具有该饼(粕)应有的色、嗅、味和组织形态特征,无发霉、变质、结块、异味及异臭。

2. 夹杂物

不得掺入该饼粕以外的物质,若加入抗氧化剂、防霉剂等添加剂时,应做相应的说明。

3. 有毒有害成分及微生物指标

见表 5-15。

表 5-15　饼粕类饲料的有毒有害成分及微生物指标

项目	原料名称	含量	备注
霉菌总数/(10^3 个/g)	豆饼(粕)、棉籽饼(粕)、菜籽饼(粕)	<50	限量饲用(20~50)禁用(>50)
黄曲霉毒素 B1 允许量/(μg/kg)	花生饼(粕)、棉籽饼(粕)、菜籽饼(粕)	≤50	
氰化物(以 HCN 计)计的允许量/(mg/kg)	胡麻饼(粕)	≤350	
游离棉酚的允许量/(mg/kg)	棉籽饼(粕)	≤1 200	
异硫氰酸酯(以丙烯基异硫氰酸酯计)的允许量/(mg/kg)	菜籽饼(粕)	≤4 000	
六六六/(mg/kg)	大豆饼(粕)	≤0.05	
滴滴涕/(mg/kg)	大豆饼(粕)	≤0.02	
违禁药物	不得检出		
转基因成分	不得检出		

4. 质量指标及分级标准

(1)菜籽饼

①理化指标　褐色,小瓦片状、片状或饼状,具有菜籽饼油香味,水分含量不得超过 12.0%。

②质量标准　以粗蛋白质、粗纤维、粗灰分及粗脂肪为质量控制指标,按含量分为三

级,见表 5-16。

表 5-16　菜籽饼分级及质量指标 　　　　　　　　　　　　 ％

质量指标	一级	二级	三级
粗蛋白质	≥37.0	≥34.0	≥30.0
粗纤维	<14.0	<14.0	<14.0
粗灰分	<12.0	<12.0	<12.0
粗脂肪	<10.0	<10.0	<10.0

注:各项质量指标均以 88％干物质为基础计算;4 项质量指标必须全部符合相应等级的规定;二级饲料用菜籽饼为中等质量标准,低于三级者为等外品。

（2）菜籽粕

①理化指标　黄色或浅褐色,碎片或粗粉状,具有菜籽粕油香味,水分含量不得超过12.0 ％。

②质量标准　以粗蛋白质粗纤维及粗灰分为质量控制指标,按含量分为三级,见表 5-17。

表 5-17　菜籽粕分级及质量指标 　　　　　　　　　　　　 ％

质量指标	一级	二级	三级
粗蛋白质	≥40.0	≥37.0	≥33.0
粗纤维	<14.0	<14.0	<14.0
粗灰分	<8.0	<8.0	<8.0

注:各项质量指标含量均以 88％干物质为基础计算;3 项质量指标必须全部符合相应等级的规定;二级饲料菜籽粕为中等质量标准,低于三级者为等外品。

（3）大豆饼

①理化指标　本品呈黄褐色饼状或小片状,水分含量不得超过13.0％。

②质量标准　以粗蛋白质、粗纤维、粗灰分及粗脂肪为质量控制指标,按含量分为三级,见表 5-18。

表 5-18　大豆饼分级及质量指标 　　　　　　　　　　　　 ％

质量指标	一级	二级	三级
粗蛋白质	≥41.0	≥39.0	≥37.0
粗纤维	<8.0	<8.0	<8.0
粗灰分	<5.0	<6.0	<7.0
粗脂肪	<6.0	<7.0	<8.0

注:各项质量指标量均以 87％干物质为基础计算,4 项质量指标必须全部符合相应等级的规定;二级饲料用大豆饼为中等质量标准,低于三级者为等外品。

（4）大豆粕

①理化指标　淡黄色或浅褐色的碎片状,颜色过深表示加热过度或变质,过浅表示加热不足。具有烤大豆香味,无酸败、霉坏、焦化、生豆腥等异味。质地均匀,流动性良好,密度为0.55～0.65 kg/L。水分含量不得超过13.0％。

②质量标准 以粗蛋白质、粗纤维及粗灰分为质量控制指标,按含量分为三级,见表5-19。

表5-19 大豆粕分级及质量指标 %

质量指标	一级	二级	三级
粗蛋白质	≥44.0	≥42.0	≥40.0
粗纤维	<5.0	<6.0	<7.0
粗灰分	<6.0	<7.0	<8.0

注:各项质量指标含量均以87%干物质为基础计算,3项质量必须全部符合相应等级的规定;二级饲料用大豆粕为中等质量标准,低于三级者为等外品。

(5)棉籽饼

①理化指标 小瓦片状或饼状,色泽呈新鲜一致的黄褐色,水分含量不得超过12.0%。

②质量标准 以粗蛋白质、粗纤维及粗灰分为质量控制指标,按含量分为三级,见表5-20。

表5-20 棉籽饼分级及质量标准 %

质量指标	一级	二级	三级
粗蛋白质	≥40.0	≥36.0	≥32.0
粗纤维	<10.0	<12.0	<14.0
粗灰分	<6.0	<7.0	<8.0

注:各项质量指标含量均以88%干物质为基础计算,3项质量指标必须全部符合相应等级的规定;二级饲料用棉籽饼为中等质量标准,低于三级者为等外品。

(6)花生饼

①理化指标 小瓦片状或圆扁块状,色泽新鲜一致,水分含量不得超过12.0%。

②质量标准 以粗蛋白质、粗纤维及粗灰分为质量控制指标,按含量分为三级,见表5-21。

表5-21 花生饼分级及质量指标 %

质量指标	一级	二级	三级
粗蛋白质	≥48.0	≥40.0	≥36.0
粗纤维	<7.0	<9.0	<11.0
粗灰分	<6.0	<7.0	<8.0

注:各项质量指标含量均以88%干物质为基础计算,3项质量指标必须全部符合相应等级的规定;二级饲料用花生饼为中等质量标准,低于三级者为等外品。

(7)花生粕

①理化指标 碎屑状,色泽呈新鲜一致的黄色或浅褐色,水分含量不得超过12.0%。

②质量标准 以粗蛋白质、粗纤维及粗灰分为质量控制指标,按含量分为三级,见表5-22。

表 5-22　花生粕分类及质量指标　　　　　　　　　　　　%

质量指标	一级	二级	三级
粗蛋白质	≥51.0	≥42.0	≥37.0
粗纤维	<7.0	<9.0	<11.0
粗灰分	<6.0	<7.0	<8.0

注:各项质量指标含量均以 88%干物质为基础计算,3 项质量指标必须全部符合相应等级的规定;二级饲料用花生粕为中等质量标准,低于三级者为等外品。

(四)动物性矿物质原料

动物性矿物质原料应具有品种特有的颜色、形态、气味,无结块、霉变、腐臭、异物,骨粉不应用于反刍动物饲料中,其他动物饲料中不应使用来源于同种动物的骨粉。

1.骨粉

(1)感官指标　见表 5-23。

表 5-23　骨粉的感官指标

项目	一级	二级	三级
色泽	浅灰白色		灰白色
状态		粉状或颗粒状	
气味	具固有气味,无不良气味	具固有气味,无腐败气味	

(2)理化指标　见表 5-24。

表 5-24　骨粉的理化指标　　　　　　　　　　　　%

项目	一级	二级	三级
水分	≤8	≤9	≤10
钙	≥25	≥22	≥20
磷	≥13	≥11	≥10

(3)安全卫生指标　见表 5-25。

表 5-25　骨粉的安全卫生指标

项目	指标	项目	指标
氟(以 F 计)/(mg/kg)	≤1 800	砷(以总 As 计)/(mg/kg)	≤10.0
霉菌总数/(10^3 个/g)	<50	细菌总数/(10^3 个/g)	<2.5
重金属(以 Pb 计)/(mg/kg)	≤10.0	违禁药物	不得检出

2.蛋壳粉

(1)感官指标　见表 5-26。

表 5-26　蛋壳粉的感官指标

项目	一级	二级
色泽	浅灰白色	灰白色
状态	粉状或片状	
气味	具固有气味,无不良气味	具固有气味,无腐败气味

(2)理化指标　见表5-27。

表 5-27　蛋壳粉的理化指标

指标	一级	二级
水分/%	≤8	≤10
钙/%	≥34	≥29
粗蛋白/%	≥5	—
霉菌总数/(10^3 个/g)	<50	
重金属(以 Pb 计)/(mg/kg)	≤10.0	
砷(以总 As 计)/(mg/kg)	≤2.0	
沙门氏菌	不得检出	
细菌总数/(10^6 个/g)	<2.5	
违禁药物	不得检出	

3. 贝壳粉

(1)感官指标　见表5-28。

表 5-28　贝壳粉的感官指标

项目	一级	二级
色泽	白色	灰白色
状态	粉状或颗粒状	
气味	具固有气味,无不良气味	具固有气味,无腐败气味

(2)理化指标　见表5-29。

表 5-29　贝壳粉的理化指标

指标	一级	二级
水分/%	≤8	≤10
钙/%	≥36	≥38
霉菌总数/(10^3 个/g)	<50	
重金属(以 Pb 计)/(mg/kg)	≤10.0	
砷(以总 As 计)/(mg/kg)	≤2.0	
沙门氏菌	不得检出	
细菌总数/(10^6 个/g)	<2.5	
违禁药物	不得检出	

(五)矿石类添加剂

1. 沸石粉

沸石粉分子式为：方沸石，$NaAlSi_2O_6$；菱沸石，$CaAl_2Si_4O_{12}$；钠沸石 $Ca_2Al_2O_{10}$；杆沸石，$(Ca,Na_2)Al_2Si_2O_8$

(1)感官指标　为白色至灰色晶体，流动性好。

(2)理化指标　见表 5-30。

表 5-30　沸石的理化指标

项目	含量	项目	含量
二氧化硅	≥60.0	砷(以总 As 计)/(mg/kg)	≤10.0
粒度(通过 40 目筛的比例)/%	≥95	违禁药物	不得检出
重金属(以 Pb 计)/(mg/kg)	≤30.0		

2. 麦饭石

(1)感官指标　粗、黄、白，类似麦饭。

(2)理化指标　见表 5-31。

表 5-31　麦饭石的理化指标

项目	含量	项目	含量
二氧化硅	≥60.0	汞(以 Hg 计)/(mg/kg)	≤1 800
粒度(通过 40 目筛的比例)/%	≥95	氟(以 F 计)/(mg/kg)	≤0.10
重金属(以 Pb 计)/(mg/kg)	≤30.0	违禁药物	不得检出
砷(以总 As 计)/(mg/kg)	≤10.0		

3. 膨润土

(1)感官指标　呈乳白色、白褐色、灰色或蓝灰色黏土，有层状结晶构造，具强吸水能力。

(2)理化指标　见表 5-32。

表 5-32　膨润土的理化指标

项目	含量	项目	含量
粒度(通过 40 目筛的比例)/%	≥90	砷(以总 As 计)/(mg/kg)	≤10.0
重金属(以 Pb 计)/(mg/kg)	≤30.0	违禁药物	不得检出

4. 硅藻土

感官及理化指标见表 5-33。

表 5-33　硅藻土的感官及理化指标

项目	一级	二级	项目	含量
色泽	黄色或浅灰色	褐色	砷(以总 As 计)/(mg/kg)	≤10.0
粒度(通过 40 目筛的比例)/%	≥90		违禁药物	不得检出

(六)饲料级磷酸盐

饲料级磷酸盐指饲料加工企业、动物养殖场、饲料检测机构和饲料经营者所使用、检测和经营的各种饲料级磷酸盐。

(1)感官指标　见表5-34。

表 5-34　饲料级磷酸盐的感官指标

种类	颜色	密度/(kg/L)	粒度	吸水性
磷酸氢钙	白色			较强
磷酸二氢钙	白色			—
磷酸钙	白色			无
磷酸二氢钾	白色或微黄色粉末			—
磷酸氢二钾	白色或微黄色粉末			—
磷酸二氢钠(二水)	白色、结晶性粉末	约1.1	99%可通过 No.12 标准筛；35%不通过 No.100 标准筛	强

(2)理化指标　见表5-35。

表 5-35　饲料级磷酸盐的理化指标

项目	磷酸氢钙	磷酸二氢钙	磷酸钙	无水磷酸二氢钾	无水磷酸氢二钾	磷酸二氢钠(二水)
钙/%	28.6	≥15	≥32.0	—	—	—
钠/%	—	—	—	—	—	≥19.1
磷/%	21.4	≥22	≥18	≥22.3	≥17.8	≥26.0
氟/%	<0.18	<0.2	<0.18	—	—	<0.125
磷/%	≤1	≤1	≤1	—	—	≤1
砷(以 As 计)/(mg/kg)	<10	<10	—	<2	<2	<2
铅(以 Pb 计)/(mg/kg)	<30	<30	<530	<20	<20	<20
汞(以 Hg 计)/(mg/kg)	<0.1	<0.1	—	—	—	—
违禁药物	不得检出					

根据《饲料卫生标准》(GB 13078—2001)规定,铅在磷酸盐中的允许量为 30 mg/kg、铬为 0.75 mg/kg,汞为 0.1 mg/kg。饲料级磷酸盐中可能因掺假而含有 2002 年农业部文件农牧发[2002]1号"关于发布《食品动物禁用的兽药及其他化合物清单》的通知"中所列的违禁药品。因此,饲料级磷酸盐中在 10^{-9} 数量级以上不得检出违禁药品。

(七)水产饲料微量元素预混料

水产养殖动物种类繁多,包括软体动物、节肢动物、脊椎动物(两栖动物、爬行动物)等,生物学差异极大,其中很多种类的营养需要特别是微量元素的需要还没有确定。因此目前无法制定出一个适用于所有水产饲料的微量元素预混料生物安全标准。但是,水产养殖动物中鱼虾的养殖量在养殖总量中占绝大部分,如在总量中去除贝类(滤食性,不用配合饲料)

则鱼虾所占比例更大。因此,确定了鱼虾饲料,实际上也就是规定了绝大部分水产饲料微量元素预混料的生物安全标准。

1.原料要求

(1)微量元素预混料中的添加剂原料应是《允许使用的饲料添加剂品种目录》所规定的品种和已经取得试生产产品批准文号的新微量元素饲料添加剂品种。

(2)所用原料应符合各类原料标准的规定。

(3)含碘、含钴、含硒或含铬的化合物不得直接加入微量元素预混料,必须制成预混剂后方可添加。

2.加工要求

(1)原料粒度 全都通过40目分析筛,80目分析筛筛上物不得大于20%。含碘、含钴、含硒或含铬的化合物的预混剂全部通过80目分析筛。

(2)配料 人工配料时应双人配料或实行复核制度,称量范围应在衡器的最小分度值的250倍到最大称量值之间。

(3)混合均匀度 混合应均匀,经测试后其均匀度之变异系数应不大于7%。

3.安全卫生要求

安全卫生要求应符合表5-36的规定(按配合饲料中添加比例1%计算)

表5-36 水产饲料微量元素预混料安全卫生指标　　　　　mg/kg

项目	含量
砷(以 As 计)	≤10
铅(以 Pb 计)	≤30
铬(以 Cr 计)	≤1 000
氟(以 F 计)	≤500
汞(以 Hg 计)	≤0.1
镉(以 Cd 计)	≤0.75
铜(以 Cu 计)	鱼类饲料预混料≤2 500
	甲壳动物预混料≤10 000
锌(以 Zn 计)	≤20 000
违禁药物	不得检出

(八)复合维生素添加剂预混料

复合维生素添加剂预混合饲料是指由两种及两种以上的维生素饲料添加剂与载体或稀释剂按一定比例配制的预混物。

(1)感官指标 颜色均匀一致,无发霉变质、结块及不正常的气味。

(2)有效成分指标 见表5-37。

表 5-37　复合维生素添加剂预混料的有效成分指标

项目	指标	项目	指标
维生素 A/(10^3 IU/kg)	≥5 200	维生素 B_{12}/(mg/kg)	≥20
维生素 D_3/(10^3 IU/kg)	≥600	泛酸(以泛酸计)/(g/kg)	≥28
维生素 E(以 dl-α-生育酚乙酸酯计)/(g/kg)	≥40	烟酸/(g/kg)	≥28
维生素 K_3(甲萘醌)/(g/kg)	≥2	烟酰胺/(g/kg)	≥28
维生素 B_1(以硫胺素计)/(g/kg)	≥4	叶酸/(g/kg)	≥1.2
维生素 B_2(以核黄素计)/(g/kg)	≥8	生物素/(mg/kg)	≥200
维生素 B_6(以吡哆醇计)/(g/kg)	≥4	维生素 C/(g/kg)	≥200

（3）理化指标　见表 5-38。

表 5-38　复合维生素添加剂预混料的理化指标

项目	指标	项目	指标
混合均匀度(以变异系数表示)	≤5%	镉(以 Cd 计)/(mg/kg)	≤2.5
粒度	全部通过 16 目分析筛,30 目筛上物不大于 10%	六六六/(mg/kg)	≤0.05
水分/%	<12	滴滴涕/(mg/kg)	≤0.02
砷(以 As 计)/(mg/kg)	≤10.0	细菌总数/(10^6 个/g)	≤2
铅(以 Pb 计)/(mg/kg)	≤40.0	霉菌/(10^3 个/g)	≤40
汞(以 Hg 计)/(mg/kg)	≤0.1	黄曲霉毒素 B_1 允许量/(μg/kg)	≤10
氟(以 F 计)/(mg/kg)	≤1 000	沙门氏菌	不得检出
铬(以 Cr 计)/(mg/kg)	<10.0	违禁药物	不得检出

（九）畜禽用微量元素复合预混料

畜禽用微量元素复合预混料指肉牛、奶牛、猪、鸡用微量元素复合预混料。

（1）感官指标　色泽一致,无发霉变质、结块、异味及异臭。

（2）理化指标　见表 5-39。

表 5-39　畜禽用微量元素复合预混料的理化指标

项目	含量	项目	含量
混合均匀度(以变异系数表示)	≤7%	氟(以 F 计)/(mg/kg)	≤1 000
粉碎粒度	全部通过 40 目分析筛,80 目筛上物不大于 20%	铬(以 Cr 计)/(mg/kg)	≤50
水分/%	使用载体或稀释剂时,≤5%	汞(以 Hg 计)/(mg/kg)	≤0.5
		镉(以 Cd 计)/(mg/kg)	≤2.5
砷(以总 As 计)/(mg/kg)	≤10.0	沙门氏菌	不得检出
铅(以 Pb 计)/(mg/kg)	≤40.0	违禁药物	不得检出

注:按日粮中添加比例 0.2% 计算。

(十)畜禽浓缩饲料

畜禽浓缩饲料是指饲料加工企业、动物养殖场、饲料检测机构和饲料经营者所使用、检测和经营的各种畜禽浓缩饲料,是由蛋白质饲料、矿物质饲料、微量元素、维生素和非营养添加剂等按一定比例配制的均匀混合物。

1. 原料要求

(1)感官要求:新鲜,色泽一致,无发酵、霉变、结块及异味、异臭。

(2)有害物质及微生物允许量应符合《饲料卫生标准》(GB 13078—2001)的规定。

(3)制药工业副产品不应作畜禽浓缩饲料原料。

2. 添加剂的要求

(1)感官要求:具有该品种应有的色、臭、味和形态特性,无异味、异臭。

(2)浓缩饲料中使用的营养性饲料添加剂和一般性饲料添加剂应是中华人民共和国农业部公布的《允许使用的饲料添加剂品种目录》所规定的品种和取得试生产产品批准文号的新饲料添加剂品种。

(3)浓缩饲料中使用的饲料添加剂产品应是具有农业部颁发的饲料添加剂生产许可证的正规企业生产的、具有产品批准文号的产品。

(4)饲料添加剂的使用应遵照饲料标签规定的用法和用量。

(5)药物性添加剂的使用按照中华人民共和国农业部发布的《药物饲料添加剂使用规范》、《食品动物禁用的兽药及其他化合物清单》(见附录五)、《禁止在饲料和动物饮水中使用的药物品种目录》执行。

(6)安全的畜禽浓缩饲料中不应直接添加兽药。

(7)安全的畜禽浓缩饲料中不应添加国家严禁使用的盐酸克仑特罗等违禁药物。

(8)药物添加剂应严格执行休药期制度和药物配伍禁忌。

3. 浓缩饲料的要求

(1)感官指标 新鲜,色泽一致,无发霉、变质、结块及异味、异臭。

(2)水分 北方不高于12%,南方不高于10%。符合下列条件可增加0.5%的含水量:

①平均气温在10℃以下季节;

②饲喂期不超过10 d;

③浓缩饲料中添加规定量的防霉剂(标签中注明)。

4. 饲料加工过程

(1)饲料企业的工厂设计、设施卫生、工厂卫生管理和生产过程中的卫生应符合 GB/T 16764—2006 的要求。

(2)配料,应定期对计量设备进行检验和正常维护,以确保其精确性和稳定性,其误差不应大于规定范围。微量和极微量组分应进行预稀释,并且在专门的配料室中进行。配料室应有专人管理,保持卫生整洁。

(3)混合

①混合时间:按设备性能应不少于规定时间。

②混合工序:投料应按先大量,后小量的原则进行。投入的微量组分应将其稀释到配料秤最大称量的5%以上。

③生产含有药物饲料添加剂的浓缩饲料时,应根据药物类型,先生产药物含量低的饲

料,再依次生产药物含量高的饲料。

④为防止加入药物饲料添加剂的饲料产品在生产过程中的交叉污染,在生产不同产品时,应对所用的生产设备、工具、容器等进行彻底清理。

(4)加工质量指标

①粉碎粒度　全部通过8目分析筛,16目分析筛筛上物不得大于10%。

②混合均匀度　经测试后其均匀度之变异系数不大于10%。

5.畜禽浓缩饲料的安全理化指标

见表5-40。

表 5-40　畜禽浓缩饲料的理化指标(按日粮中添加比例20%计算)

项目	产品名称	指标
砷(以总 As 计)/(mg/kg)	猪、家禽浓缩饲料	≤10
铅(以 Pb 计)/(mg/kg)	猪、家禽浓缩饲料	≤10
汞(以 Hg 计)/(mg/kg)	猪、家禽浓缩饲料	≤0.5
镉(以 Cd 计)/(mg/kg)	猪、家禽浓缩饲料	≤2.5
铬(以 Cr 计)/(mg/kg)	猪、家禽浓缩饲料	<50
铜/(mg/kg)	猪体重 30 kg 以下浓缩饲料	≤1 250
	猪体重 30~60 kg 浓缩饲料	≤750
	猪体重 60 kg 以上浓缩饲料	≤125
氟(以 F 计)/(mg/kg)	猪浓缩饲料	≤500
	肉仔鸡、生长鸡浓缩饲料	≤1 250
	产蛋鸡浓缩饲料	≤1 750
	生长鸭、肉鸭浓缩饲料	≤1 000
氰化物(以 HCN 计)/(mg/kg)	猪、家禽浓缩饲料	≤250
亚硝酸盐(以 $NaNO_2$ 计)/(mg/kg)	猪、家禽浓缩饲料	≤75
黄曲霉毒素 B1/(mg/kg)	仔猪、肉用禽前期、雏禽浓缩饲料	≤10
	生长肥育猪、种猪、肉鸡后期浓缩饲料	≤20
	生长鸡、产蛋鸡浓缩饲料	≤20
	肉鸭后期、生长鸭、产蛋鸭浓缩饲料	≤15
肉毒梭菌及肉毒毒素	猪、家禽浓缩饲料	不得检出
沙门氏菌	猪、家禽浓缩饲料	不得检出
大肠菌群/(个/g)	猪、禽浓缩饲料	<150
志贺菌	猪、禽浓缩饲料	不得检出
霉菌总数/(10^6 个/g)	猪、禽浓缩饲料	≤45
细菌总数/(10^6 个/g)	猪、禽浓缩饲料	<105
游离棉酚/(mg/kg)	猪浓缩饲料	≤300
	肉禽、生长鸡、鸭浓缩饲料	≤500
	产蛋鸡、鸭浓缩饲料	≤100

项目	产品名称	指标
异硫氰酸酯(以丙烯基异硫氰酸酯计)/(mg/kg)	猪、禽浓缩饲料	≤2 500
恶唑烷硫酮/(mg/kg)	肉禽、生长禽浓缩饲料	≤5 000
	产蛋禽浓缩饲料	≤2 500
六六六/(mg/kg)	猪浓缩饲料	≤2
	禽浓缩饲料	≤1.5
滴滴涕/(mg/kg)	猪、禽浓缩饲料	≤1
盐酸克仑特罗	猪、禽浓缩饲料	不得检出
氯霉素	猪、禽浓缩饲料	不得检出
呋喃唑酮	猪、禽浓缩饲料	不得检出
己烯雌酚	猪、禽浓缩饲料	不得检出
安眠酮	猪、禽浓缩饲料	不得检出
疯牛病因子	猪、禽浓缩饲料	不得检出
二噁英	猪、禽浓缩饲料	不得检出
寄生虫	猪、禽浓缩饲料	不得检出

　　饲料卫生指标包括砷、铅、氟、镉、汞、霉菌、黄曲霉素 B1、氰化物、亚硝酸盐,游离棉酚、异硫氰酸酯、恶唑烷硫酮、六六六、滴滴涕、沙门氏菌,细菌总数等,在浓缩饲料中的允许量依据《饲料卫生标准》(GB 13078—2001)的参数,并按浓缩饲料在配合饲料中的比例为 20％计算。若浓缩饲料的添加比例不是 20％时,则卫生指标的允许含量可按比例进行折算,对肉毒梭菌及肉毒毒素、志贺菌、大肠菌群的限制数量主要参照食品卫生标准确定。对于违禁药品,根据 2002 年农业部文件农牧发[2002]1 号"关于发布《食品动物禁用的兽药及其他化合物清单》的通知"规定,对盐酸克仑特罗、呋喃唑酮、氯霉素、己烯雌酚、安眠酮等进行限定——要求在 10^{-9}(ppb)数量级上不得检出,其相应的检测方法按国家农业部制定的标准或 AOAC 分析方法执行。同时,对于疯牛病因子、二噁英等致病因子进行相应规定。

▶▶ 职业能力和职业资格测试 ◀◀

　　1.饲料中天然的有害物质有哪些?
　　2.生物碱对生物的危害有哪些?
　　3.列举常见的对饲料有危害的细菌,并简述其危害。
　　4.简述制定饲料质量标准的原则。
　　5.列举饲料中常见的工业污染物,并简述其危害。
　　6.论述如何有效避免饲料中的病虫害影响。
　　7.列举植物中有害的苷类,并简述其危害。
　　8.简述蛋白质抑制酶对动物的危害性。

项目 6

饲料加工过程危害分析与关键控制点

▶ 项目设置描述

危害分析与关键控制点(HACCP)是一种在食物和食品生产过程中控制食品安全的系统方法。HACCP方法是将生产过程不同环节相互独立的质量控制程序集中起来作为一个系统加以考虑。所有关键点以特定方式相互关联和制约,以防止系统偏离规范并在没有被监控系统发现的情况下造成危害。目前,HACCP在饲料生产加工中得到了世界上许多国家的认可,被认为是饲料安全控制,乃至质量控制最有效、最经济的方法。

学习目标

1.理解并掌握危害分析和关键控制点的基本原理。

2.掌握饲料中安全危害的来源。

3.掌握危害分析和关键控制点在饲料相关领域的应用。

4.能够准确分析饲料中危害产生的因素。

5.熟练掌握危害分析和关键控制点管理体系的实施步骤。

任务 6-1　HACCP 的基本原理

国际食品法典委员会(CAC)于 1999 年在《食品卫生通则》附录《危害分析和关键控制点(HACCP)体系应用准则》中,将 HACCP 的 7 个原理确定为:危害分析和预防措施(原理Ⅰ)、确定关键控制点(原理Ⅱ)、建立关键限值(原理Ⅲ)、关键控制点的监控(原理Ⅳ)、纠偏行动(原理Ⅴ)、验证程序(原理Ⅵ)、建立记录保持程序(原理Ⅶ)。

对 HACCP 基本原理的理解,是建立 HACCP 计划和有效实施 HACCP 管理体系的基本前提。

一、饲料中的安全危害

饲料中的安全危害主要来源于两方面,首先是来自于饲料原料本身的危害,如农药残留、真菌毒素污染,抗营养因子等;其次是饲料加工过程中(原料接收、原料贮存、清理、粉碎、混合、制粒、冷却、破碎、分级、打包、成品贮存等环节)带入的危害,包括加工过程本身和其中使用的材料,如包装材料等。

饲料中的危害可分为三类:生物危害、化学危害和物理危害。

(一)生物危害

生物危害是食源性疾病发生的主要原因,可分为细菌性生物危害、病毒性生物危害和寄生虫(原虫和蠕虫)生物危害。故 HACCP 控制的焦点主要集中在生物危害。饲料厂以细菌污染形式造成的生物危害来源主要有原料采购、不清洁的生产条件、加工过程的交叉污染、环境条件(温度、湿度等)。

饲料工业应关注细菌(包括大肠杆菌、单增李斯特菌、金黄色葡萄球菌、沙门氏菌、肉毒梭状芽孢杆菌)以及寄生虫等。

(二)化学危害

饲料中的化学危害分为无机毒害和有机毒害,产生无机毒害的物质有铅、砷、汞、铬、镉、氟、硒等,有机有毒有害物质包括棉酚、葡萄糖苷及其降解产物、胰蛋白酶抑制剂、单宁、生氰糖苷、亚硝酸盐等。化学危害的来源有以下两方面:

(1)天然毒素　存在于玉米、大豆等中。

(2)在加工过程中产生的污染　包括:①不适当的加工程序、冲洗等造成的污染;②药物残留的污染;③交叉污染;④润滑油、锅炉用化学物质的污染。

(三)物理危害

任何隐藏于饲料中不易发现的有害异物(如玻璃、金属碎屑、麻袋绳、破布等)都可造成物理危害。物理性危害主要是对动物造成机械性的伤害,一般不构成对人类的伤害。

二、危害分析和预防措施(原理Ⅰ)

危害是指在未得到控制的情况下有可能引起饲料不安全的生物、化学或物理的因素。

危害分析是指收集和评估对饲料安全产生显著危害信息的过程。危害分析和预防控制措施是 HACCP 计划的基础。

根据美国国家食品微生物标准顾问委员会文件(NACMCF,1998),危害分析的目的是列出那些如果得不到有效控制则可能导致疾病或伤害的显著性危害。

正确地分析饲料加工过程中存在的生物危害、化学危害和物理危害是一项带有主观性的工作,该项工作要求有良好的判断能力,要求对原料特性和生产流程有细致的了解,并掌握相关的技能。危害分析一般由 HACCP 工作小组来完成。企业如没有相应的技术力量,也可以向社会求助。

危害分析一般分为两个阶段,即危害识别和危害评估(表 6-1)。

表 6-1 危害分析中危害识别和危害评估的步骤

危害分析步骤	内 容
步骤一:危害识别	确定与产品有关的潜在危害
步骤二:危害评估	a.如果潜在的危害不能得到有效控制,评估其对产品安全的严重性
	b.如果潜在的危害不能得到有效控制,评估其发生的可能性
	c.通过上述分析,确定这些潜在的危害是否在表述的 HACCP 计划中

(一)危害识别

首先应对照工艺流程图,从原料到产品销售的每一个环节进行危害识别,列出所有可能的潜在危害,不必考虑危害的显著性,列出的潜在的危害越全面越好。

在危害识别阶段,HACCP 工作组收集或检查的信息应该包括:①产品的原料;②产品配方;③加工方法和流程;④产品生产设备;⑤产品的包装和贮存,⑥产品的运输;⑦产品的用途和消费。

利用这些信息或相关的其他信息,工作组在工艺流程图中列出潜在的生物危害、化学危害和物理危害清单。危害识别的重点在于找出那些与每一个加工步骤相关的潜在危害。

(二)危害评估

危害评估是危害分析的第二个阶段,是在危害识别的基础上进行的。在危害评估中,HACCP 工作组要对所有的潜在危害的显著性进行判断,只有显著性危害才可列入 HACCP 计划表中。

显著性危害必须具备两个特征,即可能性和严重性。通常根据工作经验、流行病学数据、客户投诉及技术资料的信息来评估其发生的可能性。严重性就是危害的严重程度,用政府部门、权威研究机构向社会公布的风险分析资料、信息来判断危害的严重性。

如果危害的可能性和严重性缺少一项,则不要列为显著性危害。HACCP 只把重点放在控制显著性危害上。

(三)预防控制措施

预防控制措施是用来防止或消灭饲料危害,或使其降低到可接受水平的行为和活动。在实际生产过程中,一种危害可以有多种预防措施来控制,一个预防措施也可以控制多种危害。就整体而言,生物的、化学的和物理的危害可以通过以下方法消除,降低到可接受水平。

1. 生物危害的控制措施

(1)细菌危害的控制 包括:①时间/温度控制,即制粒机的调质器中的温度和时间控

饲料安全与法规

制;②发酵和/或 pH 控制(发酵产生乳酸的细菌抑制一些病原体的生长,在酸性条件下一些病原体不能生长);③盐或其他防霉剂的添加(例如盐和其他防霉剂抑制一些病原体的生长);④干燥(可以通过除去饲料中足够的水分来抑制一些病原体的生长);⑤来源控制(可以通过从非污染源处取得饲料原料来控制)。

(2)病毒危害的控制　通过加热的方法(例如通过制粒,制粒可以杀死病毒)进行控制。

(3)寄生虫危害的控制　通过防止寄生虫及寄生虫卵接近饲料的方法控制。

2.化学危害的控制措施

(1)来源控制　如产地证明、供货商证明和原料检测。

(2)生产控制　如合理使用饲料添加剂、控制残留、生产排序等。

(3)标识控制　如合理标出配料物质。

3.物理危害的控制措施

(1)来源控制　如销售证明和原料检测。

(2)生产控制　如磁铁、金属探测器、筛网、除尘器等设备的使用。

三、确定关键控制点(原理 Ⅱ)

HACCP 工作组应根据危害分析的结果来确定关键控制点(CCP)。对每一个显著性危害,必须由一个或多个关键控制点进行控制,多个关键控制点也可以用来控制一种危害。关键控制点不是一成不变的,它决定于产品及其加工的特殊性。

(一)关键控制点(CCP)

关键控制点是饲料危害能被控制的,能被预防、消除或降低到可接受水平的一个点、步骤或过程。关键控制点应该是饲料加工过程中的一个特殊点,以使预防措施能有效地控制危害。下列一些点、步骤或过程在实际生产加工中可用来作为关键控制点。

(1)当危害能被预防时,这些点可以被认为是关键控制点。

①能通过控制饲料原料接收步骤来预防病原体或药物残留(例如供应商的证明、产地证明)。

②能通过在配方或添加配料步骤中的控制来预防化学危害。

③能通过在配方或添加配料步骤中的控制来预防病原体在成品中的生长(例如调节 pH 或添加防腐剂)。

(2)能将危害消除的点可以确定为关键控制点。

①在制粒(蒸汽调质)的过程中,病原体可被杀死。

②金属碎片能通过金属探测器或吸铁装置(磁选)被检出。

③通过高温或冷冻杀死寄生虫。

(3)能将危害降低到可接受水平的点可以确定为关键控制点。

①通过人工挑选和收集使外来杂质的发生减小到最低程度。

②通过适宜地种植和安全养殖获得原料,使某些微生物和化学危害被减少到最低程度。

完全消除和预防显著性危害也许是不可能的,因此在加工过程中将危害尽可能地降低到最低水平是 HACCP 唯一可行且合理的目标。

一个关键控制点能用于控制一种以上的危害。例如,冷冻贮藏可能是控制病原体和组胺形成的一个关键控制点。同时几个关键控制点也可以用来控制一种危害。

在一条加工线上确立的某一产品的关键控制点,可以与另一条加工线上同样产品的关键控制点不同,这是因为危害及其控制的最佳点可以随下列因素而变化:原料、厂区、产品配方、加工工艺、生产设备、辅助原料的选择、卫生和支持程序等。

尽管 HACCP 模式和一般的 HACCP 计划对考虑关键控制点可能有用,但对每个模式和加工线的 HACCP 要求必须分开考虑。

(二)控制点(CP)

控制点指能控制生物、物理或化学因素的任何点、步骤或过程。

在工艺流程图中不能被确定为 CCP 的许多点可以认为是控制点。这些点可以记录质量因素的控制,例如粉碎的粒度、颗粒饲料的均匀性等,它们与饲料的安全性没有直接的关系,一般不列入 HACCP 计划中。

(三)关键控制点(CCP)的确定

确定 CCP 的方法很多,可以用"CCP 判断树"来确定,也可以用危害发生的可能性及严重性来确定。值得注意的是,CCP 判断树只是判定 CCP 的一种工具,但不是必需的工具。CCP 的确定必须结合专业知识,判断树的应用不能代替专业知识,否则会导致错误的结论。图 6-1 是 CCP 判断树的结构形式。判断树中 4 个问题相互关联,构成判断树的逻辑方法。

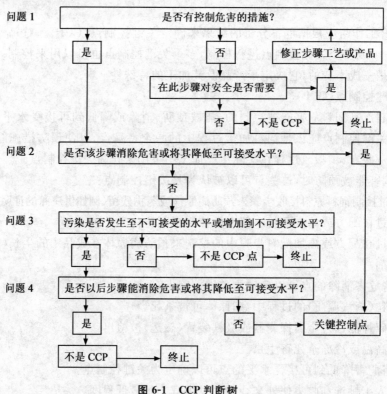

图 6-1　CCP 判断树

判断树的逻辑关系表明,如有显著危害,必须在整个加工过程中用适当的 CCP 加以预防和控制;CCP 必须设置在最佳、最有效的控制点上;如果 CCP 设在后续步骤或工序上,前面的步骤或工序则不作为 CCP,如果后续步骤或工序没有 CCP,那么前面的步骤或工序必须是 CCP。

四、建立关键限值(原理Ⅲ)

关键控制点确定后,应该为每一个有关 CCP 的预防建立关键限值(CL)。

(一)关键限值(CL)

关键限值是一个与 CCP 相联系的每个预防措施所必须满足的标准。它是确保产品安全性可接受与不可接受的界限。每个 CCP 必须有一个或多个关键限值(CL)来控制显著的危害。当加工偏离了关键限值(CL)时,可能导致产品的不安全,必须采取纠偏行动保证饲料安全。

建立关键限值应注意以下几点:

(1)对每个关键控制点必须设立关键限值。

(2)关键限值是一个数值,而不是一个数值范围。

(3)关键限值应做到合理、适宜、适用,具有可操作性。如果过严,会造成即使没有发生影响饲料安全的危害,也要去采取纠正措施。如果过松,又会产生不安全的产品。

(4)关键限值应该符合相关的国家标准、法律法规要求。

(5)关键限值应具有科学依据。合理的关键限值可以从科技刊物、法规性指标、专家及实验研究等渠道获得,也可以通过实验和经验的结合来确定。

(6)合理的关键限值应该是直观、易于监测的。

微生物污染在饲料加工中是经常发生的,但设一个微生物限度作为一个生产过程中的 CCP 的关键限值是不可行的。微生物限度很难控制,而且确定偏离关键限值的试验可能需要几天时间,并且样品可能需要很多才会有意义,所以设立微生物限度关键限值由于时间的原因不能被用于监控。但可通过温度、酸度或添加防霉剂等来控制饲料中微生物的繁殖和污染。

(二)操作限值(OL)

操作限值(OL)是由操作人员使用的比关键限值更严格的限值,是用于降低偏离关键限值风险的标准,如果监控出现 CCP 失控,操作人员应该采取措施在 OL 发生偏离前使 CCP 得到控制,操作人员采取这样一种措施的点称为操作限值(OL)。操作限值不能与关键限值相混淆,操作限值应当确立在关键限值被违反以前所达到的水平。

在实际加工过程中,当监控值超过操作限值时,需要进行加工调整。加工调整是为了使加工回到操作限值以内而采取的措施。加工调整不涉及产品,只是消除发生偏离操作限值的原因,使加工回到操作限值。加工人员可以使用加工调整避免加工失控和采取纠正措施的必要,及早地发现失控的趋势并采取行动防止产品返工,或造成产品的报废。

操作限值的建立可以考虑以下因素:

(1)设备操作中操作值的正常波动;

(2)避免 CL 值发生偏离;

(3)产品品质方面,如较高的调质温度可以熟化饲料,控制、消灭腐败菌等。

五、关键控制点的监控(原理Ⅳ)

一旦建立针对关键控制点的关键限值,则必须建立 CCP 的监控程序,以确保加工始终符合关键限值。国家食品微生物标准顾问委员会(NACMCF)将监控描述为:为了评估CCP是否处于控制之中,对被控参数所做的有计划的连续的观察和测量活动。

(一)监控的目的

(1)跟踪加工过程操作,查明和注意可能偏离关键限值的趋势,并及时采取措施进行加工调整。

(2)当在一个CCP发生偏离时,查明何时失控,以便及时采取纠偏行动。

(3)提供加工控制系统的书面文件,同时监控记录为将来的验证提供必需的资料。

监控是操作人员赖以保持对一个CCP控制而进行的工作,精确的监控说明一个CCP什么时候失控,当一个关键限值受影响时,就要采取一个纠偏行动,来确定需要纠正的范围。

监控还可以提供产品按HACCP计划进行生产的记录,这些记录对于在原理中讨论的HACCP计划的验证是很有用处的。

(二)文件化监控程序的建立(监控计划)

每个监控程序必须包括3W和1H,即监控什么(what)、怎样监控(how)、何时监控(when)和谁来监控(who)。

1.监控什么(监控对象)

通常通过观察和测量一个或几个参数、检测产品或检查证明性文件,来评估某个CCP是否在关键限值内操作。

(1)监控可以是检测产品或测量加工过程的特性,以确定是否符合关键限值。例如,当温度是关键点时,监控调质温度。

(2)监控包括检查一个CCP的控制措施是否得到实施,例如检查原料商的原料证明。

2.怎样监控(监控方法)

对于定量的关键限值,通常用物理或化学的检测方法;对于定性的关键限值,采取检查的方法。监控方法要求迅速和准确。

(1)监控方法必须提供快速或及时的结果。生产中没有时间等待长时间的分析实验测定结果,而且对关键限值的偏离要快速判定,必须在产品销售前采取适当的纠偏行动。

基于时间的考虑,微生物的检测方法一般不作为监控手段。另外,最终判定病原体是否处在能够接受的水平,通常需要对很多样品进行检测。

物理和化学测量是很好的监控方法,因为它们可以很快地进行试验,如pH、时间、温度,以及感官检测等。

(2)在实施HACCP计划过程中,监控设备(如自动温度记录仪、温度计、计时器、化学分析仪器等)要根据监控对象和监控方法的不同而选择。

3.监控频率

(1)监控可以是连续的或非连续的,如果可能应采用连续监控,连续监控对很多物理和化学参数是可行的。

(2)一个连续的记录监控值的监控仪器本身并不能控制危害,连续监控要通过定期检查记录来实现。

(3)当不可能连续监控一个CCP时,应尽量缩短监控的时间间隔,以便及时发现可能的偏离。监控时间间隔将直接影响到偏离时处理的产品数量。

非连续性监控的频率应当部分地根据生产和加工的经验来确定。其方法和原则是:

①加工过程中被监控数据是否稳定？如果数据欠稳定,监控的频率应相应增加;②正常的操作值距 CL 多远？如果二者很接近,监控的频率应相应增加;③如果 CL 值偏离,受影响的产品有多少？如果越多,监控频率应越密集。

4.谁监控(监控人员)

实施一个 HACCP 计划时,明确监控责任是一个重要的考虑因素。

(1)被分配进行 CCP 监控的人员包括流水线上的人员、设备操作者、监督员、维修人员和质量保证人员。

由流水线上的人员和设备操作者进行监控是比较合适的,因为这些人能够方便地连续观察产品和设备,能容易地从一般情况中发现发生的变化,而且,HACCP 活动中包括的流水线上的人员为理解和执行 HACCP 计划建立了广泛的基础。

(2)负责监控的人员必须具备的资格包括下列内容:①接受有关 CCP 监控技术的培训;②完全理解 CCP 监控的重要性;③能及时进行监控活动;④准确报告每次监控工作,如实报告监控结果;⑤随时报告违反关键限值的情况,以便及时采取纠偏活动。

监控人员的责任是及时报告异常事件和 CL 值偏离情况,以便对加工过程进行调整或采取纠偏措施。所有 CCP 监控的记录和文件必须有实施监控的人员签名。

(3)所有 CCP 监控记录应该包括下列信息:①表格名称;②公司名称和地址;③时间和日期;④产品信息(产品型号、包装格式、流水线号和产品编号等);⑤ 实际观察和测量结果;⑥ 关键限值;⑦操作者的签名和检查日期;⑧审核者的签名和日期。

另外,在监控程序中应规定审核负责人,审核人员对监控记录进行审核,并在审核记录上签名。

六、纠偏行动(原理Ⅴ)

当监控结果显示关键限值发生偏离时,即关键控制点处于失控状态,就必须采取纠偏行动。如果可能的话,必须在制订 HACCP 计划时预先制订纠偏行动计划,便于现场纠正偏离。也可以没有预先制订的纠偏行动计划,因为有时会有一些预料不到的情况发生。

(一)纠偏行动的组成

(1)纠正和消除偏离的起因,重新开始加工。纠偏行动的目的是使关键控制点重新受控。当发生偏离时首先分析偏离产生的原因,及时采取措施将发生偏离的参数重新控制到关键限值的范围之内;同时采取预防措施,防止这种偏离的再次发生。

纠偏行动既应考虑眼前须解决的问题,又要提供长期的解决办法。眼前方法主要是用于恢复控制,并使加工在不再出现 CL 偏离的条件下重新开始,但仍须确定偏离的原因,防止其再次发生。如果 CL 屡有偏离或出现意外的偏离时,应调整加工工艺或重新评估HACCP 计划,必要时修改 HACCP 计划,以彻底消除使加工出现偏离的原因,或使这些原因尽可能减到最小。

(2)确定在加工出现偏差时所生产的产品,并确定这些产品的处理方法。对加工发生偏离时所生产的产品必须进行确认和隔离,并确定对这些产品的处理方法。

(二)实施纠偏行动的步骤

对偏离期间加工产品的处置或用于制订相应的纠偏措施,可以按以下4个步骤进行。

(1)根据专家的评估和物理的、化学的或微生物的测试结果,确定产品是否存在安全方面的危害。

(2)根据第一步评估,如果产品不存在安全危害,可以解除隔离或扣留。

(3)如果存在潜在的危害(以第一步评估为基础),确定产品是否能被返工处理或转为安全使用。

(4)如果潜在的、有危害的产品不能按第三步处理,产品必须被销毁。通常这是最昂贵的选择,并且通常被认为是最后的处理方式。

值得注意的是,必须确保返工不会产生新的危害,同时返工过程必须受到监控,以确保返工产品的安全性。

归纳起来对受影响产品的纠偏行动可以包括:①隔离和保存要进行安全评估的产品;②转移受影响的产品或分到另一条不认为偏离的至关重要的生产线上;③重新加工;④退回原料(拒收原料);⑤销毁产品。

(三)纠偏行动记录

当关键限值发生偏离而采取纠偏行动时,必须有独立的记录文件。记录可以帮助企业确认发生的问题和HACCP修改的必要性,另外,记录提供了产品的处理证明。纠偏记录一般采用纠偏行动报告的形式,其主要包含以下内容:①产品确认(如产品描述、隔离或扣留产品的数量等);②偏离的描述;③采取的纠偏行动,包括受影响产品的最终处理;④采取纠偏行动负责人的姓名;⑤必要时要有评估的结果。

七、验证程序(原理Ⅵ)

验证是除监控方法之外,用来确定HACCP体系是否按HACCP计划运作或计划是否需要修改及再被确认生效所使用的方法、程序或检测及审核手段。

验证是HACCP最复杂的原理之一。验证程序的正确制订和执行是HACCP计划成功实施的基础。验证的核心是"验证才足以置信"。HACCP计划的宗旨是防止饲料和畜禽产品安全受到危害,验证的目的是提高置信水平,一是证明HACCP计划是建立在严谨的、科学的原则基础之上,它足以控制产品和工艺过程中出现的危害;二是证明HACCP计划所规定的控制措施能够被有效地实施。

验证程序的要素包括确认、CCP验证活动、HACCP体系的验证和执行机构。

(一)确认

确认是指获取能表明HACCP计划诸要素行之有效的证据。

确认的宗旨是提供客观的依据,这些依据能表明HACCP计划的所有要素(危害分析、CCP确定、CL建立、监控计划、纠偏行动、记录保持等)都有科学的基础。

确认是验证的必要内容,必须有根据地证明,当有效地贯彻执行HACCP计划后,足以控制那些可能出现的、能影响食品安全的危害。

1.确认方法

HACCP计划的确认方法通常有以下几种:①基于科学的原则;②科学数据的运用;

③依靠专家意见;④进行生产观察或检测。

2. 确认执行者

①HACCP 小组成员;②受过适当的培训或经验丰富的人员。

3. 确认内容

对 HACCP 计划的各个组成部分,由危害分析到 CCP 验证对策作科学及技术上的复查。

4. 确认频率

(1)最初的确认在 HACCP 计划执行之前进行。

(2)当有因素证明确认是必需时,下述情况可以导致采取确认行动:①原料的改变;②产品或加工的改变;③验证数据出现相反结果时;④重复出现的偏差;⑤有关危害或控制手段的新信息;⑥生产中的观察;⑦新的销售或消费者处理行为。

(二)关键控制点(CCP)的验证

对 CCP 制订验证活动是必要的,它能确保所应用的控制程序调整在适当的范围内操作,正确地发挥作用,以控制饲料和畜禽产品的安全。

CCP 的验证包括校准、校准记录的审查、针对性的取样和检测、CCP 记录的复查。

1. 校准

CCP 的验证活动包括监控设备的校准,以确保采用测量方法的准确度。进行校准是为了验证监控结果的准确性。

CCP 监控设备的校准是 HACCP 计划成功执行和运作的基础。如果设备没有校准,监控结果将是不可靠的。如果此情况发生了,那么就可以认为从记录中最后一次可接受的校准开始,CCP 就失去了控制。

(1)确定校准频率　确定校准的频率应该考虑仪器设备的灵敏度和稳定性等因素。灵敏度要求高和稳定性较差的,应增加校准频率。如果在校准中发现监控设备超出了允许的误差范围,那么从上一次到本次校准之间的产品有可能是失控的,要进行重新评价。

(2)校准的执行　对监控仪器校准的要求是,用于验证及监控步骤的仪器设备,应以一种能确保测量准确度的频率进行,校准时,应按照仪器设备使用时的条件或接近的条件,参照标准仪器设备来检查所使用仪器的准确度。

对于连续监控的操作规程,必须保证自动化系统持续运转正常,操作者应按照其使用说明操作和保养,确保仪器设备按照设计要求运转。

在 HACCP 计划实施前,应该制订每一种监控设备的校准规程和允许误差。同时校准记录是 HACCP 计划的一部分,记录上应记载校准时实际测得的数据。

2. 校准记录的审查

校准记录审查的主要内容包括校准日期是否符合规定的频率要求、校准的方法和结果以及发现不合格监控设备后的处理方法。

3. 针对性的取样和检测

CCP 的验证也包括针对性的取样、检测和其他周期性的活动。此种取样、检测既可在原料收购中进行,也可以在加工过程中进行。

当原料的接收是 CCP 时,往往会把供应商的证明作为监控的对象。为检查供应商是否言行一致,应通过针对性的取样检测来验证。

当关键限值限定在设备操作中时,可抽查产品,以确保设备设定的参数适于生产安全的产品。

4. CCP 记录的复查

在每一个 CCP 至少有两种记录,即监控记录和纠偏记录。这些记录都是有用的管理工具,它们提供了有效的证据,用来证明 CCP 在安全的参数范围内运作,以及当发生偏离时是否采取了纠偏措施。这些记录必须经 HACCP 监管人员或具有丰富实践经验的人定期(FDA 规定在 1 周内)审核,以验证 HACCP 计划是否得到有效实施。

(三)HACCP 管理体系的验证

除了对 CCP 的验证活动外,应预先制订程序和计划对整个 HACCP 体系进行验证。验证频率一般为每年一次,或在系统发生故障,或产品、加工等发生显著改变后。验证活动频率会随时间的推移而变化。例如历次检查发现过程在控制之内,能保证安全,则可减少验证频率,反之则要增加验证频率。

对 HACCP 体系的验证包括审核和对最终产品的微生物检测。

1. 审核

审核是获得审核证据并对其进行客观的评价,以确定满足审核准则的程度所进行的系统的独立的并形成文件的过程。审核的准则可以是 HACCP 体系文件、适用的标准和法律法规等。审核包括现场的观察和记录复查。审核通常是由一位无偏见的、不负责执行监控活动的人员来完成。

审核的频率应以能确保 HACCP 计划被持续地执行为原则。

审核又分为内审和外审。通过审核以确定 HACCP 计划的适应性、可操作性和有效性。

(1)审核的内容　包括:①检查产品说明和生产流程图的符合性;②检查 CCP 是否按 HACCP 计划的要求被监控;③检查工艺过程是否在既定的关键限值内操作;④检查记录是否准确地和按要求的时间间隔来完成。

(2)记录复查的内容　包括:①监控活动在 HACCP 计划中规定的位置执行;②监控活动按 HACCP 计划中规定的频率执行;③当监控表明发生了与关键限值的偏差时,执行了纠偏行动;④监控设备按 HACCP 计划中规定的频率进行了校准。

2. 最终产品的微生物(化学)检测

日常监控不采用微生物检测方法,但它是验证 HACCP 体系的有效工具。对最终产品进行微生物(化学)检测,以此证明 HACCP 体系的有效性。

(四)执法机构和第三方认证机构

HACCP 体系认证工作正在快速发展,越来越多的生产企业意识到产品安全的重要性,并实施了 HACCP 体系。另外,许多国家以立法的形式在食品企业中强制推行 HACCP,因此政府的执法机构必然会介入到 HACCP 验证工作中来。

在 HACCP 管理中,执法机构的主要作用是验证 HACCP 计划是否有效及是否被贯彻实施。

执法机构的验证程序包括:①对 HACCP 计划和任何修改的复查;②CCP 监控记录的复查;③纠偏记录的复查;④验证记录的复查;⑤现场检查 HACCP 计划是否贯彻执行,以及记录是否按规定被保存;⑥随机抽样分析。

八、建立记录保持程序（原理Ⅶ）

建立有效的记录保持程序，以文件证明 HACCP 体系。准确的记录保持是一个成功的 HACCP 计划的重要部分，它是 HACCP 计划审核的依据。

(一)记录保持的内容

在 HACCP 体系中至少应保存以下 4 方面的记录：HACCP 计划以及支持性文件、关键控制点(CCP)监控记录、采取纠偏行动措施的记录和验证记录。

1. HACCP 计划以及支持性文件

HACCP 计划必须包括以下内容：①列出危害分析所确定的、可能发生的且必须对其控制的各种安全危害；②对已确定的安全危害列出关键控制点；③每个关键控制点必须满足的关键限值指标；④每个关键控制点的监控频率；⑤预采取的纠正措施计划；⑥监控关键控制点的记录保持体系。

HACCP 支持性文件包括：①制定 HACCP 计划的信息和资料，例如书面危害分析工作单、用于进行危害分析和建立关键限值的任何信息的记录；②各种有关数据，例如建立饲料安全保质期所使用的数据、制定抑制病原体生长方法时所使用的足够数据、确定杀死病原体加热强度时所使用的数据等；③有关顾问和其他专家进行咨询的信件；④HACCP 小组名单和小组职责；⑤制订 HACCP 计划必须具备的程序及采取的预期步骤概要。

2. 关键控制点(CCP)监控记录

HACCP 监控记录是为了用于证明对所有关键控制点实施了控制而保存的。监控记录应该是记录实际发生的实施，记录应具有完整性和原始性，由管理员代表定期(至少 1 周 1 次)进行复查，并签字和注明日期，以确保关键控制点按 HACCP 计划而被控制。

通过追踪记录在监控记录上的值，操作者和管理人员可以确定一个加工过程是否正接近它的关键限值。通过记录复查可以确定倾向，对加工进行必要的调整。如果在违反关键限值之前进行调整，加工者可以减少或者消除由于采取纠偏行动而消耗相关的人力和物力。

所有的 HACCP 监控记录应该是包含以下信息的表格：表头，公司名称，时间和日期，产品确认(包括产品型号、包装规格、加工线和产品编码、适用范围)，实际观察或测量情况，关键限值，操作者的签名；复查者的签名，复查日期。

3. 采取纠偏行动的记录

纠偏行动的记录除了达到一般的要求之外，还应说明整个纠偏措施的实施，包括产品的评估和处理、描述偏离等详细的内容和记录。

4. 验证记录

验证记录应包括：①HACCP 计划的修改，如原料的改变，配方、加工、包装和销售的改变；②供货商的保证书以及原料产品的验证记录；③检测设备的校验记录；④产品的检验、试验记录，包括微生物质疑、检测的结果，样品微生物检测结果，定期生产线上的产品和成品生物的、化学的和物理的检测结果；⑤室内、现场的检查结果；⑥设备评估试验的结果，如热加工中的温度检测结果。

5. 附加记录

除了以上 4 项记录，还应配有一些附加记录：①员工培训记录，在 HACCP 体系中应有培训计划,实施了培训计划,就应有培训记录;②化验记录,包括成品实验分析的细菌总数、沙门氏菌和霉菌总数等的化验结果及其他需要分析的检测结果;③设备的校准和确认书,包括记录所使用设备的校准情况,确认设备是否正常运转,以便使监控结果有效。

(二)记录的要求

各项记录除了满足各自的具体要求外,还必须满足下列要求:

(1)严肃性 各项记录是判断 HACCP 是否有效执行的依据或 CCP 是否受控的证据,必须保持记录的严肃性。

(2)真实性 各项记录必须在现场记录,不允许提前记录或后补记录,更不允许伪造记录。

(3)原始性 各项记录必须保持其原始性,不允许任意涂改、删除或篡改。

(4)完整性 各项记录必须完整,不允许缺页、缺项、缺内容。

(三)记录的审核与保存

根据法规要求,应对监控记录、纠偏行动记录和验证记录进行定期审核。审核时主要审核是否按照规定的方法和频率进行检测,是否符合 CL,是否在必要时采取了纠正行动。审核人员必须在记录上签字并注明日期。

对已批准实施的 HACCP 管理文件及运行中形成的各项记录应妥善保管存档,应明确收集和保存记录的各级责任人员。所有文件和记录应定期装订成册,以便官方验证或第三方机构认证审核时使用。

任务 6-2　HACCP 管理体系的实施步骤

危害分析和关键控制点(HACCP)管理计划是由饲料生产企业自己根据实际情况制订的。由于产品不同,加工条件、生产工艺、人员素质等差异,各个企业的 HACCP 管理计划也不同。

一般情况下,制订 HACCP 管理计划参照常规的 12 个基本步骤,如图 6-2 所示。该步骤已得到国际食品法典委员会认可,并在世界各国得到广泛实施。HACCP 的 7 个基本原理也包括其中。

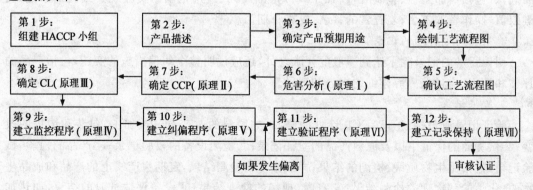

图 6-2　HACCP 管理实施步骤

制订实施 HACCP 管理计划一般分两步进行:首先是预备步骤,然后是根据 HACCP 的

饲料安全与法规

7个基本原理,逐步进行 HACCP 管理计划的制订及实施。

▶ 一、实施 HACCP 的预备步骤

HACCP 不是一个独立的管理程序,而是一个大的管理体系的一部分。HACCP 必须建立在 GMP(good manufacturing practice,良好操作规范)的基础上,这样才能将更多、更大的精力放在对饲料安全有影响的关键控制点上,同时与 GMP 结合起来,才构成一个完整的体系。不仅如此,在制订 HACCP 计划以前,还需要完成一些前期的准备工作,通常称为预备步骤,至少包括以下几方面的内容:组建 HACCP 小组;对产品和所用原料进行描述;确定产品的预期用途;建立产品生产工艺流程图;现场确认产品生产工艺流程图等。如果没有适当地建立这5个预备步骤,可能会导致整个 HACCP 计划的设计、实施和管理失效。

(一)组建 HACCP 小组

HACCP 小组是建立 HACCP 计划的重要步骤,它能减少风险,避免关键控制点被错过或某些操作过程被误解。

1. HACCP 小组的组成

小组应由来自不同部门的人员组成,例如有公司经理或副经理,生产管理、卫生控制、质量控制、研究开发、设备维修和化验人员等;实施 HACCP 计划应该是全员参加的,因此,HACCP 小组还应有生产操作人员参加,并规定其职责和权限,以制订、实施和保持 HACCP 管理体系。

选出的小组成员应具有以下方面的基本知识:加工生产线使用的技术和设备;饲料加工操作方面的实践知识;生产加工流程和技术;饲料微生物应用知识;HACCP 原理和技术。

选择小组成员时应着重考虑:参与危害识别的人员;参与关键控制点确定的人员;监控关键控制点的人员;执行关键控制点验证操作的人员;检验样品和执行验证程序的人员。

HACCP 小组可能需要外来的专家参与(例如与产品和加工有关的公共卫生风险专家)。理想的小组不超过6名成员,尽管一些工作阶段需要临时增加小组成员,这些成员来自其他部门,如销售、研发、采购和财务部门等。

为了确保 HACCP 小组成员能完全理解 HACCP 原理,并有效开展相关活动,对HACCP 小组成员必须进行培训,形式包括社会培训和厂内培训等。培训内容包括 HACCP 原理,所从事生产的饲料安全的危害和预防,GMP 和 SSOP(sanitation standard operating procedure,卫生标准操作规范)等。

HACCP 小组的主要职责是基本资料信息的收集,如各种有关政策、法规、标准等;制订GMP、SSOP 等前提条件;另外是制订 HACCP 计划、修改和验证 HACCP 计划、监督和实施HACCP 计划和对全体人员的培训等。

HACCP 小组成员应有较强的责任心和认真的、实事求是的态度。

2. 管理部门正式指定或聘请 HACCP 小组组长

为了确保 HACCP 小组能有效地开展工作,管理部门正式指定或聘请 HACCP 小组组长。

HACCP 小组组长资格:①有饲料加工生产的实际工作经验;②具有饲料卫生学的基本知识;③对良好的环境卫生、良好操作规范以及工业化生产有科学的理解;④了解与本企业产品有关的各类危害以及控制措施;⑤了解饲料加工设备基本知识;⑥有效的表达、组织和

协调能力,确保 HACCP 小组成员完全理解 HACCP 计划。

(二)产品描述

HACCP 小组的最终目标是为生产中的每个产品及其生产线制订一个 HACCP 计划,因此,小组首先要对特定的产品进行描述。因为不同的产品、不同的生产方式,其存在的危害及预防措施也不同,对产品进行描述,便于进行危害分析,确定关键控制点。

描述饲料产品至少应包括以下内容:①产品名称,包括商品名以及最终产品的形式;②产品的主要特性;③饲料的主要成分;④加工的方法,包括主要参数;⑤包装形式,如散装或袋装等;⑥销售和贮存;⑦运输要求。

表 6-2 和表 6-3 是产蛋鸡配合饲料和饲料用玉米产品描述示例。

表 6-2 产蛋后备鸡配合饲料产品描述

企业名称:	HACCP 计划作者: 日期: 批准人:	页码: 修订号:
产品名称	产蛋后备鸡配合饲料	
主要原料	标明本品使用的主要原料名称、添加比例,含水率;添加的药物及用量;配伍禁忌、停药期	
主要特征	按照《饲料标签》(GB 10648—2013)的要求标明营养成分含量	
计划用途	适应畜禽品种及阶段	
包装类型	散装、袋装	
贮存条件	常温、干燥、通风	
保质期	在规定的贮存条件下,保证饲料产品质量的期限。一般饲料产品 6 个月(从生产日期算起),高脂肪或开食/代乳料 2～3 个月。	
标签说明	符合《饲料标签》(GB 10648—2013)的要求	
销售地点	养殖场或经销商	
运输要求	袋装产品防雨、防晒、防污染,散装运输罐符合卫生要求	

表 6-3 饲料用玉米产品描述

企业名称:	HACCP 计划作者: 日期: 批准人:	页码: 修订号:
产品名称	动物性饲料用玉米	
产品原料	粉碎的玉米或特定年龄的特定畜禽用的玉米为基础的配合饲料	
产品规格	营养平衡的、安全的饲料,霉菌毒素低于规定的限量,典型的范围是 5～50 $\mu g/kg$	
预期用途	畜禽饲料	
包装	多层袋,经常用蜡处理或内衬聚乙烯膜用来减少水分的转移	
贮存条件	堆放的袋	
保质期	3 个月(制粒后和水分小于 13% 的条件下)	
消费对象	特定年龄的特定畜禽	

(三)确定产品预期用途

产品预期的用途应该以一般用户和消费者为基础,HACCP计划小组必须详细说明产品的销售地点、目标群体,对于不同用途和不同的畜禽使用对象,饲料的安全保证程度不同。

(四)绘制工艺流程图

工艺流程图是用来说明该产品加工生产的重要加工步骤。工艺流程图必须详尽,对整个加工过程进行清楚的、简明的和全面的说明,以利于进行危害分析,但也不能太多太细以至于偏重一些不重要的环节。

工艺流程图是用简单的方框或符号,清晰、简明地描述从原料接收到产品贮运的整个加工过程,以及有关配料等的辅助加工步骤。

工艺流程图覆盖加工的所有步骤和环节。流程图给HACCP小组和验证审核人员提供了重要的视觉工具。

工艺流程图由HACCP小组绘制,HACCP小组可以利用它来完成制订HACCP计划的其余步骤。

需要提醒的是,工艺流程图从原料、辅料以及包装材料开始绘制,随着原料进入工厂,将先后的加工步骤逐一全部列出。HACCP小组应把所有的过程、参数标注在流程图中,或单独编制一份加工工艺说明,以有助于进行危害分析。

建立工厂和车间的平面示意图并在其中标明物流和人流,其中物流应该包括所有组成成分和包装材料,从进厂接收起,经贮存、制备、加工、包装、成品贮藏到装运出厂的整个流程。人流图应该标明员工在工厂内的移动,包括在更衣室、厕所和餐厅中的活动。洗手和靴鞋消毒设施的位置也应该标明。这个计划旨在确定企业中存在的潜在的交叉污染的任何区域。

要绘制一个完整的工艺流程图,必须获得以下信息资料:①所采用的原材料、辅料和包装材料的微生物危害、化学危害、物理危害的数据材料;②原料、辅料进入生产的工艺步骤和顺序;③工艺控制的措施和具体内容;④原料、中间产品和最终产品的温度、水分含量、粒度等特性;⑤产品的重新加工路线;⑥设备的设计特征;⑦人员进出路线;⑧可能存在产生交叉污染的路线。

图6-3是以玉米为基础的饲料加工工艺流程图,能帮助我们理解流程图的含义和作用。

工艺流程图的精确性对危害分析的准确性和完整性是非常关键的。在工艺流程图中列出的每一个步骤,必须通过对设施、设备和操作的实地考察,对其进行验证。这样将确保所有的重要步骤已被标明,同时也确认了饲料工业中有关产品和员工的流动方向。如果某一步骤被疏忽,将有可能导致遗漏显著的安全危害。

HACCP小组必须通过在现场观察操作,来确定他们制订的流程图与实际生产是否一致。HACCP小组还应考虑所有的加工工序及流程,包括班次不同造成的差异。通过这种深入调查,可以使每个小组成员对产品的加工过程有全面的了解。

HACCP小组的所有成员应当参加流程图的确认,还应该根据现场观察的实际操作对流程图进行调整,以确保生产工艺流程的准确性和完整性。

步骤	分类
从产区或二手经销商手中购进的玉米（不确定）	其他已知黄曲霉毒素含量的饲料原料
饲料厂 玉米的接收	CCP1
饲料厂 玉米的碎粉	GMP
饲料厂 碎粉玉米的储存	GMP
饲料厂 饲料原料的搅拌混合	GMP
饲料厂 饲料制粒	CCP2
饲料厂 饲料包装	GMP
饲料厂 饲料标签	GMP
饲料厂 饲料储存	GMP
运输	GMP
零售或销售	GMP
养殖场或养殖户储存、使用	GMP

图 6-3　工艺流程图

二、建立 HACCP 计划

HACCP 小组依据 HACCP 的 7 个基本原理，针对不同的产品，建立 HACCP 计划。

(一)危害分析(原理Ⅰ)

饲料危害分析应依据国家或主管部门的质量、卫生法规、标准、规范及专业知识与经验。主要从以下几个方面分析各种生物危害、化学危害和物理危害：①饲料原料及其接收与贮存；②饲料加工过程；③设备及车间内设施；④操作人员健康状况；⑤饲料产品的包装与标签；⑥饲料产品贮存、运输及销售。

另外，对一些无依据的危害，可以通过检测手段，并对检测数据进行分析，以便确定其危害性。

危害分析是非常重要的,它需要 HACCP 小组全体成员共同参与,来准确、全面地确定显著性危害,以此确定关键控制点。表 6-4 是常用的危害分析工作表,仅供参考。

表 6-4　危害分析工作表

企业名称:				HACCP 计划工作者: 日期:　　　页码: 批准人:　　修订号:				
产品名称:				储存与运输方式:				
配料/加工步骤	危害分析	危害		危害是否显著（是/否）	判断依据	控制措施	该步骤是否是 CCP	
		B	C	P				

根据表 6-4 可以看出,完成危害分析工作单的过程,就是对原料和加工步骤实施危害分析,判断其显著性,确定关键控制点的过程,也就是应用原理Ⅰ和原理Ⅱ的过程。

(二)确定关键控制点(原理Ⅱ)

关键控制点(CCP)的判断要以每个加工步骤中危害的显著程度和发生的可能性以及如何避免、消除或减少到可以接受的水平为基础。确定关键控制点应遵循控制措施合理有效、监测方便的原则。采用判断树来判断关键控制点(CCP),见表 6-5。

表 6-5　关键控制点(CCP)的确定

加工步骤/接收原料	危害种类和确定的危害是否有必要的控制程序 若是:表明有"必要的程序",进行下一个确定的危害 若否:进入问题1	问题1:在每一加工过程中是否能使用控制方法 若否:非关键控制点＋至下一项可确定的危害分析 若是:进入问题2	问题2:具有可确定危害的污染超过可接受的水平或增加到不能接受的水平的情况发生 若否:非关键控制点＋至下一项的危害分析 若是:进入问题3	问题3:该加工步骤是否对消除可确定危害或将此危害减小到可接受的水平进行了特别的设计 若否:下一个问题 若是:关键控制点＋至最后一栏	问题4:后续的加工步骤是否能消除可确定危害或将此危害减小到可接受水平 若否:至最后一栏 若是:非关键控制点＋评价后续步骤＋至下一项可确定的危害分析	CCP至下一项可确定的危害分析

(三)建立关键限值(原理Ⅲ)

关键控制点的关键限值,是饲料产品安全限量指标,或是保证饲料产品安全生产过程的控制因素,如温度、时间等。HACCP 应依据有关法律、法规、标准、规范、技术文献和实践经验等确定关键控制点的关键限值,以确保危害得到控制。

(四)建立监控程序(原理Ⅳ)

对每一个关键控制点(CCP),HACCP 小组要建立监控程序,包括监控对象(监控什么)、监控方法(怎样监控)、监控频率(何时监控)和监控人员(谁来监控)。

(五)建立纠偏行动(原理Ⅴ)

HACCP 小组应预先为每个关键控制点制订相应的纠偏行动,主要包括,确定并纠正引起偏离的原因;确定偏离期所涉及产品的处理方法,如隔离保存产品、进行安全评估、重新加工、销毁等;记录纠偏行动,包括产品的确认、偏离描述,对产品的最终处理等。

表 6-6 是纠偏行动报告的示例,仅供参考。企业可以根据自己的实际情况编制,只要能把上述问题描述清楚就可以。

表 6-6　纠偏行为报告

企业名称: 地址: 加工步骤:			编号: 日期: 关键限值:		
监控人员		发生时间		报告时间	
发生问题的描述					
采取措施					
问题解决办法及现状					
HACCP 小组意见					
审核人		日期			

(六)建立验证程序(原理Ⅵ)

验证是企业建立的 HACCP 计划是否有效和被正确执行的方法、程序和试验。

HACCP 计划表中的验证程序是复查记录,是对原理Ⅰ至原理Ⅴ各项内容的验证。它有助于证明 HACCP 计划对保证饲料质量安全性真正起到了作用。

(七)建立记录保持程序(原理Ⅶ)

HACCP 计划要求对做过的任何事情都有记录。如果没有记录,就被认为从来没有发生。记录应包括与生产和产品有关的所有信息,一般在 HACCP 计划中的记录有监控记录、纠偏记录以及校正记录等。

至此,HACCP 小组根据 HACCP 基本原理完成了 HACCP 计划的制订,并对企业而言,已完成了所有实施 HACCP 管理体系的准备工作。

HACCP 计划的制订和有效实施,与 7 个原理的共同作用是分不开的。HACCP 的 7 个原理不是孤立的,而是一个有机的整体,合理地应用可以更有效实施 HACCP 管理。至此便建立了完整的 HACCP 管理体系,可以通过填写 HACCP 计划表来完成 HACCP 管理体系的制订。表 6-7 为一比较适用于饲料生产企业的 HACCP 计划表。

从表 6-7 中可以看出,完成 HACCP 管理计划表是根据确定的关键控制点(CCP)确定关键限值(CL),建立监控程序,建立验证程序和建立记录保持程序的过程,即原理Ⅲ至原理Ⅶ的过程。

表 6-7　HACCP 计划表

企业名称:		HACCP 计划作者: 批准人:					日期: 修订号:		页码:	
	产品名称:						储存和运输方式:			
加工步骤	关键控制点(CCP)	危害	关键限值(CL)	监控				纠偏程序	验证程序	HACCP 记录
				内容	方法	频率	监控者			

HACCP 计划应按表格式样进行编印,以便于查阅。HACCP 计划应由企业最高管理者签发,批准实施,以确保该计划能被企业接受并认真执行。

在实施过程中发现 HACCP 计划与现行法规、标准及生产实际有不适应之处时,应予以修正。修订的 HACCP 计划的批准者仍是企业的最高管理者。

三、饲料企业 HACCP 体系文件的编制

饲料生产企业建立、健全质量安全管理体系,一般要经过质量安全管理体系总体设计、文件编制和实施运行三大阶段。编制质量体系文件是建立、健全质量体系的一个重要组成部分,HACCP 质量手册和程序文件是描述和实施一个企业质量安全管理体系所用的主要文件,通过它来明确规定本企业质量安全管理体系的要求和实施的方法,它既是全面系统地反映一个企业的质量安全管理体系,又是质量安全管理体系运行的规范性依据。贯彻质量安全管理体系文件可以使质量安全管理体系经济高效地运转,以取得最佳效益。

《饲料和饲料添加剂管理条例》和《饲料生产质量安全管理规范》是饲料生产企业建立质量安全管理体系的基本准则。为了建立这样一个体系,企业首先要制定一套完整的质量安全管理文件。通过这套文件,将企业质量安全管理的方针、政策,以及用于产品质量安全控制的资源安排,相应的质量安全控制对策和措施、程序等以文字的形式确定下来。

一套良好的质量安全管理文件,可以帮助企业管理者:①系统地规划企业的质量安全管理体系;②具体地指导卫生质量安全控制活动;③减少人员不稳定性对产品质量安全造成的影响;④展示企业良好、规范性的管理状况。

(一)饲料企业 HACCP 体系文件的编制

饲料企业 HACCP 体系文件的编制依据是《饲料生产质量安全管理规范》及相关法规、规范和标准。

(二)饲料企业 HACCP 体系文件的编制原则

编写质量安全管理文件时应遵循以下原则:

(1)系统性　各要素应围绕总的质量方针、质量目标,形成和谐有序的系统,并注意各层次文件之间的相互衔接、呼应。在内容编排、章节的划分上应体现出系统性。

(2)协调性　质量安全管理文件的各个文件单元之间要注意彼此的协调性,如质量手册的各个要素和章节,各种程序文件和管理制度等,在对管理要求的表述上要协调一致,切忌自相矛盾,彼此脱节,各唱各的调。同时,质量安全管理文件也要注意与企业其他管理规章相协调。

(3)动态性　体系在运转过程中难免会遇到这样或那样的问题,只有不断地进行自我调整和完善,才能及时适应不断变化的环境,从而保证管理的质量和效果,这就要求体系具有自我调整和更新的机制。为此,在文件中要注意为这种机制设置好相应的程序,以使体系具有能不断进行自我调整和完善的动态性。

(4)有效性　要从企业自身的实际情况出发,讲求实用,注重实效。要根据自己产品的实际特点,通过科学的分析研究,明确相关的安全危害,确定切实可行和有效的控制措施。

(5)指令性　质量安全管理文件是企业质量安全管理的法规,由企业的法定代表批准,并以批准令或其他正式的形式发布,要求企业各部门、各类人员严格执行。因此,质量文件

的各项规定内容均具有指令性。因此,在编写时(尤其是手册)措辞要严谨,表达要明确,不能含糊其辞,模棱两可,以免在执行过程中因职责含混或程序不明确而产生扯皮、推诿现象,从而使管理指令不能正确执行,信息不能及时传递,问题不能及时解决。

(6)科学性　应以充分的技术数据支持和保证 HACCP 体系的有效性,特别是在进行危害分析、确定关键控制点和关键限值的过程中,科学试验和科学数据对体系的有效性具有突出的重要性。

(三)饲料企业 HACCP 体系文件的构成

饲料企业的质量安全管理文件是围绕产品的质量安全控制而制定的一整套文件,它一般包括 HACCP 质量手册及其系列支持性文件(如程序文件和质量记录等)。一般在结构上可将它们分成三个层次,即质量手册为第一级文件,程序文件和有关管理制度为第二级文件,其他质量工作文件(如操作规程、标准等)作为第三级文件(图 6-4)。

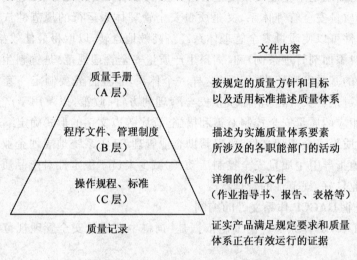

图 6-4　质量安全管理文件结构层次

这种对文件层次的划分方法不是硬性的,各个企业可以根据自己企业的规模、产品生产的技术复杂性确定各自文件的结构层次。《HACCP 安全质量管理手册》作为第一级文件,它是声明企业的质量安全方针并描述企业的质量安全管理体系及质量工作的文件,是整个质量安全管理文件的纲领和中心。它对企业的质量方针及质量体系所采用的要素及质量管理活动进行系统、扼要的阐述;它规定了企业符合有关卫生规范要求的工作准则,是企业卫生质量体系建立和运行的指导性文件,也是对外证明企业卫生质量体系的系统性和计划性的证据。

《HACCP 安全质量管理手册》的内容应包含 HACCP 体系范围内的全部活动或过程。根据饲料企业 HACCP 体系文件编制依据的要求,在通常情况下,HACCP 体系文件的内容包括 3 部分:①GMP 计划;②HACCP 前提计划,主要包括 SSOP 计划、人员培训计划、工厂维修保养计划、产品回收计划、产品代码识别计划等;③HACCP 计划。

程序文件和有关卫生质量管理制度,如 HACCP 计划制订程序,生产设施、设备及工器具的卫生控制程序,各级各类人员的岗位责任制等,作为第二级文件,是质量手册的支持性文件。管理制度主要是针对体系中的有关活动进行规范性的约束和界定;程序文件则是交代实施某项活动须遵循的方法,具体明确体系中某项活动的目的和范围,交代应该做什么,由谁做,何时、何地、怎样做,如何控制和记录这一活动等。它是对手册中各条款的说明,通过二级文件,使手册中所规定的各质量要素得以展开,从而使整个质量体系得以运转。没有相应的实施程序和制度,质量手册中的管理要求将只停留在对意图的陈述而不能体现为工作体系。尽管质量管理的意图有时可以在没有实施程序和制度指导的情况下转化为工作实践,然而它的实施往往是不稳定、不可靠、混乱和不一致的。因此,程序和制度文件在整个体系中有着很重要的作用,各个要素都应该有相应的实施程序或制度。

这里需要说明两点,一是各要素的实施性程序和制度,不一定要与手册分开写,如果企业的规模较小、工序简单,或者该要素在本企业所涉及的质量活动较简单,那么有关程序和制度的内容也可以在手册相应要素的章节中表述;二是有时为了避免程序文件数量过多,活动内容相同或相近的程序可以合在一个程序文件中表述,因此,有时一个程序文件可以同时支持几个要素。

第三级是卫生质量文件,有质量记录、操作规程、有关的技术标准等。质量记录包括生产过程关键控制点的监控记录,企业卫生质量管理工作中产生的有关计划、报告、图表、记录,如生产现场日检记录、质量纠偏记录、定期的产品卫生质量分析报告、质量体系年度复审报告等。它们是实际执行和实施第二级文件(即有关卫生管理制度和程序)的产物和结果,是企业卫生质量体系中各项活动的客观反映,是体系运行是否有效的客观证据。至于各种记录所应包含的内容、格式,以及填写、审核、传递的程序,可在第二级文件中作出规定。为便于使用和保管,应制订三级文件的标记、收集、编目、归档、保管和处理程序。

三个层次的文件相互连带,相互承接,共同构成一个完整的卫生质量管理文件体系。

(四)饲料企业 HACCP 质量手册

1. 编制 HACCP 质量手册的目的

HACCP 质量手册(以下简称质量手册)是企业质量安全管理的纲领性文件,是企业质量安全管理工作的基本法规和准则,它阐述企业的质量安全方针,并对质量安全管理体系进行概括性的表述,其他质量文件都是对它的细化和展开,是它的支持性文件。对内它是企业内部实施质量安全管理的基本法规,它为各项质量管理活动提供统一的标准和共同的行动准则;对外它是企业质量安全管理能力的文字表述。

总之,质量手册是用来对质量体系进行充分阐述,规定质量体系的基本结构,并指导企业实施质量体系的主要文件,是一个企业的质量体系的表征形式。编制并实施质量手册意味着一个企业的质量体系的建立、存在和运行。质量手册的适用性和有效性,也表明了质量体系的适用和有效、适度。

在质量手册中对质量安全方针和目标,组织和人员的职责、职权,以及质量体系各过程和活动的程序等予以规定,使企业中与质量有关的人员在质量活动中有了可以遵循的规范和准则,将有利于质量体系的规范化、程序化,有利于区分质量责任,落实和协调质量体系各要素的职能,保持质量体系协调有效地运行,从而有利于保证产品或服务质量切实满足顾客和其他受益者的要求。

2. 质量手册的管理

质量手册归口管理部门是质量管理部门,其管理主要涉及以下几个方面:

(1)质量手册的发放　应准备足够数量的质量手册正式文本以满足与质量体系有关部

门的需要。手册的内部分发渠道(无论是整体或是按章节)应保证所有使用者都有适当的使用机会。在体系运行的各个场所都应使用相应文件的最新有效版本。本企业的最高管理层、各职能管理部门、主要车间和生产部门应获得全套完整的质量手册。

质量手册应由质量管理部门指定专人管理,按序号为接受者提供文本,并进行注册登记。管理部门应采取措施以保证本企业中每个手册的使用者均能熟悉与其有关的内容。

(2)质量手册的日常管理　质量手册在使用中应严格管理,各使用手册的部门有专人负责手册管理。使用者都应办理借阅手续,并建账登记,妥善保管。质量管理手册中包含着企业多年积累的质量管理宝贵经验和诀窍,原则上不宜提供本企业之外的企业使用。

质量管理部门应制订并实施质量手册的管理制度,如"质量手册发放的条件、手续"、"持有者的资格和责任"、"日常管理和注册规定"、"手册的修改、变更、换版、替代程序","手册更换手续"及"手册密级和保管规定"等。

(3)质量手册的更改控制　质量管理部门应制订质量手册更改与修正程序,包括更改与修正的标记、文件个性和审批程序,并认真执行。应保证对质量体系有效运行起重要作用的各个场所都应使用质量手册的有效版本;及时从所需发放和使用的场所撤出作废的文件。

①手册修订更改程序　质量手册修订更改时,一般按以下程序进行:使用中发现问题提出修改意见,或由质量审核时提出修改意见,质量管理部门编写更改通知单,经本企业领导或主管质量的领导批准,授权质量管理人员更改修订或更换,更改后的实施效果由质量监督人员检查验证。质量手册更改时应有明显的修改标记。注明修改次数、修改人姓名、修改日期及批准修改的领导的签名。质量手册未经授权任何人不得任意变更;但经授权的修改必须及时进行。任何修改均应遵从正规程序。

②质量手册的补充和换版　随着生产和经营的发展,管理和技术的改进,合同环境的变化,质量手册的内容也应不断充实完善。当产品或服务发生重大变化,质量体系有了较大变化时,需要对质量手册进行换版。换版时,原文件的编号不变,但应注明更改年号和需代替的文件号。

③质量手册的回收和处理　质量手册修订中需更改更换的文件,以及换版时应回收的文件,应及时回收。已丢失的文件,使用者或保管者应写出申明材料,承担责任,并在质量管理部门备案。文件如经过多次更改后,应重新印发。

(4)质量手册的印刷和装订　质量手册可以铅印、打字或晒蓝方式出版,也可以以计算机软件形式出版。但应考虑使用活页装订成册的方法,以便于更改、补充或代替。为清楚起见,可以使用附页更改的办法。为保持每本手册是有效版本,手册的持有者将签发更改页并入手册中,这样使用起来十分方便。

有的企业把质量手册分别装订成总的质量手册、分部的质量手册或部门与项目(设计、采购、工艺、销售、安装……)质量手册。也有在质量手册之外还另外编辑了程序文件分册(如管理标准、工作标准、技术标准、规章制度等)和质量记录与图表等。具体装订形式要视企业具体情况而定。

3.质量手册的编制要求、编写格式和内容框架

(1)质量手册的编制要求　①对企业所建立的HACCP体系做出总体规定,规定到的要求才会被实施;②描述HACCP体系各组成部分、各过程之间的相互关系和相互作用;③将准则、法规的要求转化为对本企业的具体要求;④在手册的规定与程序文件之间,建立对应

关系,确保规定能够被实施。

（2）质量手册的编写格式和内容框架　下列质量手册参考模式给出了通用的编写格式和内容框架及提示,具体内容需使用者根据前述编制依据、编制原则及本企业的特定情况编写。

＊封面

企业名称

HACCP 手册

（依据《饲料企业 HACCP 体系规范》）

第　版

编制：　　　　　　　　批准：

审核：　　　　　　　　发布日期：

＊版头

××××（企业名称英文缩写）　文件名称　文件编号　版次/状态　第　页/共　页

＊颁布令（略）

＊手册正文

一、目录

二、HACCP 手册管理说明

三、HACCP 手册修改页

四、企业基本情况

五、企业组织机构图

六、HACCP 小组成员及职责

一、目录

1.适用范围

（1）总则

（2）适用产品范围

2.编制依据

3.术语和定义

《饲料企业 HACCP 体系规范》中使用的术语和定义以及本企业专用的术语和定义。

4.HACCP 体系

（1）体系的构成　①体系的组成部分;②体系各组成部分之间的关系;③以过程方式描述体系。

（2）体系文件的构成　①体系文件的组成部分;②体系文件各组成部分之间的关系。

（3）文件控制

5.GMP 计划

以《饲料企业 HACCP 体系规范》为主要依据,对 GMP 计划做出规定。（具体要求在此省略,仅列出标题,饲料企业可按照本企业的状况作出具体规定。）

（1）人员

（2）建筑物与设施

（3）设备及工、器具

(4)生产与加工管理

(5)运输

6. HACCP 前提计划

(1)SSOP 计划

(2)人员培训计划

(3)工厂维修保养计划

(4)产品回收计划

(5)产品识别代码计划

7. HACCP 计划

(1)组建 HACCP 小组

(2)产品描述

(3)识别、确定用途和消费者

(4)制作流程图

(5)现场确认流程图

(6)进行危害分析,制定预防控制措施

(7)确定关键控制点

(8)确定各关键控制点的关键限值

(9)建立各关键控制点的监控程序

(10)纠正措施

(11)建立验证程序

(12)建立记录保持程序

附录1　HACCP 程序文件清单

附录2　HACCP 支持文件清单

附录3　HACCP 记录格式清单

附录4　产品加工流程图

附录5　厂区平面图和车间人流物流图

二、HACCP 手册管理说明

主要包括由谁编制、由谁审核、由谁批准、由谁修改和批准、由谁发放和回收、如何使用、如何保存。

三、HACCP 手册修改页

内容包括修改次数、修改章节、修改页码、修改内容说明、修改日期、修改人、批准人。

四、企业基本情况

五、企业组织结构图

六、HACCP 小组成员及职责

(五)饲料企业 HACCP 程序文件

1. 程序文件概述

(1)程序的定义　程序是为完成某项活动所规定的途径。多数情况下,程序可形成文件(如质量体系程序),通常称之为"书面程序"或"文件化程序"。书面或文件化程序中通常包括活动的目的和范围,做什么和谁来做,何时、何地和如何做;应使用什么材料、设备和文件,以及对活动如何进行控制和记录。

（2）程序和过程的关系　一项程序文件实际上是对一个过程中的活动所作的规定,过程是将输入转化为输出的一组相关联的资源和活动。资源可包括人员、资金、设施、设备、技术和方法。在编制一项程序文件时,应该对该项活动的输入、转换和输出作出明确的规定。概括起来说,它应包含以下几个方面的内容:

①说明该项质量活动各环节输入、转换和输出所需的文件、物资、人员、记录以及它们与有关活动的接口关系;

②规定开展各环节活动在物资、人员、信息和环境等方面应具有的条件;

③明确对每个环节内转换过程中各项因素的要求,即由谁做,做什么,做到什么程度,达到什么要求,如何控制,形成什么记录和报告,以及相应的审批手续;

④规定输入、转换和输出过程中需要注意的例外或特殊情况的纠正措施。

程序文件的制订应根据本企业的具体情况,参考 GB/T 19000-ISO 9000 系列标准的要求,制订本企业程序文件的编写要求。

（3）程序文件的性质　程序文件是质量体系文件的组成部分,是质量手册的支持性、基础性文件,是对质量体系要素的策划。程序文件上接质量手册(或直接作为质量手册的一部分内容),并与质量手册保持一致,是质量手册规定的具体展开;下接作业文件,承上启下,控制作业文件并把质量手册的纲要性规定具体落实到作业文件中,从而为实现对产品、过程或作业的有效控制创造了条件。

每份程序都应涉及质量体系的一个逻辑上独立的部分,可以是一个完整的质量体系要素并相互有关的一组活动。工作程序的数量、每份文件的内容及其格式和外观可以由企业自行确定。一般管理性程序不涉及纯技术细节,这些细节通常在技术性程序如作业指导书中规定。

2.程序文件的管理

为保持质量体系各层次的程序文件的有效性、系统性和正确性,必须从文件的设计开始就进行管理,在程序文件实施过程中加强协调,在一定时期内对程序文件组织评价,并对不完善的地方予以改进。在程序文件的编写和管理上要考虑以下几个方面问题和步骤。

（1）建立管理制度　一般地说,贯彻标准时初次编写程序文件的工作量很大,不管采取集中编写还是分散编写的方式,都应明确各职能部门的负责人对该部门主管的质量活动程序文件的编写负责;跨部门的质量活动程序文件可以指定熟悉该项活动的人员编写;质量管理部门负责审核和协调;标准化部门进行标准化的审查和管理,并按企业的有关规定,明确存档、分发的责任部门,建立起完整的文件管理制度。

（2）企业质量职能分配　体系要素展开和质量职能分配是设计程序文件层次和确定文件数量、文件内容的依据之一,因此,程序文件的编写是在质量职能分配之后进行。

（3）编制程序文件明细表　按照质量职能分配表中确定的质量活动,对照系列标准要求,结合企业现有规章制度、管理办法等,确定应新编制和应修订的文件名称,提出程序文件目录,制订编制计划。

（4）编写指导性文件　由于程序文件不但数量多而且又由很多人员一起参加编写,为了使编写顺利进行,减少返工,应制订程序文件编写的指导性文件,供编写人员使用。指导性文件中应就编制文件的分类、编号、格式、编写要求、体例,以及起草、批准、修改权限等作出规定,以便新编文件统一协调和规范化。

(5)编写和发布　一般地说,参加程序文件编写人员较多,所以,编写前要集中培训,统一编写要求。完稿后,质量管理部门要组织文件所涉及的有关部门负责人评审和协调,定稿后,要经主管该项工作的领导审定批准、发布。所有程序文件的发布,都应按文件控制程序规定要求进行,使所有使用文件的场所都能得到相应文件的有效版本和收回作废文件。

(6)培训　程序文件发布前要组织培训,使执行该程序的有关人员都熟悉和理解,以便在工作中自觉地按程序办事。要克服中国有些企业中有章不循,违章不纠,或把规章制度、管理标准的执行掌握在少数人手里,仅仅作为出了问题后的处罚依据的弊端。

(7)组织定期的审核和评价　程序文件可以通过企业内部质量体系审核和日常监督来进行评价。虽然质量体系审核和监督要依据程序来进行,但是在对要素的审核和监督过程中很容易发现执行人员不按程序办事的情况,这时审核和监督人员如果发现这种现象不是执行人员本身的原因而是程序的缺陷时,应及时向主管领导提出,以组织对程序的修改,保持程序的有效性。

(8)修改和修订　程序文件的修改或修订是很正常的事情,一般地说,每次质量体系审核之后都可能要进行修改,三五年内可能要修订一次。原则上修改和修订工作由文件的原制定部门负责进行。指定其他部门修改和修订时,该部门应获得原编制和审批部门所依据的资料。在进行修改和修订时,要跟踪修改和修订所有的副本,作上标记并签字。大的修改次数太多时,则应修订。发放新版应按文件控制程序规定的要求进行。

3. HACCP 程序文件的编制要求

(1)执行 HACCP 质量手册的规定　①将 HACCP 质量手册为建立和实施 HACCP 体系做出的规定转化为具体执行程序;②与 HACCP 手册的规定保持一致。

(2)采用过程方法　①用过程方法编制程序文件;②明确过程运行的预期结果;③分析表述各过程之间的相互关系。

(3)具有针对性和可操作性　①将 HACCP 理论与企业实际相结合;②内在逻辑清楚、一致,可直接操作。

(4)与支持文件和记录建立完整的联系　①提出执行 HACCP 质量手册规定所需要的支持文件和记录的具体需求;②提供准确完整的联系路径。

4. HACCP 程序文件的编写格式

(1)版头　可采用 HACCP 质量手册使用的版头。

(2)格式　包括目的、范围、职责、程序、过程图、过程描述、相关文件、相关记录等。

5. HACCP 程序文件的组成(供参考)

HACCP 程序文件的组成包括:①文件控制程序;②GMP 控制程序;③SSOP 控制程序;④人员培训控制程序;⑤维修保养控制程序;⑥产品回收控制程序;⑦产品识别代码控制程序;⑧HACCP 计划预备步骤控制程序;⑨危害分析与预防控制措施控制程序;⑩关键控制点确定控制程序;⑪关键限值建立控制程序;⑫关键控制点监控控制程序;⑬纠偏行动控制程序;⑭验证控制程序;⑮记录保持控制程序。

任务 6-3　HACCP 管理体系在预混合饲料加工中的应用

预混料是将畜禽需要的各种微量成分(如维生素、矿物质微量元素、氨基酸、生长促进剂、防腐剂、抗生素等)与一定量的载体或稀释剂均匀地混合在一起的混合物。它作为配合饲料的一种原料,按一定比例添加到全价配合饲料中去,便于使微量的成分均匀分散,一般占全价饲料的 5% 以下,不经稀释不得直接饲喂。虽然预混料用量很少,但作用很大,具有补充营养、强化基础日粮、促进动物生长、防治疾病、保护饲料品质、改善动物产品质量等作用。

一、预混合饲料加工工艺技术分析

由于预混料的组分极其复杂,用量相差悬殊,品种繁多,理化性能差异大,而且在安全稳定性等方面存在种种问题,大大增加了其生产的复杂性,其加工工艺与全价配合饲料生产工艺相比,有如下的特殊性:①应最大可能地保护活性成分的活性;②工艺流程应简短,有广泛的适应性和灵活性,最大可能地减少交叉污染;③配料精度要求高,微量配料精度达到0.01%,综合误差为 0.01%~0.03%;④混合均匀度要求高,通常变异系数 (CV) 不得大于5%;⑤包装要求高,包装材料要有利于贮存以保护活性;⑥对工人的劳动保护要求高。

预混料的加工工艺主要包括原料的前处理、配料、混合、输送、包装及通风除尘等。典型的工艺流程如图 6-5 所示。

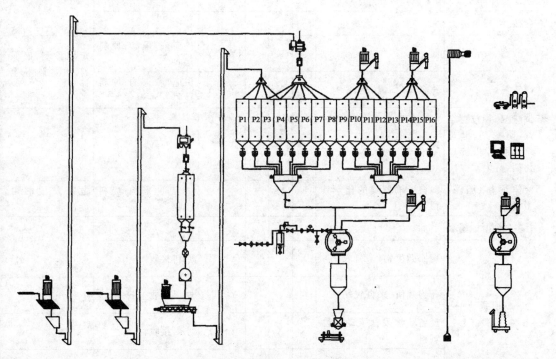

图 6-5　典型预混料加工工艺流程

项目 6　饲料加工过程危害分析与关键控制点

二、危害确认与危害分析

制定 HACCP 计划的前提和关键是进行危害确认和危害分析。有些危害是显而易见的,但有的危害需要在进行证实以后,才能对其可能性和严重程度进行准确的评估。结合预混合饲料的特点,首先进行预混合饲料原料中的危害确认与危害分析,列出所有与原料有关的生物性、化学性和物理性的危害(表 6-8);其次进行预混合饲料加工过程中的危害确认与危害分析,列出所有与预混合饲料加工有关的生物性、化学性和物理性的危害(表 6-9)。

表 6-8　预混合饲料原料中的危害确认与危害分析

原料	危害	危害类型					控制点	HACCP 小组评论
		B	C	P	A	H		
药物添加剂	药物残留(由于产品标注不正确,如活性成分含量出错)		X		Y	Y	供应商/采购;原料接收	
微量元素单体	重金属(如镉、砷、铅)		X		Y	Y	供应商/采购;原料接收	定期检测金属含量,确保镉/砷/铅的含量符合要求
微量元素整合物	重金属(如镉、砷、铅)		X		Y	Y	供应商/采购;原料接收	
维生素单体	配方/活性成分水平不对		X		Y	N	供应商/采购;原料接收	
单体氨基酸	无							
食盐、碳酸氢钠	无							
碳酸钙、贝壳粉	氟		X		Y	Y	供应商/采购;原料接收	定期检测,确保符合饲料卫生要求
磷酸氢钙	重金属(如镉、砷、铅)		X		Y	Y	供应商/采购;原料接收	
调味剂、颗粒黏结剂、防霉剂、酵母培养物,酶,抗氧化剂、益生素	无							
液体饲料(胆碱、蛋氨酸)	源自运输器具的化学残留		X				供应商/采购;原料接收	危害发生的可能性非常低
标签、缝包线、墨水					Y		?	
退货	病原微生物(来自农场)	X			Y	Y	原料接收	
	药物残留(来自农场)				Y	Y	原料接收	
	反刍动物采食了动物性饲料	X	X		Y	Y	原料接收	
	无							

注:X 表示与原料有关的生物性(B)、化学性(C)和物理性(P)的危害;A 表示对动物有害;H 表示对人有害;Y 表示有,N 表示无;? 表示不确定。

表6-9 预混合饲料加工过程中的危害确认与危害分析

加工过程	危害	B	C	P	A	H	控制点（GMP是否完全控制了该危害？）是否是具体计划	HACCP小组评论	操作员是否以在某加工步骤采取控制措施控制该危害	该危害是否会超过标准	本步骤是否专门用来控制危害	是否有随后的步骤可以控制该危害	CCP
配方	在制作配方时，药物的种类和/或用量不对	X					否—人员培训		是—生产前核对配方	否			
饲料添加剂接收	接收到错误的原料（种类出错，有效含量不对）		X		Y		是—原料接收；人员培训；生产控制与记录						
液体原料接收	用错储液罐	X			Y		是—原料接收；人员培训						
	由于筛网破损导致物理性污染			X		N	是—设备运行与维护						
退货接收	返回饲料厂进行再加工的饲料，在其他地方污染了污染物	X			Y		否—原料接收；人员培训	让农场保证饲料没有被污染	处理再加工饲料程序	是	否	是—第11步，按次序生产	
磁铁	金属污染（没有通过磁铁或磁铁失效）			X	Y	N	是—设备运行与维护						
	结垢，导致病原生长	X		?		?	是—卫生与害虫防治；设备运行与维护						
原料贮藏仓	原料放错仓（如仓标志出错，分配器方向偏移等，导致将禁用的原料放入仓中）	X			Y		是—设备运行与维护；人员培训	目测检查料仓内容物					
	被贮存在仓内的禁用原料污染	X			Y		是—接收与贮运；卫生与害虫防治						
	原料用量不正确	X				N	是—设备运行与维护；人员培训	目测检查					

项目 6　加工辛饲　超过加工过关键控制　危害分析与

续表 6-9

危害评估与控制

加工过程	危害	B	C	P	A	H	控制点（GMP是否完全控制了该危害？）是否是具体计划	HACCP小组评论	操作员是否以在某加工步骤采取措施控制该危害	该危害是否会超过标准	本步骤是否专门用来控制危害	是否有随后的步骤可以控制该危害	CCP
原料贮罐	用错储液罐					N	是—人员培训						
生产线：按次序生产/冲洗	来自上批饲料的交叉污染（有害药物残留）		X			Y	否—接收与贮运；人员培训	预先解决的生产顺序是非常重要的	是	是	是	否	CCP-1C
手动微量配料仓系统	药物用量/活性成分出错		X			Y	否—人员培训；生产控制与记录		是	是	是	否	CCP-2C
	药物交叉污染（称量秤的拖拉、分送、清扫，向料仓内添加原料时溢出）		X			Y	是—设备运行与维护；人员培训						
	药物分布不均匀（由于机械问题、混合时间短、混合机充填数太小）		X			Y	否—设备运行与维护；人员培训		是	是	是	否	CCP-3C
人工混合系统	药物残留（源于上批饲料）		X			Y	否—设备运行与维护；人员培训		是	是	否	是	CCP-1C
	来自浆叶的金属污染			X		N	是—设备运行与维护；人员培训						
缓冲仓	药物残留（源于上批饲料）		X			Y	否—设备运行与维护；人员培训	没有清空，清扫	是—按次序生产/冲洗	是＞	否	是	CCP-1C
集尘器	药物残留		X			Y	否—设备运行与维护；人员培训		是—按次序生产/冲洗	是	否	是	CCP-1C

续表 6-9

加工过程	危害	危害类型					控制点（GMP是否完全控制了该危害？）是否有控制具体计划	HACCP小组评论	操作员是否以在某加工步骤采取措施控制该危害	该危害是否会超过标准	本步骤是否专门用来控制危害	是否有随后的步骤可以控制该危害	CCP
		B	C	P	A	H							
加工过程	药物残留（源于上批饲料，输送系统故障，操作员失误）		X		Y	Y	否—设备运行与维护；人员培训		是—按次序生产/冲洗	是	否	是	CCP-1C
成品仓	成品出错料仓（饲料中含药物）		X		Y	Y	否—设备运行与维护；人员培训	交叉检查料仓和发票上的生产批号	否				
	成品出错料仓（饲料中有违禁原料）	X			Y	Y	否—设备运行与维护；人员培训						
成品运输	药物残留（源于上批饲料，输送系统故障，操作员失误）		X		Y	Y	否—设备运行与维护；人员培训						
	饲料送错了客户（饲料中含有药物）		X		Y	Y	否—人员培训，生产控制与记录	在发票上打上上地址					
	饲料送错了客户（饲料含违禁原料）	X			Y	Y	否—接收与贮运；人员培训						
送货	药物残留（源于上批饲料）		X		Y	Y	否—接收与贮运；人员培训	上批料记录；清扫卡车后签字					
	司机/卡车将疾病从一个地方传播到另一个地方	X			Y	N	否—接收与贮运；人员培训	进行生物安全培训					

项目 6　饲料加工过程危害分析与关键控制点

185

三、制定 HACCP 计划

根据对预混合饲料原料和加工过程中的危害分析结果,采用判断树的方式,确定关键控制点,其中包括已经确定了的对食品安全有影响的危害,同时也考虑对动物健康的危害。只有对人类健康有影响的危害才会考虑作为关键控制点。企业可结合自己的生产管理水平以及员工的素质、产品的类别来确定适合自己企业的关键控制点,并据此制订相应的 HACCP 计划(表 6-10)。

表 6-10　HACCP 计划

加工步骤	CCP	危害描述	关键限值	监控程序	纠偏程序	验证程序	HACCP 记录
按次序生产/冲洗	CCP-1C	源于上批饲料的药物污染	操作员必须遵守每批饲料的生产进度程序表	操作员按照原来决定的顺序,逐一核对每次运行的实际次序	在不确定时,操作员找主管协商;暂停生产,等候品保部/生产经理作决定	生产经理每天检查生产总结;品保部员工按照原来决定的程序,定期对产品进行药物残留测试,其结果须在允许的范围内;生产经理观测操作员完成工作(每年 2 次)	监控记录(生产记录等);纠偏程序报告;验证程序报告(如检查生产总结,药物残留测试结果,员工评价报告等)
药物原料的使用	CCP-2C	用错药物	零允差,必须使用正确的药物	操作员保留每天的"药物使用"记录和每批饲料中添加剂和药物总的使用情况;操作员采用适当的措施,保证药物使用正确	操作人员找主管领导商议;暂停生产,等候品保部/生产经理作决定;操作员送样到试样室测定微量示踪物	主管每天查看"药物使用记录",核对理论与实际用量是否一致;下一班主管验证药物用量和批次打印结果;生产经理观测操作员完成工作(1 次/季)	监控记录(批次混合单,剂量秤记录,所用药物的批号,每日库存报表等);验证程序报告(批次打印结果,员工评价报告等)
	CCP-2C	药物称量不准	必须称准到秤的最小刻度	操作员保留每天的"药物使用"记录和每批饲料中添加剂和药物总的使用情况;操作员采用适当的措施,保证药物使用正确	操作人员找主管领导商议;暂停生产,等候品保部/生产经理作决定	主管每天查看"药物使用记录",核对理论与实际用量是否一致;下一班主管验证药物用量和批次打印结果;生产经理观测操作员完成工作(1 次/季)	监控记录(批次混合单,剂量秤记录,所用药物的批号,每日库存报表等);验证程序报告(批次打印结果,员工评价报告等)

续表 6-10

加工步骤	CCP	危害描述	关键限值	监控程序	纠偏程序	验证程序	HACCP 记录
手动系统的混合时间	CCP-3C	由于混合不充分导致药物分布不均匀	根据混合机校验的结果确定混合时间	操作员/计算机记录对每批饲料的混合时间	混合时间不对、混合时间太短，操作员继续混合到目标时间或通知生产经理；混合时间太长，操作人员暂停生产，并通知生产经理和设备维护人员	生产经理检查最近混合机校验测定结果（每年至少一次）；终产品混合均匀度测试（每月）；每天记录和观测操作员完成工作（每年 2 次）	监控记录（混合时间）；纠偏程序报告；验证程序报告（混合机校验测定结果，终产品测试结果，每天记录，员工评价报告）

任务 6-4　HACCP 管理体系在畜禽配合饲料加工中的应用

一、畜禽配合饲料加工工艺与产品质量控制

　　配合饲料加工工艺是从原料接收一直到成品（配合粉料或颗粒料）出厂的全部过程。包括原料接收与清理、粉碎、配料、混合、制粒（冷却、破碎、分级）、包装等主要工序，以及输送、通风除尘、油脂添加等辅助工序。

　　生产粉状和颗粒状配合饲料的基本工艺流程见图 6-6。

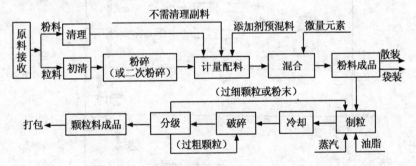

图 6-6　配合饲料生产的基本工艺流程

二、畜禽配合饲料典型加工过程

　　图 6-7 为常见的畜禽配合颗粒饲料加工工艺流程。该工艺有原料接收、清理、粉碎、配料、混合、制粒、打包 6 大工段，还配有液体添加系统、蒸汽系统、微机电控系统、除尘系统和输送设备等辅助工艺。其基本工序齐全，是应用较广泛的一种工艺。

　　1. 原料接收与清理

　　本工艺设有 3 条原料接收线，一是散装谷物类原料（如玉米等），经斗式提升机、初清筛和永磁筒，除去泥块、石子、秸秆等和磁性杂质后，进入立筒仓贮存。二是需要粉碎的饼粕

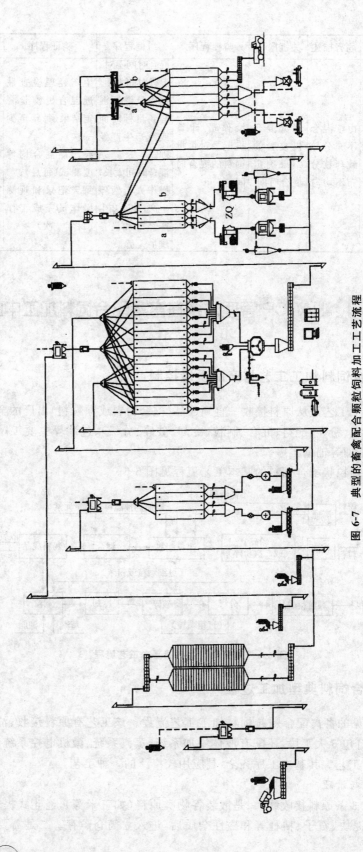

图 6-7 典型的畜禽配合颗粒饲料加工工艺流程

类原料(如菜粕、棉粕、花生粕等),经初清筛和永磁筒除杂后进入待粉碎仓。三是不需要粉碎的粉料(如麦麸、鱼粉等),经清理和磁选后,经旋转分配器,直接进入相应的配料仓参与配料。

2. 粉碎

本工艺有两套粉碎系统,以满足生产的需要,每台粉碎机配有两个待粉碎仓、一台喂料器和出料系统。待粉碎仓内的原料通过喂料器被均匀地送入粉碎机粉碎,粉碎后的物料采用螺旋输送并配有负压吸风的出料系统,经提升机由分配器送入配料仓配料。

3. 配料

采用"多仓两秤"的配料工艺,目的是实现"大料用大秤,小料用小秤"的原则,以适应不同用量的要求,便于生产,提高配料精度,缩短配料时间,从而提高生产效率。配料仓内的物料通过螺旋喂料器依次进入电子配料秤。配料系统由微机自动控制。配料完成后,配料秤打开出料闸门,物料进入混合机。某些用量少的微量组分由人工计量后,直接加入主混合机。

4. 混合

目前多采用桨叶高效混合机,并配有油脂添加系统和微量成分添加口。混合机下方设有足够容量的缓冲仓,混合后的物料排入缓冲仓,经刮板输送机和提升机,通过成品检验筛和永磁筒,进入待制粒仓或成品仓。

5. 制粒

制粒工艺包括制粒、冷却、破碎和分级工段。制粒前有调质器并配有蒸汽系统,对物料进行调质处理,以提高颗粒质量和产量。制粒后的高温、高湿颗粒经冷却器进行冷却,当其温度和水分达到要求后,进入破碎机进行破碎,经提升机送入分级筛进行分级,粒度符合要求的颗粒进入成品仓,不符合要求的则返回重新进行加工处理。

6. 成品打包

成品粉料和颗粒料经打包秤计量打包后送入成品库,也可用汽车直接散装发放。

同时,该工艺还有微机控制系统,主要实现配料过程的自动控制;空气压缩系统,以保证所有气动元件的正常工作;蒸汽系统,为制粒调质提供一定压力、温度的蒸汽。

三、危害确认与危害分析

对畜禽配合饲料常用原料进行危害分析,列出所有与原料有关的生物性、化学性和物理性的危害,见表 6-11。

对畜禽配合饲料加工过程进行危害分析,列出所有与加工有关的生物性、化学性和物理性的危害,见表 6-12。

四、制定 HACCP 计划

配合饲料加工 HACCP 管理体系模式是在借鉴其他行业和国外饲料加工 HACCP 通用模式的基础上,结合中国饲料生产的实际情况和特点,开发研制的一种通用模式。HACCP 计划是由企业自己制订的,由于每个企业产品特性不同,加工条件、生产工艺、人员素质等差异,其 HACCP 计划也有所不同。

根据对原料和加工工艺中的危害分析,采用判断树的方式,列出关键控制点。企业可以结合自己的实际情况来确定自己的关键控制点,并依此制订相应的 HACCP 计划,见表 6-13。

表 6-11　畜禽颗粒饲料原料中的危害确认与危害分析工作表

原料接收过程	危害描述	危害 B	危害 C	危害 P	是否对动物有影响	是否对人有影响	依据	控制措施	HACCP小组记录
玉米、小麦、大麦、稻谷等	真菌毒素	√			是	是	原料在接收前感染	供应商供应合格的原料，质检员严格按照饲料原料质量标准进行检验、检验合格后方可接收入库	原料质量保证书及检验结果
	运输过程中的化学污染		√		是	否	运输工具不符合卫生要求		
	杂质污染			√	是		石子、秸秆、碎片、金属等		
	沙门氏菌污染	√			是	是	鼠、虫、鸟等害虫污染		
	农药残留		√		是	是	田间农药使用不当		
麦麸、次粉、米糠等	真菌毒素	√			是	是	原料在接收前感染	供应商供应合格的原料，质检员严格按照饲料原料质量标准进行检验、检验合格后方可接收入库	原料质量保证书及检验结果
	运输过程的化学污染		√		是	是	运输工具不符合卫生要求		
	沙门氏菌污染	√			是	是	鼠、虫、鸟等害虫污染		
	杂质污染			√	是	是	加工过程中加入的杂质		
豆粕、棉粕、菜粕、花生粕等	沙门氏菌污染	√			是	是	鼠、虫、鸟等害虫污染	供应商供应合格的原料，质检员严格按照饲料原料质量标准进行检验、检验合格后方可接收入库	原料质量保证书及检验结果
	运输过程中的化学污染		√		是	是	运输工具不符合卫生要求		
	杂质污染			√	是	否	石子、秸秆、碎片、金属等		
	萃取后用的溶剂残留		√		是	是	萃取过程所采用的溶剂		
鱼粉、肉骨粉、血粉、羽毛粉等	病原菌等微生物	√			是	是	原料在接收前感染	供应商供应合格的原料，质检员严格按照饲料原料质量标准进行检验、检验合格后方可接收入库	原料质量保证书及检验结果
	运输过程中的化学污染		√		是	是	运输工具不符合卫生要求		
	用到反刍动物饲料中	√			是	是	反刍动物禁用物料		
	杂质污染			√	是	是	碎片、金属等		

续表6-11

原料接收过程	危害描述	危害 B	C	P	是否对动物有影响	是否对人有影响	依据	控制措施	HACCP小组记录
食盐、碳酸氢钠	无								
碳酸钙、贝壳粉	氟污染		√		是	是		供应商供应合格的原料，质检员严格按照饲料原料质量标准进行检验	原料质量保证书及检验结果
磷酸氢钙	重金属污染（铅、砷、镉等）		√		是	是		供应商供应合格的原料，质检员严格按照饲料原料质量标准进行检验	原料质量保证书及检验结果
微量元素	重金属污染（铅、砷、镉等）		√		是	是		供应商供应合格的原料，质检员严格按照饲料原料质量标准进行检验	原料质量保证书及检验结果
氨基酸	无		√		是	否	活性成分不对	供应商供应合格的原料，质检员严格按照饲料原料质量标准进行检验	原料质量保证书及检验结果
单体维生素	药物残留		√		是	否		供应商供应合格的原料，质检员严格按照饲料原料质量标准进行检验	
药物性添加剂	药物残留								
药物配方			√		是	否	用量和配伍出错	配方人员培训，合格的配方	配方
维生素预混料			√		是	否	配方和活性度不正确	供应商供应合格的预混料	配方
微量元素预混料			√		是	否	配方和活性度不正确	供应商供应合格的预混料	配方

项目6 饲料加工过程危害关键控制点分析

续表 6-11

想法与做法手册

原料接收过程	危害描述	危害			是否对动物有影响	是否对人有影响	依据	控制措施	HACCP/小组记录
		B	C	P					
调味剂、黏合剂、抗氧化剂、酶制剂、益生素	无								
液体原料（胆碱、氨基酸）	运输器具带来的化学污染		√		是	是	运输器具不符合卫生要求	供应商供应合格的原料，质检员严格按照饲料原料质量标准进行检验	原料质量检验结果书及检验结果
糖蜜	运输器具带来的化学污染		√		是	是	运输器具不符合卫生要求	供应商供应合格的原料，质检员严格按照饲料原料质量标准进行检验	原料质量检验结果书及检验结果
动物油脂植物油脂	酸败		√		是	否	运输中日晒、雨淋等，或没有添加抗氧化剂	供应商供应合格的原料，质检员严格按照饲料原料质量标准进行检验	原料质量检验结果书及检验结果
水蒸汽	微生物污染	√			是	是	细菌、寄生虫等微生物	使用合格的自来水	定期检测结果
	重金属污染（铅、砷、镉）		√		是	是	水处理不彻底	定期检测水质	定期检测结果
包装袋	回收包装袋中病原微生物	√			是	是	包装了其他产品或被污染	供应商供应合格的包装袋	质量保证书
	回收包装袋中有害化学物质		√		是	是	包装了其他产品或被污染	供应商供应合格的包装袋	质量保证书
标签、包装线	无								
退回的饲料产品（回机料）	病原微生物污染	√			是	是	养殖场受到污物污染或过期	原料接收程序控制	检测结果
	反刍动物采食动物性饲料		√		是	是		回机程序控制	

表6-12 畜禽颗粒饲料加工过程中的危害确认与危害分析

原料/加工过程	危害描述	危害 B	危害 C	危害 P	是否对动物有影响	是否对人有影响	依据	控制措施	是否是关键控制点
1.配方	药物残留		✓		是	否	药物等微量组分种类或用量不正确	人员培训、设计科学、合理的配方	
	交叉污染，药物或反刍动物采食了动物性饲料		✓		是	是	错投原料或投料斗残留	核对投料单、清理投料斗	CCP1
2.原料投放	投入变质的原料		✓		是	是	没鉴别原料感观质量	人员培训，可通过GMP控制	
	杂质污染			✓	是	否	投料现场不整洁	随时清理投料现场，可通过GMP控制	
3.清理	非磷性杂质的污染			✓	是	否	筛网破损	定期检查筛网、设备维护，可通过GMP控制	
4.磁选	磁性杂质的污染			✓	是	否	磁性降低或料流过快	磁铁充磁控制料流、设备维护，可通过GMP控制	
5.液体原料过滤	杂质，异物污染			✓	是	是	过滤网破损	定期检查过滤筛网、设备维护，可通过GMP控制	
6.A散装谷物原料贮存（立筒库）	病原菌污染	✓			是	是	仓内附着病原菌异物	定期清理仓内污物，可通过GMP控制、定期抽检	
	霉菌污染	✓			是	是	因贮存温度、湿度而造成霉菌生长	定时通风或倒仓，可通过GMP控制、定期抽检	
	病原菌污染	✓			是	是	鼠、虫、鸟等污染	防鼠、虫措施，可通过GMP控制	
6.B袋装原料贮存	霉菌污染	✓			是	是	因贮存温度、湿度而造成霉菌生长	保持贮存环境干燥、通风、洁净，可通过GMP控制	
	交叉污染		✓		是	是	包装袋破损，或没有分区存放	分区存放，及时处理破袋，可通过GMP控制	

项目6 饲料加工过程危害分析与关键控制点

续表 6-12

原料/加工过程	危害描述	危害 B	危害 C	危害 P	是否对动物有影响	是否对人有影响	依据	控制措施	是否是关键控制点
6. C 液体原料贮存	异物污染		√		是	是	罐内清理不清洁造成污染	定期清理贮存罐，可通过GMP控制	
	酸败		√		是	是	贮存环境如日晒、雨淋等污染	贮存在阴凉、干燥处，可通过GMP控制	
6. D 包装袋贮存	病原菌污染	√			是	是	鼠、虫、鸟等污染	GMP控制	
7. 待粉碎仓	申仓		√		是	是	设备故障或投料出错	随时核对进仓原料，可通过GMP控制	
8. 粉碎	粉碎粒度不符合要求			√	是	否	筛片孔径不符合工艺要求或筛片破损	使用孔径符合工艺要求的筛片，检查筛片	CCP2
	运动部件上的金属污染			√	否	否	运动部件的磨损或脱落	定期检查，通过GMP控制	
9. 除尘器	附着在滤袋上的物料造成的交叉污染		√		是	否	喷吹系统故障	定期清理滤布，维修喷吹系统，可通过GMP控制	
10. 配料仓	交叉污染		√		是	否	残留或物料串仓	定期清仓，核对进仓物料，可通过GMP控制	
11. A,B 配料秤	交叉污染		√		是	是	秤斗内残留	定期清理秤斗，通过GMP控制	
	产品配比错误		√		是	是	配料秤精度不高或秤门漏料	定期校秤	CCP3
	用错原料		√		是	是	领错原料或原料混淆	核对名称和数量	CCP4
11. C 微量配料（人工计量、人工投放）	称重过程中产生交叉污染		√		是	是	因称量器具导致原料的交叉污染	每种品种使用一个称量器具，配料现场严格区分，可通过GMP控制	
	微量组分分配比出错		√		是	是	计量秤精度不符合要求	定期校正计量秤	CCP5
	投料出错		√		是	是	没有严格地按照投料信号	人员培训，可通过GMP控制	CCP6

原料/加工过程	危害			是否对动物有影响	是否对人有影响	依据	控制措施	是否是关键控制点
	B	C	P					
11. D、E 液体添加系统	液体添加量不准		√		是	否	流量计精度不符合要求	定期校正流量计	CCP7
	影响混合均匀度		√		是	否	喷嘴雾化不好	设备故障,可通过 GMP 控制	
12. 生产顺序	与上批的交叉污染		√		是	否	上批残留(药物或动物性原料进入反刍动物饲料)	制订生产顺序规程	CCP8
	混合均匀度不符合要求		√		是	是	桨叶变形,混合时间不合适,排料门漏料,装料量不合适	定期检查,合适的混合时间和充满系数	CCP9
13. 混合	交叉污染		√		是	是	上批产品的残留	定期清理	CCP10
	运动部件的金属污染			√	是	否	运动部件的磨损或脱落	定期检查,可通过 GMP 控制	
14. 缓冲仓	交叉污染		√		是	是	上批产品的残留(药物或动物性原料进入反刍动物饲料)	更换品种前清仓	CCP11
15. 刮板输送机	运动部件的金属污染			√	是	否	运动部件的磨损或脱落	定期检查,可通过 GMP 控制	
16. 待制粒仓	交叉污染		√		是	是	上批产品的残留(药物或动物性原料进入反刍动物饲料)	更换品种前清仓	CCP12
17. 螺旋喂料器	无				是	否	要求是干饱和蒸汽	锅炉工技术培训,可通过 GMP 控制	
18. 蒸汽系统	因蒸汽质量会造成调质效果不理想			√	是	否	蒸汽中的冷凝水不能及时排除而进入调质器		
	疏水阀效果差导致产品水分过高,使霉菌生长	√			是	否		设备性能问题,可通过 GMP 控制	

续表 6-12

原料/加工过程	危害描述	危害 B	危害 C	危害 P	是否对动物有影响	是否对人有影响	依据	控制措施	是否是关键控制点
19. 调质	沙门氏菌存活		✓		是	否	调质时间不足或温度过低，导致调质效果差	保证一定的调质温度、时间和蒸汽量	CCP13
	霉菌微生物生长	✓			是	是	机内积存的污物	定期清理，可通过 GMP 控制	
	破坏热敏感性组分		✓		是	否	温度使热敏性组分失去活性	可通过喷涂工艺实现	CCP14
	运动部件的金属污染			✓	是	否	运动部件的磨损脱落	定期检查，可通过 GMP 控制	
	员工操作的污染	✓			是	是	使用被污染的操作工具	使用专用工具，可通过 GMP 控制	
	运动部件的金属污染			✓	是	否	运动部件的磨损或脱落	定时检查，可通过 GMP 控制	
20. 制粒	压辊润滑油的污染		✓		是	是	油脂添加量过多	可通过 GMP 控制	
	霉菌生长		✓		是	是	附着在操作门上的高湿度的黏附物	可通过 GMP 控制	
	制粒室内残留带来的交叉污染		✓		是	是	制粒室内的残留和模孔内残留另一种物料	更换品种前清理和颗粒的回收	CCP15
21. 冷却	病原微生物生长	✓			是	是	冷却风量和时间不足，导致冷却效果不好	按工艺要求，控制冷却时间	CCP16
	交叉污染		✓		是	是	冷却仓内死角的残留	更换品种前清理残留	CCP17
22. 破碎	无								
23. 分级	产品粒度不符合工艺要求			✓	是	否	筛网孔径不符合工艺要求	按工艺要求使用合适的筛网	CCP18
	粉末回流产生交叉污染		✓		是	是	筛分后的粉末或反气至待制粒仓（药物或反气动物性原料进入反气动物饲料中）	更换品种前回收回流的粉料	CCP19
24. 成品仓	交叉污染		✓		是	是	仓内物的残留（药物或反气动物饲料中有了动物性原料）	更换品种前清仓	CCP20
	串仓造成交叉污染		✓		是	是	进仓分配器故障	设备故障排查	

续表 6-12

原料/加工过程	危害描述	危害 B	C	P	是否对动物有影响	是否对人有影响	依据	控制措施	是否是关键控制点
25. 打包	贴错标签导致动物误食			√	是	否	领错标签	核对标签与产品	
	质量不合格		√		是	否	质量问题	包装前判断产品质量，并取样检验	
	病原菌污染	√			是	是	主要来自鼠、虫、鸟等害虫的污染	采用防鼠、虫、鸟等措施，可通过GMP控制	
26. 成品贮存	霉菌污染	√			是	是	因贮存环境的温度、湿度等造成霉菌生长	保持贮存环境干燥、通风、干净，可通过GMP控制	
	物料交叉污染		√		是	否	包装袋破损	可通过GMP控制	
	装错产品	√			是	是	发货单出错	核对发货单和产品批号，可通过GMP控制	
27. 产品装运	可能生长霉菌	√			是	是	运输过程中可能受到日晒、雨淋等	可通过GMP控制	
	外来物的污染	√			是	是	运输过程中破袋或运输车不清洁	可通过GMP控制	
	产品送错目的地	√			是	是	发货单上送货地址不详	核对送货地址，可通过GMP控制	
配料秤喂料器	物料配比不准确			√	是	是	因喂料料器太短，流动性好的物料易漏出漏料	工艺设计问题	
溜管	交叉污染			√	是	否	溜管内残留	定期清理，可通过GMP控制	
三通	交叉污染			√	是	否	漏料	设备故障，可通过GMP控制	
闸门	交叉污染			√	是	否	闸门漏料	设备故障，可通过GMP控制	
滴管分配器	交叉污染			√	是	否	分配管不到位	设备故障，可通过GMP控制	
磁选皮带喂料器(粉碎机)	无								
压缩空气系统	无								
斗式提升机	无								
螺旋输送机	无								

知识链接与拓展

作者：　　　　批准人：　　　　版本：　　　　日期：

表 6-13　畜禽颗粒饲料生产 HACCP 计划表

加工步骤	关键控制点(CCP)	危害	关键限值	监控 内容	监控 方法	监控 频率	监控 执行者	纠偏程序	验证程序	HACCP 记录
1.原料投放	CCP1	交叉污染，违反禁用动物源性饲料饲喂反刍动物	零允差，严格遵守投料单程序；投料品种、投料性质、投料时间	原料投放	投料前核对所投原料和投料单，清理投料斗	每次投料完一个品种	投料工	暂停生产，及时报告生产人员和生产主管	生产主管每班查看投料记录，并与原料出库单核对；品管人员按照规定程序进行测试，定期对物料残留观察投料操作工程序（每月一次）	监控记录（如生产记录等）；纠偏程序；验证程序报告
2.粉碎	CCP2	粉碎粒度不符合产品要求	不同动物和同一动物的不同生长期对粒度有不同的要求	粒度	按照工艺配方要求对粉碎机筛片、测定	随时目测	操作工	暂停生产，及时报告生产人员和生产主管；更换筛片、修补筛网	生产主管每班查看粉碎记录，品管人员定期对粉碎粒度进行测试	监控记录（如生产记录等）；纠偏程序；验证程序报告
3. A 配料	CCP3	产品配比误差	配料称精度：静态≤1%，动态≤3%	精度	校秤	每月	当地计量局	暂停生产，及时报告品管人员和生产主管	生产主管按照规定程序，定期对配料秤精度进行测试	监控记录（如生产记录等）；纠偏程序；验证程序报告
3. C 微量配料（人工计量、投放）	CCP4	用错原料	零允差	原料	核对配方和原料名称	每班	操作者	暂停生产，及时报告品管人员和生产主管，等候处理	生产主管每班查看投料记录，并与原料出库单核对；生产主管观察投料工操作工作程序（每月一次）	监控记录（如生产记录等）；纠偏程序；验证程序报告

续表 6-13

加工步骤	关键控制点(CCP)	危害	关键限值	监控 内容	监控 方法	监控 频率	监控 执行者	纠偏程序	验证程序	HACCP记录
	CCP5	小料配比出现错误	必须称准到秤的最小刻度	精度	校秤	每班	操作者	暂停生产，及时报告生产人员和生产品管，等候处理；操作人员校秤	生产主管每班查看小料配料记录，核对理论值与实际用量是否相符；生产主管按照规定程序，定期对配料秤精度进行测试；生产主管观测操作者工作程序（每周一次）	监控记录（配料记录、小料出库单、每日库存报表等）；纠偏程序；报告程序；验证程序报告
3.C 微量配料（人工计量、投放）	CCP6	投料出错	零允差	投放小料	严格按照投料警示信号	每次投料	操作工	暂停生产，及时报告生产人员和生产品管，等候处理；投放小料与生产品种	生产主管每班查看小料投放记录；生产主管观测操作者工作程序（每周一次）	监控记录（配料记录、小料出库单、每日库存报表等）；纠偏程序；报告程序；验证程序报告
3.D 液体添加系统	CCP7	液体添加量不准	保证流量计的最小刻度	精度	校流量计	每天	操作工	暂停生产，及时报告生产人员和生产品管，等候处理；操作人员校正流量计	生产主管每班查看小料配料记录，核对理论值与实际用量是否相符；生产主管按照规定程序，定期对流量计精度进行测试；生产主管观测操作者工作程序（每周一次）	监控记录（液体原料出库单、每日库存报表等）；纠偏程序报告；验证程序报告

续表 6-13

加工步骤	关键控制点(CCP)	危害	关键限值	监控 内容	监控 方法	监控 频率	监控 执行者	纠偏程序	验证程序	HACCP记录
4. 生产顺序	CCP8	交叉污染	遵循生产顺序计划表	生产顺序计划	核对生产顺序	每次更换品种	操作者	如果不确定，操作人员与品管人员联系；未决定的产品由QA/生产管理者决定	生产管理者每天检查产品总结报告；由QA人员定期对药物残留进行检验（按照每一个建立的计划表格的容许）必须在可以接受许可的范围内；生产管理者必须对药物残留的评价操作者任务执行情况（每月一次）	监控记录（产品记录等）；纠偏程序报告；验证程序报告（检查，检查品总结，残留物检查，残留药物检查结果，检查员工评价报告等）
5. 混合	CCP9	混合均匀度不符合要求	混合均匀度变异系数：CV≤10%	桨叶，排料门，混合时间	目测测试混合时间到规定值	每月每天	操作者	暂停生产，品管人员和生产主管维修人员校正浆叶，维修人员密封排料门，调整混合时间使其达到合适的值	生产主管按照规定程序，定期对混合均匀度进行测试；生产主管检查混合机维修结果	监控记录；纠偏程序报告；验证程序报告（混合机残留率测试结果）
	CCP10	交叉污染	残留率R≤1%	残留率	测试	每月	操作者	暂停生产，及时报告品管和生产主管清洗混合机	生产主管按照规定程序，定期对混合机残留率进行测试；生产主管观察清洗操作工作程序（每月一次）	监控记录（混合程序结果）；纠偏程序报告；验证程序报告（混合机测试结果）
6. 缓冲仓	CCP11	交叉污染	残留率R≤1%	残留率	振动器	每次更换品种	操作者	暂停生产，及时报告品管和生产主管清仓	生产主管按照规定程序，定期对缓冲仓进行清洗	监控记录；纠偏程序报告；验证程序报告

续表 6-13

加工步骤	关键控制点(CCP)	危害	关键限值	监控				纠偏程序	验证程序	HACCP记录
				内容	方法	频率	执行者			
7.待制粒仓	CCP12	交叉污染		残留	振动器	每次更换品种	制粒工	暂停生产，及时报告品管人员和生产主管清仓；打包头集头包，并定点存放，等候处理	生产主管按照规定程序，定期对待制粒仓进行清洗	监控记录；纠偏程序报告；验证程序报告
	CCP13	沙门氏菌存活	不同的产品对调质参数有不同的要求	时间、温度、压力、蒸汽量	调整桨叶角度；调整阀减压测试	根据需要调整每次更换品种	制粒工	维修人员根据需要校正桨叶角度；制粒工随时观测调质温度；制粒工随时调整蒸汽阀	生产主管按照规定程序，定期对调质时间进行测试；生产主管每班检查生产记录；生产主管观察制粒工作程序(每周一次)	监控记录；纠偏程序报告；验证程序报告；生产记录(调质参数报告等)
8.调质	CCP14	破坏热敏性工艺组分	可通过喷涂工艺消除或减少危害	温度、时间	调整蒸汽量；调整桨叶角度	每次更换品种	制粒工	维修人员根据需要校正桨叶角度；制粒工随时观测调质温度；制粒工随时调整蒸汽量	生产主管按照规定程序，定期对调质时间进行测试；生产主管每班检查生产记录	监控记录；纠偏程序报告；验证程序报告(调质参数报告等)
9.制粒	CCP15	制粒室或模孔内物料产生交叉污染		残留物	收集残留物使其能进入下一道工序	每次更换品种	制粒工	打包工收集头包，并定点存放，等候处理	按照品管要求程序，处理头包(回机)；生产主管每班检查生产记录	监控记录；偏程序报告；验证程序报告(回机料处理记录等)

项目 6 饲料加工过程危害分析与关键控制点

续表 6-13

加工步骤	关键控制点(CCP)	危害	关键限值	监控 内容	监控 方法	监控 频率	监控 执行者	纠偏程序	验证程序	HACCP记录
10.冷却	CCP16	真菌微生物生长	温度:一般比室温高5℃左右 水分:≤12.5%(两者一般通过冷却时间和风量控制)	时间,风量	调整料位器的位置;调整风门的大小	每次更换不同粒径的产品	制粒工	及时调整料位器位置,报告生产主管及时处理产品湿热,湿产品	生产主管按照规定程序,定期对产品的水分进行测试,打包工随时观测产品的温度	监控记录;纠偏程序报告;验证程序报告(水分测试结果等)
	CCP17	交叉污染		残留	人工清理	每次更换品种	制粒工	暂停生产,及时报告品质主管和生产主管清仓;打包人员收集含有杂料的产品,等候处理	生产主管按照规定程序,定期对冷却器进行清理检查	监控记录;纠偏程序报告;验证程序报告
11.分级	CCP18	产品粒度不符合要求	不同动物和同一动物的不同生长期对粉碎粒度有不同的要求	粒度	按照工艺要求选配相应孔径的筛片	随时目测	打包工	暂停生产,及时报告品质主管和生产主管,更换合适的筛网;修补筛网	生产主管每班查看生产记录,品管人员按照规定程序,定期对颗粒度进行测试,打包人员随时监测产品的粒度	监控记录(如生产,等);纠偏程序报告;验证程序报告
	CCP19	物料回流产生交叉污染		回流的粉末	收集	每次更换品种	制粒工	当每一个品种生产完后,收集回流料,并定点存放,等候处理	按照品管要求采集的粉末,处理报告;生产主管每班检查生产记录	监控记录;纠偏程序报告;验证程序报告(回机料处理记录等)
12.成品仓	CCP20	交叉污染		残留	振动器	每生产完一种品种	打包工	暂停生产,及时报告品质主管和生产主管清仓;打包人员收集头尾包,未定点存放,等候处理	生产主管按照规定程序,定期对成品仓进行清洗,处理头尾包(回机);生产主管每班检查生产记录	监控记录;纠偏程序报告;验证程序报告(回机料处理记录等)

一、水产膨化颗粒饲料的特点

(一)一般水产饲料

一般水产饲料具有以下特点：

(1)粒度小。由于水生动物的消化道短等生理特性，为加快消化吸收，水产饲料应该比畜禽饲料的粉碎粒度更小，如鳗鱼、对虾饲料，其粒度要达到 80～120 目。

(2)蛋白质含量高、碳水化合物含量低。畜禽饲料的蛋白质含量一般都小于 20％，而水生动物饲料的蛋白质含量多数为 30％～40％，甲鱼与鳗鱼饲料中的蛋白质含量则高达 65％～70％。

(3)颗粒饲料结构紧密，具有较高的黏结性和耐水性，对虾料要求颗粒饵料在水中的稳定性达 2 h 以上。

(4)水产饲料生产时严禁交叉污染，有的原料需作无菌处理，所选用的设备应便于清理，少残留，特别是生产对虾、鳗鱼饲料时，不得同时生产其他种类的饲料，以防交叉污染。

(二)挤压膨化水产颗粒饲料

挤压膨化水产颗粒饲料除具备一般水产饲料的特点外，还是一种低污染、低浪费、高效率、高转化率的优质环保型饲料。它具有如下特点：

(1)很高的消化利用率。①挤压膨化过程中的机械作用，能够提高饲料中的淀粉糊化度，破坏和软化纤维结构的细胞壁部分，释放出部分被包围、结合的可消化物质，从而提高饲料的消化利用率。②挤压膨化过程中，适度的热处理可以钝化某些蛋白酶抑制剂(如抗胰蛋白酶、尿酶等)，消除蛋白酶抑制剂对动物的副作用，同时使蛋白质中的氢键和其他次级键遭到破坏而变性。变性后的蛋白质分子呈纤维状，流动滞阻，增加了与动物体内酶的接触，更易为酶所水解，因而有利于水产动物的消化吸收，从而提高饲料的消化利用率。③挤压膨化可显著降低棉籽及棉籽粕中游离棉酚的含量，对菜籽粕中的芥子苷、蓖麻籽粕中的毒蛋白、变性原等，亦有较好的脱毒效果。

(2)挤压膨化水产饲料的水中稳定时间长，对水质、环境污染小。挤压膨化水产饲料是靠物料内部的淀粉糊化和蛋白质组织化而使产品有一定的黏结力、其稳定性一般在 12 h 以上，最长可达 36 h。这就避免了目前硬颗粒饲料为加强饲料颗粒稳定而使用不能被鱼、虾等消化吸收，甚至会有副作用的非营养型黏合剂，更重要的是防止饲料颗粒在未被摄食时就已溃散，造成营养物质的大量溶失和饲料的极大浪费，以及进一步导致水体溶氧量的下降和残饵对水质的污染。

(3)挤压膨化可消灭饲料中的有害微生物。通过挤压膨化技术的高温、高湿、高压和膨化作用，能将饲料原料(尤其是动物性原料)中常含有的绝大多数有害微生物杀灭，这不仅有助于改善鱼的体质，增强鱼体的抗病力，更能消除饲料原料中微生物分泌的脂肪酶对饲料的氧化酸败作用，提高了饲料的贮存稳定性。可见，挤压膨化水产饲料确实具有传统硬颗粒饲料无可比拟的优越性。它既经济又环保，是当前乃至今后以绿色、环保为主题的水产饲料业及水产养殖业发展的必然选择。

二、水产膨化颗粒饲料典型加工工艺及其特点

(一)水产膨化颗粒饲料工艺要求

水产膨化颗粒饲料的加工工艺与畜禽配合饲料加工工艺相似,但有一定特殊性。在一般配合饲料厂中只要改变部分加工工序,就可生产水产膨化颗粒饲料,但也有专门的水产用膨化颗粒饲料厂。

1.设计水产膨化颗粒饲料的加工工艺时应考虑的因素

(1)水产养殖的品种众多,由于它们的生活习性不同,有上采饲、中采饲、下采饲之分,所以对饲料性状的要求也不同,相应地其饲料应制成浮性(针对上层鱼类、蛙类)、慢沉性(针对中下层鱼类)和沉性(针对虾蟹类)3类饲料,同时又要求有颗粒状、面团状饲料之别,这就要求加工工艺具有很高的适应性和灵活性,以满足各种水产养殖动物的摄食需要。

(2)要尽可能提高饲料的转化率,减少传统的硬颗粒饲料存在的易散失、易污染水体等弊端。

(3)水产养殖动物在整个生长期的个体变化很大,从仔鱼体长几十毫米到成鱼一般达10 cm以上。这就要求加工工艺能生产出品种繁多的水产饲料系列产品。

(4)水产动物一般为变温动物,能量消耗少,但对脂肪和蛋白质要求量高,因而其加工工艺要求有油脂添加、后置外喷涂等系统。

(5)水产膨化颗粒饲料必须有足够的耐水性。

2.水产饲料加工工艺与畜禽饲料加工工艺的区别

根据上述水产饲料的特点及对水产膨化颗粒饲料加工工艺的设计要求,结合水产饲料加工过程中原料变化大、粉碎的粒度要求高和物料流动性差等特点,水产饲料的加工工艺远比畜禽饲料加工工艺的要求高。其主要区别如下:

(1)粉碎工艺和粉碎工艺流程　水产饲料因其比畜禽饲料的粉碎粒度更小,因而在粉碎工艺上采用粗粉碎加微粉碎的二次粉碎工艺;在粉碎工艺流程上采用先粉碎后配料与先配料后粉碎相结合的流程,这样有利于获得均匀一致的饲料产品粒度,也有利于物料混合均匀。

(2)调质—膨化工序　生产水产饲料,要求有较高的淀粉糊化度和水中稳定性,此时必须强化调质条件,因而其制粒前的调质多采用多道调质器(一般为3道),然后通过膨化机进行膨化加工。对于只能生产畜禽料的饲料厂,其采用的是调质—制粒工序,而且调质过程为单调,随后通过制粒机加工成硬颗粒饲料。

(二)水产膨化颗粒饲料典型工艺流程介绍

水产膨化颗粒饲料生产的典型工艺流程主要包括原料的清理和一次粗粉碎、第一次配料与混合、微粉碎和二次配料混合、调质—膨化工序、成品处理与打包等工序,见图6-8。其特点是,采用了二次粉碎和先粉后配与先配后粉两种工艺相结合的混合式工艺的粉碎工艺流程,然后经膨化、冷却干燥、外喷涂、冷却、破碎和分级等工序。整个生产工艺流程优越性、先进性突出。

1.原料的清理和一次粗粉碎

饲料所采用的原料一般有两种形式:一种是粉料,不需要经过粗粉碎,直接投入下料斗,经提升机后,进入清理筛除杂,然后进行磁选,经分配器直接进入配料仓,参与第一次配料;另一种是需要粗粉碎的粒料,经下料斗、提升机进入清理筛和永磁筒除杂后,进入待粉碎仓,然后经过粉碎机粗粉碎后,再经过提升机、分配器进入配料仓参与第一次配料。一次粗粉碎是水产饲料加工中微粉碎的前处理工序,其主要目的是减少物料的粒度差异及变异范围,改善微粉碎机的工作状况,提高微粉碎机的工作效率和保证产品品质的稳定;同时为了改善工人的工作环境,减少交叉污染,在两个投料口处分别设立独立的除尘系统。

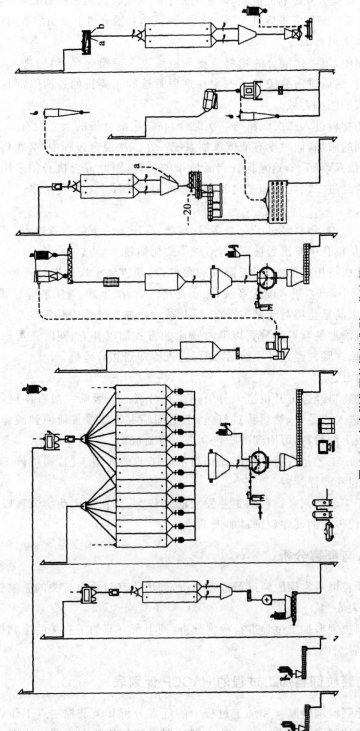

图 6-8 水产膨化颗粒饲料典型工艺流程

2. 第一次配料与混合

第一次配料主要是大众原料的配制,即在配方中配比比较大的原料的配制,这一过程主要由电子配料秤来完成。配料完毕后进入第一次混合,同时在混合机上必须配备油脂添加系统。

3. 微粉碎和二次配料混合

在微粉碎工序中,第一次混合的物料经提升机后进入待粉碎仓,然后进入微粉碎机,并配有气力输送系统,然后进入分级筛筛选。在这里筛选的主要目的是清除饲料中的粗纤维在粉碎过程中形成的细小毛绒。

经过清理后的物料进入二次配料与二次混合,在二次混合机的上方设有人工投料口,主要用于微量添加剂的添加,同时设有液体添加系统。在二次混合过程中,必须将各种物料充分混合,其变异系数 $CV<7\%$,这是保证产品质量的关键,因此混合机必须采用性能优良的高效混合机。物料经过二次配料和二次混合后进入后道工序——膨化工序。

4. 膨化工序

在挤压膨化工艺中,物料经过了一个高温、高湿、高压条件下的蒸煮过程,其理化性质发生了强烈的变化,从模孔中挤出后被膨化,形成了膨化饲料。

物料经过膨化机挤压成形后,形成湿软的颗粒,必须进入干燥机进行干燥,使颗粒的水分降至13%。经过干燥后,进入喷涂系统,主要是用油脂、维生素、调味剂等对颗粒饲料表面进行外包衣处理,以满足鱼类对能量的需求,以及减少在加工过程中热敏性组分的损失。对在前道工序中不宜添加的营养组分可以通过喷涂的方式加以补充,同时还可以提高产品的适口性,降低含粉率。颗粒经过外喷涂后,即可进入冷却器和破碎机。

5. 成品处理与打包

冷却破碎后的物料经过提升机进入分级筛进行分级。分级筛一般有两层筛,下层筛筛上物为成品,直接进入成品仓,然后称重打包;上层筛筛上物需要重新回到破碎机破碎。下层筛的筛下物一般为细粉料,可回到待膨化仓进行重新成形。

以上分析的生产工艺是目前鱼虾膨化饲料加工工艺的典型工艺,利用该工艺可以生产沉性饲料、慢沉饲料和漂浮饲料。

膨化饲料加工工艺是未来饲料加工业发展的趋势,尤其在水产动物饲料以及宠物饲料的应用上,必将取代传统的硬颗粒饲料加工工艺。

▶ 三、危害确认与危害分析

对水产膨化颗粒饲料常用原料进行危害分析,列出所有与原料有关的生物性、化学性和物理性的危害,见表6-14。

对水产膨化颗粒饲料加工过程进行危害分析,列出所有与加工有关的生物性、化学性和物理性的危害,见表6-15。

▶ 四、水产膨化颗粒饲料加工过程的 HACCP 计划表

根据水产膨化颗粒饲料原料和加工过程中的危害分析和关键控制点工作表,采用判断树的方式列出关键控制点。参考 HACCP 工作计划表制订的基本原理和原则,企业再结合自身的具体特点和设备性能,制订出适合自身条件,又满足饲料产品质量安全和品质要求的 HACCP 计划表。计划表见表6-16。

危害分析关键点确认产品名称:水产膨化颗粒饲料

表 6-14 水产膨化颗粒饲料原料危害分析和关键控制点工作表

原料接收	危害描述	B	C	P	是否对动物物有影响	是否对人有影响	依据	控制措施	HACCP小组记录
玉米、小麦、大麦、稻谷等	真菌毒素	√			是	是	原料在接收前感染	供应商供应合格的饲料,质检员严格按照饲料原料质量标准进行检验,检验合格后方可接收入库	原料质量保证书及检验结果
	运输过程中的化学污染		√		是	否	运输工具不符合卫生要求		
	杂质污染			√	是	是	石子、秸秆、碎片、金属等		
	沙门菌	√			是	是	鼠、虫、鸟等害虫污染		
	农药残留		√		是	是	田间农药使用不当		
麦麸、次粉、米糠等	真菌毒素	√			是	是	原料在接收前感染	供应商供应合格的饲料,质检员严格按照饲料原料质量标准进行检验,检验合格后方可接收入库	原料质量保证书及检验结果
	运输过程的化学污染		√		是	是	运输工具不符合卫生要求		
	沙门菌污染	√			是	是	鼠、虫、鸟等害虫污染		
	杂质污染			√	是	是	加工过程中加入的杂质		
豆粕、棉粕、菜粕、花生粕等	沙门菌污染	√			是	是	鼠、虫、鸟等害虫污染	供应商供应合格的饲料,质检员严格按照饲料原料质量标准进行检验,检验合格后方可接收入库	原料质量保证书及检验结果
	运输过程中的化学污染		√		是	否	运输工具不符合卫生要求		
	杂质污染			√	是	是	石子、秸秆、碎片、金属等		
	萃取后的溶剂残留		√		是	是	萃取所采用的溶剂		
鱼粉、肉骨粉、血粉、羽毛粉等	病原菌等微生物	√			是	是	原料在接收前感染	供应商供应合格的饲料,质检员严格按照饲料原料质量标准进行检验,检验合格后方可接收入库	原料质量保证书及检验结果
	运输过程中的化学污染		√		是	是	运输工具不符合卫生要求		
	用到反刍动物的饲料中	√			是	是	反刍动物禁用物料		
	杂质污染			√	是	是	碎片、金属等		

项目 6　饲料加工过程危害分析与关键控制

续表 6-14

原料接收	危害描述	危害			是否对动物有影响	是否对人有影响	依据	控制措施	HACCP 小组记录
		B	C	P					
食盐、碳酸氢钠	无								
碳酸钙、贝壳粉	氟污染		√		是	是		供应商供应合格的原料，质检员严格按照饲料原料质量标准进行检验	原料质量保证书及原料检验结果
磷酸氢钙	重金属污染（铅、砷、镉等）		√		是	是		供应商供应合格的原料，质检员严格按照饲料原料质量标准进行检验	原料质量保证书及原料检验结果
微量元素	重金属污染（铅、砷、镉等）		√		是	是		供应商供应合格的原料，质检员严格按照饲料原料质量标准进行检验	原料质量保证书及原料检验结果
氨基酸	无								
单体维生素	药物残留		√		是	否	活性成分不对	供应商供应合格的原料，质检员严格按照饲料原料质量标准进行检验	原料质量保证书及原料检验结果
药物性添加剂	药物残留		√		是	否		供应商供应合格的原料，质检员严格按照饲料原料质量标准进行检验	原料质量保证书及原料检验结果
药物配方	药物残留		√		是	否	用量和配伍出错	配方人员培训，合格的配方	配方
维生素预混料			√		是	否	配方和活性度不正确	供应商供应合格的预混料	配方
微量元素预混料			√		是	否	配方和活性度不正确	供应商供应合格的预混料	配方

续表6-14

原料接收	危害描述	危害 B	危害 C	危害 P	是否对动物有影响	是否对人有影响	依据	控制措施	HACCP小组记录
调味剂、黏合剂、抗氧化剂、酶制剂、益生素	无								
液体原料（胆碱、氨基酸）	运输器具带来的化学污染		√		是	是	运输器具不符合卫生要求	供应商供应合格的原料,质检员严格按照饲料原料质量标准进行检验	原料质量保证书及检验结果
糖蜜	运输器具带来的化学污染		√		是	是	运输器具不符合卫生要求	供应商供应合格的原料,质检员严格按照饲料原料质量标准进行检验	原料质量保证书及检验结果
动物油脂、植物油脂	酸败		√		是	否	运输中日晒、雨淋等,或没有添加抗氧化剂	供应商供应合格的原料,质检员严格按照饲料原料质量标准进行检验	原料质量保证书及检验结果
水、蒸汽	微生物污染	√			是	是	细菌、寄生虫等微生物	使用合格的自来水	定期检测结果
	重金属污染（铅、砷、铝）		√		是	是	水处理不彻底	定期检测水质	定期检测结果
包装袋	回收包装中病原微生物	√			是	是	包装了其他产品或被污染	供应商供应合格的包装袋	质量保证书
	回收包装中有害化学物质		√		是	是	包装了其他产品或被污染	供应商供应合格的包装袋	质量保证书
标签、包装线	无								
退回的饲料产品（回机料）	病原微生物污染	√			是	是	养殖场受到污染或超过期	原料接收程序控制	检测结果
	反刍动物采食动物性饲料		√		是	是		回机程序控制	

表6-15 水产膨化颗粒饲料生产过程中危害分析和关键控制点工作表

原料/加工过程	危害描述	危害 B	C	P	是否对动物有影响	是否对人有影响	依据	控制措施	是否是关键控制点
1. 配方	药物残留		√		是	否	药物等质量组分种类或用量不正确	人员培训,设计科学、合理的配方	
2. A 散装合物原料贮存(立筒仓)	病原菌污染	√			是	是	仓内附着病原菌异物	定期清理仓内污物,可通过 GMP 控制;定期抽检	
	霉菌污染	√			是	是	因贮存温度、湿度而造成霉菌生长	定期通风或倒仓,可通过 GMP 控制;定期抽检	
	病原菌污染	√			是	是	鼠、虫、鸟等污染	防鼠、虫、鸟等措施,可通过 GMP 控制	
2. B、C 袋装原料贮存	霉菌污染	√			是	是	因贮存温度、湿度而造成霉菌生长	保持贮存环境干燥、通风、洁净,可通过 GMP 控制	
	交叉污染		√		是	是	包装袋破损 或没有分区存放	分区存放,及时处理破袋,可通过 GMP 控制	
2. D 液体原料贮存	异物污染		√		是	是	罐内不清洁造成污染	定期清理贮存罐,可通过 GMP 控制	
	酸败		√		是	是	贮存环境如日晒、雨淋等	贮存在阴凉、干燥处,可通过 GMP 控制	
2. E 包装袋贮存	病原菌污染	√			是	是	鼠、虫、鸟等污染	采用防鼠、虫、鸟等措施,可通过 GMP 控制	
3. A、B 原料投放	交叉污染		√		是	是	错投原料或投料斗残留	核对投料单,清理投料斗,可通过 GMP 控制	CCP1
	投入变质的原料		√		是	是	没鉴别原料感官质量	人员培训,可通过 GMP 控制	
4. A、B 清理	杂质污染			√	否	否	投料现场不整洁	随时清理投料现场,可通过 GMP 控制	
	非磁性杂质的污染			√	是	否	筛网破损	定期检查筛网,设备维护,可通过 GMP 控制	

原料/加工过程	危害描述	B	C	P	是否对动物有影响	是否对人有影响	依据	控制措施	是否是关键控制点
5. A、B 磁选	磁性杂质的污染			√	是	否	磁性降低或料流过快	磁铁充磁或控制料流，设备维护，可通过 GMP 控制	
6. 液体原料过滤	杂质、异物污染			√	是	是	过滤网破损	定期检查过滤筛网，设备维护，可通过 GMP 控制	
7. 待粉碎仓	串仓		√		是	是	设备故障或投料出错	随时核对进仓原料，可通过 GMP 控制	
8. 粉碎	粉碎粒度不符合要求			√	是	否	筛片孔径不符合工艺要求，或筛片破损	使用孔径符合工艺要求的筛片，检查筛片	
	运动部件的金属污染		√		否	否	运动部件的磨损或脱落	定期检查，通过 GMP 控制	
9. 除尘器	附着在滤袋上的物料造成的交叉污染		√		是	否	喷吹系统故障	定期清理滤布，维修喷吹系统，可通过 GMP 控制	
10. 配料仓	交叉污染		√		否	否	残留或物料串仓	定期清仓，核对进仓物料，可通过 GMP 控制	
11. A 配料秤	交叉污染		√		是	是	秤斗内残留	定期清理秤斗，通过 CMP 控制	
	产品配比错误		√		是	是	配料秤秤精度不高或秤门漏料	定期校秤	CCP2
	用错原料		√		是	是	领错原料或原料混清	核对名称和数量	CCP3
11. B 微量配料（人工计量、人工投放）	称重过程中产生的交叉污染		√		是	是	因称量器具导致的交叉污染	每种品种使用一个称量器具，配料现场严格区分	CCP4
	微量计量出错		√		是	否	计量秤精度不符合要求	定期校正计量秤	
11. C、D 液体添加系统	投料出错		√		是	是	没有严格地按照投料信号	人员培训，可通过 GMP 控制	CCP5
	液体添加量不准		√		是	否	流量计精度不符合要求	定期校正流量计	CCP6
	影响混合均匀度			√	是	否	喷嘴雾化不好	设备故障，可通过 GMP 控制	

续表 6-15

原料/加工过程	危害描述	危害 B	危害 C	危害 P	是否对动物有影响	是否对人有影响	依据	控制措施	是否是关键控制点
12. 生产顺序	与上批的交叉污染		√		是	否	上批残留（药物或动物性原料进入反刍动物饲料）不合适	制定生产顺序规程	CCP7
	混合均匀度不符合要求		√		是	是	桨叶变形，混合时间不适，排料门漏料、装料量不充满系数	定期检查，确定合适的混合时间和充满系数	
13. 一次混合	交叉污染		√		是	是	上批产品的残留	定期清理	CCP8
	运动部件的金属污染			√	是	否	运动部件的磨损或脱落	定期检查，可通过 GMP 控制	
14. 缓冲仓	交叉污染		√		是	是	上批产品的残留	更换品种前清仓	CCP9
15. 微粉碎	粉碎粒度不符合要求			√	是	否	筛网孔径不符合要求（有筛微粉碎机）或成分轮转速与风量不适（无筛微粉碎机）	更换筛网调整分级轮转速与风量大小	
16. 气力输送	运动部件的金属污染			√	否	否	运动部件的磨损或脱落	定期检查，通过 GMP 控制	
	交叉污染		√		是	是	输送管道内的残留	定期清理管道内残留	CCP10
17. 筛分	粒度不符合要求			√	是	否	筛网孔径不符合工艺要求或筛网破损	按工艺要求使用合适的筛网补筛网	CCP11
18. 称重	交叉污染		√		是	是	秤斗内的残留	定期清理秤斗，通过 GMP 控制	
19. 二次混合	混合均匀度不符合要求		√		是	是	桨叶变形，混合时间不适，排料门漏料、装料量不充满系数	定期检查，确定合适的混合时间和充满系数	CCP12
	交叉污染		√		是	是	上批产品的残留	定期清理	CCP13
	运动部件的金属污染			√	是	否	运动部件的磨损或脱落	定期检查，可通过 GMP 控制	

续表 6-15

原料/加工过程	危害描述	危害 B	危害 C	危害 P	是否对动物有影响	是否对人有影响	依据	控制措施	是否是关键控制点
20. 缓冲仓	交叉污染		√		是	是	上批产品的残留	更换品种前清仓	CCP14
21. 待膨化仓	交叉污染		√		是	否	上批产品的残留	更换产品前清仓	CCP15
22. 螺旋喂料器	无								
23. 蒸汽系统	因蒸汽质量会造成调质效果不理想			√	是	否	要求是干饱和蒸汽	锅炉工技术培训,可通过GMP控制	
24. 调质	沙门菌存活		√		是	否	调质时间不足或温度过低,导致调质效果差	保证一定的调质温度、时间和蒸汽量	CCP16
	霉菌微生物生长	√			是	是	机内积存的污物	定期清理,可通过GMP控制	
25. 膨化	运动部件的金属污染			√	是	否	运动部件的磨损或脱落	定期检查,可通过GMP控制	
	运动部件的金属污染			√	是	否	运动部件的磨损	发生的可能性很小	
	交叉污染		√		是	是	机筒内螺杆槽中的残留	启动机器后首先回收残留,并定点存放	CCP17
26. 干燥	霉菌微生物生长	√			是	是	干燥不当,使物料水分过高,导致霉菌生长	按工艺要求,控制合适的干燥温度和时间	CCP18
	交叉污染		√		是		机内死角的残留	更换品种前清理残留	CCP19
27. 喷涂	无				是				
28. 冷却	霉菌微生物生长	√			是	是	冷却风量和时间不足,导致冷却效果不好	按工艺要求,控制冷却风量和冷却时间	CCP20
	交叉污染		√		是	是	冷却仓内死角残留	更换品种前清理残留	CCP21
29. 破碎	无								

项目 6 饲料加工过程危害分析与关键控制点

显著危害判断

原料/加工过程	危害描述	危害 B	危害 C	危害 P	是否对动物有影响	是否对人有影响	依据	控制措施	是否是关键控制点
30. 分级	产品粒度不符合要求			√	是	否	筛网孔径不符合工艺要求或筛网破损	按工艺要求使用合适的筛网	CCP22
	交叉污染		√		是	是	筛分后产生的细粉料回流至待膨化仓	更换品种前回收上批回流的粉料	CCP23
31. 成品仓	串仓造成交叉污染		√		是	是	仓内的残留	更换品种前清仓	CCP24
	交叉污染		√		是	是	设备故障	设备故障可通过 GMP 控制	
32. 打包	贴错标签导致动物误食		√		是	否	领错标签	标签与产品核对,可通过 GMP 控制	
	质量不合格			√	是	否	质量问题	包装前判断产品感官质量	
33. 成品贮存	病原菌污染	√			是	是	主要来自鼠、虫、鸟等害虫的污染	采用防鼠、虫、鸟等措施,可通过 GMP 控制	
	霉菌污染	√			是	是	因贮存环境的温度、湿度等造成霉菌生长	保持贮存环境干燥、通风、干净,通过 GMP 控制	
	物料交叉污染		√		是	否	包装袋破损	可通过 GMP 控制	
	装错产品	√			是	是	发货单出错	核对发货单和产品批号,可通过 GMP 控制	
34. 产品装运	可能生长霉菌	√			是	是	运输过程中可能受到日晒、雨淋等	可通过 GMP 控制	
	外来物的污染	√			是	是	运输过程中破袋或运输车不清洁	可通过 GMP 控制	
	产品送错目的地	√			是	是	发货单上送货地址不详	核对送货地址,通过 GMP 控制	

续表 6-15

原料/加工过程	危害描述	危害 B	危害 C	危害 P	是否对动物有影响	是否对人有影响	依 据	控制措施	是否是关键控制点
配料秤配喂料器	物料配比不准确		√		是	是	因喂料器太短,流动性好的物料易漏出	工艺设计问题	
溜管	交叉污染		√		是	否	滴管内残留	定期清理,可通过 GMP 控制	
三通	交叉污染		√		是	否	漏料	设备故障,可通过 GMP 控制	
闸门	交叉污染		√		是	否	闸门漏料	设备故障,可通过 GMP 控制	
滴管分配器	交叉污染		√		是	否	分配管不到位	设备故障,可通过 GMP 控制	
磁选皮带喂料器(粉碎机)	无								
压缩空气系统	无								
斗式提升机	无								
螺旋输送机	无								

项目 6 饲料加工过程危害分析与关键控制点

表 6-16 水产膨化颗粒饲料生产 HACCP 计划表

HACCP 计划产品名称：水产膨化颗粒饲料

| 加工步骤 | 关键控制点（CCP） | 危害 | 关键限值 | 监控 | | | | 纠偏程序 | 验证程序 | HACCP 记录 |
				内容	方法	频率	执行者			
1. 原料投放	CCP1	交叉污染	零允差；严格遵守投料单程序：投料品种、投料量、投料时间	原料投料斗残留	投料前核对所投原料和投料单；清理投料斗	每次投料；每投完一个品种	投料工	暂停生产，及时报告品管人员和生产主管	生产主管每班查看投料记录，并与原料出库单核对；品管人员按照规定程序，定期对物料残留进行测试；生产主管观察投料工操作工作程序（每月一次）	监控记录（如生产记录等）；纠偏程序报告；验证程序报告
2. A 配料	CCP2	产品配比误差	配料秤精度：静态≤1%，动态≤3%	精度	校秤	每月	当地计量局	暂停生产，及时报告品管人员和生产主管，等候处理，分析原因	生产主管照规定程序，定期对配料秤精度进行测试	监控记录（如生产记录等）；纠偏程序报告（校秤程序）；验证程序报告（测试结果）
2. B 微量配料（人工计量、投放）	CCP3	用错原料	零允差	原料	核对配方和原料名称	每班	操作者	暂停生产，及时报告品管人员和生产主管，等候处理；校秤分析原因	生产主管每班查看投料记录，并与原料出库单核对；生产主管观察投料工操作工作程序（每月一次）	监控记录（如生产记录等）；纠偏程序报告（校秤程序）；验证程序报告（测试结果）

加工步骤	关键控制点(CCP)	危害	关键限值	监控 内容	监控 方法	监控 频率	监控 执行者	纠偏程序	验证程序	HACCP记录
2. C 配料(人工计量、投放)	CCP4	小料配比出现错误	必须称准到秤的最小刻度	精度	校秤	每班	操作者	暂停生产，及时报告生产人员和生产品管、等候处理主管	生产主管每班查看小料配料记录，核对理论值与实际用量是否相符；生产主管按照配料秤规定程序，定期进行测试；生产主管观测操作者工作程序(每周一次)	监控记录(配料记录，小料出存库单，每日库存表等)；纠偏程序报告；验证程序报告
	CCP5	投料出错	零允差	投放小料	严格按照投料警示信号	每次投料	操作工	暂停生产，及时报告生产人员和生产品管、等候处理；核对投放小料与生产品种主管	生产主管每班查看小料投放记录，核对理论值与实际用量是否相符；生产主管按照投放规定程序，定期进行测试；生产主管观测操作者工作程序(每周一次)	监控记录(配料记录，小料出库存单，每日库存表等)；纠偏程序报告；验证程序报告
2. D 液体添加系统	CCP6	液体添加量不准	保证流量计的最小刻度	精度	校流量计	每天	操作工	暂停生产，及时报告生产人员和生产品管、等候处理；操作人员校正流量计	生产主管每班查看小料配料记录，核对理论值与实际用量是否相符；生产主管按照流量计精度进行测试；生产主管观测操作者工作程序(每周一次)	监控记录(液体原料出库单，每日库存表报告等；纠偏程序报告；验证程序报告
3. 生产顺序	CCP7	交叉污染	遵循生产顺序计划表	生产顺序计划	核对生产顺序	每次更换品种	操作者	如果不确定，操作人员与品管联系；未决定的产品由QA/生产管理者决定	生产管理者每天检查产品，由QA人员定期对药物残留进行检验(按照每一个建立可以接受的计划的表格)，必须在可容许的范围内；生产管理者必须评价操作任务执行情况(每月一次)	监控记录(产品记录等；纠偏程序报告；验证程序报告；检查报告(检查药品检验化验总结，残留物检查结果，检查员工评价报告等)

项目 6 饲料加工过程危害分析与关键控制点确定

续表 6-16

加工步骤	关键控制点(CCP)	危害	关键限值	监控				纠偏程序	验证程序	HACCP 记录
				内容	方法	频率	执行者			
4. 一次混合	CCP8	交叉污染	残留率 R ≤ 1%	残留率	测试	每月	操作者	暂停生产,及时报告品管人员和生产主管;主管清洗混合机	生产主管按照规定程序,定期对混合机残留率进行测试;生产主管观察清洗操作工作程序(每月一次)	监控记录(混合时间,维修结果);纠偏程序报告;验证程序报告(混合机测试结果)
5. 缓冲仓	CCP9	交叉污染		残留率	振动器	每次更换品种	操作者	暂停生产,及时报告品管人员和生产主管;开启振动器	生产主管按照规定程序,定期对缓冲仓进行清洗	监控记录;纠偏程序报告;验证程序报告
6. 气力输送	CCP10	交叉污染		输送管内残留	清理	每周	操作者	暂停生产,及时报告品管人员和生产主管;拆卸输送管道,彻底清理干净	生产主管按照规定程序,定期对输送管道进行清理	监控记录;纠偏程序报告;验证程序报告
7. 筛分	CCP11	粒度不符合要求	不同动物有不同的要求	筛网孔径	根据工艺要求选配不同孔径的筛网	每个品种	操作者	暂停生产,及时报告品管人员和生产主管;更换;修补筛网	生产主管每班查看生产记录;品管人员按照规定程序,定期对颗粒粒度进行测试	监控记录(如生产记录等);纠偏程序报告;验证程序报告

续表 6-16

加工步骤	关键控制点(CCP)	危害	关键限值	监控				纠偏程序	验证程序	HACCP记录
				内容	方法	频率	执行者			
8.二次混合	CCP12	混合均匀度不符合要求	混合均匀度变异系数CV≤10%	浆叶、排料门、混合时间	目测测试混合时间到规定值	每月每天每月	操作者	暂停生产,及时报告生产人员和生产主管;维修人员校正浆叶;维修人员调整密封排料门,调整混合时间,使其达到其合适的值	生产主管按照规定程序,定期对混合均匀度进行测试生产;主管检查混合机维修结果	监控记录;纠偏程序报告;验证程序报告(混合机残留率测试结果)
	CCP13	交叉污染	残留率≤1%	残留率	测试	每月	操作者	暂停生产,及时报告生产人员和生产主管;主管清洗混合机	生产主管按照规定程序,定期对混合机残留率测试;生产主管观察清洗操作工作(每月一次)	监控记录,维偏时间;纠偏程序报告;验证程序报告(性能测试结果)
9.缓冲仓	CCP14	交叉污染		残留率	振动器	每次更换品种	操作者	暂停生产,及时报告生产人员和生产主管;主管开启振动器	生产主管按照规定程序,定期对缓冲仓进行清洗	监控记录;纠偏程序报告;验证程序报告
10.待膨化仓	CCP15	交叉污染		残留物	振动器	每次更换品种	制粒工	暂停生产,及时报告生产人员和生产主管;主管开启振动器清仓	生产主管按照规定程序,定期对待膨化仓进行清洗	监控记录;纠偏程序报告
11.调质	CCP16	沙门菌存活	不同的产品对调质参数有不同的要求	时间,温度,压力,蒸汽量	调整浆叶角度调整减压阀测试	根据需要调整每次更换品种	制粒工	维修人员根据制粒角度校正浆叶工随时观测质度调整减压制粒工随制粒工调整时调整蒸汽量	生产主管按照规定程序,定期对调质温度进行测试生产主管每班检查生产记录生产主管观察制粒程序(每周一次)	监控记录;纠偏验证程序报告;验证程序报告(调质参数等)

项目6 饲料加工过程危害分析与关键控制点确定

续表 6-16

加工步骤	关键控制点 (CCP)	危害	关键限值	监控				纠偏程序	验证程序	HACCP 记录
				内容	方法	频率	执行者			
12. 膨化	CCP17	机筒内物料残留产生交叉污染		残留物	收集残留物使其能进入下一道工序	每次更换品种	操作工	打包工收集头包并定点存放,等候处理	按照品管要求程序,处理头包(回机)生产主管检查生产记录	监控程序记录;纠偏程序报告;验证程序报告(回机料处理记录等)
	CCP18	霉菌微生物生长	物料水分 13% 左右,温度 80℃ 左右	温度控料和调整干燥时间	温控仪物料在机内停留时间	每个品种	操作工	暂停生产,及时报告生产人员和生产主管扣留该产品,等候处理	生产主管按照规定程序,定期对产品的水分进行测试	监控程序记录,纠偏程序报告,验证程序报告(干燥结果等)
13. 干燥	CCP19	交叉污染		残留物	人工清理	每次更换品种	制粒工	暂停生产,及时报告生产人员和生产主管清仓;打包人员收集含有余料的产品,并定点存放,等候处理	生产主管按照规定程序,定期对干燥机进行清理检查	监控程序记录,纠偏程序报告,验证程序报告
	CCP20	真菌微生物生长	温度:一般比室温高 5℃ 左右;水分:≤ 12.5%(两者同时通过风量和风门量控制)	时间风量	调整料位器的位置的大小调整风门	每次更换不同粒径的产品	制粒工	及时调整料门风门大小报告生产主管及时处理热、湿产品	生产主管按照规定程序,定期对产品的水分进行测试;打包工随时观测产品的温度	监控程序记录,纠偏程序报告,验证程序报告(水分测试结果等)
14. 冷却	CCP21	交叉污染		残留	人工清理	每次更换品种	制粒工	暂停生产,及时报告生产主管打包人员头包收集,并定点存放,等候处理	生产主管按照规定程序,定期对冷却器进行清理检查	监控程序记录,纠偏程序报告,验证程序报告

续表 6-16

加工步骤	关键控制点(CCP)	危害	关键限值	监控				纠偏程序	验证程序	HACCP 记录
				内容	方法	频率	执行者			
15. 分级	CCP22	产品粒度不符合要求	不同动物和同一动物的不同生长期对粉碎粒度有不同的要求	粒度	按照工艺要求配粉碎机筛片,测定	随时目测	打包工	暂停生产,及时报告品管人员和生产主管更换合适的筛网,修补筛网	生产主管每班查看生产记录;品管人员按照规定程序,定期对颗粒粒度进行监测;打包人员随时监测产品的粒度	监控记录;纠偏记录(如生产记录等);纠偏报告;验证程序报告
	CCP23	物料回流产生交叉污染		回流的粉末	收集	每次更换品种	制粒工	当每一个品种生产完后,收集粉料,并定点存放,等候处理	按照品管要求程序,处理收集的粉料,生产主管每班检查生产记录	监控记录;纠偏程序报告;验证程序报告(回机料处理记录等)
16. 成品仓库	CCP24	交叉污染		残留	振动器	每生产一种品种完	打包工	暂停生产,及时报告品管人员和生产主管用橡胶锤敲击打包人员收集头包,末包,并定点存放,等候处理	生产主管对成品仓进行清洗;定期对成品按照品管要求程序,处理头包(回机);生产主管每班检查生产记录	监控记录;纠偏报告;验证程序报告(回机料处理记录等)

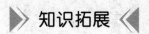

岗位操作任务

1.了解良好生产规范在减少关键控制点数量中的重要作用并进行实践。

2.了解与饲料工业相关的生物、化学和物理危害并就在工厂如何控制使用各种药物性添加剂进行讨论。

3.掌握 HACCP 的 7 个原理并学会在配合饲料企业的生产实践中进行应用。

4.进行危害分析。通过举例学会确定生产过程中的关键控制点。通过评价生产过程确定关键限值并利用统计方法监视发生的频率。掌握编写 HACCP 计划所需的步骤。掌握纠偏措施和结束整个循环。

5.学会简洁有效的记录体系以及有效编写文件。

6.掌握确认、检验和审核的原则,以确保 HACCP 计划成功地持续运转。

知识拓展

食品和饲料工业中的生物、化学和物理危害

一、危害

作为 HACCP 计划的一部分,应该对加工过程、产品和原料进行危害分析。下面列出了饲料生产过程中潜在的一些生物、化学和物理危害。

1.生物危害

生物危害主要包括:

● 病原微生物(如细菌、病毒)

● 寄生虫

● 霉菌

2.化学危害

化学危害主要包括:

● 天然毒素(如黄曲霉毒素等)

● 化学物质

● 农药

● 药物残留

3.物理危害

物理危害主要包括:

● 金属、玻璃和碎石等

二、常见危害来源

危害的各种来源主要包括:

● 自然环境——植物来源的生物毒素(呕吐素、霉菌毒素)

- 环境污染——化学污染和农药残留
- 加工过程中的污染——不清洁的环境条件,药物残留

1. 生物危害

生物危害可分为细菌性、病毒性和寄生虫(原虫和蠕虫)危害。因为食源性疾病的发生,所以 HACCP 控制的焦点主要集中在生物危害。

饲料厂的生物危害包括细菌污染主要来自:

- 原料采购
- 不清洁的生产条件
- 加工过程的交叉污染
- 环境条件(温度、湿度等)

食品/饲料工业应关注的细菌:

(1)大肠杆菌

- 常见于动物肠道内
- 绝大部分类型为非病原性的
- 由于沿海环境的污物污染或加工过程传染给水产品
- 大肠杆菌导致的疾病症状——腹部绞痛、水样或血样腹泻、发热、恶心和呕吐
- 感染剂量——取决于种属
- 预防措施——热处理、控制时间/温度、防止加工后污染
- 大肠杆菌的生长特征——最低温度 8℃、最高温度 49℃、最小 pH 4.0、最大 pH 8.5、最大 NaCl 的耐受性 6.5%

(2)单增李斯特菌

- 自然界广泛存在
- 已从土壤、蔬菜和水中沉积物分离出来
- 已被确认是造成人类李氏杆菌病的主要原因
- 绝大多数健康人群不被感染
- 严重中毒死亡者往往是有免疫缺陷的人
- 严重的李斯特菌能引起脑膜炎、流产、败血症,甚至死亡
- 感染剂量——对敏感人群发病剂量很小
- 预防措施——热处理、控制时间/温度、防止加工后污染
- 李斯特菌的生长特性——最低生长温度 −2℃、最高生长温度 45℃、最小 pH 4.3、最大 pH 9.6、最小水分活度 0.90、最大 NaCl 的耐受性 12%

(3)金黄色葡萄球菌

- 人类和动物是金黄色葡萄球菌的主要宿主
- 在健康人的鼻腔、咽喉、头发和皮肤上都有发现
- 该菌也存在于灰尘、空气、污物和食品加工设备的表面
- 金黄色葡萄球菌在食品上繁殖过程中产生毒素
- 食物中毒症状——恶心、呕吐、水样或血样腹泻、发热
- 从吸收毒素至发病最快 2 h
- 金黄色葡萄球菌产生的毒素具有热稳定性——烹调和制罐头的加工过程中不被破坏

● 预防措施——减少海产品蒸煮后的存放时间和温度、必须保证食品用具的清洁

● 金黄色葡萄球菌的生长特征——某些菌种能在 6.7℃ 的条件下生长；小部分菌种能在 114℃ 条件下生长；通常，金黄色葡萄球菌生长的范围在 7~47.8℃；生长和产生毒素的最适温度是相对其他参数而言的；最低水活度 0.83，毒素 0.86

(4)沙门氏菌

● 通常在哺乳类、鸟类、两栖类和爬行类肠道内发现

● 在饲料厂常见

● 捕捞后通过污物感染传播到海产品上

● 造成食品污染

● 食物中毒症状——恶心和呕吐、腹部绞痛和发热、腹泻

● 沙门氏菌污染食品与鸡肉和鱼有关

● 感染剂量——沙门氏菌的染病剂量各有不同，对健康的人需要大剂量；对敏感人群只需要很小剂量

● 预防措施——热处理、禁止病人和沙门氏菌携带者在食品加工间工作、防止交叉污染

● 生长特征——最低温度 0~2℃、最高温度 47℃、最小 pH 3.7、最大 pH 9.5、最大 NaCl 的耐受性 8%、最小水分活度 0.92

(5)肉毒梭状芽孢杆菌

● 广泛分布于环境中

● 曾经从土壤、水、蔬菜、肉、奶制品和鱼类中分离出来

● 严格厌氧

● 生长时产生毒素

● 食物中毒症状——强烈的神经毒素、腹泻和呕吐、腹痛、视线重叠、虚脱、肌肉麻痹、死亡

● 孢子具有极强的耐热性

● 孢子如果不被热破坏，将在厌氧环境下生长(食品罐装或真空包装不当)

● 产生细小的可见的腐败现象

● 预防措施——破坏孢子、高盐含量或干燥处理使水活度低于 0.93、酸化或发酵使 pH 低于 4.7、罐装食品通过适当的加热杀灭细菌

(6)寄生虫

● 寄生虫对人的危害与生肉或熟肉中携带的幼虫有关

● 寄生虫对健康会造成危害

● 单线虫(通常叫鲱鱼蠕虫)，阔节裂头绦虫，线虫

● 旋毛线虫是寄生于人们消费的猪肉和自由放牧牲畜所携带的寄生虫

● 预防措施——热处理或烹饪足以杀死寄生虫、在 -20℃ 冷冻 7 d 或 -31℃ 下冷冻 15 h

2.化学危害

分为天然或人工添加的化学物质。

● 天然化学物质

● 添加化学物质——在药物饲料添加剂使用规范和饲料法规中都规定了药物的限制水平、包括润滑剂、消毒剂、清洁剂和涂料等

（1）来源

①天然毒素

● 存在于玉米和大豆中

②在加工过程中污染的包括：

● 不恰当的生产和冲洗顺序等造成的污染——分级和储存

● 药物残留污染——处方药（兽医处方）

● 交叉污染——润滑油、锅炉用化学物质

（2）化学危害的控制

①接收前的控制

● 原材料规格（毒素）

● 供应商的资格认证或质量保证

● 现场检查—核实

②使用前控制

● 了解使用化学物质的目的

● 检查配方和标签

● 控制添加数量

③控制储存和加工环节

● 防止天然毒素进入产品的控制措施

④工厂化学用品的库房保管

● 检查使用情况（每天的药物盘点）

● 使用记录

⑤过敏源：硫黄

3. 物理危害和控制

异物或杂质，指正常食品中不应该含有的物理性质，它们可能会给食品消费者带来疾病（包括精神损伤）或损害。

控制影响动物健康的生物、化学和物理危害有助于树立企业的良好公共形象，不仅可以降低经营成本，还可以使消费者满意。实施 HACCP 计划主要是为了控制那些对人类食品消费者有不利影响的危害因素，从而保证整个食物链中的食品安全。

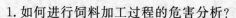

职业能力和职业资格测试

1. 如何进行饲料加工过程的危害分析？

2. 危害分析和关键控制点（HACCP）的基本原理有哪些？

3. 如何制订 HACCP 计划？

4. HACCP 管理体系在饲料加工中的应用有哪些？

项目 7

饲料和饲料添加剂生物安全评定规程

▶▶ 项目设置描述

制定饲料和饲料添加剂生物安全评价指南、要求、规程,以保证这些产品的质量和安全性的公正审评。本项目内容主要介绍配合饲料、浓缩饲料、预混合饲料、药物饲料添加剂、微生物饲料添加剂、抗氧化剂、酶制剂、动物性蛋白质饲料、动物性矿物质、饲料级磷酸盐、矿石类(沸石粉等)、水产微量元素预混料、转基因饲料的安全评价规程。制定这些饲料和饲料添加剂产品的生物安全评定规程,可以指导饲料科学、安全生产,促进科技进步,规范饲料市场,为科学、公正、合理地评价饲料和饲料添加剂的安全性提供统一的规范,充分保证饲料安全以及人民身体健康。

学习目标

1. 了解配合饲料和浓缩饲料生物安全评定的内容,理解配合饲料和浓缩饲料生物安全的重要意义。

2. 掌握预混合饲料生物安全评定的内容,掌握药物饲料添加剂生物安全评定的方法与规程。

3. 了解饲料添加剂生物安全评定的基本内容,能够针对饲料添加剂开展安全性评价。

4. 掌握配合饲料和浓缩饲料生物安全评定的内容和方法。

5. 掌握预混合饲料生物安全评定的方法,能够针对预混料的生物安全性进行评价。

6. 掌握动物性蛋白质饲料原料、动物性矿物质原料、饲料级磷酸盐生物安全评定的方法。

任务 7-1 配合饲料和浓缩饲料安全评定规程

一、配合饲料和浓缩饲料生物安全评定的内容

(一)感官指标
具有该品种应有的色、嗅、味和组织形态特征,无发霉、变质、结块及异味、异臭。

(二)违禁药物
指农业部公告第 176 号规定的禁止在饲料和动物饮水中使用的盐酸克仑特罗等 5 类 40 种药物品种。

(三)违规使用的药物饲料添加剂
指配合饲料和浓缩饲料中超量、超范围使用的药物类饲料添加剂。配合饲料和浓缩饲料中禁用各种抗生素滤渣作为原料。

(四)有毒有害物质及微生物
(1)饲料中天然存在的有毒有害物质 饲料本身所含有的有毒有害物质,包括棉酚、亚硝酸盐、硫代葡萄糖苷及其水解产物等。

(2)饲料中次生性的有毒有害物质 是指微生物毒素,主要是霉菌毒素,其中毒性较强的有黄曲霉毒素、赭曲霉毒素等。

(3)饲料中外源性污染的有毒有害物质 包括外源性污染饲料的有毒有害无机元素(如铅、砷、镉、汞等)、有毒有害有机物(如二噁英)以及农药等。

(4)饲料中的病原菌 饲料中污染的致病菌主要有沙门氏菌、致病性大肠杆菌等。

(5)有毒有害物质及微生物允许量 应符合 GB 13078—2001 的规定。

二、配合饲料和浓缩饲料生物安全评定的方法

(1)按 GB/T 14699 采样和制备饲料样品。

(2)感官评定指标。无霉变、结块及异味、异臭。

(3)化学测定。有毒有害物质的测定,其中铅、砷、氟、黄曲霉毒素 B1、盐酸克仑特罗(猪料)为必测项目,其他指标可视具体情况要求进行测定。

(4)生物学评定。沙门氏菌和霉菌总数为必测指标,其他指标可视具体情况要求进行测定。

三、检验方法

总砷、铅、汞、镉、氟、氰化物、霉菌、黄曲霉毒素、游离棉酚、异硫氰酸酯、盐酸克仑特罗、六六六、滴滴涕的检测参见有关测定方法。

四、检验与判定规则

（1）在保证产品质量的前提下，生产厂可根据工艺、设备、配方、原料等的变化情况，自行确定出厂检验的批量。

（2）试验测定值的双试验相对偏差按相应标准规定执行。

（3）检测与仲裁判定各项指标合格与否时，应考虑允许的检验误差。

（4）卫生指标、限用药物和违禁药物为配合饲料和浓缩饲料产品的判定合格指标。如检验中有一项指标不符合标准，应重新取样进行复验，复验结果中有一项不合格即判定为不合格。

五、标签、包装、贮存和运输

(一)标签

商品饲料应在包装物上附有饲料标签，标签应符合 GB 10648—2013 中的有关规定。

(二)包装

（1）饲料包装应完整，无漏洞，无污染和异味。

（2）包装材料应符合 GB/T 16764—2006 的要求。

（3）包装印刷油墨无毒，不应向内容物渗漏。

（4）包装物的重复使用应遵守《饲料和饲料添加剂管理条例》的有关规定。

(三)贮存

（1）饲料的贮存应符合 GB/T 16764—2006 的要求。

（2）不合格和变质饲料应做无害化处理，不应存放在饲料贮存场所内。

（3）饲料贮存场地不应使用化学灭鼠药和杀鸟剂。

(四)运输

（1）运输工具应符合 GB/T 16764—2006 的要求。

（2）运输作业应防止污染，保持包装的完整。

（3）不应使用运输畜禽等动物的车辆运输饲料产品。

（4）饲料运输工具和装卸场地应定期清洗和消毒。

六、其他有关使用饲料和饲料添加剂的原则和规定

（1）严格执行《农业转基因生物安全管理条例》有关规定。

（2）严格执行《饲料和饲料添加剂管理条例》的有关规定。

（3）栽培饲料作物的农药使用按 GB4285—89 的规定执行。

任务 7-2　预混合饲料生物安全评定规程

一、预混合饲料生物安全评定的内容

(一)违禁药物

指农业部公告第 176 号规定的禁止在饲料和动物饮水中使用的盐酸克仑特罗等 5 类 40 种药物品种。

(二)药物饲料添加剂

指预混合饲料中超量、超范围使用的药物饲料添加剂。

(三)有毒有害物质及微生物

(1)饲料中天然存在的有毒有害物质　饲料本身所含有的有毒有害物质,包括棉酚、亚硝酸盐、硫代葡萄糖苷及其水解产物等。

(2)饲料中次生性有毒有害物质　是指微生物毒素,主要是霉菌毒素,其中毒性较强的有黄曲霉毒素、赭曲霉毒素等。

(3)饲料中外源性污染的有毒有害物质　包括外源性污染饲料的有毒有害无机元素(如铅、砷、镉、汞等)、有毒有害有机物(如二噁英等)以及农药等。

(4)饲料中的病原菌　饲料中污染的致病菌主要有沙门氏菌、致病性大肠杆菌等。

二、预混合饲料生物安全评定的方法

(1)按 GB/T 14699 采样和制备饲料样品。

(2)感官评定指标。无霉变、结块及异味、异臭。

(3)化学测定。指有毒有害物质的测定,其中铅、砷、氟、盐酸克仑特罗(猪预混料)为必测项目,其他指标可视具体情况要求进行测定。

(4)微生物学评定。沙门氏菌为必测指标,其他指标可视具体情况和要求进行测定。

三、检验方法

总砷、铅、汞、镉、氟、氰化物、霉菌、黄曲霉毒素、游离棉酚、异硫氰酸酯、盐酸克仑特罗、六六六、滴滴涕的检测方法参见有关测定方法或其他有关资料。

四、检验与判定规则

(1)在保证产品质量的前提下,生产厂可根据工艺、设备、配方、原料等的变化情况,自行确定出厂检验的批量。

(2)试验测定值的双试验相对偏差按相应标准的规定执行。

（3）检测与仲裁判定各项指标合格与否时,应考虑分析检测的允许误差。

（4）感官评定指标、卫生指标、限用药物和违禁药物为预混合饲料产品的判定合格指标。如检验中有一项指标不符合标准,应重新取样进行复验,复验结果中有一项不合格即判定为不合格。

◢ 五、标签、包装、贮存和运输

（一）标签

商品饲料应在包装物上附有饲料标签,标签应符合 GB 10648 中的有关规定。

（二）包装

（1）饲料包装应完整,无漏洞,无污染和异味。

（2）包装材料应符合 GB/T 16764 的要求。

（3）包装印刷油墨无毒,不应向内容物渗漏。

（4）包装物的重复使用应遵守《饲料和饲料添加剂管理条例》的有关规定。

（三）贮存

（1）饲料的贮存应符合 GB/T 16764—2006 的要求。

（2）不合格和变质饲料应做无害化处理,不应存放在饲料贮存场所内。

（3）饲料贮存场地不应使用化学灭鼠药和杀鸟剂。

（四）运输

（1）运输工具应符合 GB/T 16764 的要求。

（2）运输作业应防止污染,保持包装的完整。

（3）不应使用运输畜禽等动物的车辆运输饲料产品。

（4）饲料运输工具和装卸场地应定期清洗和消毒。

◢ 六、其他有关使用饲料和饲料添加剂的原则和规定

（1）严格执行《农业转基因生物安全管理条例》有关规定。

（2）严格执行《饲料和饲料添加剂管理条例》的有关规定。

任务 7-3　药物饲料添加剂生物安全评定规程

◢ 一、范围

肉猪和肉鸡为试验动物,其他畜禽药物饲料添加剂的生物安全评定可参照本规程。

二、参评药物饲料添加剂的要求

(1)供参评药物饲料添加剂的通用名称和商品名称,有效组分(必要时包括杂质)的物理、化学性质(包括化学结构、纯度、稳定性等),抗生素的效价或抗生素有效成分的含量。

(2)参评药物饲料添加剂必须是符合既定的生产工艺和配方的规格化产品,其纯度应与实际应用的相同,在需要检测高纯度参评药物饲料添加剂及其可能存在的杂质的毒性或进行特殊试验时可选用纯品,或以纯品及杂质分别进行毒性检测。

(3)供参评药物饲料添加剂的适用范围、使用方法或添加量、标签样张、使用说明书、包装规格、生产日期、贮存注意事项、保质期、厂名、厂址等。

(4)进口药物饲料添加剂应遵守中华人民共和国农业部《关于进口饲料添加剂登记的暂行规定》。

三、药物饲料添加剂生物安全评定规程

(一)药物饲料添加剂安全性毒理学评价规程

1. 毒理试验的四个阶段和内容

第一阶段(急性毒性试验):经口急性毒性试验,LD_{50} 联合急性毒性试验。

第二阶段:遗传毒性试验、传统致畸试验、短期喂养试验。遗传毒性试验的组合必须考虑原核细胞和真核细胞,生殖细胞和体细胞,体内和体外试验相结合的原则。

(1)细菌致突变试验:鼠伤寒沙门氏菌/哺乳动物微粒体酶试验(Ames 试验)为首选项目,必要时可另选和加选其他试验。

(2)小鼠骨髓微核率测定或骨髓细胞染色体畸变分析。

(3)小鼠精子畸形分析和睾丸细胞染色体畸变分析。

(4)其他备选遗传毒性试验:V79/HGPRT 基因突变试验、显性致死试验、果蝇伴性隐性致死试验,程序外 DNA 修复合成(UDS)试验。

(5)传统致畸试验。

(6)短期喂养试验:30 d 喂养试验。如受试物需进行第三、第四阶段毒性试验者,可不进行本试验。

第三阶段(亚慢性毒性试验):90 d 喂养试验、繁殖试验、代谢试验。

第四阶段:慢性毒性试验(包括致癌试验)。

2. 药物饲料添加剂安全性毒理学评价试验选择的原则

(1)凡属毒理学资料比较完整,世界卫生组织已公布日允许量或不需规定日允许量者,要求进行急性毒性试验和一项致突变试验,首选 Ames 试验或小鼠骨髓微核试验。

(2)凡属有一个国际组织或国家批准使用,但世界卫生组织未公布日允许量,或资料不完整者,在进行第一、第二阶段毒性试验后作初步评价,以决定是否需要进行进一步的毒性试验。

(3)对于由天然植物制取的单一组分,高纯度的药物饲料添加剂,凡属新品种需先进行第一、第二、第三阶段毒性试验;凡属国外已批准使用的,则进行第一、第二阶段毒性试验。

（4）首次进口药物饲料添加剂，要求进口单位提供毒理学资料及生产国批准生产、销售的证明，由全国饲料评审委员会审查后决定是否需要进行毒性试验。

3.各项毒理学试验结果的判定

（1）急性毒性试验　如 LD_{50} 剂量小于人的可能摄入量的 10 倍，则放弃该参评药物添加剂用于饲料，不再继续其他毒理学试验，如大于 10 倍者，可进入下一阶段毒理学试验。凡 LD_{50} 在人的可能摄入量的 10 倍左右时，应进行重复试验，或用另一种方法进行验证。

（2）遗传毒性试验　根据参评药物添加剂的化学结构、理化性质以及对遗传物质作用终点的不同，并兼顾体外和体内试验以及体细胞和生殖细胞的原则，在遗传毒性试验中选择 4 项试验，根据以下原则对结果进行判断。

①如其中 3 项试验为阳性，则表示参评药物添加剂很可能具有遗传毒性作用和致癌作用，一般就放弃该参评药物添加剂应用于饲料，无须进行其他项目的毒理学试验。

②如其中 2 项试验为阳性，而且短期喂养试验显示该参评药物添加剂具有显著的毒性作用，一般应放弃该参评药物添加剂用于饲料；如短期喂养试验显示有可疑的毒性作用，则经初步评价后，根据参评药物添加剂的重要性和可能摄入量等，综合权衡利弊再做出决定。

③如其中 1 项试验为阳性，则再选择 2 项遗传毒性试验；如再选的 2 项试验均为阳性，则无论短期喂养试验和传统致畸试验是否显示有毒性与致畸作用，均应放弃该参评药物添加剂用于饲料；如有 1 项为阳性，而在短期喂养试验和传统致畸试验中未见有明显毒性与致畸作用，则可进入第三阶段毒性试验。

④如 4 项试验均为阴性，则可进入第三阶段毒性试验。

（3）短期喂养试验　在只要求进行两阶段毒性试验时，若短期喂养试验未发现有明显的毒性作用，综合其他各项试验即可做出初步评价；若试验中发现有明显毒性作用，尤其是有剂量反应关系时，则考虑进行进一步的毒性试验。

（4）90 d 喂养试验、繁殖试验、传统致畸试验　根据这 3 项试验中所采用的最敏感指标所得的最大无作用剂量进行评价，原则如下：

①最大无作用剂量小于或等于人的可能摄入量的 100 倍者表示毒性较强，应放弃该参评药物添加剂用于饲料。

②最大无作用剂量大于人的可能摄入量的 100 倍而小于 300 倍者，应进行慢性毒性试验。

③大于或等于人的可能摄入量的 300 倍者则不必进行慢性毒性试验，可进行安全性评价。

（5）慢性毒性（包括致癌）试验　根据慢性毒性试验所得的最大无作用剂量进行评价，原则如下：

①最大无作用剂量小于或等于人的可能摄入量的 50 倍者，表示毒性较强，应放弃该参评药物添加剂用于饲料。

②最大无作用剂量大于人的可能摄入量的 50 倍而小于 100 倍者，经安全性评价后，决定该参评药物添加剂是否允许用于饲料。

③最大无作用剂量大于或等于人的可能摄入量的 100 倍者，则可考虑允许使用于饲料。

4.检验单位

由农业部指定的单位承担。

(二)药物饲料添加剂有效性生物学评定规程

1.试验动物

本规程试验动物选择肉用畜禽。

(1)供试鸡应为快速生长品种(系)商品代肉用仔鸡。选用来自同一种群、同机孵化的健康的 1 日龄公母混合雏鸡或公母鉴别的雏鸡。

(2)供试猪应为二元(2 个瘦肉型品种)或二元(其中 2 个瘦肉型品种)杂交仔猪。供试仔猪杂交组合相同,日龄相差不超过 7 d,生长发育正常,体重基本一致,同性别或公母比例一致。

(3)应来源于饲养管理规范和防疫严格的种群。

2.试验设计

(1)采用完全随机的单因子设计或单因子随机区组设计。

(2)日粮

①基础日粮 其营养水平参照国家现行饲养标准,按供试猪或鸡各个阶段相应的营养需要配制,并符合生产厂家使用的饲料标志及有关法规。对易患球虫病的畜禽在基础日粮中可添加无促生长作用和抗菌作用的抗球虫药。

②对照日粮 设两种对照日粮,对照日粮Ⅰ即基础日粮(不添加任何药物添加剂);对照日粮Ⅱ即在基础日粮中添加常规药物饲料添加剂。

③试验日粮 在基础日粮中添加参评药物饲料添加剂,其添加量按参评产品使用说明。

(3)供试猪或鸡分组 共分 3 个处理组,每个处理组猪不少于 56 头、鸡不少于 2 000 只(公母混合雏鸡)或 1 000 只(公母鉴别雏鸡)。供试猪或鸡分别饲喂对照日粮Ⅰ、对照日粮Ⅱ和试验日粮。以试验误差自由度不小于 12,确定每个处理组的重复数;受条件限制时,每个处理组不得少于 4 个重复。

(4)试验期 供试猪的试验期为 7 日龄开始至对照日粮Ⅱ组体重达 70 日龄时结束;供试鸡的试验期为 1 日龄开始至上市结束(视品种而定)。根据生长时期分别给供试动物饲喂相应阶段的饲料。

3.饲养管理

(1)猪采用干粉料,鸡统一采用颗粒料或粉料。人工定量投料,自由采食,自由饮水。

(2)饲养密度参照仔猪或肉用仔鸡的饲养管理要求,肉用仔鸡采用地面平养。

(3)试验猪舍或鸡舍的温度、湿度和光照依常规确定。

(4)按仔猪或肉用仔鸡的常规免疫规程进行疫苗接种。

(5)试验期间如有猪或鸡发病时,在不影响评定结果的条件下,依常规处理。

4.测试指标及测定方法

(1)生长速度和增重率。雏鸡在试验开始 1 日龄开食前以重复组为单位进行全群称重,在试验结束日的零时停食,8:00～10:00 以重复组为单位进行全群称重,第一批称量各处理组的第一重复组,第二批称量各处理组的第二组,依此类推,直至称完。仔猪在出生后 24 h 内和 71 日龄时分别以窝(重复组)为单位称个体重,71 日龄在称重前停食 12 h。

(2)试验结束时,以重复组为单位结料,耗料量＝投料量－剩料量。

(3)试验猪如有死亡或淘汰时不必补充,但应称重及结算饲料,以便试验结束时将该猪体重和饲料消耗剔除。

（4）以重复组为单位测定体重、耗料量、死亡淘汰猪鸡数等，并计算增重、耗料比、成活率，仔猪要计算腹泻率。

（5）以各重复组体重、增重、耗料比、成活率、腹泻率等测定值计算处理组相应指标平均值与标准差；计算耗料比时，对死淘鸡的耗料量及增重值不进行校正。结果保留整数。

（6）检测猪或鸡的肉及其他可食器官、组织中的参评药物饲料添加剂的残留量（仔猪未到上市日龄可不测残留量）。单位可采用 mg/kg 表示。残留量应符合中华人民共和国农业部颁发的"关于发布《动物食品中兽药最高残留量限量（试行）》的通知"的有关规定。

（7）数据处理

①以各重复组的平均体重、日增重、耗料比、成活率等测定值计算处理组相应指标的平均值和标准差。

②对有关数据进行方差分析或 t 检验及多重比较，以 $P=0.05$ 作为显著水平。当成活率大于70％时，须经反正弦转换后，再进行方差分析。

③据下列公式计算试验组和对照组间各项测值的最小显著差数（$LSD_{0.05}$）

$$LSD_{0.05}=t_{0.05}(dfe)\sqrt{\frac{2MSe^2}{n}}$$

式中：$LSD_{0.05}$ 为两平均数绝对相差的最小显著差数，其单位与相应测定值一致；dfe 为误差自由度；n 为每个处理内的重复组数；MSe^2 为误差均方的平方；$t_{0.05}(dfe)$ 为根据误差自由度查到的 $\alpha=0.05$ 时的 t 值。

当试验设置 k 个处理时：$S^2=(S_1^2+S_2^2+S_3^2+\cdots+S_k^2)/k$

5. 生物学综合评定

（1）生物学评定指标包括日增重、耗料比、成活率和腹泻率（评定仔猪时才计算）。

（2）以添加参评药物添加剂试验组的日增重、耗料比、成活率、腹泻率测定值（A）分别同对照Ⅰ组（B）和对照Ⅱ组（B_1）相应的测定值之比计算生物学综合评定值，公式为：

生物学综合评定值＝

$$\frac{\dfrac{日增重(A)}{日增重(B或B_1)}\times b_1+\dfrac{耗料比(B或B_1)}{耗料比(A)}\times b_2+\dfrac{成活率(A)}{成活率(B或B_1)}\times b_3+\dfrac{仔猪腹泻率(B或B_1)}{仔猪腹泻率(A)}\times b_4}{m}\times100\%$$

式中：b_1、b_2、b_3、b_4 分别为对应指标的权重值，$b_1+b_2+b_3+b_4=m$，当包含仔猪腹泻率指标时 $m=4$，当不含仔猪腹泻率指标时 $m=3$。各项指标的权重值由评定工作主持单位根据其相对重要性于试验前确定；若不考虑各项指标间重要性的差异，则权重值均取"1"。

计算时，某项测试指标的试验组（A）测定值与对照Ⅰ组（B）或对照Ⅱ组（B_1）的测定值比较，差异不显著（$P>0.05$）时，其比值按"1"计算；反之（$P\leqslant0.05$），以其实际比值计算。结果保留小数点后两位。

（3）以生物学综合评定值判定综合评定结果。与对照Ⅰ组比较，此值等于100时，表示参评药物添加剂无效应；大于100时，为正效应；小于100时，为负效应。与对照Ⅱ组比较，此值等于100时，表示参评药物添加剂与常规抗生素或抗菌药效果相同；大于100时，表示参评药物添加剂效果优于常规抗生素或抗菌药；小于100时，表示参评药物添加剂效果差于常规抗生素或抗菌药。

一、范围

适用于在中华人民共和国境内批准生产和销售的饲料微生物添加剂,不包括人工构建的"基因工程菌"。

二、要求

(一)卫生指标

有害物质(砷、铅、汞、镉、黄曲霉毒素 B1)的允许量应符合 GB 13078—2001 及相关标准的要求。

(二)微生物指标

微生物指标(沙门氏菌、大肠菌群、细菌总数、致病菌)应符合 GB 13078—2001 及相关标准的要求。

三、检验方法

总砷、铅、汞、镉、氟、黄曲霉毒素、沙门氏菌、大肠菌群、细菌总数、致病菌、六六六、滴滴涕的检测方法参见有关测定方法或其他有关资料。

四、生物安全评价

(一)饲料微生物添加剂安全性毒理学评价规程

1.毒理学实验

第一阶段(急性毒性试验)

按 GB 15193.3 的方法执行。

第二阶段

(1)遗传毒性试验,按 GB 15193.4、GB 15193.5、GB 15193.6、GB 15193.7、GB 15193.8 中的方法执行。

(2)传统致畸试验,按 GB 15193.14 中的方法执行。

(3)短期喂养试验,按 GB 15193.13 中的方法执行。

第三阶段(亚慢性毒性试验)

(1)90 d 喂养试验,按 GB 15193.13 中的方法执行。

(2)繁殖试验,按 GB 15193.15 中的方法执行。

(3)代谢试验,按 GB 15193.16 中的方法执行。

第四阶段

慢性毒性试验和致癌试验,按 GB 15193.17 中的方法执行。

2.各项毒理学试验结果的判定

(1)急性毒性试验　如 LD_{50} 剂量小于人的可能摄入量的 10 倍,则放弃该参评饲料微生物添加剂用于饲料,不再继续其他毒理学试验;如大于 10 倍者,可进入下一阶段毒理学试验。凡 LD_{50} 在人的可能摄入量的 10 倍左右时,应进行重复试验,或用另一种方法进行验证。

(2)遗传毒性试验　根据参评饲料微生物添加剂作用的不同,并兼顾体外和体内试验,在遗传毒性试验中选择 4 项试验,根据以下原则对结果进行判断。

①如其中 3 项试验为阳性,则表示参评饲料微生物添加剂很可能具有遗传毒性作用和致癌作用,一般就放弃该参评饲料微生物添加剂应用于饲料,无须进行其他项目的毒理学试验。

②如其中 2 项试验为阳性,而且短期喂养试验显示该参评饲料微生物添加剂具有显著的毒性作用,一般应放弃该参评饲料微生物添加剂用于饲料;如短期喂养试验显示有可疑的毒性作用,则经初步评价后,根据参评饲料微生物添加剂的重要性和可能摄入量等,综合权衡利弊再做出决定。

③如其中 1 项试验为阳性,则再选择 2 项遗传毒性试验;如再选的 2 项试验均为阳性,则无论短期喂养试验和传统致畸试验是否显示有毒性与致畸作用,均应放弃该参评饲料微生物添加剂用于饲料;如有 1 项为阳性,而在短期喂养试验和传统致畸试验中未见有明显毒性与致畸作用,则可进入第三阶段毒性试验。

④如 4 项试验均为阴性,则可进入第三阶段毒性试验。

(3)短期喂养试验　在只要求进行两阶段毒性试验时,若短期喂养试验未发现有明显毒性作用,综合其他各项试验即可做出初步评价,若试验中发现有明显毒性作用,则考虑进行进一步的毒性试验。

(4)90 d 喂养试验、繁殖试验、传统致畸试验　根据这 3 项试验中所采用的最敏感指标所得的最大无作用剂量进行评价,原则如下:

①最大无作用剂量小于或等于畜禽的可能摄入量的 100 倍者表示毒性较强,应放弃该参评饲料微生物添加剂用于饲料。

②最大无作用剂量大于畜禽的可能摄入量的 100 倍而小于 300 倍者,应进行慢性毒性试验。

③大于或等于畜禽的可能摄入量的 300 倍者则不必进行慢性毒性试验,可进行安全性评价。

(5)慢性毒性(包括致癌)试验　根据慢性毒性试验所得的最大无作用剂量进行评价,原则如下:

①最大无作用剂量小于或等于畜禽的可能摄入量的 50 倍者,表示毒性较强,应放弃该参评饲料微生物添加剂用于饲料。

②最大无作用剂量大于畜禽的可能摄入量的 50 倍而小于 100 倍者。经安全性评价后,决定该参评饲料微生物添加剂是否允许用于饲料。

③最大无作用剂量大于或等于畜禽的可能摄入量的 100 倍者,则可考虑允许使用于饲料。

3.检验单位

检验单位由农业部指定的单位承担。

(二)饲料微生物添加剂生物有效性评价

适用于未添加药物添加剂的饲料微生物添加剂生物学综合评定。

1.评定现场

(1)应符合兽医卫生要求。

(2)应为技术水平较高、经济效益较好,具有一定规模的饲养场。

(3)饲养场地是曾饲养过两批以上动物的旧场地,应进行常规消毒。

(4)应有严格的饲养管理和防疫措施。

(5)试验动物应由技术熟练的工人饲养管理,并由具有一定经验的技术人员现场指导。

(6)应接近生产常规条件。

2.试验动物

(1)供试鸡应为商品代肉用仔鸡和(或)蛋用生长鸡。选用来自同一种群、同机孵化的健康的 1 日龄公母混合雏鸡或公母鉴别的雏鸡。

(2)供试猪应为二元(2 个瘦肉型品种)或二元(其中 2 个瘦肉型品种)杂交仔猪,选择体重 10~20 kg 的断奶仔猪,供试仔猪杂交组合相同,日龄相差不超过 7 d,生长发育正常,体重基本一致,同性别或公母比例一致。

(3)应来源于饲养管理规范和防疫严格的种群。

3.试验方案

(1)试验设计　采用完全随机的或完全随机区组设计。

(2)日粮

①基础日粮　营养水平参照国家现行饲养标准,按供试猪或鸡各个阶段相应的营养需要配制,并符合生产厂家使用的饲料标志及有关法规。

②试验日粮　在基础日粮中添加参评饲料微生物添加剂,其添加量按参评产品使用说明;混合均匀,其混合均匀度的变异系数不大于 10%,料型与基础日粮一致。

(3)供试猪或鸡分组　以基础日粮为对照组,试验日粮为试验组。供试猪每个处理设 6 个以上重复或误差自由度不小于 12,采用完全随机区组设计,每重复组不少于 6 头仔猪(公母各半),各重复组猪头数一致。供试鸡每个处理组不少于 2 000 只公母混合雏鸡或 1 000 只公母鉴别雏鸡。采用完全随机区组设计,以试验误差自由度不小于 12,确定每个处理组的重复数;受条件限制时,每个处理组不得少于 4 个重复。

(4)试验期　猪 35 d;肉用仔鸡全程,蛋用生长鸡 6 周。

4.饲养管理

人工投料,自由采食,自由饮水,按常规免疫规程进行疫苗接种。饲养密度参照仔猪或肉用仔鸡的饲养管理要求。试验猪舍或鸡舍的温度、湿度和光照依常规确定。试验期间如有猪或鸡发病时,在不影响评定结果的条件下,依常规处理。

5.测试指标及测定方法

(1)供试猪、鸡称重　试验开始和结束时,以重复组为单位进行全群空腹称重。

(2)饲料称量　试验结束时,以重复组为单位结料,耗料量=投料量-剩料量。

(3)病、死动物的处理　试验猪如有死亡或淘汰时不必补充,但应称重及结算饲料,以便试验结束时将该猪体重和饲料消耗剔除。

(4)数据的处理　以重复组为单位测定体重、耗料量、死亡淘汰猪鸡数等,并计算增重、耗料比、成活率、腹泻指数等指标,结果保留整数。

①以各重复组的平均体重、日增重、耗料比、成活率等测定值计算处理组相应指标的平均值、标准差(误)。

②所有数据进行方差分析或 t 检验,以 $P=0.10$ 作为显著水平。当成活率大于 70% 时,须经反正弦转换后,再进行显著性检验。

6. 生物学综合评定

(1)生物学评定指标包括日增重、耗料/增重比、成活率、腹泻指数。

(2)以试验组的日增重、耗料/增重比、成活率、腹泻指数测定值(A)分别同对照组相应的测定值(B)之比计算生物学综合评定值,公式为:

$$生物学综合评定值 = \frac{\dfrac{日增重(A)}{日增重(B)} \times b_1 + \dfrac{耗料/增重比(B)}{耗料/增重比(A)} \times b_2 + \dfrac{成活率(A)}{成活率(B)} \times b_3 + \dfrac{腹泻指数(B)}{腹泻指数(A)} \times b_4}{m} \times 100\%$$

式中:b_1、b_2、b_3、b_4 分别为对应指标的权重值,$b_1+b_2+b_3+b_4=m$,各项指标的权重值由评定工作主持单位根据其相对重要性来确定;若不考虑各项指标间重要性的差异,则权重值均取"1"。

计算时,某项测试指标的试验组(A)测定值与对照组(B)的测定值比较,差异不显著($P>0.05$)时,其比值按"1"计算;反之($P\leqslant0.05$),以其实际比值计算。结果保留小数点后两位。

(3)以生物学综合评定值判定综合评定结果。与对照组比较,此值等于 100 时,表示参评微生物添加剂无效应;大于 100 时,为正效应;小于 100 时,为负效应。

7. 测定结果报告

五、生物安全评定判断规则

(1)卫生指标、微生物指标等为判断安全合格指标。如检验中有 1 项指标不符合标准,应视为不安全产品。凡属卫生指标、微生物指标评定安全的,可进一步进行生物安全毒理评定。

(2)凡属生物安全毒理评定为不安全的,微生物饲料添加剂生物安全评定为不安全;凡属生物安全毒理评定安全的,微生物饲料添加剂可评定为安全的。

任务 7-5 抗氧化剂生物安全评定规程

一、范围

适用于饲料添加剂抗氧化剂的生物安全评定。

二、参评抗氧化剂的要求

(1)提供参评抗氧化剂的通用名称和商品名称,有效组分(必要时包括杂质)的物理、化学性质(包括化学结构、纯度、稳定性等)。

(2)参评抗氧化剂必须是符合既定的生产工艺和配方的规格化产品,其纯度应与实际应用的相同,在需要检测高纯度参评抗氧化剂及其可能存在的杂质的毒性或进行特殊试验时可选用纯品,或以纯品及杂质分别进行毒性检测。

(3)提供参评抗氧化剂的适用范围、使用方法或添加量、标签样张、使用说明书、包装规格、贮存注意事项及保质期。

三、抗氧化剂安全性评定规程

(一)抗氧化剂生物安全毒理评定规程

1. 毒理试验的4个阶段和内容

第一阶段(急性毒性试验):经口急性毒性试验,LD_{50}联合急性毒性试验。

第二阶段:遗传毒性试验,传统致畸试验,短期喂养试验。遗传毒性试验的组合必须考虑原核细胞和真核细胞,生殖细胞和体细胞,体内和体外试验相结合的原则。

(1)细菌致突变试验:鼠伤寒沙门氏菌/哺乳动物微粒体酶试验(Ames试验)为首选项目,必要时可另选和加选其他试验。

(2)小鼠骨髓微核率测定或骨髓细胞染色体畸变分析。

(3)小鼠精子畸形分析和睾丸细胞染色体畸变分析。

(4)其他备选遗传毒性试验:V79/HGPRT基因突变试验、显性致死试验、果蝇伴性隐性致死试验、程序外DNA修复合成(UDS)试验。

(5)传统致畸试验。

(6)短期喂养试验:30 d喂养试验。如受试物需进行第三、第四阶段毒性试验者,可不进行本试验。

第三阶段(亚慢性毒性试验):90 d喂养试验、繁殖试验、代谢试验。

第四阶段:慢性毒性试验和致癌试验。

2. 抗氧化剂安全性毒理学评价试验的选择

(1)凡属毒理学资料比较完整,世界卫生组织已公布日许量或不需规定日许量者,要求进行急性毒性试验和一项致突变试验,首选Ames试验或小鼠骨髓微核试验。

(2)凡属有一个国际组织或国家批准使用,但世界卫生组织未公布日许量,或资料不完整者,在进行第一、第二阶段毒性试验后作初步评价,以决定是否需进行进一步的毒性试验。

(3)对于由天然植物制取的单一组分,高纯度的添加剂,凡属新品种需先进行第一、第二、第三阶段毒性试验,凡属国外已批准使用的,则进行第一、第二阶段毒性试验。

(4)首次进口饲料抗氧化剂,要求进口单位提供毒理学资料及生产国批准生产、销售的证明,由全国饲料评审委员会审查后决定是否需要进行毒性试验。

3.抗氧化剂毒理学评价试验的目的和结果判定

(1)毒理学试验的目的

①急性毒性试验　测定 LD_{50}，了解参评抗氧化剂的毒性强度、性质和可能的靶器官，为进一步进行毒性试验的剂量和毒性判定指标的选择提供依据。

②遗传毒性试验　对参评抗氧化剂的遗传毒性以及是否具有潜在致癌作用进行筛选。

③致畸试验　了解参评抗氧化剂对胎仔是否具有致畸作用。

④短期喂养试验　对只需要进行第一、第二阶段毒性试验的参评抗氧化剂，在急性毒性试验的基础上，通过 30 d 喂养试验，进一步了解其毒性作用，并可初步估计最大无作用剂量。

⑤亚慢性毒性试验　90 d 喂养试验，繁殖试验：观察参评抗氧化剂以不同剂量水平经较长期喂养后对动物的毒性作用性质和靶器官，并初步确定最大无作用剂量；了解参评抗氧化剂对动物繁殖及对仔代的致畸作用，为慢性毒性和致癌试验的剂量选择提供依据。

⑥代谢试验　了解参评抗氧化剂在体内的吸收、分布和排泄速度以及蓄积性，寻找可能的靶器官，为选择慢性毒性试验的合适动物种系提供依据，了解有无毒性代谢产物的形成。

⑦慢性毒性试验(包括致癌试验)　了解经长期接触参评抗氧化剂后出现的毒性作用，尤其是进行性或不可逆的毒性作用以及致癌作用，最后确定最大无作用剂量，为参评抗氧化剂能否应用于饲料的最终评价提供依据。

(2)各项毒理学试验结果的判定

①急性毒性试验　如 LD_{50} 剂量小于人的可能摄入量的 10 倍，则放弃该参评抗氧化剂用于饲料，不再继续其他毒理学试验。如大于 10 倍者，可进入下一阶段毒理学试验。凡 LD_{50} 为人的可能摄入量的 10 倍左右时，应进行重复试验，或用另一种方法进行验证。

②遗传毒性试验　根据参评抗氧化剂的化学结构、理化性质以及对遗传物质作用终点的不同，并兼顾体外和体内试验以及体细胞和生殖细胞的原则，在所列的遗传毒性试验中选择 4 项试验，根据以下原则对结果进行判断：

a.如其中 3 项试验为阳性，则表示参评抗氧化剂很可能具有遗传毒性作用和致癌作用，一般就放弃该参评抗氧化剂应用于饲料，无须进行其他项目的毒理学试验。

b.如其中 2 项试验为阳性，而且短期喂养试验显示该参评抗氧化剂具有显著的毒性作用，一般应放弃该参评抗氧化剂用于饲料；如短期喂养试验显示有可疑的毒性作用，则经初步评价后，根据参评抗氧化剂的重要性和可能摄入量等，综合权衡利弊再做出决定。

c.如其中 1 项试验为阳性，则再选择 2 项遗传毒性试验；如再选的 2 项试验均为阳性，则无论短期喂养试验和传统致畸试验是否显示有毒性与致畸作用，均应放弃该参评抗氧化剂用于饲料，如有 1 项为阳性，而在短期喂养试验和传统致畸试验中未见有明显毒性与致畸作用，则可进入第三阶段毒性试验。

d.如 4 项试验均为阴性，则可进入第三阶段毒性试验。

(3)短期喂养试验　在只要求进行两阶段毒性试验时，若短期喂养试验未发现有明显毒性作用，综合其他各项试验即可做出初步评价，若试验中发现有明显毒性作用，尤其是有剂量反应关系时，则考虑进行进一步的毒性试验。

(4)90 d 喂养试验，繁殖试验，传统致畸试验　根据这 3 项试验中所采用的最敏感指标所得的最大无作用剂量进行评价，原则如下：

①最大无作用剂量小于或等于人的可能摄入量的100倍者表示毒性较强,应放弃该参评抗氧化剂用于饲料。

②最大无作用剂量大于人的可能摄入量的100倍而小于300倍者,应进行慢性毒性试验。

③大于或等于人的可能摄入量的300倍者则不必进行慢性毒性试验,可进行安全性评价。

(5)慢性毒性(包括致癌)试验　根据慢性毒性试验所得的最大无作用剂量进行评价,原则如下:

①最大无作用剂量小于或等于人的可能摄入量的50倍者,表示毒性较强,应放弃该参评抗氧化剂用于饲料。

②最大无作用剂量大于人的可能摄入量的50倍而小于100倍者,经安全性评价后,决定该参评抗氧化剂是否允许用于饲料。

③最大无作用剂量大于或等于人的可能摄入量的100倍者,则可考虑允许使用于饲料。

4.进行抗氧化剂安全性评价时需要考虑的因素

(1)动物毒性试验和体外试验资料。本程序所列的各项动物毒性试验和体外试验系统虽然仍有待完善,却是目前水平下所得到的最重要的资料,也是进行评价的主要依据。在试验得到阳性结果,而且结果的判定涉及参评抗氧化剂能否应用于饲料时,需要考虑结果的重复性和剂量反应的关系。

(2)由动物毒性试验结果推论到各种家畜时,鉴于动物种属和个体之间的生物特性差异,一般采用安全系数的方法,以确保对家畜的安全性,但可根据参评抗氧化剂的理化性质、毒性大小、代谢特点、饲料中的使用量及使用范围等因素,综合考虑增大或减小安全系数。

(3)代谢试验的资料。代谢研究是对化学物质进行毒理学评价的一个重要方面,因为化学物质的不同,剂量大小在代谢方面的差别往往对毒性作用影响很大。在毒性试验中,原则上应尽量使用与家畜具有相同代谢途径和模式的动物种系进行试验。研究参评抗氧化剂在实验动物体内吸收、分布、排泄和生物转化方面的差别,对于正确运用动物试验结果具有重要意义。

(4)综合评价。在进行最后评价时,必须在参评抗氧化剂可能对家畜健康造成的危害以及其可能的有益作用之间进行权衡,评价的依据不仅是科学试验资料,而且与当时的科学水平、技术条件,以及社会因素有关,因此,随着时间的推移,很可能结论也不同;随着情况的不断改变,科学技术的进步和研究工作的不断进展,对已通过评价的化学物质需进行重新评价,做出新的结论。对于新的参评抗氧化剂,则只能依靠动物试验和其他试验研究资料,然而,即使有了完整和详尽的动物试验资料,由于家畜的种属和个体差异,也很难做出保证每头(只)都安全的评价,即所谓绝对的安全实际上是不存在的。根据上述材料,进行最终评价时,应全面权衡和考虑实际可能,从确保发挥该参评抗氧化剂的最大效益,以及对家畜健康和环境造成最小危害的前提下做出结论。

5.检验单位

检验单位由农业部指定的单位承担。

(二)抗氧化剂生物安全有效性评定规程

1.评定现场

(1)应符合兽医卫生要求。

(2)应为技术水平较高、经济效益较好,具有一定规模的饲养场。

(3)应有严格的饲养管理和防疫措施。

(4)试验动物应由技术熟练的工人饲养管理,并由具有一定经验的技术人员现场指导。

(5)应接近生产常规条件。

2.试验动物

本规程试验动物选择生长肥育猪。

(1)试验用猪遗传基础相同,即其父本为同一品种公猪,母本为相同的杂交组合。

(2)应来源于饲养管理规范和防疫措施严格的猪群。

(3)应来源于2~4胎母猪的后代。各处理组间和重复组间平均体重差异不超过平均体重的5%,公母比例相同。

(4)在季节性产仔的猪场,试验猪应一次供齐。在全年均衡产仔的猪场可分为2~4批提供,每批头数应不低于处理数和重复组数之积,每批之间日龄差不超过7 d。

3.试验设计

(1)采用完全随机的按体重随机区组的单因子设计,将试验猪按体重大小排列、划分区组。区组数就是重复组内的猪数,区组内猪的头数就是重复组数(试验组和对照组的和)。将每个区组内的猪随机分配到每个重复组内。然后将重复组随机分为试验组和对照组。

(2)试验设对照组和处理组,每种参评饲料(含对照日粮组)为一个处理组,每个处理组设6个重复,或误差自由度不少于12,每个重复组不少于8头猪。公母比例一致。

(3)对照日粮为全价配合饲料,其营养水平参照最新的中国《瘦肉型猪饲养标准》,也可根据试验目的适当调整。其混合均匀度的变异系数不大于10%。

(4)试验组日粮:由对照组日粮按产品说明加入参评抗氧化剂配制而成。

(5)试验期:从平均体重(25.0±1.0)kg开始,(60.0±1.5)kg结束。

(6)试验猪70日龄转群,统一饲喂转群前日粮。体重为(25.0±1.0)kg时进行分组,开始试验时各组间平均体重应无显著差异($P>0.05$)。

4.饲养管理

(1)人工投料,自由采食,自由饮水。

(2)试验猪按常规免疫程序进行防疫。70日龄前公猪去势和驱除体内外寄生虫。

(3)试验猪舍饲。猪舍为水泥地面。饲养密度依常规确定。

(4)各处理组除添加抗氧化剂不同外,其他试验条件应相同。

(5)试验中试验猪发病,应在不影响评定结果的条件下依常规处理。

5.测试指标及测定方法

(1)试验开始和结束时,以重复组为单位对全群进行个体称重。称重前12 h停食。先将全栏猪轰起活动10 min,待其排出粪尿后进行个体称重、记录。

(2)于试验结束时按重复组结算饲料消耗量。耗料量=投料量-剩料量。

(3)试验猪如有死亡或淘汰时不必补充,但应称个体重及消耗的饲料,以便评定结束时将该猪体重和饲料消耗剔除。

(4)以重复组为单位测定体重(kg)、耗料量(kg),并计算其日增重、耗料比等指标。

(5)以各重复组体重、日增重、耗料比、成活率等测定值计算各处理组相应指标的平均值和标准差。

(6)生长速度计算公式:

$$增重(kg/头)＝末重(kg/头)－初重(kg/头)$$

$$日增重(g/头)＝\frac{增重(kg/头)}{饲养日数}×1\,000$$

增重结果保留小数点后两位,日增重结果保留整数。

(7)耗料比计算公式:

$$耗料比＝\frac{试验期总耗料量(kg/头)}{试验期总增重(kg/头)}$$

结果保留小数点后两位。

6. 数据处理

(1)以重复组日增重和耗料比的测定值计算处理组相应指标的平均值、标准差和处理组间最小显著差值。

(2)所有数据均进行方差分析或 t 检验,以 $P＝0.05$ 为显著水平。

(3)计算耗料比及增重的饲料成本时,对死亡、淘汰猪的耗料量和增重值进行校正。

(4)据下列公式计算试验组和对照组间各项测值的最小显著差值 $LSD_{0.05}$ 。

$$LSD_{0.05}＝t_{0.05}(dfe)\sqrt{\frac{2MSe^2}{n}}$$

式中: $LSD_{0.05}$ 为两平均数绝对相差的最小显著差数,其单位与相应测定值一致; dfe 为误差自由度; n 为每个处理内的重复组数; MSe^2 为误差均方的平方; $t_{0.05}(dfe)$ 为根据误差自由度查到的 $\alpha＝0.05$ 时的 t 值。

当试验设置 k 个处理时: $S^2＝(S_1^2+S_2^2+S_3^2+\cdots+S_k^2)/k$

7. 生物安全有效性评定

(1)生物学安全有效性评定指标包括日增重和耗料比。

(2)以参评抗氧化剂组(A)的日增重、耗料比测定值同对照组(B)相应测定值之比计算参评抗氧化剂生物学安全有效性评定值。公式为:

$$生物学综合评定值＝\frac{\dfrac{日增重(A)}{日增重(B)}×b_1+\dfrac{耗料比(B)}{耗料比(A)}×b_2}{2}×100\%$$

式中: b_1 、 b_2 为对应指标的权重值, $b_1+b_2＝2$,各项指标的权重值由评定工作主持单位根据其相对重要性于试验前确定,若不考虑各项指标间重要性的差异,则权重值均取"1"。

计算时,某项测试指标的试验组(A)测定值与对照组(B)的测定值比较,差异不显著($P＞0.05$)时,其比值按"1"计算;反之($P≤0.05$),以其实际比值计算。结果保留小数点后两位。

(3)以生物学安全有效性评定值判定综合评定结果,此值大于100时,表示参评抗氧化剂正效应;等于100时参评抗氧化剂为无效应;小于100时,表示参评抗氧化剂为负效应。

四、抗氧化剂抗氧化有效性评定规程

(一)原理

油脂在氧化过程中产生过氧化物,与碘化钾作用,生产游离碘,以硫代硫酸钠溶液滴定,计算含量,得到过氧化值。添加抗氧化剂试样与空白试样过氧化值达到某一数值的时间的比值,可反映抗氧化剂的抗氧化有效性。

(二)测定步骤

(1)步骤　取添加参评抗氧化剂的大豆油试样 20 g 置于 20 mL 的试管中,然后边加热(98.7℃)边通入空气(2.33 mL/min),被检油脂氧化,记录过氧化值达到 20 mmol/kg 的时间(h)。同时进行空白试验。

(2)过氧化值的测定　按 GB 5538—1995 执行。

(三)抗氧化剂抗氧化有效性的评定

(1)以参评抗氧化剂过氧化值达到 20 mmol/kg 的时间(h)同空白试验过氧化值达到 20 mmol/kg 的时间(h)之比计算参评抗氧化剂评定值。公式为:

$$抗氧化有效性评定值 = \frac{参评抗氧化剂过氧化值达到\ 20\ mmol/kg\ 的时间(h)}{空白试样过氧化值达到\ 20\ mmol/kg\ 的时间(h)} \times 100\%$$

结果保留小数点后两位。

(2)以抗氧化有效性评定值判定综合评定结果,此值大于 100 表示参评抗氧化剂为正效应;等于 100 时表示参评抗氧化剂无效应;小于 100 时表示参评抗氧化剂为负效应。

五、抗氧化剂的生物安全评定判断规则

(1)凡属抗氧化剂生物安全毒理评定为不安全的,抗氧化剂的生物安全评定为不安全;凡属抗氧化剂生物安全毒理评定安全的,可进行进一步的评定。

(2)抗氧化剂生物安全有效性评定为负效应的,抗氧化剂的生物安全评定为不安全;抗氧化剂生物安全毒理评定安全的且生物安全有效性评定为正效应或无效应,可进行进一步的评定。

(3)抗氧化剂抗氧化有效性为无效应或负效应,抗氧化剂的生物安全评定为不安全;抗氧化剂生物安全毒理评定安全的、生物安全有效性评定为正效应或无效应且抗氧化有效性评定为正效应,抗氧化剂生物安全评定安全。

任务 7-6　酶制剂生物安全评定规程

一、适用范围

适用于作为饲料添加剂用途的酶制剂生产和使用过程。

(一)酶制剂生产的来源

1. 来源于植物和动物的酶

属于此类酶制剂的来源大都是属于植物和动物来源的酶,这类酶被认为是安全的,无须经过生物安全评价。

2. 来源于微生物的酶

(1)采用普通微生物生产的酶

①普通产酶微生物的种类划分(微生物食品酶制剂生产协会推荐)

Ⅰ类:传统上就在食品和食品加工过程中使用的微生物,包括枯草芽孢子菌、黑曲霉、米曲霉、米根霉、酿酒酵母、乳酸克鲁维酵母、爪哇毛霉。

Ⅱ类:被认为是在食品中无害的微生物,包括嗜热脂肪芽孢杆菌、地衣形芽孢杆菌、凝结芽孢杆菌。

Ⅲ类:不包括Ⅰ类和Ⅱ类中的微生物,包括白色链霉菌、毛霉、木霉、密苏里游动放线菌和青霉。

②生物安全评价。Ⅰ类微生物是不需要经过测试的,但Ⅱ类和Ⅲ类需要经过下列测试:用小白鼠作为试验动物进行急性口服毒性试验;用小白鼠作为试验动物进行为期4个星期的亚急性毒性试验;用小白鼠作为试验动物进行为期3个月的口服毒性试验;体外致畸试验。Ⅲ类需要进行微生物病原菌测试。在某些情况下,还需要进行体内的致畸试验和致癌试验。

③普通产酶微生物和酶制剂 其安全评价材料包括以下几个方面:

a. 由权威的实验室对菌种进行分类鉴定的材料。

b. 现有发表文章关于微生物安全方面的综合评价。

c. 菌株关于毒性和病原特性的报告。

d. 发酵产品的毒性和物理化学特性报告。

e. 饲料酶制剂的卫生标准参照《饲料卫生标准》GB 13078—2001执行。

f. 其他材料可以参照《新饲料和新饲料添加剂管理办法》施行。

(2)对于采用改良菌种(基因工程菌)的规定 为了提高菌种的产酶活性,生产酶所用的菌种如果是经过传统微生物技术或体外的cDNA技术加工过的菌种,其安全评性价如下:原有菌种的基本安全评价。重点需要突出对菌种经过改良后变异菌株分泌的有毒代谢物和潜在的病原性进行评价,并对变异菌株进行微生物分类的鉴定。在确信菌株没有发生本质的变化或没有产生新的菌株的情况下,可以考虑以下两种情况。

①如果提交的报告证实改良菌种产生的酶的安全性与以前的没有差别,生产酶的企业向政府部门递交相关的证明材料。

②如果鉴定报告中包含与酶有关的毒性和物理化学特性鉴定材料,则酶制剂生产厂家需要作进一步的评价。

a. 进行深入的试验。具体包括:检测相关代谢物的存在;与原有产品进行比较;对蛋白质构成进行鉴定;酶活光谱测定;除酶以外的有机物的组成鉴定。

b. 如果上述进行的试验证实目前的菌株的安全性与原始菌种的安全性没有重大的差别,则酶生产厂家可以向政府部门递交申请报告。

如果上述试验有重大的发现,则酶制剂生产厂家应把所有的试验结果重新整理成新的申请报告。

对动植物酶和Ⅰ类微生物酶而言,生产厂家将相关材料报送政府部门后就可以工业化生产酶制剂。

对Ⅱ类和Ⅲ类微生物酶而言,酶制剂生产厂家只有在递交的申请报告通过权威的认证部门审查研究后,并获得新产品的批准后方可开始生产。

(二)酶制剂的生产过程

酶制剂作为一种饲料添加剂,其生产过程的操作规范暂参考中国《兽药生产质量管理规范(试行)》。在酶制剂的生产、加工和贮存的过程中,可能存在其他来源于酶和其他物质的有害物质。微生物生产酶制剂必须是一种微生物的纯培养生产。

对于产品的质量控制方面,生产商必须递交产品的描述及在生产过程中用于鉴定和保存微生物纯度、活力和质量的方法和控制策略,以用来确定这些方法是否能够阻止有毒有害物质的进入。另外,生产商还必须提供以下材料。

(1)描述从种子培养到发酵的整个过程的微生物培养技术,以便用于评价该过程中可能存在污染的环节,并描述出对这些环节进行监控的测试方法。

(2)描述用来控制所接菌种的遗传性的方法,并提供如何检测所接菌种没有发生变异的测试方法。

(3)描述用于发酵的原料的情况,列出原料组成的最大变化范围。

(4)描述用于测定每批发酵中产生的产物产量的方法,以及与预期产物产量产生偏差的可接受范围。

(三)酶制剂产品

生物安全评定参考中华人民共和国农业部制定的《农业生物基因工程安全管理实施办法》实施。

(四)酶制剂使用的安全剂量问题

目前,人们对于来源于发酵过程产生的产品中含有的物质认识太少,尤其是其中含有的一些有毒物质。由于发酵生产的产品中含有的物质不容易分离和鉴定,作为饲料时很可能造成残留。目前,酶制剂过量使用产生毒性的报道还没有,但是,酶的蛋白质特性决定了它能引起过敏反应。酶制剂的安全剂量是根据慢性毒性试验(小白鼠,90 d)的结果和围绕酶制剂的使用对象进行的试验的结果确定的。

任务 7-7　动物性蛋白质饲料原料生物安全评定规程

▶ 一、适用范围

适用于饲料加工企业、动物养殖场、饲料检测机构和饲料经营者所使用、检测和经营的各种动物性蛋白质饲料原料。

二、要求

(一)标签
标签应符合 GB 10648 的要求。

(二)包装
(1)饲料包装应完整、无漏洞、无污染和异味。

(2)包装材料应符合 GB 16764 的要求。

(3)包装印刷油墨无毒、不应向内容物渗漏。

(4)包装的重复使用应遵守《饲料和饲料添加剂管理条例》的规定。

(三)感官评定
(1)色泽　应具有各种动物性蛋白质饲料原料本身正常的颜色,色泽一致。

(2)气味　应具有各种动物性蛋白质饲料原料本身正常的气味,不应出现加工不当所造成的气味和酸败等产生的各种不正常气味。

(3)组织　应具有各种动物性蛋白质饲料原料本身正常的组织结构,无结块、无霉变。

(4)杂物　除了正常生产过程中不可避免的污染物外,不应含有其他杂物。

(四)化学及生物学评定
1. 必检项目及方法

总砷、铅、汞、镉、氟、铬、亚硝酸盐、沙门氏菌、霉菌、细菌总数、黄曲霉毒素 B1、六六六、滴滴涕含量的检测参照有关测定方法或其他资料提供的方法进行。

挥发性盐基氮含量的检测按 GB/T 5009.44 的方法执行;志贺菌的检测按 GB/T 4789.5 的方法进行。

寄生虫:解剖显微镜下观察平摊在白瓷板上的饲料中是否有寄生虫。

违禁物:参见农业部、卫生部、国家药品监督管理局公告 2002 年第 176 号《禁止在饲料和动物饮水中使用的药物品种目录》。

2. 推荐检测项目

二噁英、疯牛病因子。

三、动物安全性试验

在下列情况下需进行动物安全性试验来评定动物蛋白质饲料原料的生物安全性:第一,通过上述评定过程仍不能判定其生物安全性;第二,通过上述评定过程后判定为安全、但在饲喂动物后仍发生不安全事件;第三,需要通过动物试验进行动物蛋白质饲料原料生物安全性研究以获取完善的基础参数。

(1)安全性毒理学评价程序按 GB 15193.1 的方法执行。

(2)毒理学实验室操作规范按 GB 15193.2 的方法执行。

(3)急性毒性试验按 GB 15193.3 的方法执行。

(4)慢性毒性试验按 GB 15193.17 的方法执行。

（1）凡检验结果完全符合《动物性蛋白质饲料原料生物安全质量标准》规定的，即判定该动物性蛋白质饲料原料的生物安全性合格。

（2）凡有 1 项或 1 项以上指标不符合《动物性蛋白质饲料原料生物安全质量标准》规定的，应重新取样进行复验，复验结果中仍有 1 项或 1 项以上指标不符合规定，即判定该动物性蛋白质饲料原料的生物安全性不合格。

任务 7-8　动物性矿物质原料生物安全评定规程

一、适用范围

适用于在中国生产和销售的一切动物性矿物质原料和产品。

二、动物性矿物质原料安全评价程序

（一）第一阶段（急性毒性试验）

试验目的在于了解受试物的毒性强度和性质，为蓄积性试验和亚慢性试验的剂量选择提供依据。

试验采用霍恩氏法、概率单位法或寇氏法，测定经口半数致死量（LD_{50}）。如剂量达 10 g/kg（以体重计）仍不引起动物死亡，则不必测定半数致死量。必要时进行 7 d 喂养试验。以上两个项目均分别用两种性别的大鼠或小鼠。

结果判定标准：①如 LD_{50} 或 7 d 喂养试验的最小有作用剂量小于人的可能摄入量的 10 倍者，则放弃，不再继续试验；②如大于 10 倍者，可进入下一阶段试验。为慎重起见，凡 LD_{50} 在人的可能摄入量的 10 倍左右时，应进行重复试验，或者用另一种方法进行验证。

（二）第二阶段（蓄积毒性试验和致突变试验）

1. 蓄积毒性试验

凡急性毒性试验 LD_{50} 大于 10 g/kg（以体重计）者，则可不进行蓄积毒性试验，蓄积毒性试验的试验目的在于了解毒性受试物在体内的蓄积情况。

试验方法包括：①蓄积系数法：用两种性别的大鼠和小鼠各 20 只。②20 d 试验法：用两种性别的大鼠、小鼠，每个剂量组雌雄各 10 只。以上两种方法选一种。

结果判断标准：①蓄积系数（K）小于 3，为强蓄积性；蓄积系数大于或等于 3，为弱蓄积性；②如 1/20 LD_{50} 组有死亡，且有剂量反应关系，则为强蓄积性；③仅小于 1/20 LD_{50} 组有死亡，则为弱蓄积性。

2. 致突变试验

试验目的在于对受试物具有致癌作用的可能性进行筛选。

饲料安全与法规

试验项目包括以下几个方面:①细菌致突变试验:Ames 试验或大肠杆菌试验。②微核试验和骨髓细胞染色体畸变分析试验中任选 1 项。③显性致死试验:睾丸生殖细胞染色体畸变分析试验和精子畸形试验中任选 1 项。

结果判定标准:①如 3 项试验均为阳性,则无论蓄积性如何,均表示受试物很可能具有致癌作用,一般应予以放弃。②如其中 2 项试验为阳性,而又有强蓄积性,则一般应予以放弃;如为弱蓄积性,则由有关专家进行评议,根据受试物的重要性和可能摄入量等,综合权衡再做出决定。③如其中 1 项试验为阳性,则再选择 2 项其他致突变试验;如果此 2 项均为阳性,则无论蓄积毒性如何,均应予以放弃;如有 1 项为阳性,则为弱蓄积性,可进入第三阶段试验。④如 3 项试验均为阴性,则无论蓄积毒性如何,均可进入下阶段试验。

(三)第三阶段(亚慢性毒性试验和代谢试验)

1. 亚慢性毒性试验

试验目的在于观察受试物以不同剂量水平较长期喂养对动物的毒性作用性质和靶器官,并确定最大无作用剂量;了解受试物对动物繁殖及对子代的致畸作用,为慢性毒性试验和致癌试验的剂量选择提供依据,为评价受试物能否应用于饲料提供依据。

试验项目包括:①90 d 喂养试验;②喂养繁殖试验;③喂养致畸试验;④传统致畸试验。

结果判定标准为:①如以上试验中任何 1 项的最大无作用剂量(mg/kg,以体重计)小于或等于人的可能摄入量的 100 倍者,表示毒性较强,应予以放弃;②大于 100 倍而小于 300 倍者,可进行慢性毒性试验;③大于或等于 300 倍时,则不必进行慢性毒性试验,可进行评价。

2. 代谢试验

试验目的在于了解受试物在动物体内的吸收、分布和排泄速度以及蓄积性,寻找可能的靶器官,为选择进行慢性毒性试验的合适动物种系提供依据,并了解有无毒性代谢产物的形成。

试验项目包括:①胃肠道吸收情况;②测定血浓度,计算生物半衰期和其他动力学指标;③在主要器官和组织中的分布;④排泄情况(尿、粪、胆汁)。有条件时可进一步进行代谢产物的分离和鉴定。

(四)第四阶段(慢性毒性(包括致癌)试验)

试验目的在于发现只有长期接触受试物后才能出现的毒性作用,尤其是进行性或不可逆的毒性作用以及致癌作用,确定最大无作用剂量,对最终评价受试物能否应用于饲料提供依据。

可将慢性毒性试验和致癌试验结合在 1 个动物试验中进行。试验中采用两种性别的大鼠或小鼠,小鼠的试验期为 4~5 个月,大鼠为 12 个月。

结果判定标准:①如慢性毒性试验所得的最大无作用剂量(mg/kg,以体重计)小于或等于人的可能摄入量的 50 倍者,表示毒性较强,应予放弃;②大于 50 倍而小于 100 倍者,需由有关专家共同评议;③大于或等于 100 倍者,则可考虑允许用于饲料,制定日允许量。

如在任何一个剂量发现有致癌作用,且有剂量反应关系,则需由有关专家共同评议,以做出评价。

任务 7-9　饲料级磷酸盐的生物安全评定规程

◆ 一、范围

适用于饲料加工企业、动物养殖场、饲料检测机构和饲料经营者所使用、检测和经营的各种饲料级磷酸盐。

◆ 二、要求

(一)标签
标签应符合 GB 10648 中的有关规定。

(二)包装
①包装必须符合饲料运输和贮藏过程中保质、保量、运输安全和严防污染的要求。②采用覆膜编织袋或内衬塑料袋的编织袋包装。包装袋应符合 GB 8946 的要求。③包装材料应符合 GB/T 16764 的要求。④饲料包装应完整、无漏洞、无污染和异味。⑤包装印刷油墨应无毒无害,不应向内容物渗漏。⑥包装物的重复使用应遵守《饲料和饲料添加剂管理条例》的有关规定。

(三)感官评定
(1)色泽　应具有各种饲料级磷酸盐本身正常的颜色,色泽一致。
(2)气味　应具有各种饲料级磷酸盐本身正常的气味,不应出现加工不当所造成的各种不正常气味。
(3)质地　应具有各种饲料级磷酸盐本身正常的疏松粉状质地,无结块,无霉变。
(4)杂物　除了正常生产过程中不可避免的污染物外,不应含有其他杂物。

(四)化学评定

1.饲料级磷酸盐采样
采样方法按 GB 14699 的方法进行。

2.必检项目及其检测方法
(1)钙的测定　按 GB/T 6436 的方法执行。
(2)总磷的测定　按 GB/T 6437—2002 的方法执行。
(3)水分的测定　按 GB/T 6435 的方法执行。
(4)水溶性氯化物的测定　按 GB/T 6439 的方法执行。
(5)粉碎粒度　按 GB/T 5917 的规定执行。
(6)砷、铅、汞、镉、氟的测定　参照有关测定方法或其他资料提供的方法进行。

3.推荐检测项目
钠、硫酸盐、pH。

(五)动物安全性试验

在下列情况下需进行动物安全性试验来评定饲料级磷酸盐的生物安全性:第一,通过上述评定过程仍不能判定其生物安全性;第二,通过上述评定过程后判定为安全、但在饲喂动物后仍发生不安全事件;第三,需要通过动物试验进行饲料级磷酸盐生物安全性研究以获取完善的基础参数。

(1)饲料级磷酸盐安全性毒理学评价:按 GB 151931.1—2003 的方法执行。

(2)饲料级磷酸盐毒性理学实验室操作规程:按 GB 151931.2—2003 的方法执行。

(3)急性毒性试验:按 GB 15191.3—2003 的方法执行。

(4)慢性毒性试验:按 GB 151931.7—2003 的方法执行。

(5)代谢试验:按 GB 151931.16—2003 的方法执行。

(6)致突变物、致畸物、致病物后处理:按 GB 151931.19—2003 的方法执行。

三、判定规则

(1)所列指标为判定合格指标。凡检验结果完全符合《饲料级磷酸盐生物安全质量标准》规定的,即判定该饲料级磷酸盐生物安全性合格。

(2)凡有 1 项或 1 项以上不符合《饲料级磷酸盐生物安全质量标准》规定的,应重新取样进行复验,复验结果中有 1 项或 1 项以上不符合规定的,即判定该饲料级磷酸盐生物安全性不合格。

四、贮存、运输

(一)贮存

(1)饲料的贮存应符合 GB/T 16764 的要求。

(2)不合格和变质的饲料级磷酸盐应做无害化处理,不应存放在饲料贮存场所内。

(3)饲料级磷酸盐贮存地不应使用化学灭鼠药和杀虫剂等。

(二)运输

(1)运输应符合 GB/T 16764 的要求。

(2)运输作业应防止污染,保持包装的完整性。

(3)不应使用运输畜禽等动物的车辆运输饲料级磷酸盐。

(4)饲料级磷酸盐运输工具和装卸场地应定期清洁和消毒。

任务 7-10　矿石类(沸石粉等)饲料添加剂生物安全评定规程

在中国生产和销售的一切矿石类(沸石等)饲料添加剂均应进行生物安全评定,其生物安全评定的规程参照本项目的任务 7-8 动物性矿物质原料生物安全评定规程。

任务 7-11 水产微量元素预混料生物安全评定规程

▶ 一、范围

适用于鱼虾微量元素预混料的生物安全评定。

▶ 二、试验要求

(一)试验场地

试验场地应有严格的饲养管理措施,鱼饲料试验在实验室中带有循环水装置的容积为 $0.1\sim0.2\ m^3$ 的水族箱内进行,虾饲料试验在容积 $0.8\sim4\ m^3$ 的水族箱或水泥池中进行。水源水质应符合 NY 5051 或 NY 5052 的要求。并应有水质分析、净化和调控的仪器、设备。

(二)试验动物

应取自科研机构试验场或生产良种场,同一品系,健壮无病害。试验鱼为 $30\sim100\ g$ 的杂交鲤鱼鱼种。试验虾为体长 5 cm 左右的对虾。

(三)基础饲料与试验饲料

(1)基础饲料应为全价配合饲料,其营养水平(包括微量元素)的设定,应参照中国现行的所选试验动物的营养标准或饲料标准。饲料配方应作为评定报告的附件。

(2)所选饲料原料的质量均应符合 GB 13078 的规定及相应的中华人民共和国国家标准,并达到二级(含二级)以上。

(3)基础饲料和试验饲料的主原料均须通过 40 目标准筛,混合均匀后用小型制粒机制成颗粒饲料。

(4)应测定基础饲料的粗蛋白和汞、砷、铅、镉、铬、铜、硒、氟的含量。将测定结果记录在评定报告中。

(5)试验饲料:在基础饲料中,按照产品说明加入参评微量元素预混料,取代基础饲料中的微量元素添加成分,配制成试验饲料。其他要求与基础饲料相同。

(四)试验设计

(1)采用完全随机的单因子设计,通过比较试验组与对照组之间生产性能和动物体内有毒有害物质的含量来评价参评微量元素预混料的有效性和生物安全性。

(2)对照组和试验组的设置。设对照组和试验组 2 个处理,每种配合饲料为 1 个处理,若同时有多个参评饲料,可设共同的对照组和多个试验组。每个处理不得少于 6 个重复组,每个重复组动物个体数不少于 30。

(3)鱼试验期为 1 周,虾试验期不少于 40 d。正式试验开始前应有 $7\sim10$ d 的驯养期。

(五)饲养管理

(1)养鱼试验中每日投喂 3 次,时间分别为 8:00—8:30;13:00—13:30;18:00—18:30。日投喂量为鱼体重的 2.5% 左右,并根据摄食情况调整。

（2）养虾试验每天换水 2 次（循环水除外），每次换水 30％～50％。试验用水须经 4 h 沉淀，再用沙滤罐或 180 目筛绢过滤。

（3）养虾试验中每日投喂 3 次，时间分别为 7:00—7:30；13:00—13:30；18:00—18:30。投喂量为体重的 3％～5％，并根据摄食情况调整。

（4）水温应维持在（26±3）℃的范围内。

（5）试验期间发现鱼虾死亡应及时捞出并称重、记录。发生疾病时应在不影响评定结果的前提下依常规处理。治疗措施应当经评定负责人批准，并详细记录治疗的原因、批准手续、检查情况、药物处方、治疗日期和结果等。

三、技术要求

（1）与对照组相比，试验组的增重率、成活率无显著性降低（$P > 0.05$）。

（2）饲养试验结束后，鱼虾体内汞、砷、铅、镉、铬、铜、硒、氟的含量应满足 NY 5073 的相应要求（表 7-1）。

表 7-1　水产品中有毒有害物质含量限量　　　　　　　　　　　　mg/kg

项　目	指　标
汞（以 Hg 计）	≤1.0（贝类及肉食性鱼类）；≤0.5（其他水产品）
砷（以 As 计）	≤0.5（淡水鱼类）
无机砷（以 As 计）	≤1.0（贝类、甲壳类、其他海产品）；≤0.5（淡水鱼类）
铅（以 Pb 计）	≤1.0（软体动物）；≤0.5（其他水产品）
镉（以 Cd 计）	≤1.0（软体动物）；≤0.5（甲壳类）；≤0.1（鱼类）
铜（以 Cu 计）	≤50（所以有水产品）
硒（以 Se 计）	≤1.0（鱼类）
氟（以 F 计）	≤2.0（淡水鱼类）
铬（以 Cr 计）	≤2.0（鱼贝类）

四、测定方法

（1）饲料中总砷、铅、汞、镉、铬、氟、硒、铜的测定　参见有关测定方法或其他资料。

（2）鱼虾体内汞、砷、铅、镉、铬、铜、硒、氟的测定　从每重复组中随机抽取 1 尾样品，以处理组为单位混合后，按 NY 5073 的规定执行。

（3）饲料粒度　称取样品 50 g，用 40 目标准筛测定。

（4）增重率　试验开始和结束时分别以重复组为单位全群称重计数，按下列公式计算增重率：

$$增重率 ＝（平均末重－平均初重）/ 平均初重 \times 100\%$$

（5）成活率　成活率＝试验末动物只数/试验初动物只数×100％

（6）数据处理　对成活率、增重率指标进行方差分析，以 $P = 0.05$ 为显著水平，其余测定指标直接依照分析值判定。

五、判定规则

（1）试验组增重率和成活率指标中有1项显著低于对照组（$P \leqslant 0.05$），则判参评产品的有效性不合格。

（2）试验组动物有毒有害元素含量有1项未能满足本标准所列要求，而对照组动物该项指标合格时，则判该参评产品安全性不合格。

（3）如对照组动物和试验组动物的某项指标均不能满足本标准所列要求时，允许加倍抽样将此项指标复检1次。如复检结果仍不合格，则判该次评定试验无效。

任务 7-12　转基因饲料的安全评定规程

一、范围

适用于饲料加工企业、动物养殖场、饲料检测机构和饲料经营者所使用、检测和经营的各种转基因植物饲料、转基因微生物饲料。

二、要求

对转基因饲料进行生物安全评定的单位，应当具备检测条件和技术，具备相应的安全设施和措施，确保转基因饲料评定过程中的安全性。转基因饲料应当进行标识。

三、评定步骤

转基因饲料生物安全评定按以下步骤进行：
（1）确定受体生物的安全等级。
（2）确定基因操作对受体生物安全等级影响的类型。
（3）确定生产、加工活动对转基因饲料安全性的影响。
（4）确定转基因饲料产品的安全等级。

四、转基因饲料生物安全等级的确定

（一）受体生物分为 4 个安全等级

（1）符合下列条件之一的受体生物应当确定为安全等级Ⅰ：①对人类健康和生态环境未曾发生过不利影响；②演化成有害生物的可能性极小；③用于特殊研究的短存活期受体生物，试验结束后在自然环境中存活的可能性极小。

饲料安全与法规

(2)对人类健康和生态环境可能产生低度危险,但是通过采取安全控制措施完全可以避免其危险的受体生物,应当确定为安全等级Ⅱ。

(3)对人类健康和生态环境可能产生中度危险,但是通过采取安全控制措施,基本上可以避免其危险的受体生物,应当确定为安全等级Ⅲ。

(4)对人类健康和生态环境可能产生高度危险,而且在封闭设施之外尚无适当的安全控制措施避免其发生危险的受体生物,应当确定为安全等级Ⅳ。这类受体生物包括:①可能与其他生物发生高频率遗传物质交换的有害生物;②尚无有效技术防止其本身或其产物逃逸、扩散的有害生物;③尚无有效技术保证其逃逸后,在对人类健康和生态环境产生不利影响之前,将其捕获或消灭的有害生物。

(二)基因操作对受体生物安全等级的影响

基因操作对受体生物安全等级的影响分为3种类型,即增加受体生物的安全性(类型1);不影响受体生物的安全性(类型2);降低受体生物的安全性(类型3)。

(1)增加受体生物安全性的基因操作,包括去除某个(些)已知具有危险的基因或抑制某个(些)已知具有危险的基因表达的基因操作。

(2)不影响受体生物安全性的基因操作,包括:①改变受体生物的表型或基因型而对人类健康和生态环境没有影响的基因操作;②改变受体生物的表型或基因型而对人类健康和生态环境没有不利影响的基因操作。

(3)降低受体生物安全性的基因操作,包括:①改变受体生物的表型或基因型,并可能对人类健康或生态环境产生不利影响的基因操作;②改变受体生物的表型或基因型,但不能确定对人类健康或生态环境影响的基因操作。

(三)确定转基因饲料的生物安全等级

(1)按照对人类、动植物、微生物和生态环境的危险程度,将转基因饲料分为以下4个等级:安全等级Ⅰ,尚不存在危险;安全等级Ⅱ,具有低度危险;安全等级Ⅲ,具有中度危险;安全等级Ⅳ,具有高度危险。

(2)根据转基因饲料的安全性和基因操作对其安全等级的影响类型及影响程度,确定转基因饲料的安全等级。

①受体生物安全等级为Ⅰ的转基因饲料

a.安全等级为Ⅰ的受体生物,经类型1或类型2的基因操作而得到的转基因饲料,其安全等级仍为Ⅰ。

b.安全等级为Ⅰ的受体生物,经类型3的基因操作而得到的转基因饲料,如果安全性降低很小,且不需要采取任何安全控制措施的,则其安全等级仍为Ⅰ;如果安全性有一定程度的降低,但是可以通过适当的安全控制措施完全避免其潜在危险的,则其安全等级为Ⅱ;如果安全性严重降低,但是可以通过严格的安全控制措施避免其潜在危险的,则其安全等级为Ⅲ;如果安全性严重降低,而且无法通过安全控制措施完全避免其危险的,则其安全等级为Ⅳ。

②受体生物安全等级为Ⅱ的转基因饲料

a.安全等级为Ⅱ的受体生物,经类型1的基因操作而得到的转基因饲料,如果安全性增加到对人类健康和生态环境不再产生不利影响的,则其安全等级为Ⅰ;如果安全性虽有增加,但对人类健康和生态环境仍有低度危险的,则其安全等级仍为Ⅱ。

b.安全等级为Ⅱ的受体生物,经类型2的基因操作而得到的转基因饲料,其安全等级仍为Ⅱ。

c.安全等级为Ⅱ的受体生物,经类型3的基因操作而得到的转基因饲料,根据安全性降低的程度不同,其安全等级可为Ⅱ、Ⅲ或Ⅳ,分级标准与受体生物的分级标准相同。

③受体生物安全等级为Ⅲ的转基因饲料

a.安全等级为Ⅲ的受体生物,经类型1的基因操作而得到的转基因饲料,根据安全性增加的程度不同,其安全等级可为Ⅰ、Ⅱ或Ⅲ,分级标准与受体生物的分级标准相同。

b.安全等级为Ⅲ的受体生物,经类型2的基因操作而得到的转基因饲料,其安全等级仍为Ⅲ。

c.安全等级为Ⅲ的受体生物,经类型3的基因操作得到的转基因饲料,根据安全性降低的程度不同,其安全等级可为Ⅲ或Ⅳ,分级标准与受体生物的分级标准相同。

④受体生物安全等级为Ⅳ的转基因饲料

a.安全等级为Ⅳ的受体生物,经类型1的基因操作而得到的转基因饲料,根据安全性增加的程度不同,其安全等级可为Ⅰ、Ⅱ、Ⅲ或Ⅳ,分级标准与受体生物的分级标准相同。

b.安全等级为Ⅳ的受体生物,经类型2或类型3的基因操作而得到的转基因饲料,其安全等级仍为Ⅳ。

▶ 五、转基因饲料的安全评定内容

(一)转基因植物性饲料的安全性评定内容

(1)转基因植物性饲料的遗传稳定性。

(2)转基因植物性饲料与受体或亲本植物在环境安全性方面的差异,包括:①生殖方式和生殖率;②传播方式和传播能力;③休眠期;④适应性;⑤生存竞争能力;⑥转基因植物性饲料的遗传物质向其他植物、动物和微生物发生转移的可能性;⑦转变成杂草的可能性;⑧抗病虫转基因植物性饲料对靶标生物及非靶标生物的影响,包括对环境中有益和有害生物的影响;⑨对生态环境的其他有益或有害作用。

(3)转基因植物性饲料对动物健康影响方面的差异,包括:①毒性;②过敏性;③抗营养因子;④营养成分;⑤抗生素抗性;⑥对动物和畜产品安全性的其他影响。

(4)生产、加工活动对转基因植物性饲料安全性的影响。

(5)转基因植物性饲料产品的稳定性。

(6)根据上述评定,参照本规程有关标准划分转基因植物性饲料的安全等级。

(二)转基因微生物饲料的安全性评定内容

(1)与受体微生物比较,转基因微生物饲料如下特性是否改变:①定殖能力;②存活能力;③传播扩展能力;④毒性和致病性;⑤遗传变异能力;⑥受监控的可能性;⑦与植物的生态关系;⑧与其他微生物的生态关系;⑨与其他生物(动物和人)的生态关系,人类接触的可能性及其危险性,对所产生的不利影响的消除途径;⑩其他重要生物学特性。

(2)应用的植物种类和用途。与相关生物农药、生物肥料等相比,其表现特点和相对安全性。

(3)试验应用的范围,在环境中可能存在的范围,广泛应用后的潜在影响。

（4）对靶标生物的有益或有害作用。

（5）对非靶标生物的有益或有害作用。

（6）转基因微生物饲料转基因性状的监测方法和检测鉴定技术。

（7）生产、加工活动对转基因微生物饲料安全性的影响。

（8）转基因微生物饲料产品的稳定性。

（9）根据上述评定，参照本规程有关标准划分转基因微生物饲料的安全等级。

六、判定规则

经评定，安全等级Ⅰ（尚不存在危险）的转基因饲料判定为合格；安全等级Ⅱ（具有低度危险）、安全等级Ⅲ（具有中度危险）和安全等级Ⅳ（具有高度危险）的转基因饲料判定为不合格。不合格、存在危险的转基因饲料应按有关规定销毁。

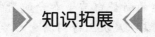

岗位操作任务

1. 说出配合饲料和浓缩饲料生物安全评定的内容。
2. 写出预混合饲料生物安全评定的内容，如何评定？
3. 如何对药物饲料添加剂进行生物安全评定？
4. 微生物饲料添加剂生物安全评定的方法是什么？
5. 说出动物性蛋白质饲料原料生物安全评定的要求。
6. 动物性矿物质原料安全评价程序的4个阶段是什么？
7. 写出动物性矿物质原料生物安全评定的程序。
8. 经过饲料级磷酸盐生物安全评定后如何判定？说出其判定规则。
9. 进行水产微量元素预混料生物安全评定的步骤有哪几步？
10. 如何确定转基因饲料生物安全的等级？

知识拓展

转基因与生物安全

20世纪70年代DNA重组技术的问世，使得包括转基因植物、转基因动物和转基因微生物为主的遗传修饰生物体（genetieally modified organism, GMO）迅速发展并进入人类生活领域。其中，转基因（genetieally modified, GM）作物发展最快。目前，全球商业化种植最为广泛的GM植物品种为大豆、玉米、棉花和油菜。

玉米是世界上主要的能量饲料之一，大豆、棉花和油菜加工副产品则是主要的蛋白质饲料。随着转基因作物种植面积的迅速增加和转基因微生物（如益生素、产酶微生物）的研究应用，转基因饲料在动物饲料中占有越来越重要的地位，并随着动物产品进入人类食物链，由此人们对转基因作物在食物链中的安全性产生了深深的忧虑。其焦点为：①转基因饲料的营养价值与非转基因饲料的等同性；②转基因饲料的新DNA及其碎片或蛋白质是否会转入动物产品并积累；③外源基因中的抗生素标识基因是否会引起动物体、微生物和人体的抗药性；④饲喂转基因饲料的动物产品是否会危害人体健康。因此，迫切需要一个切实可行的针对转基因饲料的生物安全评价规程。

一、转基因饲料生物安全评价的原则和方法

1."实质等同性"(substantial equivalence)原则

1992年，美国率先制定"来源于新兴植物品种的食品"法规。1993年，世界经合组织(OECD)发表了题为《源于现代生物技术的食品安全评价：概念和原则》文件，提出食品安全性分析的"实质等同性"原则，即如果新品种(如基因改良品种)的成分与现有品种的成分大体相同，即被视为等同安全。1996年，在第二届FAO/WHO专家咨询会上，进一步提出如下建议：①新产品与传统产品具有实质等同性，则不必对这类产品进行安全评估；②新产品与传统产品除某一插入的特定性状外，具有实质等同性，安全性评估应集中针对插入基因的表达产物，不应过分强调其他性状的分析，也不必考虑DNA本身是否有毒；③新产品与传统产品没有实质等同性，或者尚不存在与新产品对应的传统产品，对这类产品要求作详尽和安全性分析。"实质等同性"原则已成为转基因产品安全评价的指导性原则，转基因食品和饲料在释放和商业化前均需在该框架体系下进行评价。

2.基因修饰物风险评估的原则

在"实质等同性"评估的基础上，我国制定了基因修饰物风险评估框架(国家环境保护总局，2000)，用以监控和指导我国转基因作物的生产和释放。主要内容包括：①熟悉性(familarity)：了解和熟悉受体生物的特性、基因操作方法和基因修饰物特性；②逐步(step by step)评估：对其中几个或全部环节，包括遗传修饰物的实验室研究、中间试验、环境释放、商业化各阶段，进行循序渐进评估；③个案(case by case)评估：不同基因修饰物目的基因的来源、功能和克隆的方法，由于受体生物及接受的环境不可能都相同，必须以个案评估为指导原则进行安全性评价。

3."判定树"(decision tree)方法

由美国药物与食品管理局(FDA)提出，2002年Flachowsky等对此法进行了修正。该方法对受体生物、基因供体、表达的新蛋白质等养分的新特性规定了层次性的评价程序。"判定树"方法的特点在于一旦在某一层次上得到满意的答案，便无须再进入下一个层次的评价。

二、转基因饲料安全性评价的内容

欧洲《新食品条例》中仅对转基因食品安全性作了规定，目前，已经增加了转基因饲料的安全性评价内容，主要包括以下几项。

1.营养学化学组成评价

比较转基因产品与同/近基因型亲本的传统品种概略养分的差异，包括粗蛋白质、碳水化合物、粗脂肪、纤维素、维生素、矿物质，全面分析氨基酸、脂肪酸的组成和含量变化，测定抗营养因子含量。

2.生物学等价性评价

以实验动物小鼠、大鼠、畜禽、水产动物为对象进行短期或/和生长全程的饲养试验，转

基因产品应为试验日粮的主要成分,饲喂后评定动物的生产性能、肉质特性、营养物质消化率、营养素的平衡、修饰后的营养素对于目标动物的有效性、畜产品品质等指标,尤其对营养成分发生改变的第二代转基因产品,因产生了明显的营养差异,强调要进行生物学等价性的评价。

3.毒理学评价内容

重点研究表达产物如蛋白质对动物的安全性,除研究蛋白质在模拟消化道的降解特性外,尚需进行口服急性毒性试验,再视急性毒性试验结果来确定是否需要进行致突变试验、致畸试验、亚急性与慢性毒性试验、代谢试验和致癌试验。

4.过敏性评价

若导入基因来自已知含有过敏源的生物,其编码的蛋白质是在转基因产品的食用部分表达,则不论是常见或不常见的过敏源,均需确定该基因是否编码某一种过敏源,转基因产品用于食品时,还必须进行临床试验来确定其过敏性,如皮肤穿刺试验等。

5.动物产品中的转基因DNA

检测外源基因在胃肠道、肝、脾、血液等组织和在肉、蛋、奶等产品中的沉积。

三、转基因饲料检测技术

转基因的检测是随着世界各国对转基因产品进行标识管理而发展的,欧盟49/2000号条例规定,食品中含有超过1%的转基因成分时必须标签。基于核酸的多聚酶链式反应(polymerase chain reaction,PCR)检测、蛋白质和酶学检测是已被普遍认可和广泛应用的两大主要技术。此外,分析技术如质谱技术、色谱技术、近红外光谱技术、生物传感器、生物芯片技术等的发展可望成为检测转基因成分的新技术。欧盟规定的与基因标识条例相适应的转基因成分的检测步骤包括:①检测食品或饲料中是否含有转基因成分;②鉴定产品中含有哪些转基因成分,该成分是否被授权或批准进入流通领域;③检测产品中转基因成分在产品中所占的比例,以限定值1%作为是否需要标识的决定。成功提取基因组和质粒DNA是定性和定量检测GMO的基础,朱元招(2004)用PCR法测定了美国抗草甘膦转基因大豆中转基因成分的种类和含量,并对核酸分子的定性与定量检测方法进行了总结。

转基因生物在饲料中的应用越来越广泛,世界各国已制定出多项安全性规则,在全球贸易中,有些规则已成为保护本国利益的重要手段。迄今为止,虽然尚未发现大量饲喂转基因饲料会对动物造成不良后果,但没有证据表明所有转基因饲料都是安全的。因此,对转基因饲料进行全面的生物安全评价是必要的。为了全面评价转基因饲料的安全性,需要检测转基因饲料对动物个体的营养和生理方面的影响,以下几方面的问题需要考虑:①在对已充分了解的转基因作物的分类(第一代和第二代转基因作物)和对基因修饰进行全面描述的同时,应考虑种植条件、饲料加工工艺和特定生理阶段动物对转基因DNA的影响;②"实质等同性"原则对于第一代转基因产品的安全评价是一个非常有用的框架体系,但对于第二代转基因产品还应从生理和营养方面进行评价;③要将来源于转基因生物的饲用安全问题与动物健康和福利同时考虑,对于可能产生有害影响的产品要进行动物生理学评价;④饲喂转基因饲料动物的完整性应不受影响,并且动物的行为和生理功能应与饲喂对应传统产品的动物一致;⑤应该考虑转基因作物的生态安全,这就意味着应对转基因饲料与肠道菌群的关系进行评价;⑥应对代表性动物的生理和营养进行全方面的研究,尤其要关注饲用动物本身的反应。

职业能力和职业资格测试

1. 配合饲料和浓缩饲料生物安全评定的内容有哪些?
2. 微生物添加剂的安全性评价中,菌种鉴定涉及哪些内容?
3. 转基因饲料安全性评价的内容有哪些?
4. 转基因饲料安全评价的基本原则有哪些?
5. 饲料添加剂安全性评价中,毒理学试验的 4 个阶段分别为什么? 其主要内容是什么?

项目8
饲料安全法规与监管体系建设

➤ **项目设置描述**

饲料安全的控制在当今经济全球化的大背景下不仅与广大消费者的身体健康和生存质量息息相关,加强饲料安全法规与监管体系建设直接关系到畜牧业发展和畜产品贸易,已成为世界各国政府和人民普遍关注的重大现实问题。从养殖观念、生产方式及生产、消费各环节建立有效的监管法规,实施标准化生产,是保障饲料安全的首要条件。

学习目标

1.了解国内外饲料安全法规与监管体系。
2.了解饲料安全法规体系与饲料安全监管体系建设。

一、我国饲料安全法规与监管体系

(一)我国现有饲料法规体系

我国现行饲料法规体系包括国家法律、国务院行政法规、国家强制标准、农业部部令公告、与饲料执法有关的其他国家机关和国务院部门公告、地方性法规或规章,其中国务院颁布的《饲料和饲料添加剂管理条例》和农业部颁布的一系列部令公告构成了我国饲料法规体系的主体框架。这个体系包括:

(1)国家法律　与饲料行政执法有关的国家法律有《农业法》、《产品质量法》、《行政处罚法》、《行政复议法》等。

(2)国务院行政法规　与处理饲料违法案件有关的国务院行政法规比较多,最主要的是《饲料和饲料添加剂管理条例》及对条例的释义。

(3)国家强制标准　目前与处理饲料违法案件有关的国家强制标准有《饲料卫生标准》和《饲料标签标准》。

(4)农业部部令公告　主要包括《饲料添加剂和添加剂预混合饲料产品批准文号管理办法》、《新饲料和新饲料添加剂管理办法》、《进口饲料和饲料添加剂登记管理办法》、《饲料添加剂安全使用规范》、《动物源性饲料产品安全卫生管理办法》、《饲料添加剂品种目录》和《禁止在饲料和动物饮用水中使用的药物品种目录》。

(5)地方性法规或规章　各省、自治区、直辖市人大和常务委员会或人民政府发布的与处理饲料违法案件有关的公告、饲料管理条例、实施细则等。

(6)与饲料执法相关的其他国家机关和部门公告　最高人民法院关于依法惩治非法生产、销售、使用盐酸克仑特罗等禁止在饲料和动物饮用水中使用的药品等犯罪活动的规定,以及国家质量技术监督局关于实施《产品质量法》若干问题的部分意见。

我国饲料法规体系建设存在的问题:

(1)法律体系层次需要进一步完善。对比欧美国家饲料法规体系,既包括最高立法机构颁布的权威和指导性法律,也包括各级行政监管部门制定的具体法规和实施条例,我国饲料法规体系层次不够健全。

(2)饲料监管针对性法规制定工作需进一步提高。我国饲料工业和相应的监管法律体系建设时间较短,饲料法律法规内容和范围方面存在一些问题,集中表现在:

①饲料经营企业的监管制度不完善,处罚条例操作性不强,而美国多数州的商品饲料法对饲料经营环节的监管非常具体和严格。

②养殖场自配饲料监管条例空缺。

③我国针对药物饲料和添加剂残留的管理法规欠缺,对环境保护造成了一定的压力。

④饲料产品和添加剂产品注册法规需进一步修订,特别是增强产品质量安全信息的收集和跟踪管理等。

（二）我国饲料监管体系

（1）从行业管理的层面上，各级监管机构要依据《饲料和饲料添加剂管理条例》、《饲料药物添加剂使用规范》、《饲料药物条例》、《食品卫生法》、《动植物检疫法》等法律法规，行使监管的权利，认真履行监管责任。各级人民政府组织协调各职能部门，使之相互协调，互相配合。这样这些法律法规才能结合成一个有机的整体，发挥其应有的威慑作用。行业管理部门还要积极推动饲料生产企业、养殖企业的标准化体系建设，实行标准化管理。更重要的是，各级饲料监管机构要未雨绸缪，制定切实有效的预警机制和处理突发饲料安全事件的机制，让饲料安全事故消灭在萌芽状态。建立畅通的信息反馈机制，保障举报渠道的畅通，及时收集个人、检测机构、研究机构反映的信息，尤其是关系饲料安全隐患的信息，能够及时汇总分析并制定相应的跟踪监控措施，启动安全评估程序；对于举报，除了对各案进行调查取证依法处理，还要分析是否存在普遍性的安全隐患，有没有技术或监管上的盲区。这样，监管部门把国家的法律法规、技术支撑、信息分析与反馈和企业内部的标准体系建立与实施等有机地结合起来建立一套标准的监管程序，对饲料实行标准化的监管，这样就能最大限度地降低饲料安全事故的发生，确保畜产品的安全，为食品安全把好关。

（2）从技术手段上，充分利用"饲料安全工程"所构建的技术平台，调动饲料监测检验机构的积极主动性，组织、引导饲料监测检验机构主动参与饲料技术标准体系的建设，为饲料安全的监管提供科学依据，为保证饲料安全提供技术支持。鼓励饲料监测检验机构要利用自身的技术和信息优势，大胆创新积极探索饲料安全项目的快速检测技术，制定出相应的技术标准；敏锐地关注一些可能影响饲料安全的因素，研究相应的检测技术，为饲料的安全检测提供技术储备，并形成相应的技术标准；在实践中探索饲料及畜产品的监督检验模式，寻找更经济、更具有代表性的监督检验方式，以便最快地发现饲料安全隐患，及时上报监管部门并提出应对措施。饲料监测检验机构要加强自身的建设，探索管理模式，能够积极而有效的配合管理部门的监管要求，既能满足日常监管，又能快速反应，为突发应急事件提供及时而又有力的技术支持，从而建立一种符合现代管理要求的监测检验制度。即建立一个标准化管理的监测检验平台，为饲料安全的监管提供有力的技术支撑，同时监督检测机构的标准化是饲料安全监管标准化的一个有机组成部分。

（3）饲料安全管理标准化体系中的一个重要部分就是饲料企业。这里所讲的是广义的饲料企业，它包括饲料生产企业即狭义的饲料企业和使用饲料的企业如养殖场、养殖专业户等。许多养殖场、养殖专业户既是饲料的消费者也是饲料的生产者。如果我国的饲料企业能全部建立自己的标准化管理体系（ISO 9000）和 HACCP（危害分析与关键控制点）管理，饲料安全事故就会大大地降低。所以饲料监管部门要按照我国《产品质量法》的要求积极推进饲料企业的标准化建设。企业的标准体系包括工作标准、管理标准、产品质量标准三大块。工作标准是管人的，包括企业文化建设；管理标准也叫管理制度，是管物的；产品质量标准是规定企业产品质量的标准。

HACCP（危害分析与关键控制点）管理是一种管理标准，是针对食品与饲料生产过程的一种控制标准，其目的是保证产品能符合质量标准。一个规范的企业，应当建立起完善的标准体系，这样才能保证自己产品的质量，降低产品的安全风险。在市场体制下，只要做到标准化监管，就能最大限度地预防安全事故的发生。

二、欧美国家饲料安全法规与监管体系

饲料工业是农业经济的重要组成部分,影响饲料安全的问题复杂多变,饲料安全事件时有发生。欧盟和美国饲料工业经过了近百年的发展,在安全管理和监管法规体系建设方面具有成功经验。通过研究和借鉴这些国家的先进经验,针对性地找出我国饲料工业安全监管和法制建设存在的问题和解决途径,对促进我国饲料工业、农业和农村经济的发展都具有重要的现实意义。2010 年世界排名前 10 位的饲料企业中就有 3 家美国企业。据美国食品和药物管理局(FDA)和美国饲料工业协会(AFIA)介绍,目前美国共有 6 000 余家饲料生产厂,年产配合饲料约 1.6 亿 t。

(一)欧盟和美国饲料法规体系构成

经历了"二噁英"、"疯牛病"等饲料安全事件后,欧盟和美国为了能够在更高水平上监控动物食品安全,先后对饲料法规进行较大范围的修订和增补,逐渐形成了层次结构、组成内容均较合理的饲料法律体系,确保了将饲料安全事件带来的经济损失和社会负面影响控制在较低范围内,也实现了对疯牛病等动物烈性传染疾病的有效防控。

1. 欧盟饲料法规体系构成

欧盟委员会健康与消费者保护最高理事会,欧盟议会环境、公共卫生和食品安全委员会具体负责饲料监管相关法律法规的修改制定。按照欧盟办公室对饲料法规的分类,欧盟现行的饲料法规共 180 项,其中基本法规包括《关于在动物营养方面使用的添加剂法令》、《饲料卫生法令》、《配合饲料流通规则》、《动物营养中不良物质和相关产品规则》、《欧盟加药饲料生产和销售规则》、《政府监管动物营养的指导规则》、《转基因饲料使用规则》等。

另外,根据安全监管形势和科技发展趋势,欧盟每年都对这些基本法规进行适时的修订和增补,以及制定一些针对饲料工业某一环节的具体法规,现行欧盟饲料法规体系中,与饲料添加剂相关的管理法规有 50 项(28 项为补充修改指令)、配合饲料有 36 项、饲料原料 27 项、不良物质 10 项、特殊营养用途饲料 7 项、生物蛋白饲料 22 项、饲料药物 1 项、行政监督 11 项、卫生许可和注册登记 8 项、抽检分析方法 34 项、转基因饲料 11 项。

2. 美国饲料法规体系构成

美国饲料法规体系包括国会颁布的《联邦食品、药品和化妆品法》和《紧急状态家禽饲料补偿法(1998)》,其中《联邦食品、药品和化妆品法》对食品的定义为:人和其他动物食用的物质,即饲料也属于本法律的管理范围。遵照此法,FDA 制定了《食品、饲料企业许可证法规》、《禁止在反刍动物饲料中使用动物蛋白的法规》、《进口食品、饲料提前通报法规》、《加药饲料生产良好规范》、《饲料中新药的使用规范》、《允许在饲料和动物饮用水中使用的食品添加剂》、《禁止在饲料和动物饮用水中使用的物质》等一系列联邦法规;另外,美国农业部制定有《动物饲料运输法规》、《动物源性饲料进口制度》、《家禽有机饲料的标签管理制度》。

由于美国是典型的联邦制国家,在遵守联邦法律法规的同时,各州拥有自己的法律体系,绝大多数州制定了适用于本地区的商品饲料法或饲料法,如堪萨斯州的商品饲料法、阿肯色州的饲料法等。此外,为了避免各州出于保护本地区利益和商品饲料法的不同,影响饲料工业的公平竞争和有序发展,美国成立了官方饲料控制委员会,由各州的饲料监管机构组成。该委员会主要负责协调各州饲料工业的监管以及为饲料法律法规的制定提供建议,确

定全联邦统一的饲料原料命名和使用原则,以及推荐统一的饲料标签格式,促进饲料产品在各州的顺利流通。

3. 欧美各国饲料安全监管重点环节

由于影响饲料安全的潜在因素复杂多变,欧美各国政府普遍将防控安全隐患作为监管工作的中心,十分重视监管环节的设置和监测资源的合理分配。

(1)欧盟对饲料安全监管的重点环节　欧盟食品安全局和各成员国食品安全局重点负责饲料安全风险的评估监控、法律法规修改制定的科学建议、饲料进口管理等影响欧盟饲料质量安全的共性环节。各成员国农业行政主管部门以及其设立的检测机构具体负责监管饲料工业的质量安全,重点监督环节包括饲料卫生、饲料标签、产品注册、不良物质、饲料添加剂的安全使用、动物源性饲料的生产使用,以及反刍动物饲料和疯牛病安全隐患的防控等。

(2)美国对饲料安全监管的重点环节　美国政府通过组织农业部和 FDA 的专职检查官,具体监管饲料工业质量安全,监管重点包括产品标签、毒素、饲料中兽药的使用情况、药物交叉污染、饲料产品成分、生产安全、良好生产规范(GMP)实施情况、饲料生产设备、疯牛病安全隐患管理等。

由美国联邦和各州饲料管理者组成美国饲料控制官方委员会(AFFCO),协调各州之间法律规章的分歧,为美国饲料工业提供一个公平有序的商业环境。此外,相关的行业协会、科研、教学、检测等机构在美国饲料安全监管中发挥着政策顾问和技术支持等作用。

美国对加药饲料实行分类管理,根据药物是否需要停药期将其分为Ⅰ类和Ⅱ类,Ⅰ类药物是指动物上市前不需要停药期;Ⅱ类药物在动物性产品中存在药物残留问题,上市前需要有严格停药期。

FDA 总体负责美国国内使用Ⅱ类药物和罐装宠物饲料生产企业的许可证发放、一般饲料生产企业和进口饲料及饲料添加剂生产企业的登记注册,以及对饲料安全的监管工作。因此,FDA 对使用Ⅱ类药物的饲料生产企业实行严格的生产许可证申请、良好生产规范(GMP)审查、增加抽检力度等监管措施;对于使用Ⅰ类药物或不添加任何药物的饲料生产企业则只需在 FDA 登记注册,不需要向 FDA 申请生产许可证,只需要州农业部门的生产许可证即可。FDA 下设兽医中心(CVM)具体负责加药饲料生产与销售的管理,以及防范"疯牛病"(BSE)等工作。自 2003 年起,FDA 开始执行"动物饲料安全系统"(AFSS)项目,其目的在于通过保证饲料生产和流通安全来确保动物和人类健康。各州农业部门(一般称州农业厅或农业局)直接负责本州的非加药饲料质量安全监管任务以及在 FDA 授权下代表FDA 对州内饲料质量安全行使监管职能。同时,各州农业部门对饲料企业准入和日常监管都有着严格的法律规定及监管措施,在审核发放许可证和日常巡回监管中对企业现场进行严格检查。

(二)欧美各国饲料法规走向的特点及趋势

1. 欧美法律体系各层次中均有饲料相关法律条款

欧盟法律体系主要分法令、指令、决定三个层次。欧盟饲料法律体系组成中,绝大多数的法规是以指令形式发布,但一些基本法规则是以法令形式发布,如欧洲议会和欧盟理事会颁布的《关于在动物营养方面使用的添加剂法令》(No.1831/2003)、《饲料卫生法令》(No.1183/2005),另外部分针对监控饲料工业中个别、具体问题的饲料法规,是以决定形式公布,如欧盟委员会制定的禁止在饲料和动物饮用水中使用的物质目录(91/516/EEC)。

美国法律体系主要分为国会颁布的法律、行政机构制定的法规、州政府制定的法规。现行美国饲料法规体系既包括国会颁布的《家禽饲料突发事件补偿法(1998)》和《联邦食品、药品和化妆品法》,又包括大量针对性极强的由美国农业部和FDA制定的饲料质量安全监管法规,同时,也包括各州政府制定的适用于本地区的商品饲料法和饲料法等。

2. 欧美各国饲料法规建设发展迅速

现行欧盟的饲料法规体系共保存了疯牛病发生前制定的35项法规(1970—1988年),而仅在2003—2004年为加强对饲料添加剂的管理,欧盟就分别制定了29项和34项饲料法规;另外,欧盟的11项与转基因饲料相关的法规条款都是2001年以后制定的。总的来说,疯牛病事件后,欧盟全面修订了其饲料法规体系。

近年来,美国政府在饲料法律体系建设方面,重点加强了饲料安全方面、企业注册法规的修订完善,并颁布和实施了一系列法律法规,如2001年公布实施《动物健康保护法》,2003年公布实施《食品、饲料企业注册法规》和《进口食品、饲料提前通报法规》。

3. 饲料法规核心由监控产品生产性能向监控饲料安全特性转移

近年来,欧盟在规范饲料安全立法原则、程序和实施范围的同时,不断加强饲料安全监管法规的建设,特别加强了饲料卫生方面的立法工作。2006年欧盟将实施新的饲料卫生法规等一系列新法规,加大对违规行为的惩罚力度,强化企业经营者对饲料安全的责任,并着手建立饲料经营者对与其经营业务有关的安全风险支出进行财务担保机制。

药物和添加剂是提高饲料和畜禽生产性能的重要途径,美国FDA每年在饲料新药和添加剂的审批、法规修订方面进行大量的工作。但近年来,伴随着人们越来越关注兽药或添加剂在动物体内的聚集和残留造成对消费者健康和环境保护的威胁,美国FDA每年在《联邦注册》公布的饲料新药和添加剂相关法规和审批公告呈明显下降趋势,这从侧面表明美国政府更加审慎新型兽药和添加剂在饲料工业中的使用,更加重视饲料安全问题。

4. 全方位、多角度全程监控饲料质量安全是修订完善饲料法规的出发点和目标

欧盟非常重视对饲料工业从原料生产到动物饲养的全程质量安全监管,并遵循此目标,逐步构建了全方位、多角度的立体饲料安全保证法规体系。现行欧盟饲料相关法规条款涉及农业、工业政策、环境和消费者健康保护等多个社会领域,其中48%的饲料法规涉及农业领域、11%涉及环境和消费者健康保护领域、8.7%涉及工业政策和国内市场管理领域等,另外,饲料法规也部分涉及能源、运输、区域性政策和外务关系领域。

2002年实施的欧盟《食品安全白皮书》规定,饲料生产、加工、流通的各个阶段必须确立可追踪系统,确保能够从生产到销售的各个环节追踪检查饲料产品,监测其对人类健康和环境可能造成的影响;同时,1983年加拿大颁布的《饲料规则》主要侧重于饲料成品质量的监控,基本未涉及饲料加工过程的监管,但2000年2月,加拿大食品检验署增补颁布了《药物性饲料生产管理暂行条例》等主要针对生产过程监控的饲料法规,对《饲料规则》逐步进行完善。

5. 欧美等国饲料法规都与国际法规保持高度一致

欧盟在制定饲料法规时,不仅立足欧盟实际情况,确保成员国根本利益;同时与世界动物卫生组织、世界卫生组织和世界粮农组织合作,尽可能遵循相关规定和要求,甚至直接引用部分法规。

美国政府通过定期组织饲料管理人员与国际兽医局和国际食品法典委员会等国际组织

进行交流，了解前沿知识，使本国制定的饲料法规适应国际市场要求。而加拿大在制定饲料产品质量安全监测法规时，亦积极与国际食品法典委员会、国际兽医局的标准和法规接轨。

任务 8-2　饲料安全法规体系与饲料安全监管体系建设

▶ 一、饲料安全法规体系建设

饲料质量的安全与否，不仅关系到饲养动物的健康生长，更重要的是直接影响到动物产品质量和人类的身体健康。在确保动物产品质量安全的生产过程中，饲料质量安全至关重要，而动物产品主要是通过畜禽和水产养殖而获得的，所以从某种程度上讲，饲料质量的安全也就是动物产品的质量安全。

我国饲料法规体系建设的思路：

（1）加快饲料法规建设步伐，健全饲料标准和检测体系。虽然国务院颁布了《饲料和饲料添加剂管理条例》，农业部也颁布了生产许可证管理办法、产品批准文号管理办法、进口产品登记制度、饲料标签管理制度、新品种管理制度和允许使用的饲料添加剂品种目录等管理制度，为饲料安全奠定了一定基础，但是一些配套法规的出台（如《饲料和饲料添加剂管理条例》的实施细则）、饲料标准体系、饲料检测体系的建设仍很滞后。因此，我们应顺应新形势下饲料工业的发展，坚持饲料法规体系建设应与时俱进的客观要求，尽快组织有关专家制定和颁布《饲料和饲料添加剂管理条例》实施细则及其配套法规，修订和完善饲料安全卫生强制性标准及其检测方法，修改完善《饲料添加剂安全使用规范》，严格实行市场准入制度，对饲料严格检测，杜绝不安全饲料和饲料添加剂进入市场，加大对饲料违法行为的打击力度。

（2）明确饲料主管部门的职责范围。全方位、多角度全程监控饲料的安全生产和使用。由于饲料产业涉及农业、工业、环境、能源、交通等多领域，饲料法规体系建设应遵循科学发展观，在考虑其他领域对饲料质量安全影响的同时充分考虑饲料工业对其他产业的影响，适当和其他领域管理法规相结合，多角度监控饲料的安全生产和使用。

只要分析发达国家饲料安全法规体系就不难发现：其对所涉及的各项内容规定科学、严格、细致，有可操作性，对管理机构的职责、权利规定得十分清楚。因此，我们认为，应整合相关管理部门的职能，明确由饲料主管部门肩负饲料安全责任，统一行使饲料安全监管和执法权，而产品质量技术监督管理部门应在宏观政策、规划、协调方面多做工作，以便各负其责，搞好协调配合，确保饲料产品质量安全。

（3）严格执法，使法规确立的各项制度、措施真正落到实处。严格执法，加大行业管理监督力度。加强执法队伍建设和培训，依法进行饲料质量安全监督管理，不断加大饲料质量安全全程监督抽查力度，扩大检测覆盖面；同时，引导和监督饲料企业加强自身质量安全管理，不断提高饲料质量安全。

法律的生命在于法律的实施，再好的法律得不到有效的贯彻实施也是一纸空文。因此，各级饲料管理部门及其执法人员一定要严格执法，建立健全行政执法责任制，真正做到有法必依、执法必严、违法必究。首先要加强执法队伍建设，努力建设一支政治素质强、法律水平高、业务技能精的专业执法队伍,从组织上保证执法工作的顺利进行;其次要从最大多数人的根本利益出发,切实保护公民、法人和其他组织的合法权益;三要严格依照法律规定的职责权限和程序办事,真正做到严格执法、廉洁执法、文明执法,对违法行为要依法严肃查处;四是加强执法监督,确保法规的贯彻实施。各级政府要加强对其所属的有关行政管理部门贯彻实施法规的情况进行监督检查,建立健全有效的监督制度,及时纠正行政机关工作人员违法的或者不当的行为,同时,各级饲料管理部门还要自觉接受来自其他各方面的监督,特别是人民群众的监督,切实保障法规的贯彻实施。当然,贯彻实施饲料法规不仅仅是饲料管理部门的事,而是全社会共同的事业,各级政府法制工作机构作为本级政府在法制方面的参谋和助手,应积极主动地配合饲料管理部门,要把宣传、贯彻、实施饲料法规作为政府法制工作的主要内容,切实抓紧抓好。

(4)加强管理机制、技术基础理论研究和能力建设,提高立法水平,与国际法规保持一致。根据饲料工业发展要求和特点,针对性地开展饲料安全质量评价基础理论研究,提高饲料安全评价和分析技术的自主创新能力,推动我国饲料安全水平的提高。

二、饲料安全监管体系建设

(一)目前我国饲料监管中存在的问题

1.饲料安全问题依然严峻

近年来,农业部出台了一系列相关的法规,明令禁止多种激素和抗生素的使用。一些不法厂商为追求高额利润,无视法规,添加和使用违禁的原料和药品。

相关监督管理部门之间没有形成合力,各部门强调权利,推卸责任现象屡有发生,甚至各自为政。近年来,进口的动物性饲料产品大部分以白包装或全英文、无中文标签的包装非法进入中国,这是由于海关的进货信息不能与饲料监管部门共享。同时,也因检测的手段和能力有限,部分疫区的动物性产品和有害物质残留严重超标的产品流入中国,构成潜在的安全威胁。

2.监管体制不健全,执法效率低,监管力量薄弱

大部分省、市饲料行业的管理部门是饲料工作办公室,承担许可证审核、产品批准文号批复、监督执法、下达产品抽检任务等,在管理上缺乏自身监督,难以做到公平、公正、公开,无法营造饲料的法制环境;行政审批、检测、监督执法部门职能不明确,分工不合理,没有形成有效的监管体系,监管的程序不合法。目前未明确的问题有:①饲料执法主体。②饲料管理部门定位。③官方采样监督抽检的合法性。④行政审批和检测工作人员的职能。⑤检测机构在饲料监管中的定位。此外,还存在饲料管理部门条块分割不合理,多头执法,质量抽检难以统一,执法效率低等。由于这些问题尚未理清,导致少数执法人员无执法证,饲料执法队伍往往临时拼凑,执法过程中不示证执法、执法人员不告知检查目的等,使得饲料监管工作得不到公众的理解和支持。⑥地方保护主义严重。个别省、市地方保护主义势头不减,《饲料和饲料添加剂管理条例》没有规定配合饲料实施许可证制度,却依然发放各种许可证和登记备案证,外地产品若没有则不得进入该地区市场。个别地、县有关职能部门为了自己利益,还实行外地饲料进入本地区的质量监督合同、质量登记等众多收费项目。上述问题和隐患严重阻碍中国饲料工业的可持续发展。

(二)对做好我国饲料质量安全监管工作的建议

1.加快我国饲料法律法规体系建设

(1)扩大饲料法律法规覆盖面。我国现行的饲料法规主要针对饲料生产环节,而对饲料原料供应、运输、流通、使用等环节涵盖不够,应尽快加以补充完善,形成全面覆盖饲料生产经营各个环节的法律法规体系。

(2)完善饲料法律法规实施细则。由于我国饲料立法时间较短,一些法律法规条款在实施中缺少对应细则,影响了法律效力。因此,应在现行饲料法律法规的基础上,针对不同监管环节制订实施细则或规范性文件,以便管理部门监督执法和企业自查自纠。

(3)加强饲料法规与食品安全等其他法规间的衔接。饲料是食品链生产的一个重要环节,我国对食品安全采用分段管理方式,这就要求饲料法律法规体系建设必须与我国食品安全等其他法律法规衔接一致。

(4)及时对饲料法律法规进行修订。当前,饲料和食品安全问题已经成为世界性难题,且新问题仍不断出现,而我国饲料工业正处于高速发展阶段,法律法规中的部分条款在日新月异的变化中难免会与行业发展不相适应。即使美国这样饲料工业高度发达的国家,近年来也在不断补充和修订相关法律法规和相关规定。对我国而言,要根据饲料行业发展和变化,及时对法规及其实施细则进行不断的修订和完善,满足饲料安全监管工作需要,促进饲料工业快速健康发展。

2.进一步加强饲料行业监督管理

美国 FDA 和各州农业部门对饲料行业许可准入、日常监管都非常严格,还特别重视监管人员执法能力建设,监督执法水平较高。我国饲料工业正处于转型提高期,饲料行业管理面临的问题远比美国复杂,为保障饲料质量安全,推动行业健康发展,必须要进一步加强饲料企业监管、严格监督执法。

(1)进一步提高准入门槛,提升饲料行业整体素质。我国饲料工业的快速发展成就了一批具有世界影响力的大企业,但仍然存在大量的小工厂、小作坊,必须按照大企业做大做强、小企业做精做细的要求,提高企业准入门槛提升整个行业的素质水平。

(2)进一步加强日常监管,提高饲料质量安全水平。我国饲料生产、经营、使用单位数量多、分布散,饲料质量安全情况非常复杂。美国等发达国家饲料安全主要面对的是天然因素和污染问题,而我国还面临着违法添加等人为因素,饲料质量安全风险和危害程度都很高。因此,必须强化对饲料行业的日常监管,加大现场检查的频率和执法力度,一方面指导帮助企业遵守法规、安全生产,另一方面对不法行为起到足够的惩戒和震慑作用。

(3)进一步加强监管人员培训考核,提高监督执法水平。基层监管人员自身素质是决定行业管理和监督执法水平的关键因素。美国对现场检查人员采取的培训考核、持证上岗的方式非常值得我们借鉴,可以通过专业培训、持证上岗、定期考核、规范程序等方式,提高我国基层饲料监管人员的综合素质和形象,全面提高饲料监督执法水平。

3.着力提高行业自律水平

由于从业人员素质参差不齐,企业主体责任落实不够,加上市场竞争激烈等原因,我国饲料行业多年来没有形成良好的自我约束机制,自律能力较差。诚信建设是一项社会化的系统工程,我国在这方面与发达国家存在很大差距,可以借鉴美国等发达国家经验,进行饲料行业诚信建设。

（1）完善相关法律法规，强化饲料生产经营企业是质量安全第一责任人的意识，督促企业全面落实安全责任制度，健全诚信道德体系，确保生产经营者的饲料质量安全符合标准和规范。

（2）充分发挥行业协会作用，引导企业守法经营，切实提高企业诚信水平和从业人员素质。全面加强行业诚信道德体系建设，大力开展诚信自律教育和饲料质量安全知识培训，增强企业的诚信守法经营意识和质量安全管理能力。

（3）加大惩处违规和曝光力度，持续保持严厉打击饲料质量安全违法违规行为的高压态势，做好行政惩处与司法惩处的衔接，采取多种措施提高违法行为的成本，消除违法企业的可乘之机和侥幸心理。

（4）建立良好的社会舆论氛围，加强外部监督。采取各种形式向社会广泛宣传饲料质量安全知识，使每一个饲料行业从业者和养殖户了解饲料质量安全法律法规，提高安全生产、科学使用意识，以及识假辨假、防范风险能力。同时，建立顺畅便捷的饲料质量安全问题反映与处理渠道，使每位从业者和使用者同时也是一名监督者，从维护生产、经营、销售秩序上，杜绝假冒伪劣不安全饲料充斥市场的可能性。

 职业能力和职业资格测试 ◀◀

1. 饲料企业安全生产的法律法规规定有哪些？
2. 饲料企业安全生产的相关标准有哪些？
3. 饲料添加剂和添加剂预混合料生产许可证审核程序有哪些流程？

chapter

附录

附录一 饲料和饲料添加剂管理条例(2011 年修订)

第一章 总则

第一条 为了加强对饲料、饲料添加剂的管理,提高饲料、饲料添加剂的质量,保障动物产品质量安全,维护公众健康,制定本条例。

第二条 本条例所称饲料,是指经工业化加工、制作的供动物食用的产品,包括单一饲料、添加剂预混合饲料、浓缩饲料、配合饲料和精料补充料。

本条例所称饲料添加剂,是指在饲料加工、制作、使用过程中添加的少量或者微量物质,包括营养性饲料添加剂和一般饲料添加剂。

饲料原料目录和饲料添加剂品种目录由国务院农业行政主管部门制定并公布。

第三条 国务院农业行政主管部门负责全国饲料、饲料添加剂的监督管理工作。

县级以上地方人民政府负责饲料、饲料添加剂管理的部门(以下简称饲料管理部门),负责本行政区域饲料、饲料添加剂的监督管理工作。

第四条 县级以上地方人民政府统一领导本行政区域饲料、饲料添加剂的监督管理工作,建立健全监督管理机制,保障监督管理工作的开展。

第五条 饲料、饲料添加剂生产企业、经营者应当建立健全质量安全制度,对其生产、经营的饲料、饲料添加剂的质量安全负责。

第六条 任何组织或者个人有权举报在饲料、饲料添加剂生产、经营、使用过程中违反本条例的行为,有权对饲料、饲料添加剂监督管理工作提出意见和建议。

第二章 审定和登记

第七条 国家鼓励研制新饲料、新饲料添加剂。

研制新饲料、新饲料添加剂,应当遵循科学、安全、有效、环保的原则,保证新饲料、新饲料添加剂的质量安全。

第八条 研制的新饲料、新饲料添加剂投入生产前,研制者或者生产企业应当向国务院农业行政主管部门提出审定申请,并提供该新饲料、新饲料添加剂的样品和下列资料:

(一)名称、主要成分、理化性质、研制方法、生产工艺、质量标准、检测方法、检验报告、稳定性试验报告、环境影响报告和污染防治措施;

(二)国务院农业行政主管部门指定的试验机构出具的该新饲料、新饲料添加剂的饲喂效果、残留消解动态以及毒理学安全性评价报告。

申请新饲料添加剂审定的,还应当说明该新饲料添加剂的添加目的、使用方法,并提供该饲料添加剂残留可能对人体健康造成影响的分析评价报告。

第九条 国务院农业行政主管部门应当自受理申请之日起 5 个工作日内,将新饲料、新饲料添加剂的样品和申请资料交全国饲料评审委员会,对该新饲料、新饲料添加剂的安全性、有效性及其对环境的影响进行评审。

全国饲料评审委员会由养殖、饲料加工、动物营养、毒理、药理、代谢、卫生、化工合成、生物技术、质量标准、环境保护、食品安全风险评估等方面的专家组成。全国饲料评审委员会对新饲料、新饲料添加剂的评审采取评审会议的形式,评审会议应当有9名以上全国饲料评审委员会专家参加,根据需要也可以邀请1至2名全国饲料评审委员会专家以外的专家参加,参加评审的专家对评审事项具有表决权。评审会议应当形成评审意见和会议纪要,并由参加评审的专家审核签字;有不同意见的,应当注明。参加评审的专家应当依法公平、公正履行职责,对评审资料保密,存在回避事由的,应当主动回避。

全国饲料评审委员会应当自收到新饲料、新饲料添加剂的样品和申请资料之日起9个月内出具评审结果并提交国务院农业行政主管部门;但是,全国饲料评审委员会决定由申请人进行相关试验的,经国务院农业行政主管部门同意,评审时间可以延长3个月。

国务院农业行政主管部门应当自收到评审结果之日起10个工作日内做出是否核发新饲料、新饲料添加剂证书的决定;决定不予核发的,应当书面通知申请人并说明理由。

第十条 国务院农业行政主管部门核发新饲料、新饲料添加剂证书,应当同时按照职责权限公布该新饲料、新饲料添加剂的产品质量标准。

第十一条 新饲料、新饲料添加剂的监测期为5年。新饲料、新饲料添加剂处于监测期的,不受理其他就该新饲料、新饲料添加剂的生产申请和进口登记申请,但超过3年不投入生产的除外。

生产企业应当收集处于监测期的新饲料、新饲料添加剂的质量稳定性及其对动物产品质量安全的影响等信息,并向国务院农业行政主管部门报告;国务院农业行政主管部门应当对新饲料、新饲料添加剂的质量安全状况组织跟踪监测,证实其存在安全问题的,应当撤销新饲料、新饲料添加剂证书并予以公告。

第十二条 向中国出口中国境内尚未使用但出口国已经批准生产和使用的饲料、饲料添加剂的,应当委托中国境内代理机构向国务院农业行政主管部门申请登记,并提供该饲料、饲料添加剂的样品和下列资料:

(一)商标、标签和推广应用情况;

(二)生产地批准生产、使用的证明和生产地以外其他国家、地区的登记资料;

(三)主要成分、理化性质、研制方法、生产工艺、质量标准、检测方法、检验报告、稳定性试验报告、环境影响报告和污染防治措施;

(四)国务院农业行政主管部门指定的试验机构出具的该饲料、饲料添加剂的饲喂效果、残留消解动态以及毒理学安全性评价报告。

申请饲料添加剂进口登记的,还应当说明该饲料添加剂的添加目的、使用方法,并提供该饲料添加剂残留可能对人体健康造成影响的分析评价报告。

国务院农业行政主管部门应当依照本条例第九条规定的新饲料、新饲料添加剂的评审程序组织评审,并决定是否核发饲料、饲料添加剂进口登记证。

首次向中国出口中国境内已经使用且出口国已经批准生产和使用的饲料、饲料添加剂的,应当依照本条第一款、第二款的规定申请登记。国务院农业行政主管部门应当自受理申请之日起10个工作日内对申请资料进行审查;审查合格的,将样品交由指定的机构进行复核检测;复核检测合格的,国务院农业行政主管部门应当在10个工作日内核发饲料、饲料添加剂进口登记证。

饲料、饲料添加剂进口登记证有效期为5年。进口登记证有效期满需要继续向中国出口饲料、饲料添加剂的,应当在有效期届满 6 个月前申请续展。

禁止进口未取得饲料、饲料添加剂进口登记证的饲料、饲料添加剂。

第十三条 国家对已经取得新饲料、新饲料添加剂证书或者饲料、饲料添加剂进口登记证的、含有新化合物的饲料、饲料添加剂的申请人提交的其自己所取得且未披露的试验数据和其他数据实施保护。

自核发证书之日起 6 年内,对其他申请人未经已取得新饲料、新饲料添加剂证书或者饲料、饲料添加剂进口登记证的申请人同意,使用前款规定的数据申请新饲料、新饲料添加剂审定或者饲料、饲料添加剂进口登记的,国务院农业行政主管部门不予审定或者登记;但是,其他申请人提交其自己所取得的数据的除外。

除下列情形外,国务院农业行政主管部门不得披露本条第一款规定的数据:

(一)公共利益需要;

(二)已采取措施确保该类信息不会被不正当地进行商业使用。

第三章 生产、经营和使用

第十四条 设立饲料、饲料添加剂生产企业,应当符合饲料工业发展规划和产业政策,并具备下列条件:

(一)有与生产饲料、饲料添加剂相适应的厂房、设备和仓储设施;

(二)有与生产饲料、饲料添加剂相适应的专职技术人员;

(三)有必要的产品质量检验机构、人员、设施和质量管理制度;

(四)有符合国家规定的安全、卫生要求的生产环境;

(五)有符合国家环境保护要求的污染防治措施;

(六)国务院农业行政主管部门制定的饲料、饲料添加剂质量安全管理规范规定的其他条件。

第十五条 申请设立饲料添加剂、添加剂预混合饲料生产企业,申请人应当向省、自治区、直辖市人民政府饲料管理部门提出申请。省、自治区、直辖市人民政府饲料管理部门应当自受理申请之日起 20 个工作日内进行书面审查和现场审核,并将相关资料和审查、审核意见上报国务院农业行政主管部门。国务院农业行政主管部门收到资料和审查、审核意见后应当组织评审,根据评审结果在 10 个工作日内做出是否核发生产许可证的决定,并将决定抄送省、自治区、直辖市人民政府饲料管理部门。

申请设立其他饲料生产企业,申请人应当向省、自治区、直辖市人民政府饲料管理部门提出申请。省、自治区、直辖市人民政府饲料管理部门应当自受理申请之日起 10 个工作日内进行书面审查;审查合格的,组织进行现场审核,并根据审核结果在 10 个工作日内做出是否核发生产许可证的决定。

申请人凭生产许可证办理工商登记手续。

生产许可证有效期为 5 年。生产许可证有效期满需要继续生产饲料、饲料添加剂的,应当在有效期届满 6 个月前申请续展。

第十六条 饲料添加剂、添加剂预混合饲料生产企业取得国务院农业行政主管部门核发的生产许可证后,由省、自治区、直辖市人民政府饲料管理部门按照国务院农业行政主管部门的规定,核发相应的产品批准文号。

第十七条　饲料、饲料添加剂生产企业应当按照国务院农业行政主管部门的规定和有关标准,对采购的饲料原料、单一饲料、饲料添加剂、药物饲料添加剂、添加剂预混合饲料和用于饲料添加剂生产的原料进行查验或者检验。

饲料生产企业使用限制使用的饲料原料、单一饲料、饲料添加剂、药物饲料添加剂、添加剂预混合饲料生产饲料的,应当遵守国务院农业行政主管部门的限制性规定。禁止使用国务院农业行政主管部门公布的饲料原料目录、饲料添加剂品种目录和药物饲料添加剂品种目录以外的任何物质生产饲料。

饲料、饲料添加剂生产企业应当如实记录采购的饲料原料、单一饲料、饲料添加剂、药物饲料添加剂、添加剂预混合饲料和用于饲料添加剂生产的原料的名称、产地、数量、保质期、许可证明文件编号、质量检验信息、生产企业名称或者供货者名称及其联系方式、进货日期等。记录保存期限不得少于 2 年。

第十八条　饲料、饲料添加剂生产企业,应当按照产品质量标准以及国务院农业行政主管部门制定的饲料、饲料添加剂质量安全管理规范和饲料添加剂安全使用规范组织生产,对生产过程实施有效控制并实行生产记录和产品留样观察制度。

第十九条　饲料、饲料添加剂生产企业应当对生产的饲料、饲料添加剂进行产品质量检验;检验合格的,应当附具产品质量检验合格证。未经产品质量检验、检验不合格或者未附具产品质量检验合格证的,不得出厂销售。

饲料、饲料添加剂生产企业应当如实记录出厂销售的饲料、饲料添加剂的名称、数量、生产日期、生产批次、质量检验信息、购货者名称及其联系方式、销售日期等。记录保存期限不得少于 2 年。

第二十条　出厂销售的饲料、饲料添加剂应当包装,包装应当符合国家有关安全、卫生的规定。

饲料生产企业直接销售给养殖者的饲料可以使用罐装车运输。罐装车应当符合国家有关安全、卫生的规定,并随罐装车附具符合本条例第二十一条规定的标签。

易燃或者其他特殊的饲料、饲料添加剂的包装应当有警示标志或者说明,并注明储运注意事项。

第二十一条　饲料、饲料添加剂的包装上应当附具标签。标签应当以中文或者适用符号标明产品名称、原料组成、产品成分分析保证值、净重或者净含量、贮存条件、使用说明、注意事项、生产日期、保质期、生产企业名称以及地址、许可证明文件编号和产品质量标准等。加入药物饲料添加剂的,还应当标明"加入药物饲料添加剂"字样,并标明其通用名称、含量和休药期。乳和乳制品以外的动物源性饲料,还应当标明"本产品不得饲喂反刍动物"字样。

第二十二条　饲料、饲料添加剂经营者应当符合下列条件:

(一)有与经营饲料、饲料添加剂相适应的经营场所和仓储设施;

(二)有具备饲料、饲料添加剂使用、贮存等知识的技术人员;

(三)有必要的产品质量管理和安全管理制度。

第二十三条　饲料、饲料添加剂经营者进货时应当查验产品标签、产品质量检验合格证和相应的许可证明文件。

饲料、饲料添加剂经营者不得对饲料、饲料添加剂进行拆包、分装,不得对饲料、饲料添加剂进行再加工或者添加任何物质。

禁止经营用国务院农业行政主管部门公布的饲料原料目录、饲料添加剂品种目录和药物饲料添加剂品种目录以外的任何物质生产的饲料。

饲料、饲料添加剂经营者应当建立产品购销台账,如实记录购销产品的名称、许可证明文件编号、规格、数量、保质期、生产企业名称或者供货者名称及其联系方式、购销时间等。购销台账保存期限不得少于 2 年。

第二十四条　向中国出口的饲料、饲料添加剂应当包装,包装应当符合中国有关安全、卫生的规定,并附具符合本条例第二十一条规定的标签。

向中国出口的饲料、饲料添加剂应当符合中国有关检验检疫的要求,由出入境检验检疫机构依法实施检验检疫,并对其包装和标签进行核查。包装和标签不符合要求的,不得入境。

境外企业不得直接在中国销售饲料、饲料添加剂。境外企业在中国销售饲料、饲料添加剂的,应当依法在中国境内设立销售机构或者委托符合条件的中国境内代理机构销售。

第二十五条　养殖者应当按照产品使用说明和注意事项使用饲料。在饲料或者动物饮用水中添加饲料添加剂的,应当符合饲料添加剂使用说明和注意事项的要求,遵守国务院农业行政主管部门制定的饲料添加剂安全使用规范。

养殖者使用自行配制的饲料的,应当遵守国务院农业行政主管部门制定的自行配制饲料使用规范,并不得对外提供自行配制的饲料。

使用限制使用的物质养殖动物的,应当遵守国务院农业行政主管部门的限制性规定。禁止在饲料、动物饮用水中添加国务院农业行政主管部门公布禁用的物质以及对人体具有直接或者潜在危害的其他物质,或者直接使用上述物质养殖动物。禁止在反刍动物饲料中添加乳和乳制品以外的动物源性成分。

第二十六条　国务院农业行政主管部门和县级以上地方人民政府饲料管理部门应当加强饲料、饲料添加剂质量安全知识的宣传,提高养殖者的质量安全意识,指导养殖者安全、合理使用饲料、饲料添加剂。

第二十七条　饲料、饲料添加剂在使用过程中被证实对养殖动物、人体健康或者环境有害的,由国务院农业行政主管部门决定禁用并予以公布。

第二十八条　饲料、饲料添加剂生产企业发现其生产的饲料、饲料添加剂对养殖动物、人体健康有害或者存在其他安全隐患的,应当立即停止生产,通知经营者、使用者,向饲料管理部门报告,主动召回产品,并记录召回和通知情况。召回的产品应当在饲料管理部门监督下予以无害化处理或者销毁。

饲料、饲料添加剂经营者发现其销售的饲料、饲料添加剂具有前款规定情形的,应当立即停止销售,通知生产企业、供货者和使用者,向饲料管理部门报告,并记录通知情况。

养殖者发现其使用的饲料、饲料添加剂具有本条第一款规定情形的,应当立即停止使用,通知供货者,并向饲料管理部门报告。

第二十九条　禁止生产、经营、使用未取得新饲料、新饲料添加剂证书的新饲料、新饲料添加剂以及禁用的饲料、饲料添加剂。

禁止经营、使用无产品标签、无生产许可证、无产品质量标准、无产品质量检验合格证的饲料、饲料添加剂。禁止经营、使用无产品批准文号的饲料添加剂、添加剂预混合饲料。禁止经营、使用未取得饲料、饲料添加剂进口登记证的进口饲料、进口饲料添加剂。

第三十条　禁止对饲料、饲料添加剂作具有预防或者治疗动物疾病作用的说明或者宣传。但是，饲料中添加药物饲料添加剂的，可以对所添加的药物饲料添加剂的作用加以说明。

第三十一条　国务院农业行政主管部门和省、自治区、直辖市人民政府饲料管理部门应当按照职责权限对全国或者本行政区域饲料、饲料添加剂的质量安全状况进行监测，并根据监测情况发布饲料、饲料添加剂质量安全预警信息。

第三十二条　国务院农业行政主管部门和县级以上地方人民政府饲料管理部门，应当根据需要定期或者不定期组织实施饲料、饲料添加剂监督抽查；饲料、饲料添加剂监督抽查检测工作由国务院农业行政主管部门或者省、自治区、直辖市人民政府饲料管理部门指定的具有相应技术条件的机构承担。饲料、饲料添加剂监督抽查不得收费。

国务院农业行政主管部门和省、自治区、直辖市人民政府饲料管理部门应当按照职责权限公布监督抽查结果，并可以公布具有不良记录的饲料、饲料添加剂生产企业、经营者名单。

第三十三条　县级以上地方人民政府饲料管理部门应当建立饲料、饲料添加剂监督管理档案，记录日常监督检查、违法行为查处等情况。

第三十四条　国务院农业行政主管部门和县级以上地方人民政府饲料管理部门在监督检查中可以采取下列措施：

（一）对饲料、饲料添加剂生产、经营、使用场所实施现场检查；

（二）查阅、复制有关合同、票据、账簿和其他相关资料；

（三）查封、扣押有证据证明用于违法生产饲料的饲料原料、单一饲料、饲料添加剂、药物饲料添加剂、添加剂预混合饲料，用于违法生产饲料添加剂的原料，用于违法生产饲料、饲料添加剂的工具、设施，违法生产、经营、使用的饲料、饲料添加剂；

（四）查封违法生产、经营饲料、饲料添加剂的场所。

第四章　法律责任

第三十五条　国务院农业行政主管部门、县级以上地方人民政府饲料管理部门或者其他依照本条例规定行使监督管理权的部门及其工作人员，不履行本条例规定的职责或者滥用职权、玩忽职守、徇私舞弊的，对直接负责的主管人员和其他直接责任人员，依法给予处分；直接负责的主管人员和其他直接责任人员构成犯罪的，依法追究刑事责任。

第三十六条　提供虚假的资料、样品或者采取其他欺骗方式取得许可证明文件的，由发证机关撤销相关许可证明文件，处 5 万元以上 10 万元以下罚款，申请人 3 年内不得就同一事项申请行政许可。以欺骗方式取得许可证明文件给他人造成损失的，依法承担赔偿责任。

第三十七条　假冒、伪造或者买卖许可证明文件的，由国务院农业行政主管部门或者县级以上地方人民政府饲料管理部门按照职责权限收缴或者吊销、撤销相关许可证明文件；构成犯罪的，依法追究刑事责任。

第三十八条　未取得生产许可证生产饲料、饲料添加剂的，由县级以上地方人民政府饲料管理部门责令停止生产，没收违法所得、违法生产的产品和用于违法生产饲料的饲料原料、单一饲料、饲料添加剂、药物饲料添加剂、添加剂预混合饲料以及用于违法生产饲料添加剂的原料,违法生产的产品货值金额不足 1 万元的,并处 1 万元以上 5 万元以下罚款,货值金额 1 万元以上的,并处货值金额 5 倍以上 10 倍以下罚款;情节严重的,没收其生产设备,生产企业的主要负责人和直接负责的主管人员 10 年内不得从事饲料、饲料添加剂生产、经营活动。

已经取得生产许可证,但不再具备本条例第十四条规定的条件而继续生产饲料、饲料添加剂的,由县级以上地方人民政府饲料管理部门责令停止生产、限期改正,并处 1 万元以上 5 万元以下罚款;逾期不改正的,由发证机关吊销生产许可证。

已经取得生产许可证,但未取得产品批准文号而生产饲料添加剂、添加剂预混合饲料的,由县级以上地方人民政府饲料管理部门责令停止生产,没收违法所得、违法生产的产品和用于违法生产饲料的饲料原料、单一饲料、饲料添加剂、药物饲料添加剂以及用于违法生产饲料添加剂的原料,限期补办产品批准文号,并处违法生产的产品货值金额 1 倍以上 3 倍以下罚款;情节严重的,由发证机关吊销生产许可证。

第三十九条　饲料、饲料添加剂生产企业有下列行为之一的,由县级以上地方人民政府饲料管理部门责令改正,没收违法所得、违法生产的产品和用于违法生产饲料的饲料原料、单一饲料、饲料添加剂、药物饲料添加剂、添加剂预混合饲料以及用于违法生产饲料添加剂的原料,违法生产的产品货值金额不足 1 万元的,并处 1 万元以上 5 万元以下罚款,货值金额 1 万元以上的,并处货值金额 5 倍以上 10 倍以下罚款;情节严重的,由发证机关吊销、撤销相关许可证明文件,生产企业的主要负责人和直接负责的主管人员 10 年内不得从事饲料、饲料添加剂生产、经营活动;构成犯罪的,依法追究刑事责任:

(一)使用限制使用的饲料原料、单一饲料、饲料添加剂、药物饲料添加剂、添加剂预混合饲料生产饲料,不遵守国务院农业行政主管部门的限制性规定的;

(二)使用国务院农业行政主管部门公布的饲料原料目录、饲料添加剂品种目录和药物饲料添加剂品种目录以外的物质生产饲料的;

(三)生产未取得新饲料、新饲料添加剂证书的新饲料、新饲料添加剂或者禁用的饲料、饲料添加剂的。

第四十条　饲料、饲料添加剂生产企业有下列行为之一的,由县级以上地方人民政府饲料管理部门责令改正,处 1 万元以上 2 万元以下罚款;拒不改正的,没收违法所得、违法生产的产品和用于违法生产饲料的饲料原料、单一饲料、饲料添加剂、药物饲料添加剂、添加剂预混合饲料以及用于违法生产饲料添加剂的原料,并处 5 万元以上 10 万元以下罚款;情节严重的,责令停止生产,可以由发证机关吊销、撤销相关许可证明文件:

(一)不按照国务院农业行政主管部门的规定和有关标准对采购的饲料原料、单一饲料、饲料添加剂、药物饲料添加剂、添加剂预混合饲料和用于饲料添加剂生产的原料进行查验或者检验的;

(二)饲料、饲料添加剂生产过程中不遵守国务院农业行政主管部门制定的饲料、饲料添加剂质量安全管理规范和饲料添加剂安全使用规范的;

(三)生产的饲料、饲料添加剂未经产品质量检验的。

第四十一条　饲料、饲料添加剂生产企业不依照本条例规定实行采购、生产、销售记录制度或者产品留样观察制度的,由县级以上地方人民政府饲料管理部门责令改正,处 1 万元以上 2 万元以下罚款;拒不改正的,没收违法所得、违法生产的产品和用于违法生产饲料的饲料原料、单一饲料、饲料添加剂、药物饲料添加剂、添加剂预混合饲料以及用于违法生产饲料添加剂的原料,处2万元以上5万元以下罚款,并可以由发证机关吊销、撤销相关许可证明文件。

饲料、饲料添加剂生产企业销售的饲料、饲料添加剂未附具产品质量检验合格证或者包装、标签不符合规定的,由县级以上地方人民政府饲料管理部门责令改正;情节严重的,没收违法所得和违法销售的产品,可以处违法销售的产品货值金额30%以下罚款。

第四十二条　不符合本条例第二十二条规定的条件经营饲料、饲料添加剂的,由县级人民政府饲料管理部门责令限期改正;逾期不改正的,没收违法所得和违法经营的产品,违法经营的产品货值金额不足1万元的,并处2000元以上2万元以下罚款,货值金额1万元以上的,并处货值金额2倍以上5倍以下罚款;情节严重的,责令停止经营,并通知工商行政管理部门,由工商行政管理部门吊销营业执照。

第四十三条　饲料、饲料添加剂经营者有下列行为之一的,由县级人民政府饲料管理部门责令改正,没收违法所得和违法经营的产品,违法经营的产品货值金额不足1万元的,并处2000元以上2万元以下罚款,货值金额1万元以上的,并处货值金额2倍以上5倍以下罚款;情节严重的,责令停止经营,并通知工商行政管理部门,由工商行政管理部门吊销营业执照;构成犯罪的,依法追究刑事责任:

(一)对饲料、饲料添加剂进行再加工或者添加物质的;

(二)经营无产品标签、无生产许可证、无产品质量检验合格证的饲料、饲料添加剂的;

(三)经营无产品批准文号的饲料添加剂、添加剂预混合饲料的;

(四)经营用国务院农业行政主管部门公布的饲料原料目录、饲料添加剂品种目录和药物饲料添加剂品种目录以外的物质生产的饲料的;

(五)经营未取得新饲料、新饲料添加剂证书的新饲料、新饲料添加剂或者未取得饲料、饲料添加剂进口登记证的进口饲料、进口饲料添加剂以及禁用的饲料、饲料添加剂的。

第四十四条　饲料、饲料添加剂经营者有下列行为之一的,由县级人民政府饲料管理部门责令改正,没收违法所得和违法经营的产品,并处2000元以上1万元以下罚款:

(一)对饲料、饲料添加剂进行拆包、分装的;

(二)不依照本条例规定实行产品购销台账制度的;

(三)经营的饲料、饲料添加剂失效、霉变或者超过保质期的。

第四十五条　对本条例第二十八条规定的饲料、饲料添加剂,生产企业不主动召回的,由县级以上地方人民政府饲料管理部门责令召回,并监督生产企业对召回的产品予以无害化处理或者销毁;情节严重的,没收违法所得,并处应召回的产品货值金额1倍以上3倍以下罚款,可以由发证机关吊销、撤销相关许可证明文件;生产企业对召回的产品不予以无害化处理或者销毁的,由县级人民政府饲料管理部门代为销毁,所需费用由生产企业承担。

对本条例第二十八条规定的饲料、饲料添加剂,经营者不停止销售的,由县级以上地方人民政府饲料管理部门责令停止销售;拒不停止销售的,没收违法所得,处1000元以上5万元以下罚款;情节严重的,责令停止经营,并通知工商行政管理部门,由工商行政管理部门吊销营业执照。

第四十六条　饲料、饲料添加剂生产企业、经营者有下列行为之一的,由县级以上地方人民政府饲料管理部门责令停止生产、经营,没收违法所得和违法生产、经营的产品,违法生产、经营的产品货值金额不足1万元的,并处2 000元以上2万元以下罚款,货值金额1万元以上的,并处货值金额2倍以上5倍以下罚款;构成犯罪的,依法追究刑事责任:

(一)在生产、经营过程中,以非饲料、非饲料添加剂冒充饲料、饲料添加剂或者以此种饲料、饲料添加剂冒充他种饲料、饲料添加剂的;

(二)生产、经营无产品质量标准或者不符合产品质量标准的饲料、饲料添加剂的;

(三)生产、经营的饲料、饲料添加剂与标签标示的内容不一致的。

饲料、饲料添加剂生产企业有前款规定的行为,情节严重的,由发证机关吊销、撤销相关许可证明文件;饲料、饲料添加剂经营者有前款规定的行为,情节严重的,通知工商行政管理部门,由工商行政管理部门吊销营业执照。

第四十七条　养殖者有下列行为之一的,由县级人民政府饲料管理部门没收违法使用的产品和非法添加物质,对单位处1万元以上5万元以下罚款,对个人处5 000元以下罚款;构成犯罪的,依法追究刑事责任:

(一)使用未取得新饲料、新饲料添加剂证书的新饲料、新饲料添加剂或者未取得饲料、饲料添加剂进口登记证的进口饲料、进口饲料添加剂的;

(二)使用无产品标签、无生产许可证、无产品质量标准、无产品质量检验合格证的饲料、饲料添加剂的;

(三)使用无产品批准文号的饲料添加剂、添加剂预混合饲料的;

(四)在饲料或者动物饮用水中添加饲料添加剂,不遵守国务院农业行政主管部门制定的饲料添加剂安全使用规范的;

(五)使用自行配制的饲料,不遵守国务院农业行政主管部门制定的自行配制饲料使用规范的;

(六)使用限制使用的物质养殖动物,不遵守国务院农业行政主管部门的限制性规定的;

(七)在反刍动物饲料中添加乳和乳制品以外的动物源性成分的。

在饲料或者动物饮用水中添加国务院农业行政主管部门公布禁用的物质以及对人体具有直接或者潜在危害的其他物质,或者直接使用上述物质养殖动物的,由县级以上地方人民政府饲料管理部门责令其对饲喂了违禁物质的动物进行无害化处理,处3万元以上10万元以下罚款;构成犯罪的,依法追究刑事责任。

第四十八条　养殖者对外提供自行配制的饲料的,由县级人民政府饲料管理部门责令改正,处2 000元以上2万元以下罚款。

第五章　附　则

第四十九条　本条例下列用语的含义:

(一)饲料原料,是指来源于动物、植物、微生物或者矿物质,用于加工制作饲料但不属于饲料添加剂的饲用物质。

(二)单一饲料,是指来源于一种动物、植物、微生物或者矿物质,用于饲料产品生产的饲料。

(三)添加剂预混合饲料,是指由两种(类)或者两种(类)以上营养性饲料添加剂为主,与载体或者稀释剂按照一定比例配制的饲料,包括复合预混合饲料、微量元素预混合饲料、维生素预混合饲料。

(四)浓缩饲料,是指主要由蛋白质、矿物质和饲料添加剂按照一定比例配制的饲料。

（五）配合饲料，是指根据养殖动物营养需要，将多种饲料原料和饲料添加剂按照一定比例配制的饲料。

（六）精料补充料，是指为补充草食动物的营养，将多种饲料原料和饲料添加剂按照一定比例配制的饲料。

（七）营养性饲料添加剂，是指为补充饲料营养成分而掺入饲料中的少量或者微量物质，包括饲料级氨基酸、维生素、矿物质微量元素、酶制剂、非蛋白氮等。

（八）一般饲料添加剂，是指为保证或者改善饲料品质、提高饲料利用率而掺入饲料中的少量或者微量物质。

（九）药物饲料添加剂，是指为预防、治疗动物疾病而掺入载体或者稀释剂的兽药的预混合物质。

（十）许可证明文件，是指新饲料、新饲料添加剂证书，饲料、饲料添加剂进口登记证，饲料、饲料添加剂生产许可证，饲料添加剂、添加剂预混合饲料产品批准文号。

第五十条　药物饲料添加剂的管理，依照《兽药管理条例》的规定执行。

第五十一条　本条例自 2012 年 5 月 1 日起施行。

附录二　饲料添加剂和添加剂预混合饲料产品批准文号管理办法
（中华人民共和国农业部令 2012 年第 5 号）

第一条　为加强饲料添加剂和添加剂预混合饲料产品批准文号管理，根据《饲料和饲料添加剂管理条例》，制定本办法。

第二条　本办法所称饲料添加剂，是指在饲料加工、制作、使用过程中添加的少量或者微量物质，包括营养性饲料添加剂和一般饲料添加剂。

本办法所称添加剂预混合饲料，是指由两种（类）或者两种（类）以上营养性饲料添加剂为主，与载体或者稀释剂按照一定比例配制的饲料，包括复合预混合饲料、微量元素预混合饲料、维生素预混合饲料。

第三条　在中华人民共和国境内生产的饲料添加剂、添加剂预混合饲料产品，在生产前应当取得相应的产品批准文号。

第四条　饲料添加剂、添加剂预混合饲料生产企业为其他饲料、饲料添加剂生产企业生产定制产品的，定制产品可以不办理产品批准文号。

定制产品应当附具符合《饲料和饲料添加剂管理条例》第二十一条规定的标签，并标明"定制产品"字样和定制企业的名称、地址及其生产许可证编号。

定制产品仅限于定制企业自用，生产企业和定制企业不得将定制产品提供给其他饲料、饲料添加剂生产企业、经营者和养殖者。

第五条　饲料添加剂、添加剂预混合饲料生产企业应当向省级人民政府饲料管理部门（以下简称省级饲料管理部门）提出产品批准文号申请，并提交以下资料：

（一）产品批准文号申请表；

（二）生产许可证复印件；

（三）产品配方、产品质量标准和检测方法；

（四）产品标签样式和使用说明；

（五）涵盖产品主成分指标的产品自检报告；

（六）申请饲料添加剂产品批准文号的，还应当提供省级饲料管理部门指定的饲料检验机构出具的产品主成分指标检测方法验证结论，但产品有国家或行业标准的除外；

（七）申请新饲料添加剂产品批准文号的，还应当提供农业部核发的新饲料添加剂证书复印件。

第六条　省级饲料管理部门应当自受理申请之日起 10 个工作日内对申请资料进行审查，必要时可以进行现场核查。审查合格的，通知企业将产品样品送交指定的饲料质量检验机构进行复核检测，并根据复核检测结果在 10 个工作日内决定是否核发产品批准文号。

产品复核检测应当涵盖产品质量标准规定的产品主成分指标和卫生指标。

第七条　企业同时申请多个产品批准文号的，提交复核检测的样品应当符合下列要求：

（一）申请饲料添加剂产品批准文号的，每个产品均应当提交样品；

（二）申请添加剂预混合饲料产品批准文号的，同一产品类别中，相同适用动物品种和添加比例的不同产品，只需提交一个产品的样品。

第八条　省级饲料管理部门和饲料质量检验机构的工作人员应当对申请者提供的需要保密的技术资料保密。

第九条　饲料添加剂产品批准文号格式为：

×饲添字(××××)××××××

添加剂预混合饲料产品批准文号格式为：

×饲预字(××××)××××××

×：核发产品批准文号省、自治区、直辖市的简称

(××××)：年份

××××××：前三位表示本辖区企业的固定编号，后三位表示该产品获得的产品批准文号序号。

第十条　饲料添加剂、添加剂预混合饲料产品质量复核检测收费，按照国家有关规定执行。

第十一条　有下列情形之一的，应当重新办理产品批准文号：

（一）产品主成分指标改变的；

（二）产品名称改变的。

第十二条　禁止假冒、伪造、买卖产品批准文号。

第十三条　饲料管理部门工作人员不履行本办法规定的职责或者滥用职权、玩忽职守、徇私舞弊的，依法给予处分；构成犯罪的，依法追究刑事责任。

第十四条　申请人隐瞒有关情况或者提供虚假材料申请产品批准文号的，省级饲料管理部门不予受理或者不予许可，并给予警告；申请人在 1 年内不得再次申请产品批准文号。

以欺骗、贿赂等不正当手段取得产品批准文号的，由发证机关撤销产品批准文号，申请人在 3 年内不得再次申请产品批准文号；以欺骗方式取得产品批准文号的，并处 5 万元以上 10 万元以下罚款；构成犯罪的，依法移送司法机关追究刑事责任。

第十五条　假冒、伪造、买卖产品批准文号的，依照《饲料和饲料添加剂管理条例》第三

十七条、第三十八条处罚。

第十六条　有下列情形之一的,由省级饲料管理部门注销其产品批准文号并予以公告:

(一)企业的生产许可证被吊销、撤销、撤回、注销的;

(二)新饲料添加剂产品证书被撤销的。

第十七条　饲料添加剂、添加剂预混合饲料生产企业违反本办法规定,向定制企业以外的其他饲料、饲料添加剂生产企业、经营者或养殖者销售定制产品的,依照《饲料和饲料添加剂管理条例》第三十八条处罚。

定制企业违反本办法规定,向其他饲料、饲料添加剂生产企业、经营者和养殖者销售定制产品的,依照《饲料和饲料添加剂管理条例》第四十三条处罚。

第十八条　其他违反本办法的行为,依照《饲料和饲料添加剂管理条例》的有关规定处罚。

第十九条　本办法所称添加剂预混合饲料,包括复合预混合饲料、微量元素预混合饲料、维生素预混合饲料。

复合预混合饲料,是指以矿物质微量元素、维生素、氨基酸中任何两类或两类以上的营养性饲料添加剂为主,与其他饲料添加剂、载体和(或)稀释剂按一定比例配制的均匀混合物,其中营养性饲料添加剂的含量能够满足其适用动物特定生理阶段的基本营养需求,在配合饲料、精料补充料或动物饮用水中的添加量不低于0.1%且不高于10%。

微量元素预混合饲料,是指两种或两种以上矿物质微量元素与载体和(或)稀释剂按一定比例配制的均匀混合物,其中矿物质微量元素含量能够满足其适用动物特定生理阶段的微量元素需求,在配合饲料、精料补充料或动物饮用水中的添加量不低于0.1%且不高于10%。

维生素预混合饲料,是指两种或两种以上维生素与载体和(或)稀释剂按一定比例配制的均匀混合物,其中维生素含量应当满足其适用动物特定生理阶段的维生素需求,在配合饲料、精料补充料或动物饮用水中的添加量不低于0.01%且不高于10%。

第二十条　本办法自2012年7月1日起施行。农业部1999年12月14日发布的《饲料添加剂和添加剂预混合饲料产品批准文号管理办法》同时废止。

附录三　饲料药物添加剂使用规范
(农业部公告第168号)

为加强兽药的使用管理,进一步规范和指导饲料药物添加剂的合理使用,防止滥用饲料药物添加剂,根据《兽药管理条例》的规定,我部制定了《饲料药物添加剂使用规范》(以下简称《规范》),现就有关问题公告如下:

一、农业部批准的具有预防动物疾病、促进动物生长作用,可在饲料中长时间添加使用的饲料药物添加剂(品种收载于《规范》附录一中),其产品批准文号须用"药添字"。生产含有《规范》附录一所列品种成分的饲料,必须在产品标签中标明所含兽药成分的名称、含量、适用范围、停药期规定及注意事项等。

二、凡农业部批准的用于防治动物疾病,并规定疗程,仅是通过混饲给药的饲料药物添加剂（包括预混剂或散剂，品种收载于《规范》附录二），其产品批准文号须用"兽药字"，各畜禽养殖场及养殖户须凭兽医处方购买、使用，所有商品饲料中不得添加《规范》附录二中所列的兽药成分。

三、除本《规范》收载品种及农业部今后批准允许添加到饲料中使用的饲料药物添加剂外，任何其他兽药产品一律不得添加到饲料中使用。

四、兽用原料药不得直接加入饲料中使用，必须制成预混剂后方可添加到饲料中。

五、各地兽药管理部门要对照本《规范》于 10 月底前完成本辖区饲料药物添加剂产品批准文号的清理整顿工作，印有原批准文号的产品标签、包装可使用至 2001 年 12 月底。

六、凡从事饲料药物添加剂生产、经营活动的，必须履行有关的兽药报批手续，并接受各级兽药管理部门的管理和质量监督，违者按照兽药管理法规进行处理。

七、本《规范》自发布之日起执行。原我部《关于发布〈允许作饲料药物添加剂的兽药品种及使用规定〉的通知》（农牧发〔1997〕8 号）和《关于发布"饲料添加剂允许使用品种目录"的通知》（农牧发〔1994〕7 号）同时废止。

中华人民共和国农业部

二〇〇一年九月四日

农业部公告第 220 号《饲料药物添加剂使用规范》补充公告

针对一些地方反映《饲料药物添加剂使用规范》（2001 年农业部第 168 号公告，以下简称"168 号公告"）执行过程中存在的问题，我部进行了认真的研究，现就有关事项公告如下：

一、根据需要，养殖场（户）可凭兽医处方将"168 号公告"附录二的产品及今后我部批准的同类产品，预混后添加到特定的饲料中使用，或委托具有生产和质量控制能力并经省级饲料管理部门认定的饲料厂代加工生产为含药饲料，但须遵守以下规定：

（一）动物养殖场（户）须与饲料厂签订代加工生产合同一式四份，合同须注明兽药名称、含量、加工数量、双方通讯地址和电话等，合同双方及省兽药和饲料管理部门须各执一份合同文本。

（二）饲料厂必须按照合同内容代加工生产含药饲料，并做好生产记录，接受饲料主管部门的监督管理；含药饲料外包装上必须标明兽药有效成分、含量、饲料厂名。

（三）动物养殖场（户）应建立用药记录制度，严格按照法定兽药质量标准使用所加工的含药饲料，并接受兽药管理部门的监督管理。

（四）代加工生产的含药饲料仅限动物养殖场（户）自用，任何单位或个人不得销售或倒买倒卖，违者按照《兽药管理条例》、《饲料和饲料添加剂管理条例》的有关规定进行处罚。

二、为从养殖生产环节控制动物性产品中兽药残留，各地要认真贯彻执行"168 号公告"，切实加强饲料药物添加剂质量和使用的监督管理工作，加强对委托加工含药饲料生产、使用活动的监管工作，对监管工作中发现的违规行为要及时进行部门间的沟通，并依法严厉查处，同时请各地将工作中发现的问题和建议及时反馈我部。

中华人民共和国农业部

二〇〇二年九月二日

附录四　禁止在饲料和动物饮用水中使用的药物品种目录

（农业部第 176 号公告）

为加强饲料、兽药和人用药品管理,防止在饲料生产、经营、使用和动物饮用水中超范围、超剂量使用兽药和饲料添加剂,杜绝滥用违禁药品的行为,根据《饲料和饲料添加剂管理条例》、《兽药管理条例》、《药品管理法》的规定,农业部、卫生部、国家药品监督管理局联合发布公告,公布了《禁止在饲料和动物饮用水中使用的药物品种目录》,目录收载了 5 类 40 种禁止在饲料和动物饮用水中使用的药物品种。公告要求:

一、凡生产、经营和使用的营养性饲料添加剂和一般饲料添加剂,均应属于《允许使用的饲料添加剂品种目录》（农业部公告第 105 号)中规定的品种及经审批公布的新饲料添加剂,生产饲料添加剂的企业需办理生产许可证和产品批准文号,新饲料添加剂需办理新饲料添加剂证书,经营企业必须按照《饲料和饲料添加剂管理条例》第十六条的规定从事经营活动,不得经营和使用未经批准生产的饲料添加剂。

二、凡生产含有药物饲料添加剂的饲料产品,必须严格执行《饲料药物添加剂使用规范》（农业部公告第 168 号,简称《规范》)的规定,不得添加《规范》附录二中的饲料药物添加剂。凡生产含有《规范》附录一中的饲料药物添加剂的饲料产品,必须执行《饲料标签》标准的规定。

三、凡在饲养过程中使用药物饲料添加剂,需按照《规范》规定执行,不得超范围、超剂量使用药物饲料添加剂。使用药物饲料添加剂必须遵守休药期、配伍禁忌等有关规定。

四、人用药品的生产、销售必须遵守《药品管理法》及相关法规的规定。未办理兽药、饲料添加剂审批手续的人用药品,不得直接用于饲料生产和饲养过程。

五、生产、销售《禁止在饲料和动物饮用水中使用的药物品种目录》所列品种的医药企业或个人,违反《药品管理法》第四十八条规定,向饲料企业和养殖企业（或个人)销售的,由药品监督管理部门按照《药品管理法》第七十四条的规定给予处罚;生产、销售《禁止在饲料和动物饮用水中使用的药物品种目录》所列品种的兽药企业或个人,向饲料企业销售的,由兽药行政管理部门按照《兽药管理条例》第四十条的规定给予处罚;违反《饲料和饲料添加剂管理条例》第十一条、第十七条规定,生产、经营、使用《禁止在饲料和动物饮用水中使用的药物品种目录》所列品种的饲料和饲料添加剂生产企业或个人,由饲料管理部门按照《饲料和饲料添加剂管理条例》第二十六条、第二十七条的规定给予处罚。其他单位和个人生产、经营、使用《禁止在饲料和动物饮用水中使用的药物品种目录》所列品种,用于饲料生产和饲养过程中的,上述有关部门按照谁发现谁查处的原则,依据各自法律法规予以处罚;构成犯罪的,要移送司法机关,依法追究刑事责任。

六、各级饲料、兽药、食品和药品监督管理部门要密切配合,协同行动,加大对饲料生产、经营、使用和动物饮用水中非法使用违禁药物违法行为的打击力度。

农业部、卫生部、国家药品监督管理局
2002 年 2 月 9 日

禁止在饲料和动物饮用水中使用的药物品种目录

（农业部公告第176号）

一、肾上腺素受体激动剂

1. 盐酸克仑特罗（Clenbuterol Hydrochloride）：中华人民共和国药典（以下简称药典）2000年二部P605。β2肾上腺素受体激动药。

2. 沙丁胺醇（Salbutamol）：药典2000年二部P316。β2肾上腺素受体激动药。

3. 硫酸沙丁胺醇（Salbutamol Sulfate）：药典2000年二部P870。β2肾上腺素受体激动药。

4. 莱克多巴胺（Ractopamine）：一种β兴奋剂，美国食品和药物管理局（FDA）已批准，中国未批准。

5. 盐酸多巴胺（Dopamine Hydrochloride）：药典2000年二部P591。多巴胺受体激动药。

6. 西巴特罗（Cimaterol）：美国氰胺公司开发的产品，一种β兴奋剂，FDA未批准。

7. 硫酸特布他林（Terbutaline Sulfate）：药典2000年二部P890。β2肾上腺受体激动药。

二、性激素

8. 己烯雌酚（Diethylstibestrol）：药典2000年二部P42。雌激素类药。

9. 雌二醇（Estradiol）：药典2000年二部P1005。雌激素类药。

10. 戊酸雌二醇（Estradiol Valcrate）：药典2000年二部P124。雌激素类药。

11. 苯甲酸雌二醇（Estradiol Benzoate）：药典2000年二部P369。雌激素类药。中华人民共和国兽药典（以下简称兽药典）2000年版一部P109。雌激素类药。用于发情不明显动物的催情及胎衣滞留、死胎的排出。

12. 氯烯雌醚（Chlorotrianisene）药典2000年二部P919。

13. 炔诺醇（Ethinylestradiol）药典2000年二部P422。

14. 炔诺醚（Quinestml）药典2000年二部P424。

15. 醋酸氯地孕酮（Chlormadinoneacetate）药典2000年二部P1037。

16. 左炔诺孕酮（Levonorgestrel）药典2000年二部P107。

17. 炔诺酮（Norethisterone）药典2000年二部P420。

18. 绒毛膜促性腺激素（绒促性素）（Chorionic Conadotrophin）：药典2000年二部P534。促性腺激素药。兽药典2000年版一部P146。激素类药。用于性功能障碍、习惯性流产及卵巢囊肿等。

19. 促卵泡生长激素（尿促性素主要含卵泡刺激FSHT和黄体生成素LH）（Menotropins）：药典2000年二部P321。促性腺激素类药。

三、蛋白同化激素

20. 碘化酪蛋白（Iodinated Casein）：蛋白同化激素类，为甲状腺素的前驱物质，具有类似甲状腺素的生理作用。

21. 苯丙酸诺龙及苯丙酸诺龙注射液（Nandrolone phenylpro pionate）药典2000年二

部 P365。

四、精神药品

22.（盐酸）氯丙嗪(Chlorpromazine Hydrochloride)：药典 2000 年二部 P676。抗精神病药。兽药典 2000 年版一部 P177。镇静药。用于强化麻醉以及使动物安静等。

23.盐酸异丙嗪(Promethazine Hydrochloride)：药典 2000 年二部 P602。抗组胺药。兽药典 2000 年版一部 P164。抗组胺药。用于变态反应性疾病,如荨麻疹、血清病等。

24.安定(地西泮)(Diazepam)：药典 2000 年二部 P214。抗焦虑药、抗惊厥药。兽药典 2000 年版一部 P61。镇静药、抗惊厥药。

25.苯巴比妥(Phenobarbital)：药典 2000 年二部 P362。镇静催眠药、抗惊厥药。兽药典 2000 年版一部 P103。巴比妥类药。缓解脑炎、破伤风、士的宁中毒所致的惊厥。

26.苯巴比妥钠(Phenobarbital Sodium)：兽药典 2000 年版一部 P105。巴比妥类药。缓解脑炎、破伤风、士的宁中毒所致的惊厥。

27.巴比妥(Barbital)：兽药典 2000 年版二部 P27。中枢抑制和增强解热镇痛。

28.异戊巴比妥(Amobarbital)：药典 2000 年二部 P252。催眠药、抗惊厥药。

29.异戊巴比妥钠(Amobarbital Sodium)：兽药典 2000 年版一部 P82。巴比妥类药。用于小动物的镇静、抗惊厥和麻醉。

30.利血平(Reserpine)：药典 2000 年二部 P304。抗高血压药。

31.艾司唑仑(Estazolam)。

32.甲丙氨脂(Mcprobamate)。

33.咪达唑仑(Midazolam)。

34.硝西泮(Nitrazepam)。

35.奥沙西泮(Oxazcpam)。

36.匹莫林(Pemoline)。

37.三唑仑(Triazolam)。

38.唑吡旦(Zolpidem)。

39.其他国家管制的精神药品。

五、各种抗生素滤渣

40.抗生素滤渣：该类物质是抗生素类产品生产过程中产生的工业三废,因含有微量抗生素成分,在饲料和饲养过程中使用后对动物有一定的促生长作用。但对养殖业的危害很大,一是容易引起耐药性,二是由于未做安全性试验,存在各种安全隐患。

附录五　食品动物禁用的兽药及其他化合物清单

（农业部公告第 193 号）

为保证动物源性食品安全,维护人民身体健康,根据《兽药管理条例》的规定,我部制定了《食品动物禁用的兽药及其他化合物清单》(以下简称《禁用清单》),现公告如下：

一、《禁用清单》序号 1 至 18 所列品种的原料药及其单方、复方制剂产品停止生产,已在兽药国家标准、农业部专业标准及兽药地方标准中收载的品种,废止其质量标准,撤销其产品批准文号;已在我国注册登记的进口兽药,废止其进口兽药质量标准,注销其《进口兽药登记许可证》。

二、截至 2002 年 5 月 15 日,《禁用清单》序号 1 至 18 所列品种的原料药及其单方、复方制剂产品停止经营和使用。

三、《禁用清单》序号 19 至 21 所列品种的原料药及其单方、复方制剂产品不准以抗应激、提高饲料报酬、促进动物生长为目的在食品动物饲养过程中使用。

食品动物禁用的兽药及其他化合物清单

序号	兽药及其他化合物名称	禁止用途	禁用动物
1	β-兴奋剂类:克仑特罗 Clenbuterol、沙丁胺醇 Salbutamol、西马特罗 Cimaterol 及其盐、酯及制剂	所有用途	所有食品动物
2	性激素类:己烯雌酚 Diethylstilbestrol 及其盐、酯及制剂	所有用途	所有食品动物
3	具有雌激素样作用的物质:玉米赤霉醇 Zeranol、去甲雄三烯醇酮 Trenbolone、醋酸甲孕酮 Mengestrol Acetate 及制剂	所有用途	所有食品动物
4	氯霉素 Chloramphenicol 及其盐、酯(包括琥珀氯霉素 Chloramphenicol Succinate)及制剂	所有用途	所有食品动物
5	氨苯砜 Dapsone 及制剂	所有用途	所有食品动物
6	硝基呋喃类:呋喃唑酮 Furazolidone、呋喃它酮 Furaltadone、呋喃苯烯酸钠 Nifurstyrenate sodium 及制剂	所有用途	所有食品动物
7	硝基化合物:硝基酚钠 Sodium nitrophenolate、硝呋烯腙 Nitrovin 及制剂	所有用途	所有食品动物
8	催眠、镇静类:安眠酮 Methaqualone 及制剂	所有用途	所有食品动物
9	林丹(丙体六六六)Lindane	杀虫剂	所有食品动物
10	毒杀芬(氯化烯)Camahechlor	杀虫剂、清塘剂	所有食品动物
11	呋喃丹(克百威)Carbofuran	杀虫剂	所有食品动物
12	杀虫脒(克死螨)Chlordimeform	杀虫剂	所有食品动物
13	双甲脒 Amitraz	杀虫剂	水生食品动物
14	酒石酸锑钾 Antimony potassium tartrate	杀虫剂	所有食品动物
15	锥虫胂胺 Tryparsamide	杀虫剂	所有食品动物
16	孔雀石绿 Malachite green	抗菌、杀虫剂	所有食品动物
17	五氯酚酸钠 Pentachlorophenol sodium	杀螺剂	所有食品动物
18	各种汞制剂包括:氯化亚汞(甘汞)Calomel,硝酸亚汞 Mercurous nitrate、醋酸汞 Mercurous acetate、吡啶基醋酸汞 Pyridyl mercurous acetate	杀虫剂	所有食品动物

续表

序号	兽药及其他化合物名称	禁止用途	禁用动物
19	性激素类:甲基睾丸酮 Methyltestosterone、丙酸睾酮 Testosterone Propionate、苯丙酸诺龙 Nandrolone Phenylpropionate、苯甲酸雌二醇 Estradiol Benzoate 及其盐、酯及制剂	促生长	所有食品动物
20	催眠、镇静类:氯丙嗪 Chlorpromazine、地西泮(安定)Diazepam 及其盐、酯及制剂	促生长	所有食品动物
21	硝基咪唑类:甲硝唑 Metronidazole、地美硝唑 Dimetronidazole 及其盐、酯及制剂	促生长	所有食品动物

注:食品动物是指各种供人食用或其产品供人食用的动物。

二○○二年四月九日

附录六　允许使用的饲料添加剂

（农业部公告第 1126 号）

为加强饲料添加剂的管理,保证养殖产品质量安全,促进饲料工业持续健康发展,根据《饲料和饲料添加剂管理条例》的有关规定,现公布《饲料添加剂品种目录(2008)》(以下简称《目录(2008)》),并就有关事宜公告如下:

一、凡生产、经营和使用的营养性饲料添加剂及一般饲料添加剂均应属于《目录(2008)》中规定的品种,饲料添加剂的生产企业应办理生产许可证和产品批准文号。附录 2 是保护期内的新饲料和新饲料添加剂品种,仅允许所列申请单位或其授权的单位生产。禁止《目录(2008)》外的物质作为饲料添加剂使用。凡生产《目录(2008)》外的饲料添加剂,应按照《新饲料和新饲料添加剂管理办法》的有关规定,申请并获得新产品证书后方可生产和使用。

二、生产源于转基因动植物、微生物的饲料添加剂,以及含有转基因产品成分的饲料添加剂,应按照《农业转基因生物安全管理条例》的有关规定进行安全评价,获得农业转基因生物安全证书后,再按照《新饲料和新饲料添加剂管理办法》的有关规定进行评审。

三、《目录(2008)》是在《饲料添加剂品种目录(2006)》的基础上进行的修订,增加了实际生产中需要且公认安全的部分饲料添加剂品种,明确了酶制剂和微生物的适用范围。

四、将保护期满的 9 个新产品正式纳入附录 1 中,包括烟酸铬、半胱胺盐酸盐、保加利亚乳杆菌、吡啶甲酸铬、半乳甘露寡糖、低聚木糖、低聚壳聚糖、α-环丙氨酸、稀土(铈和镧)壳糖胺螯合盐。

五、2006 年 5 月 31 日农业部发布的《饲料添加剂品种目录(2006)》(农业部公告第 658 号)即日起废止。

二○○八年十二月十一日

附录1 饲料添加剂品种目录(2008)

类别	通用名称	适用范围
氨基酸	L-赖氨酸、L-赖氨酸盐酸盐、L-赖氨酸硫酸盐及其发酵副产物(产自谷氨酸棒杆菌,L-赖氨酸含量不低于51%)、DL-蛋氨酸、L-苏氨酸、L-色氨酸、L-精氨酸、甘氨酸、L-酪氨酸、L-丙氨酸、天(门)冬氨酸、L-亮氨酸、异亮氨酸、L-脯氨酸、苯丙氨酸、丝氨酸、L-半胱氨酸、L-组氨酸、缬氨酸、胱氨酸、牛磺酸	养殖动物
	蛋氨酸羟基类似物、蛋氨酸羟基类似物钙盐	猪、鸡和牛
	N-羟甲基蛋氨酸钙	反刍动物
维生素	维生素A、维生素A乙酸酯、维生素A棕榈酸酯、β-胡萝卜素、盐酸硫胺(维生素B_1)、硝酸硫胺(维生素B_1)、核黄素(维生素B_2)、盐酸吡哆醇(维生素B_6)、氰钴胺(维生素B_{12})、L-抗坏血酸(维生素C)、L-抗坏血酸钙、L-抗坏血酸钠、L-抗坏血酸-2-磷酸酯、L-抗坏血酸-6-棕榈酸酯、维生素D_2、维生素D_3、α-生育酚(维生素E)、α-生育酚乙酸酯、亚硫酸氢钠甲萘醌(维生素K_3)、二甲基嘧啶醇亚硫酸甲萘醌、亚硫酸氢烟酰胺甲萘醌、烟酸、烟酰胺、D-泛醇、D-泛酸钙、DL-泛酸钙、叶酸、D-生物素、氯化胆碱、肌醇、L-肉碱、L-肉碱盐酸盐	养殖动物
矿物元素及其络(螯)合物[1]	氯化钠、硫酸钠、磷酸二氢钠、磷酸氢二钠、磷酸二氢钾、磷酸氢二钾、轻质碳酸钙、氯化钙、磷酸氢钙、磷酸二氢钙、磷酸三钙、乳酸钙、硫酸镁、氧化镁、氯化镁、柠檬酸亚铁、富马酸亚铁、乳酸亚铁、硫酸亚铁、氯化亚铁、氯化铁、碳酸亚铁、氯化铜、硫酸铜、氧化锌、氯化锌、碳酸锌、硫酸锌、乙酸锌、氯化锰、氧化锰、硫酸锰、碳酸锰、磷酸氢锰、碘化钾、碘化钠、碘酸钾、碘酸钙、氯化钴、乙酸钴、硫酸钴、亚硒酸钠、钼酸钠、蛋氨酸铜络(螯)合物、蛋氨酸铁络(螯)合物、蛋氨酸锰络(螯)合物、蛋氨酸锌络(螯)合物、赖氨酸铜络(螯)合物、赖氨酸锌络(螯)合物、甘氨酸铜络(螯)合物、甘氨酸铁络(螯)合物、酵母铜*、酵母铁*、酵母锰*、酵母硒*、蛋白铜*、蛋白铁*、蛋白锌*	养殖动物
	烟酸铬、酵母铬*、蛋氨酸铬*、吡啶甲酸铬	生长肥育猪
	丙酸铬*	猪
	丙酸锌*	猪、牛和家禽
	硫酸钾、三氧化二铁、碳酸钴、氧化铜	反刍动物
	稀土(铈和镧)壳糖胺螯合盐	畜禽、鱼和虾
酶制剂[2]	淀粉酶(产自黑曲霉、解淀粉芽孢杆菌、地衣芽孢杆菌、枯草芽孢杆菌、长柄木霉*、米曲霉*)	青贮玉米、玉米、玉米蛋白粉、豆粕、小麦、次粉、大麦、高粱、燕麦、豌豆、木薯、小米、大米
	支链淀粉酶(产自酸解支链淀粉芽孢杆菌)	
	α-半乳糖苷酶(产自黑曲霉)	豆粕
	纤维素酶(产自长柄木霉)	玉米、大麦、小麦、麦麸、黑麦、高粱
	β-葡聚糖酶(产自黑曲霉、枯草芽孢杆菌、长柄木霉、绳状青霉*)	小麦、大麦、菜籽粕、小麦副产物、去壳燕麦、黑麦、黑小麦、高粱

类别	通用名称	适用范围
酶制剂[2]	葡萄糖氧化酶（产自特异青霉）	葡萄糖
	脂肪酶（产自黑曲霉）	动物或植物源性油脂或脂肪
	麦芽糖酶（产自枯草芽孢杆菌）	麦芽糖
	甘露聚糖酶（产自迟缓芽孢杆菌）	玉米、豆粕、椰子粕
	果胶酶（产自黑曲霉）	玉米、小麦
	植酸酶（产自黑曲霉、米曲霉）	玉米、豆粕、葵花籽粕、玉米糁渣、木薯、植物副产物
	蛋白酶（产自黑曲霉、米曲霉、枯草芽孢杆菌、长柄木霉*）	植物和动物蛋白
	木聚糖酶（产自米曲霉、孤独腐质霉、长柄木霉、枯草芽孢杆菌、绳状青霉*）	玉米、大麦、黑麦、小麦、高粱、黑小麦、燕麦
微生物	地衣芽孢杆菌*、枯草芽孢杆菌、两歧双歧杆菌*、粪肠球菌、屎肠球菌、乳酸肠球菌、嗜酸乳杆菌、干酪乳杆菌、乳酸乳杆菌*、植物乳杆菌、乳酸片球菌、戊糖片球菌*、产朊假丝酵母、酿酒酵母、沼泽红假单胞菌	养殖动物
	保加利亚乳杆菌	猪、鸡和青贮饲料
非蛋白氮	尿素、碳酸氢铵、硫酸铵、液氨、磷酸二氢铵、磷酸氢二铵、缩二脲、异丁叉二脲、磷酸脲	反刍动物
抗氧化剂	乙氧基喹啉、丁基羟基茴香醚(BHA)、二丁基羟基甲苯(BHT)、没食子酸丙酯	养殖动物
防腐剂、防霉剂和酸度调节剂	甲酸、甲酸铵、甲酸钙、乙酸、双乙酸钠、丙酸、丙酸铵、丙酸钠、丙酸钙、丁酸、丁酸钠、乳酸、苯甲酸、苯甲酸钠、山梨酸、山梨酸钠、山梨酸钾、富马酸、柠檬酸、柠檬酸钾、柠檬酸钠、柠檬酸钙、酒石酸、苹果酸、磷酸、氢氧化钠、碳酸氢钠、氯化钾、碳酸钠	养殖动物
着色剂	β-胡萝卜素、辣椒红、β-阿朴-8′-胡萝卜素醛、β-阿朴-8′-胡萝卜素酸乙酯、β,β-胡萝卜素-4,4-二酮(斑蝥黄)、叶黄素、天然叶黄素(源自万寿菊)	家禽
	虾青素	水产动物
调味剂和香料	糖精钠、谷氨酸钠、5′-肌苷酸二钠、5′-鸟苷酸二钠、食品用香料[3]	养殖动物
黏结剂、抗结块剂和稳定剂	α-淀粉、三氧化二铝、可食脂肪酸钙盐、可食用脂肪酸单/双甘油酯、硅酸钙、硅铝酸钠、硫酸钙、硬脂酸钙、甘油脂肪酸酯、聚丙烯酸树脂Ⅱ、山梨醇酐单硬脂酸酯、聚氧乙烯20山梨醇酐单油酸酯、丙二醇、二氧化硅、卵磷脂、海藻酸钠、海藻酸钾、海藻酸铵、琼脂、瓜尔胶、阿拉伯树胶、黄原胶、甘露糖醇、木质素磺酸盐、羧甲基纤维素钠、聚丙烯酸钠*、山梨醇酐脂肪酸酯、蔗糖脂肪酸酯、焦磷酸二钠、单硬脂酸甘油酯	养殖动物

续表

类别	通用名称	适用范围
黏结剂、抗结块剂和稳定剂	丙三醇	猪、鸡和鱼
	硬脂酸*	猪、牛和家禽
多糖和寡糖	低聚木糖（木寡糖）	蛋鸡和水产养殖动物
	低聚壳聚糖	猪、鸡和水产养殖动物
	半乳甘露寡糖	猪、肉鸡、兔和水产养殖动物
	果寡糖、甘露寡糖	养殖动物
其他	甜菜碱、甜菜碱盐酸盐、大蒜素、山梨糖醇、大豆磷脂、天然类固醇萨洒皂角苷（源自丝兰）、二十二碳六烯酸（DHA）、啤酒酵母培养物*、啤酒酵母提取物*、啤酒酵母细胞壁*	养殖动物
	糖萜素（源自山茶籽饼）、牛至香酚*	猪和家禽
	乙酰氧肟酸	反刍动物
	半胱胺盐酸盐（仅限于包被颗粒，包被主体材料为环状糊精，半胱胺盐酸盐含量27%）	畜禽
	α-环丙氨酸	鸡

注：* 为已获得进口登记证的饲料添加剂，进口或在中国境内生产带"*"的饲料添加剂时，农业部需要对其安全性、有效性和稳定性进行技术评审。

1 所列物质包括无水和结晶水形态。

2 酶制剂的适用范围为典型底物，仅作为推荐，并不包括所有可用底物。

3 食品用香料见《食品添加剂使用卫生标准》（GB 2760—2007）中食品用香料名单。

附录2 保护期内的新饲料和新饲料添加剂品种目录

序号	产品名称	申请单位	适用范围	批准时间
1	苜草素（有效成分为苜蓿多糖、苜蓿黄酮、苜蓿皂苷）	中国农业科学院畜牧研究所	仔猪、育肥猪、肉鸡	2003年12月
2	碱式氯化铜	长沙兴嘉生物工程有限公司	猪	2003年12月
3	碱式氯化铜	深圳绿环化工实业有限公司	仔猪、肉仔鸡	2004年04月
4	饲用凝结芽孢杆菌TQ33添加剂	天津新星兽药厂	肉用仔鸡、生长育肥猪	2004年05月
5	杜仲叶提取物（有效成分为绿原酸、杜仲多糖、杜仲黄酮）	张家界恒兴生物科技有限公司	生长育肥猪、鱼、虾	2004年06月
6	保得®微生态制剂（侧孢芽孢杆菌）	广东东莞宏远生物工程有限公司	肉鸡、肉鸭、猪、虾	2004年06月
7	L-赖氨酸硫酸盐（产自乳糖发酵短杆菌）	长春大成生化工程开发有限公司	生长育肥猪	2004年06月
8	益绿素（有效成分为淫羊藿苷）	新疆天康畜牧生物技术有限公司	鸡、猪、绵羊、奶牛	2004年09月
9	壳寡糖	北京英惠尔生物技术有限公司	仔猪、肉鸡、肉鸭、虹鳟鱼	2004年11月

序号	产品名称	申请单位	适用范围	批准时间
10	共轭亚油酸饲料添加剂	青岛澳海生物有限公司	仔猪、蛋鸡	2005 年 01 月
11	二甲酸钾	北京挑战农业科技有限公司	猪	2005 年 03 月
12	β-1,3-D-葡聚糖（源自酿酒酵母）	广东智威畜牧水产有限公司	水产动物	2005 年 05 月
13	4,7-二羟基异黄酮（大豆黄酮）	中牧实业股份有限公司	猪、产蛋家禽	2005 年 06 月
14	乳酸锌（α-羟基丙酸锌）	四川省畜科饲料有限公司	生长育肥猪、家禽	2005 年 06 月
15	蒲公英、陈皮、山楂、甘草复合提取物（有效成分为黄酮）	河南省金鑫饲料工业有限公司	猪、鸡	2005 年 06 月
16	液体 L-赖氨酸（L-赖氨酸含量不低于 50%）	四川川化味之素有限公司	猪	2005 年 10 月
17	壳寡糖（寡聚 β-(1-4)-2-氨基-2-脱氧-D-葡萄糖）	北京格莱克生物工程技术有限公司	猪、鸡	2006 年 05 月
18	碱式氯化锌	长沙兴嘉生物工程有限公司	仔猪	2006 年 05 月
19	N,O-羧甲基壳聚糖	北京紫冠碧螺喜科技发展公司	猪、鸡	2006 年 05 月
20	地顶孢霉培养物	合肥迈可罗生物工程有限公司	猪、鸡	2006 年 07 月
21	碱式氯化铜（α-晶型）	深圳东江华瑞科技有限公司	生长育肥猪	2007 年 02 月
22	甘氨酸锌	浙江建德市维丰饲料有限公司	猪	2007 年 08 月
23	紫苏籽提取物粉剂（有效成分为 α-亚油酸、亚麻酸、黄酮）	重庆市优胜科技发展有限公司	猪、肉鸡、鱼	2007 年 08 月
24	植物甾醇（源于大豆油/菜籽油,有效成分为 β-谷甾醇、菜油甾醇、豆甾醇）	江苏春之谷生物制品有限公司	家禽、生长育肥猪	2008 年 01 月

附录 3　新饲料和新饲料添加剂品种目录

产品名称	适用范围	申请单位	证书编号	备注
绿环铜（碱式氯化铜）	仔猪、肉仔鸡	深圳绿环化工实业有限公司	新饲证字（2004）01 号	农业部公告第 366 号
饲用凝结芽孢杆菌 TQ33 添加剂	肉用仔鸡、生长育肥猪	天津新星兽药厂	新饲证字（2004）02 号	农业部公告第 372 号
杜仲叶提取物	生长育肥猪、鱼、虾	张家界恒兴生物科技有限公司	新饲证字（2004）03 号	农业部公告第 384 号
保得® 微生态制剂	肉鸡、肉鸭、猪、虾	广东东莞宏远生物工程有限公司	新饲证字（2004）04 号	农业部公告第 384 号
饲料级 L-赖氨酸硫酸盐	生长育肥猪	长春大成生化工程开发有限公司	新饲证字（2004）05 号	农业部公告第 384 号
益绿素	鸡、猪、绵羊、奶牛	新疆天康畜牧生物技术股份有限公司	新饲证字（2004）06 号	农业部公告第 408 号

附
录

附录 4　进口饲料和饲料添加剂产品登记证目录(2012—2013)

登记证号	通用名称	商品名称	产品类别	使用范围	生产厂家	有效期限	备注
(2012)外饲准字 405 号	羟基蛋氨酸钙 Methionine Hydroxy Calcium	罗迪美®钙盐A Rhodimet® A-Dry	矿物质饲料添加剂 Mineral Feed Additive	养殖动物 All species or categories of animals	法国 Innocaps 公司 Innocaps Company Limited, France	2012.11—2017.11	
(2012)外饲准字 406 号	尿肠球菌 Enterococcus Faecium	普乐康 Protexin Concentrate	微生物饲料添加剂 Microbial Feed Additive	家禽、猪、牛和羊 Poultry, Pig, Cattle and Sheep	英国普碧欧提丝国际有限公司 Probiotics International Ltd, UK	2012.11—2017.11	
(2012)外饲准字 407 号	多种有机酸 Multi Organic Acids	活力酸-S(固体) Vitacidex Dry	饲料酸化剂 Feed Acidifier	猪 Pig	法国科勒蒙萨顿公司 CCA Nutrition, France	2012.11—2017.11	
(2012)外饲准字 408 号	多种有机酸 Multi Organic Acids	活力酸-L(液体) Liquid Vitacid	饲料酸化剂 Feed Acidifier	猪和鸡 Pig and Chicken	法国科勒蒙萨顿公司 CCA Nutrition, France	2012.11—2017.11	
(2012)外饲准字 409 号	牛肝脏和磷酸 Beef Liver and Phosphoric Acid	得望高级狗粮口味增强剂 D'Tech 8L	饲料添加剂 Feed Additive	狗 Dog	澳大利亚 SPF Diana 有限公司 SPF Diana Australia Pty Ltd	2012.11—2017.11	
(2012)外饲准字 410 号	天然类固醇萨洒皂角苷(源自丝兰) YUCCA (Yucca Schidigera Exact)	丝兰宝 Biopowder	饲料添加剂 Feed Additive	家禽、猪、牛和宠物 Poultry, Pig, Cattle and Pet	墨西哥 BAJA Agro International,S.A. de C.V.公司 BAJA Agro International. S. A. de C.V., Mexico	2012.11—2017.11	
(2012)外饲准字 411 号	木质纤维素 Lignocelluloses	万利纤 Opticell	饲料添加剂 Feed Additive	猪、鸡、兔子、小牛和宠物 Pig, Chicken, Rabbit, Calf and Pet	奥地利艾吉美公司 Agromed Austria GmbH	2012.11—2017.11	
(2012)外饲准字 412 号	麦麸和碳酸钙 Wheat Flour and Calcium Carbonate	育幼保 Baby Guard	饲料添加剂 Feed Additive	家禽 Poultry	台湾信逢股份有限公司 New Well Powder Co.,Ltd.	2012.11—2017.11	

续表

登记证号	通用名称	商品名称	产品类别	使用范围	生产厂家	有效期限	备注
(2012)外饲准字 413 号	水解植物油 Hydrolyzed Vegetable Oil	朋络弥 Palomys	能量饲料 Energy Feed	家禽和猪 Poultry and Pig	美国哈迪动物营养公司 Hardy Animal Nutrition, USA	2012.11—2017.11	
(2012)外饲准字 414 号	鱼油 Fish Oil	鱼油(饲料级) Fish Oil(Feed Grade)	能量饲料 Energy Feed	养殖动物 All species or categories of animals	墨西哥 Maz Industrial S. A. de C. V. 公司 Maz Industrial S. A. de C. V., Mexico	2012.11—2017.11	
(2012)外饲准字 415 号	发酵豆粕 Fermentation of Defatted Soybean meal	速益泰 Soytide	蛋白质饲料 Protein Feed	猪、家禽、水产、反刍动物 Swine, Poultry, Aquaculture Ruminant	希杰第一制糖仁川 2 工厂 CJ Cheiljedang Corporation, Incheon 2 Plant, Korea	2012.11—2017.11	
(2012)外饲准字 416 号	含可溶物干玉米酒糟 Dried Corn Distillers Grains With Solubles	玛吉斯 DDGS Marquis DDGS	蛋白质饲料 Protein Feed	家禽、猪和水产 Poultry, Swine and Aquaculture	玛吉斯能源有限公司 Marquis Energy LLC, USA	2012.11—2017.11	
(2012)外饲准字 417 号	肉骨粉 Meat and Bone Meal	牛羊肉骨粉 Bovine Ovine Meat and Bone Meal	蛋白质饲料 Protein Feed	家禽、猪和水产 Poultry, Swine and Aquaculture	乌拉圭 Yarus S. A. 公司 Yarus S. A., Uruguay	2012.11—2017.11	
(2012)外饲准字 418 号	肉骨粉 Meat and Bone Meal	鸡肉粉 Poultry By-Product Meal	蛋白质饲料 Protein Feed	家禽、猪和水产 Poultry, Swine and Aquaculture	美国温泽世家公司 G. A. Wintzer & Son Co., USA	2012.11—2017.11	
(2012)外饲准字 419 号	肉骨粉 Meat and Bone Meal	羽毛粉 Wapak Feather Meal	蛋白质饲料 Protein Feed	家禽、猪和水产 Poultry, Swine and Aquaculture	美国温泽世家公司 G. A. Wintzer & Son Co., USA	2012.11—2017.11	
(2012)外饲准字 420 号	鱼骨粉 Fish Bone Meal	鱼骨粉 Fish Bone Meal	蛋白质饲料 Protein Feed	家禽、猪和水产 Poultry, Swine and Aquaculture	美国 Westward Seafoods Inc. 公司 Westward Seafoods Inc., USA	2012.11—2017.11	

续表

登记证号	通用名称	商品名称	产品类别	使用范围	生产厂家	有效期限	备注
(2012) 外饲准字 421 号	红鱼粉 Red Fishmeal	红鱼粉（三级） Red Fishmeal (III)	蛋白质饲料 Protein Feed	家禽、猪和水产 Poultry, Swine and Aquaculture	毛里塔尼亚 ALFA Services Limited 公司 ALFA Services Limited, Mauritania	2012.11—2017.11	
(2012) 外饲准字 422 号	红鱼粉 Red Fishmeal	智利红鱼粉（一级） Chilean Red Fishmeal (I)	蛋白质饲料 Protein Feed	家禽、猪和水产 Poultry, Swine and Aquaculture	智利 Orizon S. A. 公司 Orizon S. A. ,Chile	2012.11—2017.11	
(2012) 外饲准字 423 号	白鱼粉 White Fishmeal	白鱼粉（一级） White Fishmeal (I)	蛋白质饲料 Protein Feed	家禽、猪和水产 Poultry, Swine and Aquaculture	列宁集体渔庄（工船加工 Seroglazka CH-036） Lenin Kolkhoz Fishing Company (Produced on Board Seroglazka CH-036)	2012.11—2017.11	
(2012) 外饲准字 424 号	白鱼粉 White Fishmeal	白鱼粉（一级） White Fishmeal (I)	蛋白质饲料 Protein Feed	家禽、猪和水产 Poultry, Swine and Aquaculture	列宁集体渔庄（工船加工 Sergey Novosyolov CH-038） Lenin Kolkhoz Fishing Company (Produced on Board Serggey Novosyolov CH-038)	2012.11—2017.11	
(2012) 外饲准字 425 号	白鱼粉 White Fishmeal	白鱼粉（一级） White Fishmeal (I)	蛋白质饲料 Protein Feed	家禽、猪和水产 Poultry, Swine and Aquaculture	列宁集体渔庄（工船加工 Mikhail Staritsyn CH-037） Lenin Kolkhoz Fishing Company (Produced on Board Mikhail Staritsyn CH-037)	2012.11—2017.11	
(2012) 外饲准字 426 号	白鱼粉 White Fishmeal	白鱼粉（一级） White Fishmeal (I)	蛋白质饲料 Protein Feed	家禽、猪和水产 Poultry, Swine and Aquaculture	列宁集体渔庄（工船加工 UMS Victor Gavrilov CH-106） Lenin Kolkhoz Fishing Company (Produced on Board UMS Victor Gavrilov CH-106)	2012.11—2017.11	

续表

登记证号	通用名称	商品名称	产品类别	使用范围	生产厂家	有效期限	备注
(2012)外饲准字427号	白鱼粉 White Fishmeal	白鱼粉(三级) White Fishmeal (III)	蛋白质饲料 Protein Feed	家禽、猪和水产 Poultry, Swine and Aquaculture	塔里斯集团有限公司 渔船 Talley's Group Limited, Product on Vessel, No. PH384	2012.11—2017.11	
(2012)外饲准字428号	白鱼粉 White Fishmeal	白鱼粉(三级) White Fishmeal (III)	蛋白质饲料 Protein Feed	家禽、猪和水产 Poultry, Swine and Aquaculture	塔里斯集团有限公司 渔船 Talley's Group Limited, Product on Vessel, No. PH622	2012.11—2017.11	
(2012)外饲准字429号	白鱼粉 White Fishmeal	白鱼粉(三级) White Fishmeal (III)	蛋白质饲料 Protein Feed	家禽、猪和水产 Poultry, Swine and Aquaculture	塔里斯集团有限公司 渔船 Talley's Group Limited, Product on Vessel, No. PH475	2012.11—2017.11	
(2012)外饲准字430号	狗干粮 Dog Dry Food	优卡小型大成犬犬粮 Eukanuba Adult Small Breed	配合饲料 Compound Feed	狗 Dog	宝洁阿根廷有限公司 Procter Gamble Argentina S. R. L., Argentina	2012.11—2017.11	
(2012)外饲准字431号	狗干粮 Dog Dry Food	优卡迷你雪纳瑞犬专用犬粮 Eukanuba Miniature Schnauzer	配合饲料 Compound Feed	狗 Dog	宝洁阿根廷有限公司 Procter Gamble Argentina S. R. L., Argentina	2012.11—2017.11	
(2012)外饲准字432号	狗干粮 Dog Dry Food	优卡小型犬体重控制犬粮 Eukanuba Weight Control Small Breed	配合饲料 Compound Feed	狗 Dog	宝洁阿根廷有限公司 Procter Gamble Argentina S. R. L., Argentina	2012.11—2017.11	
(2012)外饲准字433号	狗干粮 Dog Dry Food	优卡中型犬体重控制犬粮 Eukanuba Weight Control Medium Breed	配合饲料 Compound Feed	狗 Dog	宝洁阿根廷有限公司 Procter Gamble Argentina S. R. L., Argentina	2012.11—2017.11	

饲料添加剂品种目录

登记证号	通用名称	商品名称	产品类别	使用范围	生产厂家	有效期限	备注
(2012)外饲准字434号	狗干粮 Dog Dry Food	幼犬用软性饲料 Dr. Soft Food (Puppy)	配合饲料 Compound Feed	狗 Dog	韩国巴乌哇鸣公司 BOWWOW,Korea	2012.11—2017.11	
(2012)外饲准字435号	丙酸、甲酸、乙酸和丙酸铵 Propionic Acid,Formic Acid, Acetic Acid and Ammonium Propionate	菲乐斯(液体) FYLAX®-Liquid	饲料防霉剂 Feed Mould Inhibitor	养殖动物 All species or categories of animals	荷兰赛尔可公司 Selko B. V., the Netherlands	2012.11—2017.11	续展
(2012)外饲准字436号	丙酸、甲酸、乙酸和甲酸铵 Propionic Acid,Formic Acid, Acetic Acid and Ammonium Formate	肥酸宝 Selacid®-Dry	饲料酸化剂 Feed Acidifier	养殖动物 All species or categories of animals	荷兰赛尔可公司 Selko B. V., the Netherlands	2012.11—2017.11	续展
(2012)外饲准字437号	维生素 D_3 VD3	罗维素® D_3 500 Rovimix® D_3 500	饲料级维生素 Vitamin Feed Grade	养殖动物 All species or categories of animals	帝斯曼营养产品法国有限公司 DSM Nutritional Products France SAS,France	2012.11—2017.11	续展
(2012)外饲准字438号	维生素 A 乙酸酯 Vitamin A Acetate	露他维 A500S Lutavit A500S	饲料级维生素 Vitamin Feed Grade	养殖动物 All species or categories of animals	巴斯夫欧洲公司 BASF SE,Germany	2012.11—2017.11	续展
(2012)外饲准字439号	维生素 E 乙酸酯 Vitamin A Acetate	露他维 E50S Lutavit E50S	饲料级维生素 Vitamin Feed Grade	养殖动物 All species or categories of animals	巴斯夫欧洲公司 BASF SE,Germany	2012.11—2017.11	续展
(2012)外饲准字440号	98.5% L-赖氨酸盐酸盐 L-Lysine Monohydrochloride 98.5%	饲料级 98.5% L-赖氨酸盐酸盐 L-Lysine Monohydrochloride 98.5% Feed Grade	饲料级氨基酸 Amino Acid Feed Grade	养殖动物 All species or categories of animals	味之素(泰国)有限公司 Ajinomoto Co., (Thailand) Ltd.	2012.11—2017.11	续展

续表

登记证号	通用名称	商品名称	产品类别	使用范围	生产厂家	有效期限	备注
(2012)外饲准字441号	维生素E Vitamin E	维生素E®混合型50 Microvit® E Promix	饲料级维生素 Vitamin Feed Grade	养殖动物 All species or categories of animals	安迪苏法国公司 Rue Marcel Lingot,France	2012.11—2017.11	续展
(2012)外饲准字442号	蛋氨酸羟基类似物 Methionine Hydroxy Analogue	粉状美斯特®蛋氨酸羟基类似物 MetaSmart®	饲料级氨基酸 Amino Acid Feed Grade	奶牛 Cow	安迪苏法国公司 Rue Marcel Lingot,France	2012.11—2017.11	续展
(2012)外饲准字443号	灭活酿酒酵母 Inactivated *Saccharomyces cerevisiae*	莱克素 Biolex® MB40	饲料添加剂 Feed Additive	养殖动物 All species or categories of animals	德国莱博有限公司 Leiber GmbH,Germany	2012.11—2017.11	续展
(2012)外饲准字444号	水合硅铝酸钠钙 Hydrated Sodium-Calcium Aluminosilicate	克毒宝 Fintox	饲料添加剂 Feed Additive	养殖动物 All species or categories of animals	西班牙Lipidos Toledo有限公司 Lipidos Toledo S. A. C.,Spain	2012.11—2017.11	续展
(2012)外饲准字445号	多种维生素、氨基酸、大豆蛋白 Multi Vitamin, Amino Acid, Soybean Protein	爱胺补 Arcavit Amino	添加剂预混合饲料 Feed Additive Premix	畜禽 Livestock and Poultry	意大利阿卡公司 Prodotti Arca S. R. L.,Italia	2012.11—2017.11	续展
(2012)外饲准字446号	多种维生素、氨基酸、矿物元素 Multi Vitamin, Amino Acid, Minerals	爱固壮 Arcavit WP	添加剂预混合饲料 Feed Additive Premix	家禽和猪 Swine and Poultry	意大利阿卡公司 Prodotti Arca S. R. L.,Italia	2012.11—2017.11	续展
(2012)外饲准字447号	多种维生素、氨基酸、矿物元素 Multi Vitamin, Amino Acid, Minerals	爱金维 Arcavit Forte	添加剂预混合饲料 Feed Additive Premix	家禽和猪 Swine and Poultry	意大利阿卡公司 Prodotti Arca S. R. L.,Italia	2012.11—2017.11	续展

续表

登记证号	通用名称	商品名称	产品类别	使用范围	生产厂家	有效期限	备注
(2012)外饲准字448号	白鱼粉 White Fishmeal	Ramoen牌白鱼粉(一级) Ramoen Brand White Fishmeal(I)	蛋白质饲料 Protein Feed	家禽,猪和水产 Poultry, Swine and Aquaculture	挪威沃达海产品公司(工船加工 F/T Ramoen) Vartdal Seafood AS, Produced In Factory Trawler F/T Ramoen Norway	2012.11—2017.11	续展
(2012)外饲准字449号	鱼油 Fish Oil	鱼油(饲料级) Fish Oil (Feed Grade)	能量饲料 Energy Feed	家禽,猪和水产 Poultry, Swine and Aquaculture	厄瓜多尔Fortidex S. A.公司 Data de Posorja工厂 Fortidex S. A., Data de Posorja Plant	2012.11—2017.11	续展
(2012)外饲准字450号	白鱼粉 White Fishmeal	ICICLE®白鱼粉(特级) ICICLE Brand White Fishmeal	蛋白质饲料 Protein Feed	家禽,猪和水产 Poultry, Swine and Aquaculture	美国ICICLE海鲜公司(工船加工:M/V Northern Victor,工船编号4078) ICICLE Seafoods, Inc., Product on Vessel M/V Northern Victor,No. 4078	2012.11—2017.11	续展
(2012)外饲准字451号	乳清粉 Whey Permeate Powder	饲料级乳清粉 Feed Grade Whey Permeate Powder	能量饲料 Energy Feed	家畜,仔猪和犊牛 Livestock, Piglet and Cattle	美国国际生物营养有限公司 Bio-Nutrirtiong International, Inc.,USA	2012.11—2017.11	
(2012)外饲准字452号	乳清粉 Whey Permeate Powder	加士能低蛋白乳清粉 Milk Permeate Powder	能量饲料 Energy Feed	猪 Pig	美国绿草地乳制品公司 Grassland Dairy Products Inc., USA	2012.11—2017.11	
(2012)外饲准字453号	美国栗树叶提取物 Chestmut Leaves Extract	福美酚 Farmatan LE	饲料香味剂 Feed Flavoring Enhancement	养殖动物 All species or categories of animals	斯洛文尼亚天菱有限公司 Tanin Sevnica D. D.,Slovenija	2012.11—2017.11	
(2012)外饲准字454号	蛋白酶(源自米曲霉)Protease(by Aspergillusniger oryzae)	六畜安®(粉末)Toxi-end®(Powder)	饲料酶制剂 Feed Enzymes	畜禽 Livestock and Poultry	台湾生百兴业有限公司 Life Rainbow Biotech Co., Ltd	2012.11—2017.11	

附录七 中华人民共和国国家标准饲料卫生标准
（GB 13078—2001）

前　言

本标准是对 GB 13078—1999《饲料卫生标准》的修订和补充。

本标准与 GB 13078—1991 的主要技术内容差异是：

根据饲料产品的客观需要,增加了铬在饲料、饲料添加剂中的允许量指标。

补充规定了饲料添加剂及猪、禽添加剂预混合饲料和浓缩饲料,牛、羊精料补充料产品中的砷允许量指标,砷在磷酸盐产品中的允许量由每千克 10 mg 修订为 20 mg。

补充规定了铅在鸭配合饲料,牛精料补充料,鸡、猪浓缩饲料,骨粉,肉骨粉,鸡、猪复合预混料中的允许量指标。

氟在磷酸氢钙产品中的允许量由每千克 2 000 mg 修订为 1 800 mg;补充规定了氟在骨粉,肉骨粉,鸭配合饲料,牛精料补充料,猪、禽添加剂预混合饲料,产蛋鸡、猪、禽浓缩饲料产品中的允许量指标。

补充规定了霉菌在豆饼（粕）,菜籽饼（粕）,鱼粉,肉骨粉,猪、鸡、鸭配合饲料,猪、鸡浓缩饲料,牛精料补充料产品中的允许量指标。

黄曲霉毒素 B1 卫生指标中,将肉用仔鸡配合饲料分为前期和后期料两种,其允许量指标分别修订为每千克饲料中 10 μg 和 20 μg;补充规定了黄曲霉毒素 B1 在棉籽饼（粕）,菜籽饼（粕）,豆粕,仔猪、种猪配合饲料及浓缩饲料,鸭配合饲料及浓缩饲料,鹌鹑配合饲料及浓缩饲料,牛精料补充料产品中的允许量指标。

补充规定了各项卫生指标的试验方法。

本标准自实施之日起代替 GB 13078—1991。

1　范围

本标准规定了饲料、饲料添加剂产品中有害物质及微生物的允许量及其试验方法。

本标准适用于表 1 中所列各种饲料和饲料添加剂产品。

2　引用标准

下列标准所包含的条文,通过在本标准中引用而构成为本标准的条文。本标准出版时,所示版本均为有效,所有标准都会被修订,使用本标准的各方应探讨使用下列标准最新版本的可能性。

GB/T 8381—1987 饲料中黄曲霉毒素 B1 的测定方法

GB/T 13079—1999 饲料中总砷的测定

GB/T 13080—1991 饲料中铅的测定方法

GB/T 13081—1991 饲料中汞的测定方法

GB/T 13082—1991 饲料中镉的测定方法

GB/T 13083—1991 饲料中氟的测定方法

GB/T 13084—1991 饲料中氰化物的测定方法

GB/T 13085—1991 饲料中亚硝酸盐的测定方法

GB/T 13086—1991 饲料中游离棉酚的测定方法

GB/T 13087—1991 饲料中异硫氰酸酯的测定方法

GB/T 13088—1991 饲料中铬的测定方法

GB/T 13089—1991 饲料中噁唑烷硫酮的测定方法

GB/T 13090—1991 饲料中六六六、滴滴涕的测定

GB/T 13091—1991 饲料中沙门氏菌的测定方法

GB/T 13092—1991 饲料中霉菌检验方法

GB/T 13093—1991 饲料中细菌总数的检验方法

GB/T 17480—1998 饲料中黄曲霉毒素 B1 的测定 酶联免疫吸附法

HG 2636—1994 饲料级磷酸氢钙

3 要求

饲料、饲料添加剂的卫生指标及试验方法见表1。

表1 饲料与饲料添加剂卫生指标

序号	卫生指标项目	产品名称	指 标	试验方法	备 注
1	砷(以总砷计)的允许量(每千克产品中),mg	石粉	≤2.0	GB/T 13079	不包括国家主管部门批准使用的有机砷制剂中的砷含量
		硫酸亚铁、硫酸镁			
		磷酸盐	≤20.0		
		沸石粉、膨润土、麦饭石	≤10.0		
		硫酸铜、硫酸锰、硫酸锌、碘化钾、碘酸钙、氯化钴	≤5.0		
		氧化锌	≤10.0		
		鱼粉、肉粉、肉骨粉	≤10.0		
		家禽、猪配合饲料	≤2.0		
		牛、羊精料补充料	≤10.0		
		猪、家禽浓缩饲料			以在配合饲料中20%的添加量计
		猪、家禽添加剂预混合饲料			以在配合饲料中1%的添加量计
2	铅(以 Pb 计)的允许量(每千克产品中),mg	生长鸭、产蛋鸭、肉鸭配合饲料鸡配合饲料、猪配合饲料	≤5	GB/T 13080	
		奶牛、肉牛精料补充料	≤8		
		产蛋鸡、肉用仔鸡浓缩饲料、仔猪、生长肥育猪浓缩饲料	≤13		以在配合饲料中20%的添加量计
		骨粉、肉骨粉、鱼粉、石粉	≤10		
		磷酸盐	≤30		
		产蛋鸡、肉用仔鸡复合预混合饲料、仔猪、生长肥育猪复合预混合饲料	≤40		以在配合饲料中1%的添加量计

续表 1

序号	卫生指标项目	产品名称	指 标	试验方法	备 注
3	氟（以 F 计）的允许量（每千克产品中），mg	鱼粉	≤500	GB/T 13083	高氟饲料用 HG 2636—1994 中 4.4 条
		石粉	≤2 000		
		磷酸盐	≤1 800	HG 2636	
		肉用仔鸡、生长鸡配合饲料	≤250	GB/T 13083	
		产蛋鸡配合饲料	≤350		
		猪配合饲料	≤100		
		骨粉、肉骨粉	≤1 800		
		生长鸭、肉鸭配合饲料	≤200		
		产蛋鸭配合饲料	≤250		
		牛（奶牛、肉牛）精料补充料	≤50		
		猪、禽添加剂预混合饲料	≤1 000		以在配合饲料中 1%的添加量计
		猪、禽浓缩饲料	按添加比例折算后，与相应猪、禽配合饲料规定值相同	GB/T 13083	
4	霉菌的允许量（每克产品中）霉菌总数×10³ 个	玉米	<40	GB/T 13092	限量饲用：40～100 禁用：>100
		小麦麸、米糠			限量饲用：40～80 禁用：>80
		豆饼（粕）、棉籽饼（粕）、菜籽饼（粕）	<50		限量饲用：50～100 禁用：>100
		鱼粉、肉骨粉	<20		限量饲用：20～50 禁用：>50
		鸭配合饲料	<35		
		猪、鸡配合饲料 猪、鸡浓缩饲料 奶、肉牛精料补充料	<45		
5	黄曲霉毒素 B1 允许量（每千克产品中），μg	玉米 花生饼（粕）、棉籽饼（粕）、菜籽饼（粕）	≤50	GB/T 17480 或 GB/T 8381	
		豆粕	≤30		
		仔猪配合饲料及浓缩饲料	≤10		

序号	卫生指标项目	产品名称	指　标	试验方法	备　注
5	黄曲霉毒素 B1 允许量（每千克产品中），μg	生长肥育猪、种猪配合饲料及浓缩饲料	≤20	GB/T 17480 或 GB/T 8381	
		肉用仔鸡前期、雏鸡配合饲料及浓缩饲料	≤10		
		肉用仔鸡后期、生长鸡、产蛋鸡配合饲料及浓缩饲料	≤20		
		肉用仔鸭前期、雏鸭配合饲料及浓缩饲料	≤10		
		肉用仔鸭后期、生长鸭、产蛋鸭配合饲料及浓缩饲料	≤15		
		鹌鹑配合饲料及浓缩饲料	≤20		
		奶牛精料补充料	≤10		
		肉牛精料补充料	≤50		
6	铬（以 Cr 计）的允许量（每千克产品中），mg	皮革蛋白粉	≤200	GB/T 13088	
		鸡猪配合饲料	≤10		
7	汞（以 Hg 计）的允许量（每千克产品中），mg	鱼粉	≤0.5	GB/T 13081	
		石粉 鸡配合饲料，猪配合饲料	≤0.1		
8	镉（以 Cd 计）的允许量（每千克产品中），mg	米糠	≤1.0	GB/T 13082	
		鱼粉	≤2.0		
		石粉	≤0.75		
		鸡配合饲料，猪配合饲料	≤0.5		
9	氰化物（以 HCN 计）的允许量（每千克产品中），mg	木薯干	≤100	GB/T 13084	
		胡麻饼（粕）	≤350		
		鸡配合饲料，猪配合饲料	≤50		
10	亚硝酸盐（以 NaNO₂ 计）的允许量（每千克产品中），mg	鱼粉	≤60	GB/T 13085	
		鸡配合饲料，猪配合饲料	≤15		

饲料安全与法规

304

续表1

序号	卫生指标项目	产品名称	指标	试验方法	备注
11	游离棉酚的允许量（每千克产品中），mg	棉籽饼、粕	≤1 200	GB/T 13086	
		肉用仔鸡、生长鸡配合饲料	≤100		
		产蛋鸡配合饲料	≤20		
		生长肥育猪配合饲料	≤60		
12	异硫氰酸酯（以丙烯基异硫氰酸酯计）的允许量（每千克产品中），mg	菜籽饼、粕	≤4 000	GB/T 13087	
		鸡配合饲料 生长肥育猪配合饲料	≤500		
13	噁唑烷硫酮的允许量（每千克产品中），mg	肉用仔鸡、生长鸡配合饲料	≤1 000	GB/T 13089	
		产蛋鸡配合饲料	≤800		
14	六六六的允许量（每千克产品中），mg	米糠	≤0.05	GB/T 13090	
		小麦麸			
		大豆饼（粕）			
		鱼粉			
		肉用仔鸡、生长鸡配合饲料	≤0.3		
		产蛋鸡配合饲料			
		生长肥育猪配合饲料	≤0.4		
15	滴滴涕的允许量（每千克产品中），mg	米糠	≤0.02	GB/T 13090	
		小麦麸			
		大豆饼（粕）			
		鱼粉			
		鸡配合饲料、猪配合饲料	≤0.2		
16	沙门氏杆菌	饲料	不得检出	GB/T 13091	
17	细菌总数的允许量（每克产品中），细菌总数×10⁶个	鱼粉	<2	GB/T 13093	限量饲用：2～5 禁用：>5

注：1 所列允许量均为以干物质含量为88%的饲料为基础计算。

2 浓缩饲料、添加剂预混合饲料添加比例与本标准备注不同时，其卫生指标允许量可进行折算。

GB 13078—2001《饲料卫生标准》第 1 号修改单

本修改单经国家标准化管理委员会于 2003 年 11 月 11 日以国标委农经函〔2003〕97 号文批准,自 2004 年 4 月 1 日起实施。

1. 表 1 中序号"1(砷)"中的产品名称栏分为四种,其中"添加有机砷的饲料产品ª"为新增补的一种,并对其总砷允许量指标作了规定。

2. 删除表 1 中序号"1(砷)"、"2(铅)"、"3(氟)"项的备注栏的内容。

3. 表 1 序号"3(氟)"中磷酸盐试验方法改为 GB/T 13083;猪、家禽浓缩饲料指标中的规定在表述上略作改动。

4. 将表 1 末栏的注 1、2 更改为:"ª系指国家主管部门批准允许使用的有机砷制剂",其用法与用量遵循相关文件的规定。添加有机砷制剂的饲料产品应在标签上标示出有机砷准确含量(按实际添加量计算)。

修改后的表 1 中序号 1(砷)、2(铅)、3(氟)项及末栏的注见表 1:

表 1　饲料与饲料添加剂卫生指标

序号	项目	产品名称		指标	试验方法	备注
1	砷(以总砷计的允许量)(每千克产品中)mg	矿物饲料	石粉	≤2.0	GB/T 13079	
			磷酸盐	≤20.0		
			沸石粉、膨润土、麦饭石	≤10.0		
		饲料添加剂	硫酸亚铁、硫酸镁	≤2.0		
			硫酸铜、硫酸锰、硫酸锌、碘化钾、碘酸钙、氯化钴	≤5.0		
			氧化锌	≤10.0		
		饲料产品	鱼粉、肉粉、肉骨粉	≤10.0		
			猪、家禽配合饲料	≤2.0		
			牛、羊精料补充料	≤10.0		
			猪、家禽浓缩饲料			
			猪、家禽添加剂预混合饲料			
		添加有机砷的饲料产品ª	猪、家禽配合饲料	不大于 2 mg 与添加的有机砷制剂标示值计算得出的砷含量之和		
			猪、家禽浓缩饲料	按添加比例折算后,应不大于相应猪、家禽配合饲料的允许量		
			猪、家禽添加剂预混合饲料			

续表1

序号	项目	产品名称	指标	试验方法	备注
2	铅（以 Pb 计）的允许量（每千克产品中）mg	⋮	⋮	GB/T 13080	
		产蛋鸡、肉用仔鸡浓缩饲料	≤13		
		仔猪、生长肥育猪浓缩饲料			
		⋮	⋮		
		产蛋鸡、肉用仔鸡复合预混合饲料	≤40		
		仔猪、生长肥育猪复合预混合饲料			
3	氟（以 F 计）的允许量（每千克产品中）mg	鱼粉	≤500	GB/T 13080	
		石粉	≤2 000		
		磷酸盐	≤1 800		
		⋮	⋮		
		猪、禽浓缩饲料	按添加比例折算后，应不大于相应猪、禽配合饲料的充许量		

⋮

ᵃ系指国家主管部门批准允许使用的有机胂制剂,其用法与用量遵循相关文件的规定。添加有机砷制剂的产品应在标签上标示出有机砷准确含量（按实际添加剂计算）。

附录八　饲料标签标准(GB 10648—2013)

前　言

本标准的全部技术内容为强制性。

本标准按照 GB/T 1.1—2009 给出的规则起草。

本标准代替 GB 10648—1999《饲料标签》。

本标准与 GB 10648—1999《饲料标准》相比,主要技术内容差异如下：

修订完善了标准的适用范围。

增加了饲料、饲料原料、饲料添加剂等术语的定义（见3.2~3.15）;修改了药物饲料添加剂的定义（见3.18）;删除了"保质期"的术语和定义,用"净含量"代替"净重"（见3.17）,并规定了净含量的标示要求（见5.7）。

增加了标签中不得标示具有预防或者治疗动物疾病作用的内容的规定（见4.4）。

增加了产品名称应采用通用名称的要求,并规定了各类饲料的通用名称的表述方式和标示要求（见5.2）。

规定了产品成分分析保证值应符合产品所执行的标准的要求（见5.3.1）。

将饲料产品成分分析保证值项目分为"饲料和饲料原料产品成分分析保证值项目"和"饲料添加剂产品成分分析保证值项目"两部分;将饲料添加剂产品分为"矿物质微量元素饲料添加剂、酶制剂饲料添加剂、微生物饲料添加剂、混合型饲料添加剂、其他饲料添加剂";对饲料和饲料原料产品成分分析保证值项目、饲料添加剂产品成分分析保证值项目进行了修订、补充和完善;增加了饲料原料产品成分分析保证值项目为《饲料原料目录》中强制性标识项目的规定;增加了液态饲料添加剂、液态添加剂预混合饲料不需标示水分的规定;增加了执行企业标准的饲料添加剂和进口饲料添加剂应标明卫生指标的规定(见表1、表2)。

修订、补充和完善了原料组成应标明的内容(见5.4)。

增加了饲料添加剂、微量元素预混合饲料和维生素预混合饲料应标明推荐用量及注意事项的规定(见5.6)。

规定了进口产品的中文标签标明的生产日期应与原产地标签上标明的生产日期一致(见5.8.2)。

保质期增加了一种表示方法,并要求进口产品的中文标签标明的保质期应与原产地标签上标明的保质期一致(见5.9)。

将贮存条件及方法单独作为一条列出(见5.10)。

用"许可证明文件编号"代替"生产许可证和产品批准文号"(见5.11)。

增加了动物源性饲料(见5.13.1)、委托加工产品(见5.13.3)、定制产品(见5.13.4)、进口产品(见5.13.5)和转基因产品(见5.13.6)的特殊标示规定。

补充规定了标签不得被遮掩,应在不打开包装的情况下,能看到完整的标签内容(见6.2)。

附录A增加了酶制剂饲料添加剂和微生物饲料添加剂产品成分分析保证值的计量单位。

本标准由全国饲料工业标准化技术委员会(SAC/T 76)归口。

本标准主要起草单位:中国饲料工业协会、全国饲料工业标准化技术委员会秘书处。

本标准主要起草人:王黎文、沙玉圣、粟胜兰、武玉波、杨清峰、李祥明、严建刚。

本标准所代替标准的历次版本发布情况为:——GB 10648—1988、GB 10648—1993、GB 10648—1999。

饲 料 标 签

1. 范围

本标准规定了饲料、饲料添加剂和饲料原料标签标示的基本原则、基本内容和基本要求。

本标准适用于商品饲料、饲料添加剂和饲料原料(包括进口产品),不包括可饲用原粮、药物饲料添加剂和养殖者自行配制使用的饲料。

2. 规范性引用文件

下列文件对于本文件的应用是必不可少的。凡是注日期的引用文件,仅所注日期的版本适用于本文件。凡是不注日期的引用文件,其最新版本(包括所有的修改单)适用于本文件。

GB/T 10647 饲料工业术语

GB 13078 饲料卫生标准

3. 术语和定义

GB/T 10647 中界定的以及下列术语和定义适用于本文件。

3.1 饲料标签 feed label

以文字、符号、数字、图形说明饲料、饲料添加剂和饲料原料内容的一切附签或其他说明物。

3.2 饲料原料 feed material

来源于动物、植物、微生物或者矿物质,用于加工制作饲料但不属于饲料添加剂的饲用物质。

3.3 饲料 feed

经工业化加工、制作的供动物食用的产品,包括单一饲料、添加剂预混合饲料、浓缩饲料、配合饲料和精料补充料。

3.4 单一饲料 single feed

来源于一种动物、植物、微生物或者矿物质,用于饲料产品生产的饲料。

3.5 添加剂预混合饲料 feed additive premix

由两种(类)或者两种(类)以上营养性饲料添加剂为主,与载体或者稀释剂按照一定比例配制的饲料,包括复合预混合饲料、微量元素预混合饲料、维生素预混合饲料。

3.6 复合预混合饲料 premix

以矿物质微量元素、维生素、氨基酸中任何两类或两类以上的营养性饲料添加剂为主,与其他饲料添加剂、载体和(或)稀释剂按一定比例配制的均匀混合物,其中营养性饲料添加剂的含量能够满足其适用动物特定生理阶段的基本营养需求,在配合饲料、精料补充料或动物饮用水中的添加量不低于 0.1% 且不高于 10%。

3.7 维生素预混合饲料 vitamin premix

两种或两种以上维生素与载体和(或)稀释剂按一定比例配制的均匀混合物,其中维生素含量应满足其适用动物特定生理阶段的维生素需求,在配合饲料、精料补充料或动物饮用水中的添加量不低于 0.01% 且不高于 10%。

3.8 微量元素预混合饲料 trace mineral premix

两种或两种以上矿物质微量元素与载体和(或)稀释剂按一定比例配制的均匀混合物,其中矿物质微量元素含量能够满足其适用动物特定生理阶段的微量元素需求,在配合饲料、精料补充料或动物饮用水中的添加量不低于 0.1% 且不高于 10%。

3.9 浓缩饲料 concentrate feed

主要由蛋白质、矿物质和饲料添加剂按照一定比例配制的饲料。

3.10 配合饲料 formula feed;complete feed

根据养殖动物营养需要,将多种饲料原料和饲料添加剂按照一定比例配制的饲料。

3.11 精料补充料 supplementary concentrate

为补充草食动物的营养,将多种饲料原料和饲料添加剂按照一定比例配制的饲料。

3.12 饲料添加剂 feed additive

在饲料加工、制作、使用过程中添加的少量或者微量物质,包括营养性饲料添加剂和一般饲料添加剂。

3.13 混合型饲料添加剂 feed additive blender

由一种或一种以上饲料添加剂与载体或稀释剂按一定比例混合,但不属于添加剂预混合饲料的饲料添加剂产品。

3.14 许可证明文件 official approval document

新饲料、新饲料添加剂证书,饲料、饲料添加剂进口登记证,饲料、饲料添加剂生产许可证以及饲料添加剂、添加剂预混合饲料产品批准文号的统称。

3.15 通用名称 common name

能反映饲料、饲料添加剂和饲料原料的真实属性并符合相关法律法规和标准规定的产品名称。

3.16 产品成分分析保证值 guaranteed analysis of product

在产品保质期内采用规定的分析方法能得到的、符合标准要求的产品成分值。

3.17 净含量 net content

去除包装容器和其他所有包装材料后内装物的量。

3.18 药物饲料添加剂 medical feed additive

为预防、治疗动物疾病而掺入载体或者稀释剂的兽药的预混合物质。

4. 基本原则

4.1 标示的内容应符合国家相关法律法规和标准的规定。

4.2 标示的内容应真实、科学、准确。

4.3 标示内容的表述应通俗易懂。不得使用虚假、夸大或容易引起误解的表述,不得以欺骗性表述误导消费者。

4.4 不得标示具有预防或者治疗动物疾病作用的内容。但饲料中添加药物饲料添加剂的,可以对所添加的药物饲料添加剂的作用加以说明。

5. 应标示的基本内容

5.1 卫生要求

饲料、饲料添加剂和饲料原料应符合相应卫生要求。饲料和饲料原料应标有"本产品符合饲料卫生标准"字样,以明示产品符合 GB 13078 的规定。

5.2 产品名称

5.2.1 产品名称应采用通用名称。

5.2.2 饲料添加剂应标注"饲料添加剂"字样,其通用名称应与《饲料添加剂品种目录》中的通用名称一致。饲料原料应标注"饲料原料"字样,其通用名称应与《饲料原料目录》中的原料名称一致。新饲料、新饲料添加剂和进口饲料、进口饲料添加剂的通用名称应与农业部相关公告的名称一致。

5.2.3 混合型饲料添加剂的通用名称表述为"混合型饲料添加剂+《饲料添加剂品种目录》中规定的产品名称或类别",如"混合型饲料添加剂 乙氧基喹啉","混合型饲料添加剂 抗氧化剂"。如果产品涉及多个类别,应逐一标明;如果产品类别为"其他",应直接标明产品的通用名称。

5.2.4 饲料(单一饲料除外)的通用名称应以配合饲料、浓缩饲料、精料补充料、复合预混合饲料、微量元素预混合饲料或维生素预混合饲料中的一种表示,并标明饲喂对象。可在通用名称前(或后)标示膨化、颗粒、粉状、块状、液体、浮性等物理状态或加工方法。

5.2.5 在标明通用名称的同时,可标明商品名称,但应放在通用名称之后,字号不得大于通用名称。

5.3 产品成分分析保证值

5.3.1 产品成分分析保证值应符合产品所执行的标准的要求。

5.3.2 饲料和饲料原料产品成分分析保证值项目的标示要求,见表1。

表1 饲料和饲料原料产品成分分析保证值项目的标示要求

序号	产品类别	产品成分分析保证值项目	备注
1	配合饲料	粗蛋白质、粗纤维、粗灰分、钙、总磷、氯化钠、水分、氨基酸	水产配合饲料还应标明粗脂肪,可以不标明氯化钠和钙
2	浓缩饲料	粗蛋白质、粗纤维、粗灰分、钙、总磷、氯化钠、水分、氨基酸	
3	精料补充料	粗蛋白质、粗纤维、粗灰分、钙、总磷、氯化钠、水分、氨基酸	
4	复合预混合饲料	微量元素、维生素和(或)氨基酸及其他有效成分、水分	
5	微量元素预混合饲料	微量元素、水分	
6	维生素预混合饲料	维生素、水分	
7	饲料原料	《饲料原料目录》规定的强制性标识项目	

序号1、2、3、4、5、6产品成分分析保证值项目中氨基酸、维生素及微量元素的具体种类应与产品所执行的质量标准一致。

液态添加剂预混合饲料不需标示水分。

5.3.3 饲料添加剂产品成分分析保证值项目的标示要求,见表2。

表2 饲料添加剂产品成分分析保证值项目的标示要求

序号	产品类别	产品成分分析保证值项目	备注
1	矿物质微量元素饲料添加剂	有效成分、水分、粒(细)度	若无粒(细)度要求时,可以不标
2	酶制剂饲料添加剂	有效成分、水分	
3	微生物饲料添加剂	有效成分、水分	
4	混合型饲料添加剂	有效成分、水分	
5	其他饲料添加剂	有效成分、水分	

执行企业标准的饲料添加剂产品和进口饲料添加剂产品,其产品成分分析保证值项目还应标示卫生指标。

液态饲料添加剂不需标示水分。

5.4 原料组成

5.4.1 配合饲料、浓缩饲料、精料补充料应标明主要饲料原料名称和(或)类别、饲料添加剂名称和(或)类别;添加剂预混合饲料、混合型饲料添加剂应标明饲料添加剂名称、载体和(或)稀释剂名称;饲料添加剂若使用了载体和(或)稀释剂的,应标明载体和(或)稀释剂的名称。

5.4.2 饲料原料名称和类别应与《饲料原料目录》一致;饲料添加剂名称和类别应与《饲料添加剂品种目录》一致。

5.4.3 动物源性蛋白质饲料、植物性油脂、动物性油脂若添加了抗氧化剂,还应标明抗氧化剂的名称。

5.5 产品标准编号

5.5.1 饲料和饲料添加剂产品应标明产品所执行的产品标准编号。

5.5.2 实行进口登记管理的产品,应标明进口产品复核检验报告的编号;不实行进口登记管理的产品可不标示此项。

5.6 使用说明

配合饲料、精料补充料应标明饲喂阶段。浓缩饲料、复合预混合饲料应标明添加比例或推荐配方及注意事项。饲料添加剂、微量元素预混合饲料和维生素预混合饲料应标明推荐用量及注意事项。

5.7 净含量

5.7.1 包装类产品应标明产品包装单位的净含量;罐装车运输的产品应标明运输单位的净含量。

5.7.2 固态产品应使用质量标示;液态产品、半固态或黏性产品可用体积或质量标示。

5.7.3 以质量标示时,净含量不足 1 kg 的,以克(g)作为计量单位;净含量超过 1 kg(含 1 kg)的,以千克(kg)作为计量单位。以体积标示时,净含量不足 1 L 的,以毫升(mL 或 ml)作为计量单位;净含量超过 1 L(含 1 L)的,以升(L 或 l)作为计量单位。

5.8 生产日期

5.8.1 应标明完整的年、月、日。

5.8.2 进口产品中文标签标明的生产日期应与原产地标签上标明的生产日期一致。

5.9 保质期

5.9.1 用"保质期为____天(日)或____月或____年"或"保质期至:____年____月____日"表示。

5.9.2 进口产品中文标签标明的保质期应与原产地标签上标明的保质期一致。

5.10 贮存条件及方法

应标明贮存条件及贮存方法。

5.11 行政许可证明文件编号

实行行政许可管理的饲料和饲料添加剂产品应标明行政许可证明文件编号。

5.12 生产者、经营者的名称和地址

5.12.1 实行行政许可管理的饲料和饲料添加剂产品,应标明与行政许可证明文件一致的生产者名称、注册地址、生产地址及其邮政编码、联系方式;不实行行政许可管理的,应标明与营业执照一致的生产者名称、注册地址、生产地址及其邮政编码、联系方式。

5.12.2 集团公司的分公司或生产基地,除标明上述相关信息外,还应标明集团公司的名称、地址和联系方式。

5.12.3 进口产品应标明与进口产品登记证一致的生产厂家名称,以及与营业执照一致的在中国境内依法登记注册的销售机构或代理机构名称、地址、邮政编码和联系方式等。

5.13 其他

5.13.1 动物源性饲料

5.13.1.1 动物源性饲料应标明源动物名称。

5.13.1.2 乳和乳制品之外的动物源性饲料应标明"本产品不得饲喂反刍动物"字样。

5.13.2 加入药物饲料添加剂的饲料产品

5.13.2.1 应在产品名称下方以醒目字体标明"本产品加入药物饲料添加剂"字样。

5.13.2.2 应标明所添加药物饲料添加剂的通用名称。

5.13.2.3 应标明本产品中药物饲料添加剂的有效成分含量、休药期及注意事项。

5.13.3 委托加工产品

除标明本章规定的基本内容外,还应标明委托企业的名称、注册地址和生产许可证编号。

5.13.4 定制产品

5.13.4.1 应标明"定制产品"字样。

5.13.4.2 除标明本章规定的基本内容外,还应标明定制企业的名称、地址和生产许可证编号。

5.13.4.3 定制产品可不标示产品批准文号。

5.13.5 进口产品

进口产品应用中文标明原产国名或地区名。

5.13.6 转基因产品

转基因产品的标示应符合相关法律法规的要求。

5.13.7 其他内容

可以标明必要的其他内容,如:产品批号、有效期内的质量认证标志等。

6. 基本要求

6.1 印制材料应结实耐用;文字、符号、数字、图形清晰醒目,易于辨认。

6.2 不得与包装物分离或被遮掩;应在不打开包装的情况下,能看到完整的标签内容。

6.3 罐装车运输产品的标签随发货单一起传送。

6.4 应使用规范的汉字,可以同时使用有对应关系的汉语拼音及其他文字。

6.5 应采用国家法定计量单位。产品成分分析保证值常用计量单位参见附录 A。

6.6 一个标签只能标示一个产品。

附录 A

(资料性附录)

产品成分分析保证值常用计量单位

1 饲料产品成分分析保证值计量单位

1.1 粗蛋白质、粗纤维、粗脂肪、粗灰分、总磷、钙、氯化钠、水分、氨基酸的含量,以百分含量(%)表示。

1.2 微量元素的含量,以每千克(升)饲料中含有某元素的质量表示。如:g/kg、mg/kg、μg/kg,或 g/L、mg/L、μg/L。

1.3 药物饲料添加剂和维生素含量,以每千克(升)饲料中含药物或维生素的质量,或以表示生物效价的国际单位(IU)表示。如:g/kg、mg/kg、μg/kg、IU/kg,或 g/L、mg/L、μg/L、IU/L。

2 饲料添加剂产品成分分析保证值计量单位

2.1 酶制剂饲料添加剂的含量,以每千克(升)产品中含酶活性单位表示,或以每克(毫升)产品中含酶活性单位表示。如:U/kg、U/L,或 U/g、U/mL。

2.2 微生物饲料添加剂的含量,以每千克(升)产品中含微生物的菌落数或个数表示,或以每克(毫升)产品中含微生物的菌落数或个数表示。如:CFU/kg、个/kg、CFU/L、个/L,或 CFU/g、个/g、CFU/mL、个/mL。

附录九 饲料添加剂安全使用规范
(农业部公告 1224 号)

根据《饲料和饲料添加剂管理条例》有关规定,为指导饲料企业和养殖单位科学合理使用饲料添加剂,提高饲料和养殖产品质量安全水平,保护生态环境,促进饲料产业和养殖业持续健康发展,我部制定了《饲料添加剂安全使用规范》(以下简称《规范》)。

一、本次公告的《规范》中,涉及《饲料添加剂品种目录(2008)》中氨基酸、维生素、微量元素和常量元素的部分品种,其余饲料添加剂品种的《规范》正在制定过程中,待制定完成后将陆续公布。

二、《规范》中含量规格一栏仅公布了饲料添加剂产品的主要规格。

三、《规范》中"在配合饲料或全混合日粮中的最高限量"为强制性指标,饲料企业和养殖单位应严格遵照执行。

本公告自发布之日起生效。

特此公告

二〇〇九年六月十八日

附件:

饲料添加剂安全使用规范

1. 氨基酸 Amino Acids

通用名称	英文名称	化学式或描述	来源	含量规格,%		适用动物	在配合饲料或全混合日粮中的推荐用量(以氨基酸计),%	在配合饲料或全混合日粮中的最高限量(以氨基酸计),%	其他要求
				以氨基酸盐计	以氨基酸计				
L-赖氨酸盐酸盐	L-Lysine monohydrochloride	$NH_2(CH_2)_4CH(NH_2)COOH \cdot HCl$	发酵生产	≥98.5(以干基计)	≥78.0(以干基计)	养殖动物	0~0.5	—	—
L-赖氨酸硫酸盐及其发酵副产物(产自谷氨酸棒杆菌)	L-Lysine sulfate and its by-products from fermentation (Source: Corynebacterium glutamicum)	$[NH_2(CH_2)_4CH(NH_2)COOH]_2 \cdot H_2SO_4$	发酵生产	≥65.0(以干基计)	≥51.0(以干基计)	养殖动物	0~0.5	—	—
DL-蛋氨酸	DL-Methionine	$CH_3S(CH_2)_2CH(NH_2)COOH$	化学制备	—	≥98.5	养殖动物	0~0.2	鸡 0.9	—
L-苏氨酸	L-Threonine	$CH_3CH(OH)CH(NH_2)COOH$	发酵生产	—	≥97.5(以干基计)	养殖动物	畜禽 0~0.3 鱼类 0~0.3 虾类 0~0.8	—	—
L-色氨酸	L-Tryptophan	$(C_8H_5NH)CH_2CH(NH_2)COOH$	发酵生产	—	≥98.0	养殖动物	畜禽 0~0.1 鱼类 0~0.1 虾类 0~0.3	—	—

附录

续表

通用名称	英文名称	化学式或描述	来源	含量规格,% 以氨基酸盐计	含量规格,% 以氨基酸羟基计	适用动物	在配合饲料或全混合日粮中的推荐用量(以氨基酸计),%	在配合饲料或全混合日粮中的最高限量(以氨基酸计),%	其他要求
蛋氨酸羟基类似物	Methionine hydroxy analogue	$C_5H_{10}O_3S$	化学制备	—	≥88.0(以蛋氨酸羟基类似物计)		猪 0~0.11 鸡 0~0.21 牛 0~0.27(以蛋氨酸羟基类似物计)	鸡 0.9(以蛋氨酸类似物计)	—
蛋氨酸羟基类似物钙盐	Methionine hydroxy analogue calcium	$C_{10}H_{18}O_6S_2Ca$	化学制备	≥95.0(以干基计)	≥84.0(以蛋氨酸羟基类似物计,干基)	猪、鸡、牛			—
N-羟甲基蛋氨酸钙	N-Hydroxymethyl methionine calcium	$(C_6H_{12}NO_3S)_2Ca$	化学制备	≥98.0	≥67.6(以蛋氨酸计)	反刍动物	牛 0~0.14(以蛋氨酸计)	—	—

2. 维生素 Vitamins注1

通用名称	英文名称	化学式或描述	来源	含量规格		适用动物	在配合饲料或全混合日粮中的推荐添加量（以维生素计）	在配合饲料或全混合日粮中的最高限量（以维生素计）	其他要求
				以化合物计	以维生素计				
维生素 A 乙酸酯	Vitamin A acetate	$C_{22}H_{32}O_2$	化学制备	—	粉剂≥5.0×10^5 IU/g；油剂≥2.5×10^6 IU/g	养殖动物	猪1 300～4 000 IU/kg，肉鸡2 700～8 000 IU/kg，蛋鸡1 500～4 000 IU/kg，牛2 000～4 000 IU/kg，羊1 500～2 400 IU/kg，鱼类1 000～4 000 IU/kg	仔猪16 000 IU/kg，育肥猪6 500 IU/kg，怀孕母猪12 000 IU/kg，泌乳母猪7 000 IU/kg，种牛25 000 IU/kg，育肥和泌乳牛10 000 IU/kg，干奶牛20 000 IU/kg，14日龄以前的蛋鸡和肉鸡20 000 IU/kg，14日龄以后的蛋鸡10 000 IU/kg，28日龄以前的肉鸡和肉火鸡20 000 IU/kg，28日龄后的火鸡10 000 IU/kg	—
维生素 A 棕榈酸酯	Vitamin A palmitate	$C_{36}H_{60}O_2$	化学制备	—	粉剂≥2.5×10^5 IU/g；油剂≥1.7×10^6 IU/g				
β-胡萝卜素	beta-Carotene	$C_{40}H_{56}$	提取、发酵生产或化学制备	≥96.0%	—	养殖动物	奶牛5～30 mg/kg（以β胡萝卜素计）	—	—
盐酸硫胺（维生素 B₁）	Thiamine hydrochloride（Vitamin B₁）	$C_{12}H_{17}ClN_4OS \cdot HCl$	化学制备	98.5%～101.0%(以干基计)	87.8%～90.0%（以干基计）	养殖动物	猪1～5 mg/kg，家禽1～5 mg/kg，鱼类5～20 mg/kg	—	—

通用名称	英文名称	化学式或描述	来源	含量规格		适用动物	在配合饲料或全混合日粮中的推荐添加量(以维生素计)	在配合饲料或全混合日粮中的最高限量(以维生素计)	其他要求
				以化合物计	以维生素计				
硝酸硫胺(维生素 B_1)	Thiamine mononitrate (Vitamin B_1)	$C_{12}H_{17}N_5O_4S$	化学制备	98.0%~101.0%(以干基计)	90.1%~92.8%(以干基计)				—
核黄素(维生素 B_2)	Riboflavin (Vitamin B_2)	$C_{17}H_{20}N_4O_5$	化学制备或发酵生产	—	98.0%~102.0%,96.0%~102.0%,≥80.0%(以干基计)	养殖动物	猪2~8 mg/kg,家禽2~8 mg/kg,鱼类10~25 mg/kg	—	—
盐酸吡哆醇(维生素 B_6)	Pyridoxine hydrochloride (Vitamin B_6)	$C_8H_{11}NO_3 \cdot HCl$	化学制备	98.0%~101.0%(以干基计)	80.7%~83.1%(以干基计)	养殖动物	猪1~3 mg/kg,家禽3~5 mg/kg,鱼类3~50 mg/kg	—	—
氰钴胺(维生素 B_{12})	Cyanocobalamin (Vitamin B_{12})	$C_{63}H_{88}CoN_{14}O_{14}P$	发酵生产	—	≥96.0(以干基计)	养殖动物	猪5~33 μg/kg,家禽3~12 μg/kg,鱼类10~20 μg/kg	—	—

续表

通用名称	英文名称	化学式或描述	来源	含量规格		适用动物	在配合饲料或全混合日粮中的推荐添加量（以维生素计）	在配合饲料或全混合日粮中的最高限量（以维生素计）	其他要求
				以化合物计	以维生素计				
L-抗坏血酸（维生素C）	L-Ascorbic acid (Vitamin C)	$C_6H_8O_6$	化学制备或发酵生产	—	99.0%~101.0%	养殖动物	猪150~300 mg/kg, 家禽50~200 mg/kg, 犊牛125~500 mg/kg, 罗非鱼、鲫鱼、鱼苗300 mg/kg, 鱼、鱼苗种200 mg/kg, 青鱼、虹鳟鱼、蛙类100~150 mg/kg, 草鱼、鲤鱼300~500 mg/kg	—	—
L-抗坏血酸钙	Calcium L-ascorbate	$C_{12}H_{14}CaO_{12}\cdot 2H_2O$	化学制备	≥98.0%	≥80.5%			—	—
L-抗坏血酸钠	Sodium L-ascorbate	$C_6H_7NaO_6$	化学制备或发酵生产	≥98.0%	≥87.1%			—	—
L-抗坏血酸-2-磷酸酯	L-Ascorbyl-2-polyphosphate	—	化学制备	—	≥35.0%			—	—
L-抗坏血酸-6-棕榈酸酯	6-Palmityl-L-ascorbic acid	$C_{22}H_{38}O_7$	化学制备	≥95.0%	≥40.3%			—	—
维生素 D_2	Vitamin D_2	$C_{28}H_{44}O$	化学制备	≥97.0%	4.0×10^7 IU/g	养殖动物	猪150~500 IU/kg, 牛275~400 IU/kg, 羊150~500 IU/kg	猪5 000 IU/kg（仔猪代乳料10 000 IU/kg），家禽5 000 IU/kg，牛4 000 IU/kg（接牛代乳料10 000 IU/kg），羊、马4 000 IU/kg，鱼类3 000 IU/kg，其他动物2 000 IU/kg	饲料中维生素 D_3 不能与维生素 D_2 同时使用
维生素 D_3	Vitamin D_3	$C_{27}H_{44}O$	化学制备或提取	—	油剂≥1.0×10^6 IU/g 粉剂≥5.0×10^5 IU/g	养殖动物	猪150~500 IU/kg, 鸡400~2 000 IU/kg, 鸭500~800 IU/kg, 鹅500 IU/kg, 牛275~450 IU/kg, 羊150~500 IU/kg, 鱼类500~2 000 IU/kg		

通用名称	英文名称	化学式或描述	来源	含量规格		适用动物	在配合饲料或全混合日粮中的推荐添加量（以维生素计）	在配合饲料或全混合日粮中的最高限量（以维生素计）	其他要求
				以化合物计	以维生素计				
DL-α-生育酚乙酸酯（维生素E）	DL-alpha-Tocopherol acetate (Vitamin E)	$C_{31}H_{52}O_3$	化学制备	油剂≥92.0%　粉剂≥50.0%	油剂≥920 IU/g　粉剂≥500 IU/g	养殖动物	猪 10～100 IU/kg，鸡 10～30 IU/kg，鸭 20～50 IU/kg，鹅 20～50 IU/kg，牛 15～60 IU/kg，羊 10～40 IU/kg，鱼类 30～120 IU/kg	—	—
亚硫酸氢钠甲萘醌	Menadione sodium bisulfite (MSB)	$C_{11}H_8O_2 \cdot NaHSO_3 \cdot 3H_2O$	化学制备	≥96.0%　≥98.0%	≥50.0%　≥51.0%（以甲萘醌计）	养殖动物	猪 0.5 mg/kg，鸡 0.4～0.6 mg/kg，鸭 0.5 mg/kg，水产动物 2～16 mg/kg（以甲萘醌计）	猪 10 mg/kg，鸡 5 mg/kg，（以甲萘醌计）	—
二甲基嘧啶醇亚硫酸甲萘醌	Menadione dimethyl-pyrimidinol bisulfite (MPB)	$C_{17}H_{18}N_2O_6S$	化学制备	≥96.0%	≥44.0%（以甲萘醌计）				—
亚硫酸氢烟酰胺甲萘醌	Menadione nicotinamide bisulfite (MNB)	$C_{17}H_{16}N_2O_5S$	化学制备	≥96.0%	≥43.7%（以甲萘醌计）				—

续表

通用名称	英文名称	化学式或描述	来源	含量规格		适用动物	在配合饲料或全混合日粮中的推荐添加量（以维生素计）	在配合饲料或全混合日粮中的最高限量（以维生素计）	其他要求
				以化合物计	以维生素计				
烟酸	Nicotinic acid	C₆H₅NO₂	化学制备	—	99.0%～100.5%（以干基计）	养殖动物	仔猪 20～40 mg/kg，生长肥育猪 20～30 mg/kg，蛋雏鸡 30～40 mg/kg，育成蛋鸡 10～15 mg/kg，产蛋鸡 15 mg/kg，肉仔鸡 30～40 mg/kg，奶牛 50～60 mg/kg（精料补充料），鱼虾类 20～200 mg/kg	—	—
烟酰胺	Niacinamide	C₆H₆N₂O	化学制备	—	≥99.0%	养殖动物		—	—
D-泛酸钙	D-Calcium pantothenate	C₁₈H₃₂CaN₂O₁₀	化学制备	98.0%～101.0%（以干基计）	90.2%～92.9%（以干基计）	养殖动物	仔猪 10～15 mg/kg，生长肥育猪 10～15 mg/kg，蛋雏鸡 10～15 mg/kg，育成蛋鸡 10～15 mg/kg，产蛋鸡 20 mg/kg，肉仔鸡 20～25 mg/kg，鱼类 20～50 mg/kg	—	—

续表

通用名称	英文名称	化学式或描述	来源	含量规格		适用动物	在配合饲料或全混合日粮中的推荐添加量（以维生素计）	在配合饲料或全混合日粮中的最高限量（以维生素计）	其他要求
				以化合物计	以维生素计				
DL-泛酸钙	DL-Calcium pantothenate	$C_{18}H_{32}CaN_2O_{10}$	化学制备	≥99.0%	≥45.5%	养殖动物	仔猪 20~30 mg/kg, 生长肥育猪 20~30 mg/kg；蛋雏鸡、育成蛋鸡 20~30 mg/kg, 成蛋鸡 20~30 mg/kg, 产蛋鸡 40~50 mg/kg, 肉鸡 40~50 mg/kg, 鱼类 40~100 mg/kg	—	—
叶酸	Folic acid	$C_{19}H_{19}N_7O_6$	化学制备	—	95.0%~102.0%（以干基计）	养殖动物	仔猪 0.6~0.7 mg/kg, 生长肥育猪 0.3~0.6 mg/kg, 雏鸡 0.6~0.7 mg/kg, 成蛋鸡 0.3~0.6 mg/kg, 产蛋鸡 0.6 mg/kg, 肉鸡 0.3~0.6 mg/kg, 仔鸡 0.6~0.7 mg/kg, 鱼类 1.0~2.0 mg/kg	—	—
D-生物素	D-Biotin	$C_{10}H_{16}N_2O_3S$	化学制备	—	≥97.5%	养殖动物	猪 0.2~0.5 mg/kg, 蛋鸡 0.15~0.25 mg/kg, 肉鸡 0.2~0.3 mg/kg, 鱼类 0.05~0.15 mg/kg	—	—

想法与小农对话筒

续表

通用名称	英文名称	化学式或描述	来源	含量规格		适用动物	在配合饲料或全混合日粮中的推荐添加量（以维生素计）	在配合饲料或全混合日粮中的最高限量（以维生素计）	其他要求
				以化合物计	以维生素计				
氯化胆碱	Choline chloride	$C_5H_{14}NOCl$	化学制备	水剂≥70.0%或≥75.0%，粉剂≥50.0%或≥60.0%（粉剂以干基计）	水剂≥52.0%或≥55.0%，粉剂≥37.0%或≥44.0%（粉剂以干基计）	养殖动物	猪200～1 300 mg/kg，鸡450～1 500 mg/kg，鱼类400～1 200 mg/kg	—	用于奶牛时，产品应作保护处理
肌醇	Inositol	$C_6H_{12}O_6$	化学制备	—	≥97.0%（以干基计）	养殖动物	鲤科鱼 250～500 mg/kg，鲑鱼、虹鳟300～400 mg/kg，鳗鱼 500 mg/kg，虾类 200～300 mg/kg	—	—

方法与补充说明

通用名称	英文名称	化学式或描述	来源	含量规格		适用动物	在配合饲料或全混合日粮中的推荐添加量（以维生素计）	在配合饲料或全混合日粮中的最高限量（以维生素计）	其他要求
				以化合物计	以维生素计				
L-肉碱	L-Carnitine	$C_7H_{15}NO_3$	化学制备或发酵生产	—	97.0%~103.0%（以干基计）	养殖动物	猪 30~50 mg/kg（乳猪 300~500 mg/kg），家禽 50~60 mg/kg，(1周龄肉雏鸡 150 mg/kg)，鲤鱼 5~10 mg/kg，虹鳟 15~120 mg/kg，鲑鱼 45~95 mg/kg，其他鱼 5~100 mg/kg	—	—
L-肉碱盐酸盐	L-Carnitine hydrochloride	$C_7H_{15}NO_3 \cdot$ HCl	化学制备或发酵生产	97.0%~103.0%（以干基计）	79.0%~83.8%（以干基计）	养殖动物		猪 1 000 mg/kg，家禽 200 mg/kg，鱼类 2 500 mg/kg	—

注1：由于测定方法存在在精密度和准确度的问题，部分维生素类饲料添加剂的含量规格是范围值，若测量误差为正，则检测值可能超过100%，故部分维生素类饲料添加剂含量规格出现超过100%的情况。

3. 微量元素 Trace Minerals

微量元素	化合物通用名称	化合物英文名称	化学式或描述	来源	含量规格,% 以化合物计	含量规格,% 以元素计	适用动物	在配合饲料或全混合日粮中的推荐添加量(以元素计),mg/kg	在配合饲料或全混合日粮中的最高限量(以元素计),mg/kg	其他要求
铁:来自以下化合物	硫酸亚铁	Ferrous sulfate	$FeSO_4 \cdot H_2O$ $FeSO_4 \cdot 7H_2O$	化学制备	≥91.0 ≥98.0	≥30.0 ≥19.7				—
	富马酸亚铁	Ferrous fumarate	$FeH_2C_4O_4$	化学制备	≥93.0	≥29.3	养殖动物	猪 40~100、鸡 35~120、牛 10~50、羊 30~50、鱼类 30~200	仔猪(断奶前)250 mg/(头·日),家禽 750、牛 750、羊 500、宠物 1 250、其他动物 750	—
	柠檬酸亚铁	Ferrous citrate	$Fe_3(C_6H_5O_7)_2$	化学制备	—	≥16.5				—
	乳酸亚铁	Ferrous lactate	$C_6H_{10}FeO_6 \cdot 3H_2O$	化学制备或发酵生产	≥97.0	≥18.9				—
铜:来自以下化合物	硫酸铜	Copper sulfate	$CuSO_4 \cdot H_2O$ $CuSO_4 \cdot 5H_2O$	化学制备	≥98.5 ≥98.5	≥35.7 ≥25.0	养殖动物	猪 3~6,家禽 0.4~10.0,牛 10,羊 7~10,鱼类 3~6	仔猪(≤30 kg)200,生长肥育猪(30~60 kg)150,生长肥育猪(≥60 kg)35,种猪 35,家禽 35,牛精料补充料 35,羊精料补充料 25,鱼类 25	—
	碱式氯化铜	Basic copper chloride	$Cu_2(OH)_3Cl$	化学制备	≥98.0	≥58.1	猪、鸡	猪 2.6~5.0,鸡 0.3~8.0	仔猪(≤30 kg)200,生长肥育猪(30~60 kg)150,生长肥育猪(≥60 kg)35,种猪 35,鸡 35	—

续表

微量元素	化合物通用名称	化合物英文名称	化学式或描述	来源	含量规格,% 以化合物计	含量规格,% 以元素计	适用动物	在配合饲料或全混合日粮中的推荐添加量(以元素计),mg/kg	在配合饲料或全混合日粮中的最高限量(以元素计),mg/kg	其他要求
锌：来自以下化合物	硫酸锌	Zinc sulfate	$ZnSO_4 \cdot H_2O$ $ZnSO_4 \cdot 7H_2O$	化学制备	≥94.7 ≥97.3	≥34.5 ≥22.0	养殖动物	猪 40~110,肉鸡 55~120,蛋鸡 40~80,肉鸭 20~60,蛋鸭 30~60,鹅 60,肉牛 30,奶牛 40,鱼类 20~30,虾类 15	代乳料 200,鱼类 200,宠物 250,其他动物 150	
	氧化锌	Zinc oxide	ZnO	化学制备	≥95.0	≥76.3		猪 43~120,肉鸡 80~180,肉牛 30,奶牛 40	农业行业标准《饲料中氧化锌的允许量》(NY 929—2005)自本公告发布之日起废止	仔猪断奶后前 2 周配合饲料中氧化锌形式的锌的添加量不超过 2 250 mg/kg
	蛋氨酸锌络(螯)合物	Zinc methionine complex (chelate)	$Zn(C_5H_{10}NO_2S)_2$ $(C_5H_{10}NO_2SZn)HSO_4$	化学制备	≥90.0 —	≥17.2 ≥19.0		猪 42~116,肉鸡 54~120,肉牛 30,奶牛 40		本产品仅指硫酸锌与蛋氨酸反应的产物

续表

微量元素	化合物通用名称	化合物英文名称	化学式或描述	来源	含量规格,%		适用动物	在配合饲料或全混合日粮中的推荐添加量（以元素计），mg/kg	在配合饲料或全混合日粮中的最高限量（以元素计），mg/kg	其他要求
					以化合物计	以元素计				
锰：来自以下化合物	硫酸锰	Manganese sulfate	$MnSO_4 \cdot H_2O$	化学制备	≥98.0	≥31.8	养殖动物	猪 2～20，肉鸡 72～110，蛋鸡 40～85，肉鸭 40～90，蛋鸭 47～60，鹅 66，肉牛 20～40，奶牛 12，鱼类 2.4～13.0	鱼类 100，其他动物 150	—
	氧化锰	Manganese oxide	MnO	化学制备	≥99.0	≥76.6		猪 2～20，肉鸡 86～132		—
	氯化锰	Manganese chloride	$MnCl_2 \cdot 4H_2O$	化学制备	≥98.0	≥27.2		猪 2～20，肉鸡 74～113		—
碘：来自以下化合物	碘化钾	Potassium iodide	KI	化学制备	≥98.0（以干基计）	≥74.9（以干基计）	养殖动物	猪 0.14，家禽 0.1～1.0，牛 0.25～0.80，羊 0.1～2.0，水产动物 0.6～1.2	蛋鸡 5，奶牛 5，水产动物 20，其他动物 10	—
	碘酸钾	Potassium iodate	KIO_3	化学制备	≥99.0	≥58.7				—
	碘酸钙	Calcium iodate	$Ca(IO_3)_2 \cdot H_2O$	化学制备	≥95.0（以 $Ca(IO_3)_2$ 计）	≥61.8				—

续表

附录Ⅰ 饲料添加剂品种目录

微量元素	化合物通用名称	化合物英文名称	化学式或描述	来源	含量规格,% 以化合物计	含量规格,% 以元素计	适用动物	在配合饲料或全混合日粮中的推荐添加量（以元素计）,mg/kg	在配合饲料或全混合日粮中的最高限量（以元素计）,mg/kg	其他要求
钴：来自以下化合物	硫酸钴	Cobalt sulfate	$CoSO_4$ $CoSO_4 \cdot H_2O$ $CoSO_4 \cdot 7H_2O$	化学制备	≥98.0 ≥96.5 ≥97.5	≥37.2 ≥33.0 ≥20.5	养殖动物	牛、羊 0.1～0.3, 鱼类 0～1	2	—
	氯化钴	Cobalt chloride	$CoCl_2 \cdot H_2O$ $CoCl_2 \cdot 6H_2O$	化学制备	≥98.0 ≥96.8	≥39.1 ≥24.0				—
	乙酸钴	Cobalt acetate	$Co(CH_3COO)_2$ $Co(CH_3COO)_2 \cdot 4H_2O$	化学制备	≥98.0 ≥98.0	≥32.6 ≥23.1		牛、羊 0.1～0.4, 鱼类 0～1.2		—
	碳酸钴	Cobalt carbonate	$CoCO_3$	化学制备	≥98.0	≥48.5	反刍动物	牛、羊 0.1～0.3		—
硒：来自以下化合物	亚硒酸钠	Sodium selenite	Na_2SeO_3	化学制备	≥98.0（以干基计）	≥44.7（以干基计）	养殖动物	畜禽 0.1～0.3, 鱼类 0.1～0.3	0.5	使用时应先制成预混剂，且产品标签上应标示最大硒含量
	酵母硒	Selenium yeast complex	酵母在含无机硒发酵的培养基中发酵培养，将无机态硒转化生成有机态硒	发酵生产	—	有机形态硒含量≥0.1				产品需标示最大硒含量和有机硒含量，无机硒含量不得超过总硒的2.0%

续表

微量元素	化合物通用名称	化合物英文名称	化学式或描述	来源	含量规格,%		适用动物	在配合饲料或全混合日粮中的推荐添加量(以元素计), mg/kg	在配合饲料或全混合日粮中的最高限量(以元素计), mg/kg	其他要求
					以化合物计	以元素计				
铬:来自以下化合物	烟酸铬	Chromium nicotinate	Cr(⬡—COO)₃	化学制备	≥98.0	≥12.0	生长肥育猪			饲料中铬的最高限量是指有机形态铬的添加限量
	吡啶甲酸铬	Chromium tripicolinate	Cr(⬡—COO)₃	化学制备	≥98.0	12.2~12.4		0~0.2	0.2	

4. 常量元素 Macro Minerals

常量元素	化合物通用名称	化合物英文名称	化学式或描述	来源	含量规格,%		适用动物	在配合饲料或全混合日粮中的推荐添加量,%	在配合饲料或全混合日粮中的最高限量,%	其他要求
					以化合物计	以元素计				
钠:来自以下化合物	氯化钠	Sodium chloride	NaCl	天然盐加工制取	≥91.0	Na≥35.7 Cl≥55.2	养殖动物	猪 0.3~0.8 鸡 0.25~0.40 鸭 0.3~0.6 牛、羊 0.5~1.0（以 NaCl 计）	猪 1.5 家禽 1 牛、羊 2（以 NaCl 计）	—
	硫酸钠	Sodium sulfate	Na₂SO₄	天然盐取加工或化学制备	≥99.0	Na≥32.0 S≥22.3		猪 0.1~0.3 肉鸡 0.1~0.3 鸭 0.1~0.3 牛、羊 0.1~0.4（以 Na₂SO₄ 计）	0.5（以 Na₂SO₄ 计）	本品有轻度致泻作用，反刍动物应注意维持适当的氮硫比

续表

常量元素	化合物通用名称	化合物英文名称	化学式或描述	来源	含量规格,%		适用动物	在配合饲料或混合日粮中的推荐添加量,%	在配合饲料或全混合日粮中的最高限量,%	其他要求
					以化合物计	以元素计				
	磷酸二氢钠	Monosodium phosphate	NaH_2PO_4 $NaH_2PO_4 \cdot H_2O$ $NaH_2PO_4 \cdot 2H_2O$	化学制备	$98.0 \sim 103.0$,(以NaH_2PO_4计,干基)	$Na \geq 18.7$ $P \geq 25.3$ (以NaH_2PO_4计,干基)	养殖动物	猪$0 \sim 1.0$,家禽$0 \sim 1.5$,牛$0 \sim 1.6$,淡水鱼$1.0 \sim 2.0$,(以NaH_2PO_4计)	—	在畜禽饲料中较少使用,在鱼类饲料中适量添加还可补充饲料中的磷元素,使用时应考虑磷与钙的适当比例及钠元素的总量
	磷酸氢二钠	Disodium phosphate	Na_2HPO_4 $Na_2HPO_4 \cdot 2H_2O$ $Na_2HPO_4 \cdot 12H_2O$	化学制备	≥ 98.0（以Na_2HPO_4计,干基）	$Na \geq 31.7$ $P \geq 21.3$ (以Na_2HPO_4计,干基)		猪$0.5 \sim 1.0$,家禽$0.6 \sim 1.5$,牛$0.8 \sim 1.6$,淡水鱼$1.0 \sim 2.0$,(以Na_2HPO_4计)	—	
钙:来自以下化合物	轻质碳酸钙	Calcium carbonate	$CaCO_3$	化学制备	≥ 98.0（以干基计）	$Ca \geq 39.2$（以干基计）	养殖动物	猪$0.4 \sim 1.1$ 肉禽$0.6 \sim 1.0$ 蛋禽$0.8 \sim 4.0$ 牛$0.2 \sim 0.8$ 羊$0.2 \sim 0.7$ (以Ca元素计)	—	摄取过多钙会导致失钙磷比例并阻碍其他微量元素的吸收
	氯化钙	Calcium chloride	$CaCl_2$ $CaCl_2 \cdot 2H_2O$	化学制备	≥ 93.0 $99.0 \sim 107.0$	$Ca \geq 33.5$ $Cl \geq 59.5$ $Ca \geq 26.9$ $Cl \geq 47.8$				
	乳酸钙	Calcium lactate	$C_6H_{10}O_6Ca$ $C_6H_{10}O_6Ca \cdot H_2O$ $C_6H_{10}O_6Ca \cdot 3H_2O$ $C_6H_{10}O_6Ca \cdot 5H_2O$	化学制备或发酵生产	≥ 97.0（以$C_6H_{10}O_6Ca$计,干基）	$Ca \geq 17.7$（以$C_6H_{10}O_6Ca$计,干基）				

续表

常量元素	化合物通用名称	化合物英文名称	化学式或描述	来源	含量规格,% 以化合物计	含量规格,% 以元素计	适用动物	在配合饲料或混合日粮中的推荐添加量,%	在配合饲料或全混合日粮中的最高限量,%	其他要求
磷:来自以下化合物	磷酸氢钙	Dicalcium phosphate	CaHPO₄·2H₂O	化学制备	—	P≥16.5 Ca≥20.0 P≥19.0 Ca≥15.0 P≥21.0 Ca≥14.0	养殖动物	猪 0~0.55 肉禽 0~0.45 蛋禽 0~0.4 牛 0~0.38 羊 0~0.38 淡水鱼 0~0.6 (以 P 元素计)	—	水产饲料中应充分考虑该成分的使用,磷的使用应避免水体污染,符合相关标准
	磷酸二氢钙	Monocalcium phosphate	Ca(H₂PO₄)₂·H₂O	化学制备	—	P≥22.0 Ca≥13.0				
	磷酸三钙	Tricalcium phosphate	Ca₃(PO₄)₂	化学制备	—	P≥17.6 Ca≥34.0				
镁:来自以下化合物	氧化镁	Magnesium oxide	MgO	化学制备	≥96.5	Mg≥57.9	养殖动物	泌乳牛羊 0~0.5,(以 MgO 计)	泌乳牛羊 1,(以 MgO 计)	—
	氯化镁	Magnesium chloride	MgCl₂·6H₂O	化学制备	≥98.0	Mg≥11.6 Cl≥34.3		猪 0~0.04,家禽 0~0.06,牛 0~0.2,羊 0~0.4,淡水鱼 0~0.06,(以 Mg 元素计)	猪 0.3,家禽 0.3,牛 0.5,羊 0.5,(以 Mg 元素计)	镁有致泻作用,使用大剂量导致腹泻,注意镁和钾的配合比例
	硫酸镁	Magnesium sulfate	MgSO₄·H₂O MgSO₄·7H₂O	化学制备或从苦卤中提取	≥99.0 ≥99.0	Mg≥17.2 S≥22.9 Mg≥9.6 S≥12.8				—

331

附录十 饲料原料和饲料产品中三聚氰胺限量规定值

（农业部公告第 1218 号）

三聚氰胺是一种化工原料,广泛应用于塑料、涂料、黏合剂、食品包装材料生产。我部已明令禁止在饲料中人为添加三聚氰胺,对非法在饲料中添加三聚氰胺的,依法追究法律责任。三聚氰胺污染源调查显示,三聚氰胺可能通过环境、饲料包装材料等途径进入到饲料中,但含量极低。大量动物验证试验及风险评估表明,饲料中三聚氰胺含量低于 2.5 mg/kg 时,不会通过动物产品残留对食用者健康产生危害。为确保饲料产品质量安全,保证养殖动物及其产品安全,现将饲料原料和饲料产品中三聚氰胺限量值定为 2.5 mg/kg,高于 2.5 mg/kg 的饲料原料和饲料产品一律不得销售。

上述规定自发布之日起实施。

特此公告

二〇〇九年六月八日

附录十一 《饲料生产企业审查合格证》审核办理程序

一、审核依据

1.《饲料和饲料添加剂管理条例》(国务院令第 327 号)

2.《饲料生产企业审查办法》(农业部令第 73 号)

3.单一饲料产品目录(2008)(农业部公告第 977 号)

二、适用企业

生产浓缩饲料、配合饲料和精料补充料以及饼粕类、麸皮、次粉、米糠、碎米、全麦粉的企业。

三、申报材料

饲料生产企业认真如实完整填写《饲料生产企业设立申请书》(见附件)各类项目,连同以下材料 A4 纸打印按序号装订成册,并制作除复印件以外的其他材料的电子版。

需提交的文件资料目录

序号	文件资料名称	适用范围
1	申请情况说明	全部
2	企业营业执照复印件	未注册的新设立企业除外
3	组织机构代码证复印件	未注册的新设立企业除外
4	企业名称预先核准通知书	未注册的新设立企业适用
5	厂区平面布局图	全部
6	生产工艺流程图及工艺说明	全部

续表

序号	文件资料名称	适用范围
7	企业管理制度文本	全部
8	法定代表人和主要负责人(或拟任)身份证明及简历	全部
9	生产经营场所使用证明	全部
10	企业标准复印件	全部
11	委托检验协议书复印件	全部
12	有代表性的产品标签样张	全部
13	审查合格证复印件	迁址、增项
14	人员资格证书复印件	全部

四、材料递交

将上述装订成册的申报材料一式三份连同电子版材料递交市饲料工业办公室。

五、审核程序

1.市饲料工业办公室对饲料生产企业的申报材料进行审查。材料齐全符合要求的出具受理通知书,材料不全要求企业补充相应材料。5日内不告知的自收到申请材料之日起即为受理。

2.企业申报材料审查合格的,交由省饲料工业办公室组织的评审组进行现场审核。进行现场审核时提前通知企业,企业相关负责人、技术人员和特有工种人员应在场。评审组现场填写《饲料生产企业设立现场审核表》,并告知企业审核结果。

3.现场审核合格的企业,由评审组报省饲料工业办公室,5日内做出是否许可的决定。

4.《饲料生产企业审查合格证》由省饲料工业办公室颁发,不收取费用。

附件:饲料生产企业设立申请书

编号:

产品类别:

配合饲料□ 浓缩饲料□

精料补充料□单一饲料□

申请企业名称:(公章)

联系电话:_____

联 系 人:_____

申请类别:设立□ 迁址□ 增项□ 其他□

申请日期: 年 月 日

中华人民共和国农业部 制

企 业 声 明

1. 本企业对《饲料生产企业审查办法》已充分理解。

2. 本企业已按照《饲料生产企业设立现场审核表》自查合格,可随时接受生产条件现场审核。

3. 本申请书所填信息及附送资料均真实可靠,若有虚假愿承担一切后果及有关法律责任。

法定代表人(负责人)签名_____

(公章)

年 月 日

表1 企业基本情况

企业名称				
生产地址	_____省_____市(地)_____区(县)_____乡(镇) _____路(街道)_____号			
通讯地址及邮编				
联系人		传真		
联系电话		电子邮箱		
法定代表人(负责人)		法定代表人(负责人)联系电话		
营业执照注册号				
注册地址(营业场所)				
成立时间		登记机关		
企业类型		组织机构代码		
注册资本(万元)		固定资产(万元)		
所属法人机构	名称			
	住所			
	营业执照注册号		法定代表人	
	登记机关		组织机构代码	
	联系人		传真	
	联系电话		电子邮箱	
主要机构设置及人员组成	机构名称			
	人数			
	人员总数		其中专业技术人员	

表 2 产品基本情况

生产线数量（条）			
生产能力合计（t/h）			
产品类别	产品系列	品种数量	执行标准名称及代号

附 录

表3　企业主要管理、技术人员及特有工种持证人员情况

序号	姓名	工作岗位	职务/职称	学历	所学专业	获证书时间、种类及编号	发证机关	身份证号码

注："证书"指与企业有合同关系的在岗管理、技术人员的职称证书和最高学历证书,特有工种人员的职业资格证书。

饲料安全与法规

表 4　主要生产设备明细

生产线类型 及其序号	设备 序号	设备名称	规格型号	关键技术性 能指标	数量	生产厂家	出厂 日期	使用 日期

附

录

表 5　主要检验仪器设备明细

序号	仪器设备名称	规格型号	数量	关键技术性能指标	生产厂家	出厂日期	使用日期

饲料生产企业设立申请书填写说明

1 适用范围及要求

1.1 《饲料生产企业设立申请书》(以下简称《申请书》)适用于饲料生产企业的设立、迁址、增项及其他情况。设立指企业首次申请《饲料生产企业审查合格证》,迁址指变更生产地址,增项包括增加生产线和增加产品类别,其他包括设备改造、生产设施发生重大改变等情况。饲料生产企业不包括饲料添加剂、添加剂预混合饲料和动物源性饲料生产企业。

1.2 本申请书由企业填写,一式三份,并提供电子版,企业上报省级饲料管理部门一份(含电子版),承担审核工作的饲料管理部门一份,企业存档一份。

1.3 填报内容必须客观真实。

1.4 须用 A4 纸打印,并按申请书、文件资料的顺序装订成册。

2 封面

2.1 编号:由省级饲料管理部门规定编写原则,受理部门具体填写。

2.2 产品类别:本申请表中,产品类别分为配合饲料、浓缩饲料、精料补充料和单一饲料四个类,下同。

2.3 申请企业名称:填写生产企业营业执照上的注册名称,并加盖公章。未取得工商注册的填写企业预先核准名称。

2.4 联系电话:填写有效的企业联系电话。

2.5 联 系 人:填写企业负责办理《饲料生产企业审查合格证》的工作人员姓名。

2.6 申请类别:根据企业情况分别在发证、迁址、增项、其他后面的"□"中打"√"。

2.7 申请日期:填写企业实际申请时间,用大写数字填写,如:"二○○七年五月一日"。

3 申请企业基本情况

3.1 企业名称:与封面企业名称一致,可以是非法人单位。

3.2 生产地址:填写申请企业的实际生产场地的详细地址,应注明省(自治区、直辖市)、市(地)、区(县)、路(街道、社区、乡、镇)、号(村)。

3.3 营业执照注册号、法定代表人、注册地址、企业类型、组织机构代码、注册资本:按企业营业执照和组织机构代码证书填写。非法人单位填写企业负责人和营业场所。

尚未进行工商登记的企业,按《企业名称预先核准通知书》填写,《企业名称预先核准通知书》没有的事项可以不填写。

3.4 固定资产:仅指生产用的厂房、设备和设施。

3.5 所属法人机构的相关信息:适用于非法人机构,按所属法人机构的营业执照和组织机构代码证书填写。

3.6 主要机构设置及人员组成:包括生产企业中与管理、采购、生产、技术、品控(质检)有关的机构,按照企业实际情况填写。

3.7 人员总数:与申请企业签订劳动合同的全部人员总数。

3.8 专业技术人员:仅指管理、采购、生产、技术、品控(质检)机构取得中专以上学历的人员或取得技术职称的人员。

4 申请产品基本情况

4.1 生产线的产品类别、数量和能力:按生产线适用的产品类别、生产线的数量和生产能力填写。

4.2 产品系列和产品品种数量:产品系列按饲喂动物划分。产品品种数量指同一产品系列中包含的产品品种合计数。

4.3 执行标准名称和编号:按企业执行标准的名称及其相关内容填写。标准编号包括标准代号、顺序号和年代号。

4.4 如申请企业的产品数量多、表格不够时,可增加附页,附页须注明"申请产品基本情况附页"。

5 企业主要管理、技术人员及特有工种持证人员情况

填写与本企业有劳动合同关系的在岗管理、技术、检验和生产人员,包括总经理、生产经理、品管经理、技术经理、检化验员、中控工、电工、锅炉工、维修工等。企业聘请的顾问或不从事日常生产的专家不必填写。检化验员和中控工等应持农业部发放的《国家职业资格证书》或省级饲料职业技能鉴定机构出具的鉴定合格证明。

6 主要生产设备明细

6.1 根据企业采用的生产工艺填写必要的生产设备,包括:清理、粉碎、提升、配料、混合、制粒、计量、包装、除尘,设备清单应与工艺流程图相匹配。

6.2 生产线类型:指配合饲料生产线、浓缩饲料生产线、精料补充料生产线或单一饲料生产线。单一饲料生产线应注明所生产产品的具体名称。

6.3 设备名称、规格型号、生产厂家、出厂日期等按照设备的说明书或设备上的铭牌填写,使用日期为该设备首次使用时的日期。关键技术性能指标应填写表明设备主要特征的技术性能参数。

7 主要检验仪器设备明细

7.1 应配有常规项目的检测仪器、设备。配合饲料、浓缩饲料及精料补充料应有:样品粉碎机、万分之一分析天平、分光光度计、恒温干燥箱、高温炉、定氮装置、脂肪提取装置、抽滤装置、真空泵、水浴锅、通风橱及实验室常规设施。

7.2 仪器设备名称、规格型号、生产厂家、出厂日期等按照设备的说明书或设备上的铭牌填写,使用日期为该仪器设备首次使用时的日期。关键技术性能指标应填写表明仪器设备主要特征的技术性能参数。

8 需提交的文件资料

8.1 申请情况说明:包括企业概况、生产产品及能力、技术水平、工艺设备、质量保证体系、建厂时间或变迁来源、隶属关系或所有权性质等,兼产的企业应简要说明其他产品的名称和生产规模等。要求 500 字以上。

8.2 企业营业执照复印件、组织机构代码证复印件:法人机构提供本企业的资料,非法人机构除提供本单位的资料外,还应提供所属法人机构的资料。

8.3 厂区平面布局图:应是按比例绘制的平面图,标注生产区、生活区、办公区,其中生

产区应标注生产、原料仓储和成品仓储的位置。

8.4 生产工艺流程图及工艺说明:生产工艺流程图应按行业标准——《饲料加工设备图形符号》(LS/T 3614)规定的图形符号绘制。工艺说明应详细叙述加工过程和关键步骤的控制参数。

8.5 企业管理制度:提供岗位责任制、生产管理制度、检验化验制度、质量管理制度、安全卫生制度、产品留样观察制度和计量管理制度。

8.6 企业标准复印件:生产企业执行企业标准的,提供企业备案标准全文复印件;未进行工商注册的企业应提供标准草案。

8.7 产品标签样张:按产品系列提供有代表性产品的标签式样,应按《饲料标签》(GB 10648)标准编制。

8.8 委托检验协议复印件:企业自身检测能力不足的,应提供与检验机构签订委托检验协议复印件。

注:正式使用文书时不显示填写说明

附录十二 饲料添加剂和添加剂 预混合料生产许可证审核程序

饲料添加剂、混合型饲料添加剂、添加剂预混合饲料 生产审核事项的申办指南

项目名称:饲料添加剂、混合型饲料添加剂、添加剂预混合饲料生产的审核

许可依据:《饲料和饲料添加剂管理条例》第十五条;《饲料和饲料添加剂生产许可管理办法》。

许可条件:

一、饲料添加剂

1.申请单位已办理企业登记手续(或企业名称已核准),符合饲料工业发展规划和产业政策。

2.有与生产饲料添加剂产品相适应的厂房、设备和仓储设施。

3.有与生产饲料添加剂相适应的专职技术人员,技术、生产、质量、销售、采购等部门负责人、饲料检验化验员与企业签订全日制用工劳动合同(尚未取得工商注册的企业除外)。

4.有必要的产品质量检验机构、人员、设施和质量管理制度,至少具有 2 名以上持农业部职业技能鉴定(参照混合型饲料添加剂要求)的检验化验员;具有产品出厂检验要求的检化验设备。

5.有符合国家规定的安全、卫生要求的生产环境。

6.有符合国家环境保护要求的污染防治措施。

7.农业部制定的《饲料添加剂质量安全管理规范》规定的其他条件。

二、混合型饲料添加剂

1. 申请单位已办理企业登记手续(或企业名称已核准),符合饲料工业发展规划和产业政策。

2. 有与生产混合型饲料添加剂产品相适应的厂房、设备和仓储设施。

3. 有与生产混合型饲料添加剂相适应的专职技术人员,技术、生产、质量、销售、采购等部门负责人、饲料检验化验员与企业签订全日制用工劳动合同(尚未取得工商注册的企业除外)。

4. 有必要的产品质量检验机构、人员、设施和质量管理制度,至少具有 2 名以上持农业部职业技能鉴定(参照混合型饲料添加剂要求)的检验化验员;企业加工设备维修工应当取得农业部职业技能鉴定机构颁发的职业资格证书;具有产品出厂检验要求的检化验设备。

5. 有符合国家规定的安全、卫生要求的生产环境。

6. 有符合国家环境保护要求的污染防治措施。

7. 农业部制定的《饲料添加剂质量安全管理规范》规定的其他条件。

8. 厂区、布局与设施要求

厂区应当独立设置,保持整洁卫生,周围没有污染源,生产区应当具有独立的生产车间、原料库、配料间和成品库,配备必要的消防设施,良好的通风和采光条件,总使用面积不少于 400 m²,具有完善排水系统和安全标识。

9. 工艺与设备要求

生产能力不小于 1 t/h,配备一台以上混合机,混合机容积不小于 0.25 m³,混合均匀度变异系数不大于 5%。生产线至少应具有脉冲式除尘设备,使用粉碎机、空气压缩机应采用隔音装置。

10. 质量检验和质量管理制度要求

(1)设置独立检验化验室,配备能够满足产品主成分检验需要的专用检验仪器;化验室使用面积不低于 50 m²。

(2)建立完善的质量管理制度。

(3)生产的产品应符合相应国家标准和行业标注。

三、添加剂预混合饲料

1. 申请单位已办理企业登记手续(或企业名称已核准),符合饲料工业发展规划和产业政策。

2. 机构与人员要求

(1)企业应当设立技术、生产、质量、销售、采购管理机构,配备专职负责人,不得互相兼任。

(2)技术机构、生产机构、质量机构负责人应当具备相关专业大专以上学历或中级以上技术职称,熟悉专业知识,并通过现场考核。

(3)销售和采购机构负责人应当熟悉饲料法规。

(4)企业应当配备 2 名以上专职检验化验员。检验化验员应当取得农业部职业技能鉴定机构颁发的饲料检验化验员职业资格证书并通过现场操作技能考核。

(5)企业加工设备维修工应当取得农业部职业技能鉴定机构颁发的职业资格证书。

3．厂区、布局与设施要求

厂区应当独立设置，保持整洁卫生，周围没有污染源，生产区应当布局合理，固态添加剂预混合饲料有相对独立的、与生产规模相匹配的生产车间、原料库、配料间和成品库，使用面积不低于 500 m²。液态添加剂预混合饲料有与生产规模相匹配的前处理间、配料间、生产车间、罐装间、外包装间、原料库、成品库，使用面积不低于 350 m²。配备必要的消防设施，良好的通风和采光条件，具有完善的排水系统和安全标识。

4．工艺与设备要求

(1)固态添加剂预混合饲料生产企业应当符合以下条件：

①复合预混合饲料和微量元素预混合饲料生产企业的设计生产能力不小于 2.5 t/h，混合机容积不小于 0.5 m³；维生素预混合饲料生产企业的设计生产能力不小于 1 t/h，混合机容积不小于 0.25 m³；

②配备成套加工机组(包括原料提升、混合和自动包装等设备)，并具有完整的除尘系统和电控系统，采用计算机自动配料系统的，配料系统动态精度不大于 3％，静态精度不大于 1％；

③有两台以上混合机，混合机(含混合机缓冲仓)与物料接触部分使用不锈钢制造，混合机的混合均匀度变异系数不大于 5％；

④生产线除尘系统使用脉冲式除尘器或性能更好的除尘设备，采用集中除尘和单点除尘相结合的方式，投料口和打包口采用单点除尘方式；

⑤小料配制和复核分别配置电子秤；

⑥粉碎机、空气压缩机采用隔音或消音装置；

⑦反刍动物添加剂预混合饲料生产线与其他含有动物源性成分的添加剂预混合饲料生产线应当分别设立。

(2)液态添加剂预混合饲料生产企业应当符合以下条件：

①生产线由包括原料前处理、称量、配液、过滤、灌装等工序的成套设备组成；

②生产设备、输送管道及管件使用不锈钢或性能更好的材料制造；

③有均质工序的，高压均质机的工作压力不小于 50 MPa，并具有高压报警装置；

④配液罐具有加热保温功能和温度显示装置；

⑤有独立的灌装间。

5．质量检验和质量管理制度要求

(1)企业应当在厂区内独立设置检验化验室，并与生产车间和仓储区域分离。

(2)除配备常规检验仪器外，还应当配备下列专用检验仪器。固态维生素预混合饲料生产企业配备万分之一分析天平、高效液相色谱仪(配备紫外检测器)、恒温干燥箱、样品粉碎机、标准筛；液态维生素预混合饲料生产企业配备万分之一分析天平、高效液相色谱仪(配备紫外检测器)、酸度计；微量元素预混合饲料生产企业配备万分之一分析天平、原子吸收分光光度计(配备火焰原子化器和被测项目的元素灯)、恒温干燥箱、样品粉碎机、标准筛；复合预混合饲料生产企业配备万分之一分析天平、高效液相色谱仪(配备紫外检测器)、原子吸收分光光度计(配备火焰原子化器和被测项目的元素灯)、恒温干燥箱、高温炉、样品粉碎机、标准筛。

(3)检验化验室使用面积不低于 $60~\mathrm{m}^2$,包括天平室、前处理室、仪器室和留样观察室等功能室(区)。

(4)企业应当按照《饲料质量安全管理规范》的要求制定质量管理制度。

许可数量:无数量限制

许可程序:

1.提出申请。申请人向省农业厅草山饲料处(或者各州市饲料管理部门)领取或者从中国饲料工业信息网(网址:http://www.Chinafeed.org.cn)、云南农业信息网下载填写《浓缩饲料、配合饲料、精料补充料生产许可申请书》,打印一式三份(附电子版),材料采用 A4 规格纸、小四号宋体打印,电子版采用 PDF 格式,相关证明文件为原件扫描件。备齐相关材料,装订成册,自行或者委托代理人向省农业厅行政许可办公室提出申请。

2.受理审查。厅行政许可办公室受理申请后移交省草山饲料处组织审查(包括按照《云南省饲料和饲料添加剂生产条件专家评审办法》组织专家评审)。

3.做出决定。省草山饲料处完成审查后,由厅行政许可办公室复核呈厅领导决定是否上报农业部审批。

4.上报审批。厅行政许可办公室将审核结果通知申请人,并将申报材料连同审核意见上报农业部审批。

许可期限:

省农业厅自受理申请之日起 20 个工作日内完成书面审查和现场审核,并将相关资料和审查、审核意见上报农业部。

提交材料目录:见附件。材料应当使用 A4 纸、小四号宋体打印。并编制目录装订成册。

收费规定:

实施机关依法不收取费用。

附件：

附 录

一、饲料添加剂生产许可证申报材料一览表

序号	申报材料项目	设立（已取得工商注册）	设立（未取得工商注册）	续展	增加或更换生产线	增加产品品种	迁址	变更企业名称	变更企业法定代表人	变更企业注册地址或名称	变更企业生产地址名称
1	企业承诺书	√	√	√	√	√	√				
2	饲料添加剂生产许可申请书	√	√	√	√	√	√	√	√	√	√
3	工商营业执照	√		√			√	√	√	√	√
4	组织机构代码证	√		√			√				
5	企业名称预先核准通知书		√					√			
6	企业组织结构图	√	√	√			√				
7	主要部门负责人和特有工种人员劳动合同	√	√	√			√				
8	检验化验员职业资格证书	√	√	√	√	√	√				
9	厂区平面布局图	√	√	√	√		√				
10	生产装置工艺流程图、生产装置平立面布局图及工艺说明	√	√	√	√	√	√				
11	检验化验室平面布置图	√	√	√		√	√				
12	检验化验仪器设备购置发票	√	√	√		√	√				
13	产品标准	√	√	√		√	√				
14	企业管理制度	√	√	√			√				
15	环保证明	√	√	√			√				
16	微生物菌种来源证明	√	√			√	√	√	√	√	√
17	企业生产许可证	√	√	√			√	√	√	√	√
18	相关证明材料	√	√								

注：1.表中序号18，适用于"申报材料内容要求"第十八项中的三种情形；2.增加或更换生产线、增加产品品种的，仅提供与申请事项相关的材料；3.表中序号16仅适用于与增加产品品种的其相关的产品。

二、混合型饲料添加剂生产许可证申报材料一览表

序号	申报材料项目	设立(已取得工商注册)	设立(未取得工商注册)	续展	增加或更换生产线	增加产品品种	迁址	变更企业名称	变更企业法定代表人	变更企业注册地址或名称	变更企业生产地址名称
1	企业承诺书	√	√	√			√				
2	混合型饲料添加剂生产许可申请书	√	√	√	√	√	√				
3	工商营业执照	√	√	√		√	√		√	√	√
4	组织机构代码证	√	√	√							
5	企业名称预先核准通知书		√					√			
6	企业组织结构图	√	√	√			√	√			
7	主要部门负责人和特有工种人员劳动合同	√	√	√			√				
8	主要部门负责人毕业证书或职称证书	√	√	√			√				
9	职业资格证书	√	√	√		√	√				
10	厂区平面布局图	√	√	√	√	√	√				
11	生产工艺流程图	√	√	√	√	√	√				
12	混合机混合均匀度检测报告	√	√	√	√	√	√				
13	检验化验室平面布置图	√	√	√	√	√	√				
14	检验仪器设备购置发票	√	√	√		√	√				
15	产品标准	√	√	√		√	√				
16	检验方法验证报告	√	√	√			√				
17	企业管理制度	√	√	√			√				
18	企业生产许可证	√		√	√	√	√	√	√	√	√
19	相关证明材料	√		√			√	√	√	√	√

注:增加或更换生产线、增加产品类别的,仅提供与申请事项相关的材料。

三、添加剂预混合饲料生产许可证申报材料一览表

序号	申报材料项目	设立（已取得工商注册）	设立（未取得工商注册）	续展	增加或更换生产线	增加产品品种	迁址	变更企业名称	变更企业法定代表人	变更企业注册地址或名称	变更企业生产地址名称
1	企业承诺书	√	√	√	√	√	√				
2	添加剂预混合饲料生产许可申请书	√	√	√	√	√	√				
3	工商营业执照	√	√	√		√	√	√	√	√	√
4	组织机构代码证	√	√	√			√	√			
5	企业名称预先核准通知书		√	√				√			
6	企业组织结构图	√	√	√			√				
7	主要部门负责人和特有工种人员劳动合同	√	√	√		√	√				
8	主要部门负责人毕业证书或职称证书	√	√	√		√	√				
9	职业资格证书	√	√	√		√	√				
10	厂区平面布局图	√	√	√	√	√	√				
11	生产工艺流程图	√	√	√	√	√	√				
12	计算机自动化控制系统配料精度证明	√	√	√	√	√	√				
13	混合机混合均匀度检测报告	√	√	√	√	√	√				
14	检验化验室平面布置图	√	√	√	√		√				
15	检验仪器设备购置发票	√	√	√	√		√				
16	企业管理制度	√	√	√		√	√				
17	企业生产许可证			√			√	√	√	√	√
18	相关证明材料						√				√

注：1.增加或更换生产线、增加产品品种的，仅提供与申请事项相关的材料；2.表中序号12，仅适用于干配料，混合工段采用计算机自动化控制系统的企业；3.表中序号13，不适用于液态添加剂预混合饲料企业。

附 录

347

附录十三　饲料添加剂和添加剂预混合饲料产品批准文号核发程序

饲料添加剂和添加剂预混合生产许可证管理办法

（1999 年 12 月 9 日发布，根据 2003 年 3 月 26 日农业部令第 26 号《关于修改〈饲料添加剂和添加剂预混合饲料生产许可证管理办法〉的决定》和 2004 年 7 月 1 日农业部令第 38 号《关于修订农业行政许可规章和规范性文件的决定》修订）

第一章　总则

第一条　根据《饲料和饲料添加剂管理条例》第十条规定，制定本办法。

第二条　本办法所指饲料添加剂包括营养性饲料添加剂、一般饲料添加剂。

本办法所称添加剂预混合饲料是指由两种或两种以上饲料添加剂加载体或稀释剂按一定比例配制而成的均匀混合物，在配合饲料中添加量不超过 10%。

第三条　生产、经营、使用的饲料添加剂品种应当属于农业部公布的《允许使用的饲料添加剂品种目录》中所列品种。

第二章　企业应具备的基本条件

第四条　人员要求

（一）企业主要负责人必须具备一定的专业知识、生产经验及组织能力；

（二）技术负责人应当具有大专以上文化程度或中级以上技术职称，熟悉动物营养、所生产产品技术及生产工艺，从事相应专业工作 2 年以上；

（三）质量管理及检验部门的负责人，应当具有大专以上文化程度，从事相应专业工作 3 年以上；

（四）生产企业特有工种从业人员应当取得相应的职业资格证书。

第五条　生产场地要求

（一）厂房建筑布局合理，生产区、办公区、仓储区、生活区应当分开；

（二）生产车间布局应符合生产工艺流程的要求，工序衔接合理；

（三）要有适宜的操作间和场地，能合理放置设备和物料，防止不同物料混放和交叉污染；

（四）应有适当的除尘、通风、照明及消防设施，以保证安全生产；

（五）仓储与生产能力相适应，应当符合防水、防潮、防火、防鼠害的要求。

第六条　生产设备要求

（一）应具有与生产产品相适应的生产设备；

（二）生产设备应符合生产工艺流程，便于维护和保养；

（三）生产设备完好；

（四）生产环境有洁净要求的，须有空气净化设施和设备。

第七条　质量检验要求

（一）应当设立质检部门，质检部门直属企业负责人领导；

（二）质检部门应设立仪器室（区）、检验操作室（区）和留样观察室（区）；

（三）具有相应的检验仪器，能对产品质量进行监控，对需使用大型精密仪器检验的项目，可以委托有能力的检验机构代检；

（四）有严格的质量检验操作规程；

（五）质检部门必须有完整的检验记录和检验报告，并保存两年以上。

第八条　管理制度要求

企业应当建立以下管理制度：

（一）岗位责任制度；

（二）生产管理制度；

（三）检验化验制度；

（四）质量管理制度；

（五）安全卫生制度；

（六）产品留样观察制度；

（七）计量管理制度。

第九条　生产环境要求

生产环境应符合国家规定的环境卫生、劳动保护等要求。

第三章　办证程序

第十条　生产企业填报《饲料添加剂和添加剂预混合饲料生产许可证申请书》，同时提供厂区布局图、生产工艺流程图和相关证明等申报材料，向企业所在地省级饲料管理部门提出申请。

第十一条　省级饲料管理部门应当在受理申请后 10 日内，组织对申请企业进行专家评审。专家评审包括书面审查和实地考察。

第十二条　专家评审合格的，由省级饲料管理部门填写《饲料添加剂和添加剂预混合饲料生产企业综合审核表》，在 10 日内与企业申请材料一并上报农业部。

第十三条　农业部自收到省级饲料管理部门报送的申报材料后 10 日内，将申请提交农业部饲料添加剂和添加剂预混合饲料生产许可证专家审核委员会评审，并根据评审结果在10 日内决定是否发放生产许可证。

第十四条　饲料添加剂、添加剂预混合饲料新办生产企业持《饲料添加剂生产许可证》、《添加剂预混合饲料生产许可证》向工商行政管理部门申请登记，办理营业执照。

第四章　生产许可证管理

第十五条　生产饲料添加剂、添加剂预混合饲料必须取得生产许可证和产品批准文号后，方可进行生产。

第十六条　变更企业名称、生产地址名称或注册地址名称的，应当向所在地省级饲料管理部门提出申请，经审核后，报农业部换发生产许可证，并由农业部公告。

第十七条　企业有下列情况之一的，应当按照本办法规定重新办理生产许可证：

（一）异地生产的；

（二）设立分厂的；

（三）变更生产地址的；

（四）增加生产品种超出生产许可证规定的生产范围的。

第十八条　对饲料添加剂和添加剂预混合饲料生产企业实行备案制度。企业应当在每年3月底前,填写备案表,报省级饲料管理部门。备案审查中,发现企业生产条件发生重大变化、存在严重安全卫生隐患和产品质量安全等问题的,省级饲料管理部门应当进行调查,并将调查结果报农业部。

农业部不定期对备案情况进行督查。省级饲料管理部门应当在每年6月底前将备案材料汇总并以电子邮件形式上报农业部。

第十九条　《饲料添加剂和添加剂预混合饲料生产许可证》有效期为5年。生产许可证期满后仍需继续生产的,企业应在期满前6个月内,持原证重新申请,经省级饲料管理部门考核符合要求、并经农业部审核合格的,换发生产许可证。

第二十条　《饲料添加剂和添加剂预混合饲料生产许可证申请书》、《饲料添加剂和添加剂预混合饲料生产企业综合审核表》、《饲料添加剂和添加剂预混合饲料生产许可证》格式由全国饲料工作办公室统一制定。

第二十一条　企业有下列情况之一的,由饲料管理部门限期整改。整改后仍不合格的,由农业部注销其生产许可证,并予以公告:

(一)企业基本情况发生较大变化,已不具备基本生产条件的;

(二)连续两年没有上报备案材料,经督促拒不改正的;

(三)生产企业停产一年(含一年)以上的;

(四)生产企业迁址未通知主管部门的。

生产企业破产或被兼并的,由农业部注销其生产许可证,并予以公告。

第五章　罚则

第二十二条　生产经营企业在饲料产品中添加、使用违禁药品的或者未按规定使用饲料添加剂造成严重后果的,按照《饲料和饲料添加剂管理条例》第三十条第一款第三项予以处罚。

第二十三条　生产许可证吊销后,企业必须立即停止该产品的生产与销售,省级饲料管理部门将生产许可证收回后上交农业部。吊销生产许可证企业名单由农业部公告。

第二十四条　其他违反本办法规定的,按《饲料和饲料添加剂管理条例》的有关规定处罚。

第六章　附则

第二十五条　本办法由农业部负责解释。

第二十六条　本办法自发布之日起施行。

附录十四　饲料质量安全管理规范

中华人民共和国农业部令

2014 年第 1 号

《饲料质量安全管理规范》业经 2013 年 12 月 27 日农业部第 11 次常务会议审议通过，现予公布，自 2015 年 7 月 1 日起施行。

部长　韩长赋
2014 年 1 月 13 日

第一章　总则

第一条　为规范饲料企业生产行为，保障饲料产品质量安全，根据《饲料和饲料添加剂管理条例》，制定本规范。

第二条　本规范适用于添加剂预混合饲料、浓缩饲料、配合饲料和精料补充料生产企业（以下简称企业）。

第三条　企业应当按照本规范的要求组织生产，实现从原料采购到产品销售的全程质量安全控制。

第四条　企业应当及时收集、整理、记录本规范执行情况和生产经营状况，认真履行年度备案和饲料统计义务。

有委托生产行为的，托方和受托方应当分别向所在地省级人民政府饲料管理部门备案。

第五条　县级以上人民政府饲料管理部门应当制定年度监督检查计划，对企业实施本规范的情况进行监督检查。

第二章　原料采购与管理

第六条　企业应当加强对饲料原料、单一饲料、饲料添加剂、药物饲料添加剂、添加剂预混合饲料和浓缩饲料（以下简称原料）的采购管理，全面评估原料生产企业和经销商（以下简称供应商）的资质和产品质量保障能力，建立供应商评价和再评价制度，编制合格供应商名录，填写并保存供应商评价记录：

（一）供应商评价和再评价制度应当规定供应商评价及再评价流程、评价内容、评价标准、评价记录等内容；

（二）从原料生产企业采购的，供应商评价记录应当包括生产企业名称及生产地址、联系方式、许可证明文件编号（评价单一饲料、饲料添加剂、药物饲料添加剂、添加剂预混合饲料、浓缩饲料生产企业时填写）、原料通用名称及商品名称、评价内容、评价结论、评价日期、评价人等信息；

（三）从原料经销商采购的，供应商评价记录应当包括经销商名称及注册地址、联系方式、营业执照注册号、原料通用名称及商品名称、评价内容、评价结论、评价日期、评价人等信息；

（四）合格供应商名录应当包括供应商的名称、原料通用名称及商品名称、许可证明文件编号（供应商为单一饲料、饲料添加剂、药物饲料添加剂、添加剂预混合饲料、浓缩饲料生产企业时填写）、评价日期等信息。

企业统一采购原料供分支机构使用的，分支机构应当复制、保存前款规定的合格供应商名录和供应商评价记录。

第七条 企业应当建立原料采购验收制度和原料验收标准，逐批对采购的原料进行查验或者检验：

（一）原料采购验收制度应当规定采购验收流程、查验要求、检验要求、原料验收标准、不合格原料处置、查验记录等内容；

（二）原料验收标准应当规定原料的通用名称、主成分指标验收值、卫生指标验收值等内容，卫生指标验收值应当符合有关法律法规和国家、行业标准的规定；

（三）企业采购实施行政许可的国产单一饲料、饲料添加剂、药物饲料添加剂、添加剂预混合饲料、浓缩饲料的，应当逐批查验许可证明文件编号和产品质量检验合格证，填写并保存查验记录；

查验记录应当包括原料通用名称、生产企业、生产日期、查验内容、查验结果、查验人等信息；无许可证明文件编号和产品质量检验合格证的，或者经查验许可证明文件编号不实的，不得接收、使用；

（四）企业采购实施登记或者注册管理的进口单一饲料、饲料添加剂、药物饲料添加剂、添加剂预混合饲料、浓缩饲料的，应当逐批查验进口许可证明文件编号，填写并保存查验记录；查验记录应当包括原料通用名称、生产企业、生产日期、查验内容、查验结果、查验人等信息；无进口许可证明文件编号的，或者经查验进口许可证明文件编号不实的，不得接收、使用；

（五）企业采购不需行政许可的原料的，应当依据原料验收标准逐批查验供应商提供的该批原料的质量检验报告；无质量检验报告的，企业应当逐批对原料的主成分指标进行自行检验或者委托检验；不符合原料验收标准的，不得接收、使用；原料质量检验报告、自行检验结果、委托检验报告应当归档保存；

（六）企业应当每3个月至少选择5种原料，自行或者委托有资质的机构对其主要卫生指标进行检测，根据检测结果进行原料安全性评价，保存检测结果和评价报告；委托检测的，应当索取并保存受委托检测机构的计量认证或者实验室认可证书及附表复印件。

第八条 企业应当填写并保存原料进货台账，进货台账应当包括原料通用名称及商品名称、生产企业或者供货者名称、联系方式、产地、数量、生产日期、保质期、查验或者检验信息、进货日期、经办人等信息。

进货台账保存期限不得少于2年。

第九条 企业应当建立原料仓储管理制度，填写并保存出入库记录：

（一）原料仓储管理制度应当规定库位规划、堆放方式、垛位标识、库房盘点、环境要求、虫鼠防范、库房安全、出入库记录等内容；

（二）出入库记录应当包括原料名称、包装规格、生产日期、供应商简称或者代码、入库数量和日期、出库数量和日期、库存数量、保管人等信息。

第十条 企业应当按照"一垛一卡"的原则对原料实施垛位标识卡管理，垛位标识卡应当标明原料名称、供应商简称或者代码、垛位总量、已用数量、检验状态等信息。

第十一条 企业应当对维生素、微生物和酶制剂等热敏物质的贮存温度进行监控，填写并保存温度监控记录。监控记录应当包括设定温度、实际温度、监控时间、记录人等信息。

监控中发现实际温度超出设定温度范围的，应当采取有效措施及时处置。

第十二条　按危险化学品管理的亚硒酸钠等饲料添加剂的贮存间或者贮存柜应当设立清晰的警示标识，采用双人双锁管理。

第十三条　企业应当根据原料种类、库存时间、保质期、气候变化等因素建立长期库存原料质量监控制度，填写并保存监控记录：

（一）质量监控制度应当规定监控方式、监控内容、监控频次、异常情况界定、处置方式、处置权限、监控记录等内容；

（二）监控记录应当包括原料名称、监控内容、异常情况描述、处置方式、处置结果、监控日期、监控人等信息。

第三章　生产过程控制

第十四条　企业应当制定工艺设计文件，设定生产工艺参数。

工艺设计文件应当包括生产工艺流程图、工艺说明和生产设备清单等内容。

生产工艺应当至少设定以下参数：粉碎工艺设定筛片孔径，混合工艺设定混合时间，制粒工艺设定调质温度、蒸汽压力、环模规格、环模长径比、分级筛筛网孔径，膨化工艺设定调质温度、模板孔径。

第十五条　企业应当根据实际工艺流程，制定以下主要作业岗位操作规程：

（一）小料（指生产过程中，将微量添加的原料预先进行配料或者配料混合后获得的中间产品）配料岗位操作规程，规定小料原料的领取与核实、小料原料的放置与标识、称重电子秤校准与核查、现场清洁卫生、小料原料领取记录、小料配料记录等内容；

（二）小料预混合岗位操作规程，规定载体或者稀释剂领取、投料顺序、预混合时间、预混合产品分装与标识、现场清洁卫生、小料预混合记录等内容；

（三）小料投料与复核岗位操作规程，规定小料投放指令、小料复核、现场清洁卫生、小料投料与复核记录等内容；

（四）大料投料岗位操作规程，规定投料指令、垛位取料、感官检查、现场清洁卫生、大料投料记录等内容；

（五）粉碎岗位操作规程，规定筛片锤片检查与更换、粉碎粒度、粉碎料入仓检查、喂料器和磁选设备清理、粉碎作业记录等内容；

（六）中控岗位操作规程，规定设备开启与关闭原则、微机配料软件启动与配方核对、混合时间设置、配料误差核查、进仓原料核实、中控作业记录等内容；

（七）制粒岗位操作规程，规定设备开启与关闭原则、环模与分级筛网更换、破碎机轧距调节、制粒机润滑、调质参数监视、设备（制粒室、调质器、冷却器）清理、感官检查、现场清洁卫生、制粒作业记录等内容；

（八）膨化岗位操作规程，规定设备开启与关闭原则、调质参数监视、设备（膨化室、调质器、冷却器、干燥器）清理、感官检查、现场清洁卫生、膨化作业记录等内容；

（九）包装岗位操作规程，规定标签与包装袋领取、标签与包装袋核对、感官检查、包重校验、现场清洁卫生、包装作业记录等内容；

（十）生产线清洗操作规程，规定清洗原则、清洗实施与效果评价、清洗料的放置与标识、清洗料使用、生产线清洗记录等内容。

第十六条　企业应当根据实际工艺流程,制定生产记录表单,填写并保存相关记录:

(一)小料原料领取记录,包括小料原料名称、领用数量、领取时间、领取人等信息;

(二)小料配料记录,包括小料名称、理论值、实际称重值、配料数量、作业时间、配料人等信息;

(三)小料预混合记录,包括小料名称、重量、批次、混合时间、作业时间、操作人等信息;

(四)小料投料与复核记录,包括产品名称、接收批数、投料批数、重量复核、剩余批数、作业时间、投料人等信息;

(五)大料投料记录,包括大料名称、投料数量、感官检查、作业时间、投料人等信息;

(六)粉碎作业记录,包括物料名称、粉碎机号、筛片规格、作业时间、操作人等信息;

(七)大料配料记录,包括配方编号、大料名称、配料仓号、理论值、实际值、作业时间、配料人等信息;

(八)中控作业记录,包括产品名称、配方编号、清洗料、理论产量、成品仓号、洗仓情况、作业时间、操作人等信息;

(九)制粒作业记录,包括产品名称、制粒机号、制粒仓号、调质温度、蒸汽压力、环模孔径、环模长径比、分级筛筛网孔径、感官检查、作业时间、操作人等信息;

(十)膨化作业记录,包括产品名称、调质温度、模板孔径、膨化温度、感官检查、作业时间、操作人等信息;

(十一)包装作业记录,包括产品名称、实际产量、包装规格、包数、感官检查、头尾包数量、作业时间、操作人等信息;

(十二)标签领用记录,包括产品名称、领用数量、班次用量、损毁数量、剩余数量、领取时间、领用人等信息;

(十三)生产线清洗记录,包括班次、清洗料名称、清洗料重量、清洗过程描述、作业时间、清洗人等信息;

(十四)清洗料使用记录,包括清洗料名称、生产班次、清洗料使用情况描述、使用时间、操作人等信息。

第十七条　企业应当采取有效措施防止生产过程中的交叉污染:

(一)按照"无药物的在先、有药物的在后"原则制定生产计划;

(二)生产含有药物饲料添加剂的产品后,生产不含药物饲料添加剂或者改变所用药物饲料添加剂品种的产品的,应当对生产线进行清洗;清洗料回用的,应当明确标识并回置于同品种产品中;

(三)盛放饲料添加剂、药物饲料添加剂、添加剂预混合饲料、含有药物饲料添加剂的产品及其中间产品的器具或者包装物应当明确标识,不得交叉混用;

(四)设备应当定期清理,及时清除残存料、粉尘积垢等残留物。

第十八条　企业应当采取有效措施防止外来污染:

(一)生产车间应当配备防鼠、防鸟等设施,地面平整,无污垢积存;

(二)生产现场的原料、中间产品、返工料、清洗料、不合格品等应当分类存放,清晰标识;

(三)保持生产现场清洁,及时清理杂物;

(四)按照产品说明书规范使用润滑油、清洗剂;

(五)不得使用易碎、易断裂、易生锈的器具作为称量或者盛放用具;

（六）不得在饲料生产过程中进行维修、焊接、气割等作业。

第十九条　企业应当建立配方管理制度，规定配方的设计、审核、批准、更改、传递、使用等内容。

第二十条　企业应当建立产品标签管理制度，规定标签的设计、审核、保管、使用、销毁等内容。

产品标签应当专库（柜）存放，专人管理。

第二十一条　企业应当对生产配方中添加比例小于0.2%的原料进行预混合。

第二十二条　企业应当根据产品混合均匀度要求，确定产品的最佳混合时间，填写并保存最佳混合时间实验记录。

应当包括混合机编号、混合物料名称、混合次数、混合时间、检验结果、最佳混合时间、检验日期、检验人等信息。

企业应当每6个月按照产品类别（添加剂预混合饲料、配合饲料、浓缩饲料、精料补充料）进行至少1次混合均匀度验证，填写并保存混合均匀度验证记录。验证记录应当包括产品名称、混合机编号、混合时间、检验方法、检验结果、验证结论、检验日期、检验人等信息。

混合机发生故障经修复投入生产前，应当按照前款规定进行混合均匀度验证。

第二十三条　企业应当建立生产设备管理制度和档案，制定粉碎机、混合机、制粒机、膨化机、空气压缩机等关键设备操作规程，填写并保存维护保养记录和维修记录：

（一）生产设备管理制度应当规定采购与验收、档案管理、使用操作、维护保养、备品备件管理、维护保养记录、维修记录等内容；

（二）设备操作规程应当规定开机前准备、启动与关闭、操作步骤、关机后整理、日常维护保养等内容；

（三）维护保养记录应当包括设备名称、设备编号、保养项目、保养日期、保养人等信息；

（四）维修记录应当包括设备名称、设备编号、维修部位、故障描述、维修方式及效果、维修日期、维修人等信息；

（五）关键设备应当实行"一机一档"管理，档案包括基本信息表（名称、编号、规格型号、制造厂家、联系方式、安装日期、投入使用日期）、使用说明书、操作规程、维护保养记录、维修记录等内容。

第二十四条　企业应当严格执行国家安全生产相关法律法规。

生产设备、辅助系统应当处于正常工作状态；锅炉、压力容器等特种设备应当通过安全检查；计量秤、地磅、压力表等测量设备应当定期检定或者校验。

第四章　产品质量控制

第二十五条　企业应当建立现场质量巡查制度，填写并保存现场质量巡查记录：

（一）现场质量巡查制度应当规定巡查位点、巡查内容、巡查频次、异常情况界定、处置方式、处置权限、巡查记录等内容；

（二）现场质量巡查记录应当包括巡查位点、巡查内容、异常情况描述、处置方式、处置结果、巡查时间、巡查人等信息。

第二十六条　企业应当建立检验管理制度，规定人员资质与职责、样品抽取与检验、检验结果判定、检验报告编制与审核、产品质量检验合格证签发等内容。

第二十七条　企业应当根据产品质量标准实施出厂检验，填写并保存产品出厂检验记录;检验记录应当包括产品名称或者编号、检验项目、检验方法、计算公式中符号的含义和数值、检验结果、检验日期、检验人等信息。

产品出厂检验记录保存期限不得少于 2 年。

第二十八条 企业应当每周从其生产的产品中至少抽取 5 个批次的产品自行检验下列主成分指标:

(一)维生素预混合饲料:两种以上维生素;

(二)微量元素预混合饲料:两种以上微量元素;

(三)复合预混合饲料:两种以上维生素和两种以上微量元素;

(四)浓缩饲料、配合饲料、精料补充料:粗蛋白质、粗灰分、钙、总磷。

主成分指标检验记录保存期限不得少于 2 年。

第二十九条 企业应当根据仪器设备配置情况,建立分析天平、高温炉、干燥箱、酸度计、分光光度计、高效液相色谱仪、原子吸收分光光度计等主要仪器设备操作规程和档案,填写并保存仪器设备使用记录:

(一)仪器设备操作规程应当规定开机前准备、开机顺序、操作步骤、关机顺序、关机后整理、日常维护、使用记录等内容;

(二)仪器设备使用记录应当包括仪器设备名称、型号或者编号、使用日期、样品名称或者编号、检验项目、开始时间、完毕时间、仪器设备运行前后状态、使用人等信息;

(三)仪器设备应当实行"一机一档"管理,档案包括仪器基本信息表(名称、编号、型号、制造厂家、联系方式、安装日期、投入使用日期)、使用说明书、购置合同、操作规程、使用记录等内容。

第三十条 企业应当建立化学试剂和危险化学品管理制度,规定采购、贮存要求、出入库、使用、处理等内容。

化学试剂、危险化学品以及试验溶液的使用,应当遵循 GB/T 601、GB/T 602、GB/T 603 以及检验方法标准的要求。

企业应当填写并保存危险化学品出入库记录,记录应当包括危险化学品名称、入库数量和日期、出库数量和日期、保管人等信息。

第三十一条 企业应当每年选择 5 个检验项目,采取以下一项或者多项措施进行检验能力验证,对验证结果进行评价并编制评价报告:

(一)同具有法定资质的检验机构进行检验比对;

(二)利用购买的标准物质或者高纯度化学试剂进行检验验证;

(三)在实验室内部进行不同人员、不同仪器的检验比对;

(四)对曾经检验过的留存样品进行再检验;

(五)利用检验质量控制图等数理统计手段识别异常数据。

第三十二条 企业应当建立产品留样观察制度,对每批次产品实施留样观察,填写并保存留样观察记录:

(一)留样观察制度应当规定留样数量、留样标识、贮存环境、观察内容、观察频次、异常情况界定、处置方式、处置权限、到期样品处理、留样观察记录等内容;

(二)留样观察记录应当包括产品名称或者编号、生产日期或者批号、保质截止日期、观察内容、异常情况描述、处置方式、处置结果、观察日期、观察人等信息。

留样保存时间应当超过产品保质期1个月。

第三十三条　企业应当建立不合格品管理制度,填写并保存不合格品处置记录:

(一)不合格品管理制度应当规定不合格品的界定、标识、贮存、处置方式、处置权限、处置记录等内容;

(二)不合格品处置记录应当包括不合格品的名称、数量、不合格原因、处置方式、处置结果、处置日期、处置人等信息。

第五章　产品贮存与运输

第三十四条　企业应当建立产品仓储管理制度,填写并保存出入库记录:

(一)仓储管理制度应当规定库位规划、堆放方式、垛位标识、库房盘点、环境要求、虫鼠防范、库房安全、出入库记录等内容;

(二)出入库记录应当包括产品名称、规格或者等级、生产日期、入库数量和日期、出库数量和日期、库存数量、保管人等信息;

(三)不同产品的垛位之间应当保持适当距离;

(四)不合格产品和过期产品应当隔离存放并有清晰标识。

第三十五条　企业应当在产品装车前对运输车辆的安全、卫生状况实施检查。

第三十六条　企业使用罐装车运输产品的,应当专车专用,并随车附具产品标签和产品质量检验合格证。

装运不同产品时,应当对罐体进行清理。

第三十七条　企业应当填写并保存产品销售台账。销售台账应当包括产品的名称、数量、生产日期、生产批次、质量检验信息、购货者名称及其联系方式、销售日期等信息。

销售台账保存期限不得少于2年。

第六章　产品投诉与召回

第三十八条　企业应当建立客户投诉处理制度,填写并保存客户投诉处理记录:

(一)投诉处理制度应当规定投诉受理、处理方法、处理权限、投诉处理记录等内容;

(二)投诉处理记录应当包括投诉日期、投诉人姓名和地址、产品名称、生产日期、投诉内容、处理结果、处理日期、处理人等信息。

第三十九条　企业应当建立产品召回制度,填写并保存召回记录:

(一)召回制度应当规定召回流程、召回产品的标识和贮存、召回记录等内容;

(二)召回记录应当包括产品名称、召回产品使用者、召回数量、召回日期等信息。

企业应当每年至少进行1次产品召回模拟演练,综合评估演练结果并编制模拟演练总结报告。

第四十条　企业应当在饲料管理部门的监督下对召回产品进行无害化处理或者销毁,填写并保存召回产品处置记录。处置记录应当包括处置产品名称、数量、处置方式、处置日期、处置人、监督人等信息。

第七章　培训、卫生和记录管理

第四十一条　企业应当建立人员培训制度,制定年度培训计划,每年对员工进行至少2次饲料质量安全知识培训,填写并保存培训记录:

(一)人员培训制度应当规定培训范围、培训内容、培训方式、考核方式、效果评价、培训记录等内容;

（二）培训记录应当包括培训对象、内容、师资、日期、地点、考核方式、考核结果等信息。

第四十二条　厂区环境卫生应当符合国家有关规定。

第四十三条　企业应当建立记录管理制度，规定记录表单的编制、格式、编号、审批、印发、修订、填写、存档、保存期限等内容。

除本规范中明确规定保存期限的记录外，其他记录保存期限不得少于1年。

第八章　附则

第四十四条　本规范自2015年7月1日起施行。

参 考 文 献

[1] 国家环境保护总局. 中国国家生物安全框架. 北京:中国环境科学出版社,2000.

[2] 刘继业,苏晓鸥. 饲料安全工作手册(上、中、下册). 北京:中国农业科技出版社,2001.

[3] 佟建明. 饲料添加剂手册. 北京:中国农业大学出版社,2001.

[4] 蔡辉益. 饲料安全及其检测技术. 北京:化学工业出版社,2005.

[5] 石波. 新型饲料添加剂开发与应用. 北京:化学工业出版社,2005.

[6] 韩友文. 饲料与饲养学. 北京:中国农业出版社,1998.

[7] 张丽英. 饲料分析及饲料质量检测技术. 3 版. 北京:中国农业大学出版社,2007.

[8] 于炎湖. 饲料毒物学附毒物分析. 北京:中国农业出版社,1993.

[9] 王建华,冯定远. 饲料卫生学. 西安:西安地图出版社,2000.

[10] 陈晓华. 饲料卫生. 北京:中国农业出版社,2011.

[11] 包大跃. 食品安全危害与控制. 北京:化学工业出版社,2006.

[12] 朱珠. 食品安全与卫生检测. 北京:高等教育出版社,2004.

[13] 周庆安. 饲料及饲料添加剂分析检测技术. 北京:中国农业出版社,2012.

[14] 陈代文. 饲料安全学. 北京:中国农业出版社,2010.

[15] 方希修,程安玮,赵怀升. 饲料添加剂与分析检测技术(修订版). 北京:中国农业出版社,2013.

[16] 瞿明仁. 饲料卫生与安全学. 北京:中国农业出版社,2008.

[17] 张丽英. 高级饲料分析技术. 北京:中国农业出版社,2011.

[18] 齐广海. 饲料原料及饲料添加剂应用技术问答. 北京:中国农业科技出版社,2000.

[19] 中国标准出版社第一编辑室. 中国农业标准汇编(饲料添加剂卷). 北京:中国标准出版社,2010.

[20] 中国标准出版社第一编辑室. 中国农业标准汇编(饲料产品卷). 北京:中国标准出版社,2010.

[21] 中国标准出版社第一编辑室. 中国农业标准汇编(饲料检测方法卷). 北京:中国标准出版社,2010.

[22] 常碧影,张萍. 饲料质量与安全检测技术. 北京:化学工业出版社,2008.

[23] 辛盛鹏,韦海涛. 饲料质量评估与安全管理. 北京:中国农业大学出版社,2009.

[24] 聂呈荣,骆世明,王建武,等. GMO 生物安全评价研究进展. 生态学杂志,2003,22(2):43-48.

[25] 谁仕彦,王旭. 转基因饲料的生物安全评价. 动物营养研究进展论文集,2004:64-73.

[26] 王晓通. 转基因饲料原料与动物性食品安全. 饲料广角,2006,5:23-24.

[27] 张灼阳,刘畅,郭晓奎. 益生菌的安全性. 微生物学报,2008,48(2):257-261.

[28] 连丽君,王雷,张可炜. 转基因食品安全性的争论与事实. 食品与药品,2006,8(11):12-15.

[29] 程瑛琨,周桂仙,孙国业.生物技术在饲料安全生产中的应用进展.安徽农业科学,2006,34(2):254-255.

[30] 张明杰.规模化畜禽养殖对环境的污染及防治对策.河南农业,2008(8):30.

[31] 孙利娜,谷子林,李素敏,等.畜禽养殖场空气污染的营养性防治对策.广东畜牧兽医科技,2009,34(6):12-15.

[32] 卢绪峰.饲料安全与原料质量的控制.湖南饲料,2008,2:21-24.

[33] 黎修全.浅析动物源性饲料产品安全及卫生质量评价指标.饲料工业.2008,29(19):57-62.

[34] 王建宝.饲料安全的关键在于原料的质量安全控制.湖南饲料.2012,3(19):38-40.

[35] 李永红,刘晋.农业转基因生物安全管理模式探索.农产品质量与安全,2011,2:43-46.

[36] 刘莉,周俊青,刘少坤.我国农业转基因生物安全管理体系概述.种子世界,2008,10:10-16.

[37] 秦玉昌,杨振海,马莹,等.欧美饲料安全管理和法规体系走向及启示.农业经济问题,2006,7:75-78.

[38] 农业部赴美国饲料安全监管体系建设培训团.美国饲料安全监管体系建设情况.中国畜牧业,2012,3:62-65.

[39] 丁在亮.安全饲料以标准化监管来保障饲料安全.中国动物保健,2009,3:62-63.

[40] 王兆波.饲料安全现状及其保障措施.黑龙江畜牧兽医,2009,4:69-71.

[41] 何健,施庆和,冯民,等.国外饲料安全的研究进展.检验检疫学刊,2012,22(1):67-73.

[42] 马力,田婷婷.我国的饲料安全与保障措施.西南民族大学学报(自然科学版),2008,34(1):107-111.

[43] 何洪政.饲料安全存在的问题及其应对策略.饲料广角,2012,9:22-24.